普通高等教育"十二五"规划教材（高职高专教育）

# 电子技术基础

## DIANZI JISHU JICHU

主　编　马国瀚

副主编　高　玲　尹立强

编　写　李晓洁　刘金浦　鲁俊婷　宋全有

　　　　郭　彬　何红丽　王俊玲

主　审　付植桐

中国电力出版社
CHINA ELECTRIC POWER PRESS

## 内 容 提 要

本书是高职高专教育电子技术基础课程教材。

全书共 10 章，主要内容有：模拟部分，包括半导体器件、基本放大电路、集成运算放大电路、信号发生电路、直流稳压电路；数字部分，包括数字电路基础与组合逻辑、时序逻辑电路、半导体存储器、数模与模数转换器、脉冲信号的产生与整形。各章设有技能训练内容，共 21 个实操练习项目，以培养学生的实际操作能力。在各章末都进行了小结，且配有复习思考题。

本书可作为高职高专院校电气自动化技术、发电厂及电力系统、应用电子技术、电子信息工程等专业的教材，也可作为成人教育和函授教材，同时还可供从事自动化技术、电子技术行业的工程技术人员参考。

图书在版编目（CIP）数据

电子技术基础/马国瀚主编. —北京：中国电力出版社，
2013.8（2018.1 重印）

普通高等教育"十二五"规划教材. 高职高专教育
ISBN 978 - 7 - 5123 - 4588 - 1

Ⅰ.①电… Ⅱ.①马… Ⅲ.①电子技术—高等职业教育—教材
Ⅳ.①TN

中国版本图书馆 CIP 数据核字（2013）第 131296 号

中国电力出版社出版、发行
（北京市东城区北京站西街 19 号 100005 http://www.cepp.sgcc.com.cn）
航远印刷有限公司印刷
各地新华书店经售

\*

2013 年 8 月第一版 2018 年 1 月北京第二次印刷
787 毫米×1092 毫米 16 开本 20 印张 488 千字
定价 **36.00** 元

# 前　言

　　本书是根据高职高专院校电子技术基础课程教学的基本要求和人才培养的目标和特点，结合现代电子技术的发展趋势而编写的。

　　本书的主要内容有：模拟部分，包括半导体器件、基本放大电路、集成运算放大电路、信号发生电路、直流稳压电路；数字部分，包括数字电路基础与组合逻辑、时序逻辑电路、半导体存储器、数模与模数转换器、脉冲信号的产生与整形等。全书共 21 个实操练习项目，章末配有复习思考题。

　　本书在内容及各章节编排上，充分考虑了高职高专电气自动化技术、发电厂及电力系统、应用电子技术、电子信息工程等专业的需求，以必需、够用和突出实操技能培养为教材改革方向，精简了必要的理论推导过程，侧重于基本分析方法、设计方法和应用。在注重基本概念和基础理论的同时，更突出了应用、实操能力的培养，将案例和实际操作技能训练项目融入本书的编写中，每章均增加有实操练习项目，使学生能够很快地将理论与实际运用紧密结合起来，既能提高学生的理解能力，又能培养学生的学习兴趣。全书知识衔接紧凑，叙述通俗易懂，适合作为高职高专教育电气自动化技术、发电厂及电力系统、应用电子技术、电子信息工程等专业的学习教材，也可作为成人自学教材和职业技术培训教材。

　　本书由黄河水利职业技术学院马国瀚任主编，黄河水利职业技术学院高玲、河南科技学院尹立强任副主编，其中黄河水利职业技术学院鲁俊婷和郑州电力高等专科学校李晓洁共同编写了第 1 章和第 7 章，马国瀚编写了第 2 章，尹立强编写了第 3 章，河南交通职业技术学院宋全有、郭彬、何红丽、王俊玲共同编写了第 4、5、6、8 章，高玲和黄河水利职业技术学院刘金浦共同编写了第 9 章和第 10 章。全书由马国瀚统稿。

　　本书由天津职业大学付植桐教授主审，河南交通职业技术学院付志强副教授和黄河水利职业技术学院胡键副教授、何瑞副教授审阅，在此表示由衷的感谢。

　　由于编者水平有限，加之时间仓促，书中难免有一些不当之处，恳请多多指正。

编者

2013 年 5 月

# 目　录

# 第一篇
## 模拟电子技术

# 第1章　半　导　体　器　件

半导体器件是现代电子技术的核心元件，是模拟、数字电子电路的基础。

**本章的学习目标是：**

1. 了解本征半导体和掺杂半导体的导电原理与特性，掌握 PN 结的基本特点及应用。

2. 掌握二极管的结构、工作特性、主要参数及应用。

3. 掌握晶体三极管的结构、组成，理解其放大原理、主要参数。

4. 了解 MOS 管的特性、主要参数以及与晶体三极管的性能区别。

## 1.1　半导体的基础知识

### 1.1.1　半导体的导电特性

自然界的物质按其导电性可分为导体、半导体和绝缘体。导电能力介于导体和绝缘体之间的物质称为半导体，其具有独特的属性——不稳定性。目前制作半导体器件的主要材料是硅（Si）、锗（Ge）、硒（Se）以及大多数的金属氧化物。

半导体的导电性能在不同条件下有着显著的差异，具有可控性，即在温度、光照、掺杂等因素的作用下对其导电性有较大影响。例如：

（1）半导体受热后，其电阻率随温度上升会明显下降，其导电能力则随温度上升显著增加，这称为半导体的热敏性。

（2）半导体受光照时，其电阻率会有改变，这称为半导体的光敏性。

（3）在纯净的本征半导体中掺入少量特定的杂质元素后，其导电性会有极大增强，这是改变半导体导电性最常用、最直接的方法。利用半导体的掺杂特性，通过工艺制造出各种不同用途、规格的半导体二极管、三极管、场效应管及晶闸管等。

下面简单介绍半导体的内部结构及导电机理。

1. 本征半导体

完全纯净的、具有单晶体结构的半导体称为本征半导体。硅和锗是制造半导体器件的基本材料，它们都是 4 价元素，电子结构最外层轨道上有 4 个价电子，图 1-1 是简化原子结构模型。纯净的硅和锗都是单晶结构，在晶体结构中，原子排列非常有规律，原子结构中最外层外轨道上 4 个价电子不仅受自身原子核束缚，还与其相邻的 4 个原子核相吸引，每个原子都和周围的 4 个原子以共价键的形式两两互相紧密地联系，如图 1-2 所示。处在共价键中的电子称为束缚电子。从物理学中知道，纯净的半导体（本征半导体）中的载流子数量很少，其导电能力很弱。

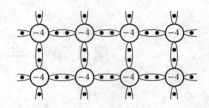

图 1-1　硅和锗简化原子结构模型　　图 1-2　硅（锗）原子共价键结构示意图

在本征半导体的共价键结构中，价电子不像绝缘体中的电子那样被束缚得紧紧的，在室温下少数价电子受热激发获得足够的能量，成为自由电子，同时必然在共价键中留下一个空位，称为空穴。在电子技术中，将空穴看成带正电荷的载流子。

在外电场的作用下，一方面自由电子产生定向移动，形成电子电流；另一方面，可以看成价电子也按一定方向在依次填补空穴，即空穴以相反方向产生了定向移动，形成所谓的空穴电流。

在本征半导体中，受热激发自由电子和空穴是成对出现的，称为空穴—电子对。同时，电子和空穴又可能随时相遇重新结合而成对消失，称之为复合。在一定温度下，载流子的产生和复合过程处于动态平衡，即载流子维持一定的浓度。由此可见，半导体中存在着两种载流子：带负电的自由电子和带正电的空穴。而本征半导体有以下特点：

（1）本征半导体中存在两种载流子：带负电荷的自由电子和带正电荷的空穴。

（2）温度越高，自由电子和空穴对越多。

（3）在纯净的本征半导体中，由热激发产生的自由电子和空穴对出现的数量很少。在一定温度下自由电子和空穴维持一定的浓度。电子和空穴的复合运动是杂乱无章的，并对外不显电性，只有在外电场作用下，电子和空穴的运动才具有方向性。

2. 掺杂半导体

本征半导体在常温下的载流子浓度很低，其导电性能很差，实际中没有多大用处。但如果在其中掺入特定的微量杂质，其导电性能会有极大增强。

（1）N 型半导体。在硅（或锗）晶体中掺入微量的 +5 价元素，如磷（P）、砷（As）等，由于磷原子外层有 5 个价电子，其中 4 个价电子分别与相邻的 4 个硅（或锗）原子组成共价键。多余的 1 个价电子很容易受激发挣脱磷原子核的束缚而成为自由电子。磷原子则因失去电子而成为正离子。

由此可见，掺入这种杂质后会使自由电子数量成千上万倍地大幅增加，远大于晶体本身由于热激发而产生的电子数。此时，自由电子称为多数载流子，简称多子；空穴称为少数载流子，简称少子。这种掺杂半导体称为电子型半导体或 N 型半导体。

（2）P 型半导体。在硅（或锗）晶体中掺入特定微量的 +3 价元素硼（B）等，由于硼原子外层只有 3 个价电子，它与相邻的 4 个硅（或锗）原子组成共价键时，因缺少一个价电子而空出一个空位。在常温下，附近共价键中的价电子会很容易地填补这处空位，而在原来价电子处形成一个空穴。硼原子因得到一个电子而成为负离子。

由此可见，掺入 +3 价元素杂质后空穴数量会大大增加。空穴数远大于因热激发而产生的自由电子。所以，这种掺杂半导体空穴为多数载流子，自由电子为少数载流子。这种掺杂半导体称为空穴型半导体或 P 型半导体。

### 1.1.2 PN 结

1. PN 结的形成

在同一块半导体晶片上，采用不同掺杂工艺，使晶片两边分别形成 P 型和 N 型半导体，在异型半导体交界面，存在电子和空穴的浓度差。因此，载流子将从浓度高的区域向浓度低的区域扩散，即 P 区的多子空穴向 N 区扩散，N 区的多子电子向 P 区扩散，如图 1-3（a）所示。扩散的结果是：在交界面 P 区一侧得到电子的复合而产生负离子，在 N 区一侧得到空穴的复合而产生正离子，于是在交界面两侧形成一层很薄的空间电荷区，如图 1-3（b）所示。在此区中，多数载流子已被扩散到对方的异型载流子复合掉了，或者说消耗尽了，故又称该区为耗尽层。这个区域就是 PN 结。

在这个空间电荷区内，存在一个由 N 区指向 P 区的交界面电场，称为内电场，如图 1-3（b）所示。而内电场对扩散运动起阻止作用，所以空间电荷区又可称为阻挡层。载流子在电场力的作用下定向移动，称为漂移运动。电子与空穴的扩散运动随着内电场的增强而逐步减弱，此时扩散运动和漂移运动同时发生，直至达到动态平衡，这样在交界面处形成一定宽度而稳定的空间电荷区。

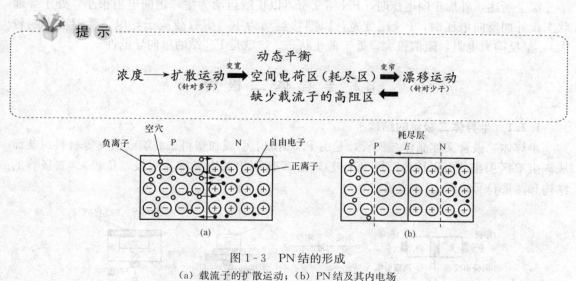

图 1-3　PN 结的形成
(a) 载流子的扩散运动；(b) PN 结及其内电场

2. PN 结的单向导电特性

（1）PN 结外加正向电压。PN 结的正向导通特性，即 P 区接电源正极，N 区接电源负极，此时称 PN 结外加正向电压（或称正向偏置），电路如图 1-4（a）所示。此时电源 E 在 PN 结的外电场与内电场方向相反。当外电场大于内电场时，扩散和漂移运动的平衡被打破。外电场驱使 P 区的空穴进入空间电荷区与一部分负离子中和，多数载流子的扩散运动增强，形成正向电流。在一定范围内，正向电流随外电场增强而增大。这时 PN 结呈现低阻值，PN 结处于正向导通状态。

（2）PN 结外加反向电压。电源的正极接 N 区，负极接 P 区，称反向接法或反向偏置。此时外加电压在阻挡层内形成的电场与自建内电场方向相同，增强了内电场，使阻挡层变宽，如图 1-4（b）所示。在内电场增强下，使多数载流子扩散运动难以进行。同时少数载流子的漂移运动被加强，但由于数量很少，所以只能形成很小的反向电流。这时 PN 结呈现的反向电阻很高，PN 结处于截止状态。

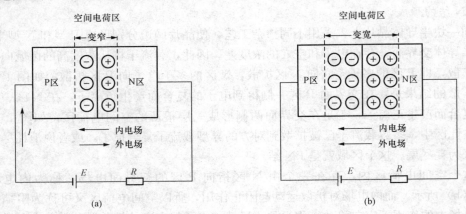

图 1-4　PN 结单向导电特性

（a）外加正向电压；（b）外加反向电压

综上所述，外加正向电压时，PN 结变窄，以扩散运动为主，正向电阻很小，处于导通状态；外加反向电压时，PN 结变宽，以漂移运动为主（少数载流子导电，受温度影响较大），呈反向大电阻，阻值很大，处于截止状态。这就是 PN 结的单向导电性。

## 1.2　半导体二极管

### 1.2.1　半导体二极管的结构

半导体二极管又称晶体二极管，是由 PN 结加上引线和塑料、玻璃或铁皮等材料封装而成。由 P 区引出的电极称为阳极（正极），由 N 区引出的电极称为阴极（负极）。二极管的结构和图形符号如图 1-5 所示。

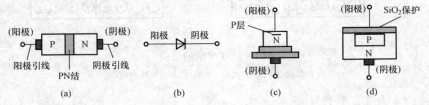

图 1-5　二极管的结构和图形符号

（a）二极管结构；（b）图形符号；（c）点接触型；（d）面接触型

按制造材料，二极管可分为硅管和锗管；按工艺可分为点接触型和面接触型；按用途可分为整流二极管、检波二极管、光电二极管、开关二极管和激光二极管等。

点接触型二极管结构如图 1-5（c）所示，其特点是 PN 结面积小，结电容小，高频性能好，最高工作频率可达几百兆赫兹，适用于高频和小功率的工作场合，也可用作脉冲数字电路的开关元件。

面接触型二极管结构如图 1-5（d）所示，其特点是 PN 结面积较大，能通过大电流，但其结电容也大，只能工作在较低的频率下工作，一般应用于大功率整流电路，作为整流器件使用。

### 1.2.2　半导体二极管的特性及参数

**1. 二极管的伏安特性**

二极管的伏安特性就是二极管两端所加电压与其对应电流的关系曲线。图 1 - 6 所示为典型的二极管伏安特性曲线。二极管最重要的性能是单向导电性，其伏安特性具有如下特点：

（1）正向特性。由图 1 - 6 可见，当二极管加正向电压较小时，其正向电流几乎为零，即外电场还不能克服 PN 结内电场而呈高阻值所致，称之为门限电压或死区电压。通常硅管的死区电压约为 0.5V，锗管的死区电压约为 0.2V。

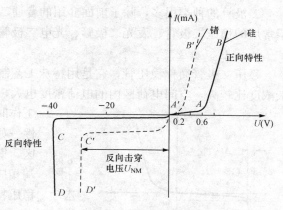

图 1 - 6　二极管伏安特性曲线

当二极管加正向电压超过某一值（死区电压）时，内电场被克服，二极管呈现低阻值，处于正向导通状态。二极管正向导通压降为 $U_F$，硅管 $U_F$ 为 0.6～0.8V，锗管 $U_F$ 为 0.2～0.3V。

（2）反向特性。由图 1 - 6 可见，当二极管加反向电压时，外电场与内电场方向一致，只由少数载流子的漂移运动形成很小的反向电流，且基本不变，称之为反向饱和电流。

当反向电压逐渐增加而达到一定数值时，反向电流突然增大，产生击穿，二极管失去单向导电性。这种现象称为反向击穿。击穿的原因是：①PN 结两边掺入高浓度杂质，其阻挡层宽度很小，在强电场作用下，价电子可以挣脱共价键的束缚，大量产生电子—空穴对，此称为齐纳击穿；②由于载流子在强电场中获得足够大的能量，将与其他原子发生碰撞，形成大量的电子—空穴对（碰撞电离），并引起连锁反应，使反向电流迅速增大，这种击穿称为雪崩击穿。雪崩击穿电压高于齐纳击穿电压。

普通二极管反向击穿后，可能导致 PN 结不可逆转的热击穿，而失去单向导电性，因此二极管所加反向电压值应小于其反向击穿电压。

**2. 二极管主要参数**

描述器件特性的物理量，称为器件的参数。它是反映其本身工作性能和适用范围，也是选择器件的依据。二极管的主要参数有：

（1）最大反向工作电流 $I_{FM}$。它是指二极管长时间使用时允许通过的最大正向平均电流。工作时应使工作平均电流小于 $I_{FM}$，如果超过 $I_{FM}$，二极管将过热而烧毁。此值取决于 PN 结的面积、材料和散热情况。

（2）最大反向工作电压 $U_{RM}$。这是指二极管不被反向电压击穿而规定的反向峰值。为了留有余地，通常取击穿电压的一半作为 $U_{RM}$。

（3）最大反向电流 $I_{RM}$。$I_{RM}$ 指二极管加上最大反向工作电压 $U_{RM}$ 时的反向漏电流值。$I_{RM}$ 值一般很小，反向电流是由少数载流子形成的，在几毫安以下，若反向电流 $I_{RM}$ 大，说明二极管的单向导电性差。$I_{RM}$ 值受温度的影响很大。

（4）最大工作频率 $f_M$。$f_M$ 是指保持二极管单向导通时，外加电压的最高频率。其值主要取决于 PN 极间电容的大小，结容越小，工作频率越高。

### 1.2.3　几种常用的特殊二极管

二极管的种类很多，除了前面介绍的普通二极管外，还有一些特殊的二极管。下面就介绍常用的稳压二极管、发光二极管、光电二极管、变容二极管。

#### 1. 稳压二极管

稳压二极管简称稳压管，它是用特殊工艺制造的面接触型硅半导体管。这种二极管的掺杂浓度比较高，空间电荷区内的电荷密度也大，因而该区域很窄，容易形成强电场。二极管工作时，加反向电压，是利用 PN 结的反向击穿特性。如图 1-7 所示，如果二极管工作在反向击穿区，即在反向电流 $\Delta I$ 较大变化范围内，二极管两端相应的 $\Delta U$ 变化却很小，这反映出它具有很好的稳压特性。

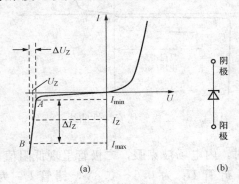

图 1-7　稳压二极管的特性曲线和图形符号
(a) 特性曲线；(b) 图形符号

当其被反向击穿后，在外加电压减小或消失时，PN 结能自动恢复而不至于损坏，只要是流过稳压管的反向电流不超过其最大允许值，PN 结就不会被热击穿，且能长期工作。稳压管主要用于电路的稳压环节和直流电源电路中，常用的有 2CW 型和 2DW 型。

稳压管的主要参数如下：

（1）稳压电压 $U_Z$：是指稳压管工作在反向击穿区时的稳定工作电压。稳压电压 $U_Z$ 是挑选稳压管的主要依据之一。不同工艺制造的不同稳压管的稳压值是不同的，例如 2DW7C 稳压管，$U_Z$ 为 6.1～6.5V。

（2）稳定电流 $I_Z$：是使稳压管正常工作时的最小电流，当低于此值时稳压效果较差。

（3）稳定电压温度系数 $\alpha$：表示稳定电压值受温度影响的参数，其定义为温度每升高 1℃时稳定电压值的相对变化量。$\alpha$ 值较小，表示稳定电压值受温度影响较小。

（4）动态电阻 $r_Z$：在稳定工作范围内，稳压管两端电压的变化量 $\Delta U_Z$ 与相应电流 $\Delta I_Z$ 的变化量之比，即 $r_Z = \Delta U/\Delta I$。$r_Z$ 值越小，则稳压性能越好。

（5）最大稳定电流 $I_{Zmax}$ 和最小稳定电流 $I_{Zmin}$：是稳压管正常工作的电流范围。当工作电流 $I_Z < I_{Zmin}$ 时，稳压管就不能正常工作；当工作电流 $I_Z > I_{Zmax}$ 时，稳压管会因过热而损毁。

（6）额定功率 $P_Z$：是在稳压管允许结温下的最大功率损耗。其计算公式为：$P_Z = U_Z I_{Zmax}$。

#### 2. 发光二极管

发光二极管是一种将电能转换成光能的半导体器件，英文简称为 LED（Light-Emitting Diode）。它的 PN 结是由磷砷化镓、镓铝砷或磷化镓等材料制成，也具有单向导电性。当 PN 结正向导通时，由于电子和空穴的复合而释放能量发光，产生红、鲜红、黄、绿等可见光。发光二极管耗电小，寿命长。其外形和图形符号如图 1-8 所示。

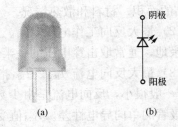

图 1-8　发光二极管的外形和图形符号
(a) 外形；(b) 图形符号

在发光二极管的基础上,又可制成激光二极管,它发射红外线。激光二极管在小功率光电设备中广泛应用,如 VCD、DVD、计算机光驱、激光打印机的打印头等。

### 3. 光电二极管

光电二极管的结构也是一个 PN 结,是利用半导体材料的光敏特性而制成的。图形符号如图 1-9 所示。

当 PN 结受光照射时,可以激发产生大量电子—空穴对,从而提高少数载流子的浓度,在外加反向电压作用下,少子漂移电流显著增大。当外界光强变化时,二极管反向电流大小也会随之改变。由此可见,光电二极管正常工作时应接反向电压。

图 1-9 光电二极管图形符号

### 4. 变容二极管

二极管结电容的大小除与本身结构和工艺有关外,还与外加电压有关。结电容会随反向电压的增加而减小,将这种效应显著的二极管称为变容二极管。变容二极管的特性曲线及图形符号如图 1-10 所示。同一个变容二极管的最大电容与最小电容之比约为 5∶1。变容二极管广泛用于高频调谐技术中,如电视机、收音机等的高频调谐器电路。

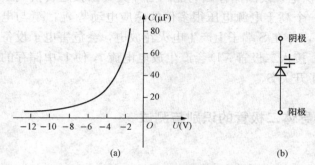

图 1-10 变容二极管的特性曲线及图形符号
(a) 特性曲线;(b) 图形符号

### 1.2.4 半导体二极管的应用

二极管是电子电路常用的半导体器件,其应用很广,主要是利用其单向导电性及开关特性,可用于整流、限幅、检波、元件保护以及在脉冲数字电路中作开关器件等。

### 1. 整流

整流是指将交流电变为单向脉动直流电。利用二极管的单向导电性可组成单相、三相等各种形式的整流电路,先将交流电变为单向脉动直流电,然后再经滤波、稳压,最终获得平稳的直流电。这些将会在后面章节中介绍。

### 2. 限幅

限幅是指限制电路的电压输出不高于某一额定值。在电子电路中,常用限幅电路来减小或限制信号的幅值。利用二极管导通后两端电压很小,且能保持不变的特点来构成各种限幅电路,目的是将输出电压限制在某一电压值以内。如图 1-11 所示为一正负对称的限幅电路。

当 $-U_{s2} < u_i < U_{s1}$ 时,VD1、VD2 都处于反向偏置而截止,因此 $i=0$,$u_o=u_i$。当 $u_i > U_{s1}$ 时,VD2 截止,VD1 处于正向偏置而导通,此时 $u_o=U_{s1}$。当 $u_i < -U_{s2}$ 时,VD1 截止,VD2 处于正向偏置而导通,此时 $u_o=-U_{s2}$。这样输出电压被限制在 $+U_{s1}$ 和 $-U_{s2}$ 之间,像是将输入信号的高峰和低谷部分都被削掉,这种电路又称为削峰(限幅)电路,如图 1-11 (a) 所示,输出波形如图 1-11 (b) 所示。

### 3. 元件保护电路

在电子电路中,常用二极管来保护其他元件器件免受过高电压的损害,例如图 1-12 所示的二极管保护电路。

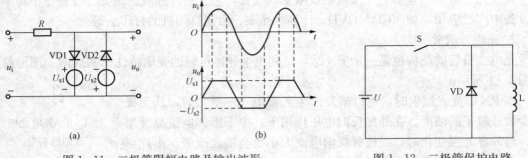

图 1-11　二极管限幅电路及输出波形　　　　　图 1-12　二极管保护电路
(a) 限幅电路；(b) 输出波形

在开关 S 接通时，电源 U 给线圈 L 供电，线圈储存磁场能。当开关 S 由接通转换到断开的瞬间，电流突然中断，L 中将产生一个高于电源电压很多倍的感应电动势 $e_L$，$e_L$ 与电源电压 U 叠加共同作用在开关 S 端子上，并在 S 端子上产生电火花放电，会危害电子设备的正常工作，使开关 S 的使用寿命缩短。接入二极管 VD 会产生放电电流 $i$，使 L 中储存的磁场能不经过开关 S 放电，这样就保护了开关 S。

## 实操练习 1　半导体二极管的识别与测试

### 一、目的要求
(1) 认识各类二极管的外貌特征，掌握其对应的图形符号。
(2) 掌握用万用表判别二极管极性和质量的检测方法。

### 二、工具、仪表和器材
(1) 工具：万用表 1 台或数字型万用表 1 台。
(2) 元件：2AP 型、2DW 型二极管各 1 只觇发光二极管 3 只；红外发光二极管 1 只；光电二极管 1 只；其他残次各类二极管若干只。

### 三、实操练习内容与步骤
(一) 二极管的外形识别
(二) 各类二极管的测试与极性判别

1. 普通二极管的测试
主要是依据二极管的单向导电性原理：其反向阻值远远大于正向电阻。具体方法如下：
(1) 判别正、负极性。使用万用表的欧姆挡进行判别。当用万用表的欧姆挡时，实际表内接一个内部电源，其正极外接黑表笔，负极外接红表笔。选用欧姆挡在 $R \times 100$ 或 $R \times 1k$ 挡，将两表笔分别接二极管的两个电极。若测出的电阻值较小，表明此时是正向导通，黑表笔接的是二极管的阳（正）极，红表笔则是二极管的阴（负）极；若测出的电阻值较大（几千欧或几百千欧），则为反向截止，此时红表笔接的是二极管的正极，黑表笔接的是二极管的负极。
(2) 鉴别二极管的性能。通过测量其正、反向电阻来判断二极管性能的好坏。测量时选用欧姆挡在 $R \times 100$ 或 $R \times 1k$ 挡，一般小功率硅二极管反向电阻为几百千欧或几千千欧，锗管为 $100\Omega \sim 1k\Omega$。测量二极管的反向电阻值与正向电阻值相差越大，则二极管的质量越好；

测量二极管的反向电阻值与正向电阻值相差很小，说明二极管已失去其单向导电性；测量二极管的反向电阻值与正向电阻值均为无穷大，说明二极管内部已断开。

（3）判别硅管、锗管：可根据硅、锗管导通时压降不同的原理来判别。将二极管接入电路，其导通时，用万用表测其正向压降，硅管一般为 $0.6\sim0.7V$，锗管为 $0.1\sim0.3V$。

2. 发光二极管的测试

发光二极管通常是用砷化镓、磷化镓等制成的一种新型发光器件，具有要求电压低、耗电少、响应速度快、抗振动、性能可靠及轻而小的特点。

发光二极管和普通二极管一样具有单向导电性。测量时，用万用表 $R\times10k$ 挡测试。一般正向电阻应小于 $30k\Omega$，反向电阻应大于 $1M\Omega$；若正、反向电阻均为零，说明其内部被击穿；若正、反向电阻均为无穷大，则表明其内部已开路。

3. 稳压二极管的测试

（1）判别正、负极性。稳压二极管极性的判别与上述普通二极管的判别方法相同。

（2）鉴别其性能。测量原理：万用表 $R\times10k$ 挡的内部电源都在 9V 左右，可达到被测稳压二极管的击穿电压，击穿后其反向电阻值减小。

测量时，先将万用表置于 $R\times1k$ 挡，黑表笔接稳压二极管的负极，红表笔接稳压管正极，测量其电阻值，较大；再将万用表置于 $R\times10k$ 挡，用同样的方法测量，若此时其反向电阻很小，说明该稳压二极管正常。

# 1.3 半导体三极管

半导体三极管（Bipolar Junction Transistor，BJT）又称晶体三极管、双极型三极管，是基本放大单元器件，又可作开关元件，是组成各种电子电路的核心部件，有十分广泛的应用。

## 1.3.1 半导体三极管的基本结构

半导体三极管是两端为相同材料，中间为不同材料，构成 2 个 PN 结呈背靠背的方式连接起来，组成三极管。晶体三极管工作过程中，由两种载流子（空穴和电子）参与导电，故又被称为双极型晶体管。三极管分为 PNP 型和 NPN 型两类。三极管按材料分为硅管和锗管。其结构和图形符号如图 1-13 所示。

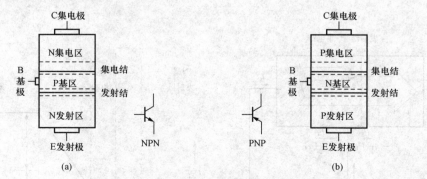

图 1-13 三极管的结构和图形符号

（a）NPN 型；（b）PNP 型

由图 1-13 可见，不管是 NPN 型还是 PNP 型三极管：都有 3 个区，分别是发射区、基区和集电区，并且从这 3 个区中，相应引出的电极为发射极 E、基极 B 和集电极 C；构成 2 个 PN 结，发射区与基区间的 PN 结称为发射结，集电区与基区间的 PN 结称为集电结。

在制造工艺上为了实现三极管的电流放大作用，由硅制造的 NPN 型三极管应用最广泛，下面就以 NPN 型三极管为例来分析。

### 1.3.2　半导体三极管的放大原理与电流分配

三极管从结构上看，相当于 2 个 PN 结背靠背地串联在一起。除前面提到的内部结构特点外，还应具有外部条件：外加电源的极性应保证发射结处于正向偏置状态；集电结应处于反向偏置状态。在满足上述条件下，三极管才具有放大作用。

1. 载流子的传输过程

下面以 NPN 型三极管为例讨论其内部载流子传输过程：

（1）发射区向基区注入电子。发射结外加正向电压，势垒由 $U_0$ 减小到很小，发射结处于正向偏置。此时扩散运动占主导地位（扩散→多子）。则使发射区电子（多子）不断通过发射结扩散到基区，基区空穴（多子）也扩散到发射区，但可忽略。从而形成发射极电流 $I_E$，方向与电子流动方向相反。

结论：发射结正向偏置，利于扩散运动（多子），不利于漂移运动（少子）。

（2）电子在基区中的扩散与复合。发射区的电子（多子）大量涌入基区后，其中绝大部分（基区被做得很薄）能到达集电结。但有部分电子（多子，不是基区的多子）在基区与空穴复合形成基极电流 $I_B$，很小。因为，基区掺杂浓度很低。

（3）集电区收集扩散过来的电子。集电结反向偏置，势垒由 $U_0$ 增加到 $U_0+U_{CC}$。集电区多子（电子）和基区的多子（空穴）就很难越过势垒而不参加导电。而此时，势垒却对于从发射区扩散到基区，并到达集电结处的电子，可通过漂移运动（漂移→少子）经集电结到达集电区，形成集电极电流 $I_C$。同时，集电结的高势垒，使基区中少子（电子）和集电区少子（空穴）形成反向漂移电流——反向饱和电流 $I_{CBO}$。其值很小，受温度影响较大，主要形成晶体三极管的热噪声源。

结论：集电极电流 $I_C$ 是由大部分的发射区电子（多子），先扩散运动、再漂移运动到达集电区而形成的。

上述三极管内部载流子的传输过程如图 1-14 所示，图 1-15 为三极管发射结与集电结的势垒图。

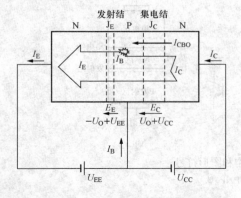

图 1-14　三极管载流子传输过程及电流分配

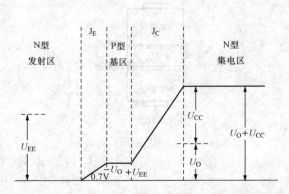

图 1-15　三极管发射结与集电结势垒图

2. 电流分配

集电极电流 $I_C$ 由两部分组成：$I_{Cn}$ 和 $I_{CBO}$，$I_{Cn}$ 是发射区的电子被集电极收集后形成的，$I_{CBO}$ 是集电区和基区的少数载流子漂移运动所形成的，即

$$I_C = I_{Cn} + I_{CBO} \tag{1-1}$$

对发射极电流 $I_E$，有 $I_C \approx I_E$，这是因为发射区注入的电子绝大多数到达了集电极形成 $I_C$，只有少部分电子在基区和空穴复合形成基极电流 $I_B$，所以有

$$I_E = I_C + I_B（满足节点电流定律） \tag{1-2}$$

基极电流 $I_B$ 由两部分组成：$I_{Bn}$ 和 $I_{CBO}$，即

$$I_B = I_{Bn} - I_{CBO} \tag{1-3}$$

一般希望由发射区注入的电子绝大多数能够到达集电极，形成集电极电流 $I_C$，即 $I_C \gg I_B$。

常用共基极直流放大系数 $\bar{\alpha}$ 来衡量上述关系，其定义为

$$\bar{\alpha} = \frac{I_{Cn}}{I_E} \tag{1-4}$$

一般三极管的 $\bar{\alpha}$ 值为 0.95～0.99。将式（1-4）代入式（1-1），可得

$$I_C = I_{Cn} + I_{CBO} = \bar{\alpha} I_E + I_{CBO} \tag{1-5}$$

通常 $I_C \gg I_{CBO}$，可将 $I_{CBO}$ 忽略，由上式可得出

$$\bar{\alpha} \approx \frac{I_C}{I_E} \tag{1-6}$$

令

$$I_C / I_B = \frac{\bar{\alpha} I_E}{(1-\bar{\alpha}) I_E} = \frac{\bar{\alpha}}{1-\bar{\alpha}} = \bar{\beta} \tag{1-7}$$

式中 $\bar{\beta}$——共发射极直流放大系数。

当 $I_C \gg I_{CBO}$ 时，$\bar{\beta}$ 又可写成

$$\bar{\beta} = \frac{I_C}{I_B} \tag{1-8}$$

则

$$I_C = \bar{\beta} I_B + (1+\bar{\beta}) I_{CBO} = \bar{\beta} I_B + I_{CEO} \tag{1-9}$$

$$I_{CEO} = (1+\bar{\beta}) I_{CBO} \tag{1-10}$$

式中 $I_{CEO}$——穿透电流。

一般三极管的 $\bar{\beta}$ 为几十至几百。$\bar{\beta}$ 太小三极管放大能力差，而 $\bar{\beta}$ 过大三极管就不够稳定。三极管的放大作用，主要是针对交流变化量。当三极管的基极电流 $I_B$ 有一个微小变化时，相应地集电极电流 $I_C$ 产生较大的变化。定义这两个变化电流之比为发射极交流放大系数 $\beta$，即

$$\beta = \frac{\Delta I_C}{\Delta I_B} \tag{1-11}$$

将集电极电流与发射极电流的变化量之比，定义为共基极交流放大系数，即

$$\alpha = \frac{\Delta I_C}{\Delta I_E} \tag{1-12}$$

显然 $\beta$ 与 $\bar{\beta}$，$\alpha$ 与 $\bar{\alpha}$ 的意义是不同的。由此可见，$I_C$ 受 $I_B$ 变化的影响很大，现规定 $I_B$ 是控制源，而 $I_C$ 是受控源。

### 1.3.3　半导体三极管的特性曲线

三极管外部各电极电压与电流间的相互关系，称为三极管的特性曲线。它反映了三极管的技术性能，是分析放大电路的重要依据，特性曲线通常用晶体管特性图示仪显示出来。其测试电路如图 1-16 所示。以共射极接法的特性曲线最常用，下面讨论 NPN 三极管的共射输入特性和输出特性曲线。

**1. 输入特性曲线**

当集射极电压 $U_{CE}$ 不变时，输入回路中的电流 $I_B$ 与电压 $U_{BE}$ 之间的关系曲线称为输入特性曲线，即

$$I_B = f(U_{BE})\big|_{U_{CE}=c} \qquad （其中 C = 常数） \qquad (1-13)$$

测量时先固定 $U_{CE} > 0$，调节 $R_B$ 测得相应的 $I_B$ 与 $U_{BE}$ 的值，便可得到一条输入特性曲线，如图 1-17 所示。

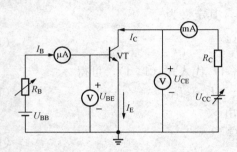

图 1-16　三极管特性曲线测试电路

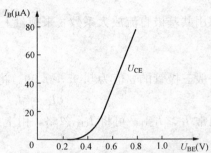

图 1-17　三极管的输入特性曲线

当 $U_{CE} \geqslant 1V$ 时，集电结已反向偏置，且其内电场已足够强，可以将发射区注入基区的电子中的绝大部分拉入集电区。此时如果 $U_{CE}$ 再增大，对 $I_B$ 的影响较小，只要 $U_{BE}$ 保持不变（由发射区注入基区的电子数就维持一定），不再明显增加，即 $U_{CE} \geqslant 1V$ 后不同 $U_{CE}$ 值的输入特性曲线几乎重叠在一起。所以实际中，通常只给出 $U_{CE} > 1V$ 一条特性曲线。

由图 1-17 可见，三极管输入特性曲线也有一段死区。在正常工作情况下，硅管的死区 $U_{BE}$ 值为 0.6~0.8V，锗管的死区 $U_{BE}$ 值为 0.2~0.3V。

**2. 输出特性曲线**

当基极电流 $I_B$ 不变时，输出回路中的电流 $I_C$ 与电压 $U_{CE}$ 之间的关系曲线称为输出特性曲线，即

$$I_C = f(U_{CE})\big|_{I_B=c} \qquad （其中 C = 常数） \qquad (1-14)$$

固定一个 $I_B$ 值，然后调节 $U_{CE}$ 从零开始逐渐增大，可得一条输出特性曲线，改变 $I_B$ 值，重复上述测量过程，可得一族输出特性曲线，如图 1-18 所示。在输出特性曲线图上可划分 3 个区域：截止区、放大区和饱和区。

（1）饱和区。把输出特性曲线的直线上升和弯曲部分划为饱和区。此时 $U_{CE} \leqslant 1V$，三极管工作在饱和区时，发射结、集电结均

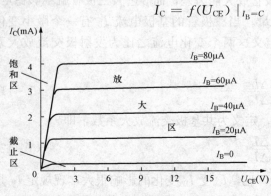

图 1-18　晶体三极管的输出特性曲线

处于正向偏置，三极管呈短接状态。集电结反向电压很小，此时 $I_C$ 受 $U_{CE}$ 的影响很大，只要有载流子就能顺利到达集电区，使得输出特性曲线的起始部分很陡。

（2）放大区（线性区）。此时发射结正向偏置，集电结反向偏置。该区是输出特性曲线比较平坦的部分。当 $I_B$ 一定时，$I_C$ 的值基本上不随 $U_{CE}$ 而变化，即由发射区扩散至集电结处的电子都被拉入集电区形成集电极电流 $I_C$，并不再增大。在这个区内，当基极电流 $I_B$ 发生微小的变化 $\Delta I_B$ 时，相应地集电极电流将产生较大的变化量 $\Delta I_C$，二者存在线性放大关系，即

$$\Delta I_C = \beta \Delta I_B \tag{1-15}$$

在放大区，$I_C$ 只受 $I_B$ 控制，而几乎与 $U_{CE}$ 的大小无关，故也称为恒流区。

（3）截止区。把输出特性 $I_B \leqslant 0$ 的曲线以下的部分称为截止区。此时 $U_{BE} = 0$，$U_{CE} \approx U_{CC}$，即发射结零偏或反偏，集电结反偏，三极管呈截止状态。当发射结开始反偏时，载流子被截止在发射结边缘，即发射区不再向基区注入电子，则三极管处于截止状态。

【例 1 - 1】 图 1 - 19 中画出了 NPN 型三极管基区少数载流子浓度分布的 3 种情况。请指出它们分别对应于下面列出的哪种电压值，并说明三极管处于什么工作状态：

（1）$U_{BE} = 0.7V$，$U_{CE} = 0.3V$；

（2）$U_{BE} = 0.7V$，$U_{CE} = 5V$；

（3）$U_{BE} = 0V$，   $U_{CE} = 5V$。

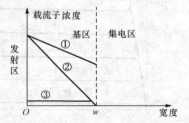

图 1 - 19　基区载流子浓度分布

**解** 因为 NPN 型三极管基区少数载流子为电子，所以此浓度分布曲线为电子的浓度。

因此，图 1 - 19 中曲线①对应电压关系（1），此时，集电结微导通，发射结正向导通，三极管工作在饱和区，基区电子浓度最高；曲线②对应电压关系（2），此时，集电结反向偏置，发射结正向导通，三极管工作在线性放大区，基区电子浓度居中；曲线③对应电压关系（3），此时，集电结反向偏置，发射结反向截止，三极管工作在截止区，由于电子被截止在发射区的边缘，此时，基区电子浓度最小。

### 1.3.4　半导体三极管的主要参数

三极管参数描述了三极管的性能特征，是评价三极管质量以及选择三极管的依据。

1. 电流放大系数 $\bar{\beta}$ 和 $\beta$

共射极放大电路中，在无交流输入信号时，集电极电流 $I_C$ 与基极电流 $I_B$ 的比值，称为共射极直流（静态）放大系数，用 $\bar{\beta}$ 表示，即

$$\bar{\beta} = \frac{I_C}{I_B} \tag{1-16}$$

当输入端有交流输入信号，集电极电压 $U_{CE}$ 一定时，由基极电流变化 $\Delta I_B$，而引起集电极电流变化 $\Delta I_C$，此 $\Delta I_C$ 与 $\Delta I_B$ 的比值，称为发射极交流放大系数 $\beta$，即

$$\beta = \frac{\Delta I_C}{\Delta I_B} \tag{1-17}$$

$\beta$ 体现了共射极接法下的电流放大作用。

2. 极间反向饱和电流 $I_{CBO}$ 和 $I_{CEO}$

（1）集电极—基极反向饱和电流 $I_{CBO}$。它是指当发射极开路时，在集电结反向电压的作

用下，集电极、基极间的反向漏电电流。

$I_{CBO}$取决于集电区和基区的少数截流子的浓度及温度，是晶体三极管的主要热噪声源，因而$I_{CBO}$值越小越好。

（2）集电极—发射极穿透电流$I_{CEO}$。它表示在基极开路时，集电极、发射极之间加一定反向电压时的反向电流。由于数值上$I_{CEO} = (1 + \bar{\beta})I_{CBO}$，所以$I_{CEO}$受温度的影响更大。

3. 极限参数

极限参数是为了保证半导体三极管使用而不得超越的极限值，以确保三极管安全工作或工作性能。

（1）集电极最大允许电流$I_{CM}$。当集电极电流$I_C$超过一定值时，三极管的电流放大系数$\beta$下降为正常值的1/3～2/3时$I_C$值为$I_{CM}$。当$I_C > I_{CM}$时，长时间工作可导致三极管损坏。

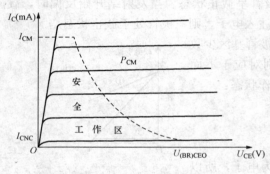

图 1-20　晶体三极管安全工作区

（2）集电极最大允许功率损耗$P_{CM}$。当三极管工作时，三极管集电结的功率损耗为$P_C = I_C U_{CE}$，集电极消耗的电能将转化为热能使三极管的温度升高，将使三极管的性能恶化，严重会使三极管损坏，因而应加以限制。将$I_C$与$U_{CE}$的乘积等于$P_{CM}$值的各点连接起来，可得一条双曲线，如图1-20所示。双曲线下方区域$P_C < P_{CM}$，为安全工作区。

需特别指出的是，$P_{CM}$与工作环境温度有关，在工作环境温度高或散热条件差时，则$P_{CM}$值下降。

（3）集电极—发射极反向击穿电压$U_{(BR)CEO}$。它是指当三极管基极开路时，加在集电极和发射极之间的最大允许电压。当$U_{CEO} > U_{(BR)CEO}$时，三极管集电极电流将剧增，使三极管被反向击穿而损坏。为了避免这种情况的发生，一般规定取

$$U_{CC} \leqslant \left(\frac{1}{2} \sim \frac{2}{3}\right) U_{(BR)CEO}$$

由$I_{CM}$、$P_{CM}$和$U_{(BR)CEO}$围起的区域为三极管的安全工作区，如图1-20所示。

## 1.4　绝缘栅型场效应管

场效应晶体管（Field Effect Transistor，FET）简称场效应管，是电子电路中最常用的另一类半导体器件。它是通过输入电压控制输出电流的一种电压控制器件。场效应管工作时因为只有一种载流子（电子或空穴）参与导电，故称为单极型电压控制器件。场效应管具有输入电阻高（可高达$10^7 \sim 10^{16}\Omega$）、热噪声小、功耗低、热稳定性好、抗辐射能力强、便于集成化的特点，故特别适用于要求高灵敏度、低噪声的电路。场效应管和三极管在结构制造和工作原理上截然不同，两者的差别很大。特别是在某些特殊场合，场效应管优于三极管，是三极管无法替代的。因而在现代电子技术中场效应管得到更广泛的应用。

场效应管分为结型（JFET）和绝缘栅型（MOS）两大类。结型是基本型，不常用。这里仅介绍应用较广泛的绝缘栅型场效应管由于栅极与其他电极及衬底绝缘，故称为绝缘栅。

又因为它是由金属、氧化物和半导体组成的，故称金属氧化物半导体（Metal-Oxide-Semi-conductor）场效应管，简称 MOS 管。由于其掺入离子数量不同，工作时存在差异。

### 1.4.1 绝缘栅型场效应管的结构

1. 增强型 MOS 管的结构

（1）N 沟道增强型 MOS 管（增强型 NMOS 管），结构如图 1-21（a）所示。它是以一块低掺杂的 P 型半导体为衬底（使用时衬底通常与源极连在一起），再用扩散法在 P 型衬底硅片上形成两个高浓度掺杂的 $N^+$ 区，然后在 P 衬底硅片表面上生长一层 $SiO_2$ 绝缘层，并在其上以两个 $N^+$ 区分别引出电极——漏极 D、栅极 G 和源极 S。

（2）P 沟道增强型 MOS 管（增强型 PMOS 管）。它是以低掺杂的 N 型半导体为衬底，再在 N 型衬底上扩散了两个高掺杂的 $P^+$ 区。图 1-21（b）、图 1-21（c）分别为 N 沟道增强型和 P 沟道增强型 MOS 管的图形符号，虚线表示原来没有生成的导电沟道。N 沟道增强型 MOS 管箭头方向是由衬底指向沟道；P 沟道增强型 MOS 管的箭头则是从沟道指向衬底。

所谓增强型就是栅极 G 与源极 S 之间电压 $U_{GS}=0$ 时，没有导电沟道，即无漏极电流，也就是 $I_D=0$；只有当 $U_{GS}>0$ 时，才有可能开始有漏极电流 $I_D$。

2. 耗尽型 MOS 管的构成

耗尽型 MOS 管的结构与增强型 MOS 管基本相同。只是在制造时，预先在 $SiO_2$ 绝缘层中掺入大量正离子。由于这些正离子的存在，当 $U_{GS}=0$ 时，就使 P 型衬底表面感应出了很多自由电子，从而建立了导电沟道，也称原始沟道。使用时，即使 $U_{GS}=0$，漏极 D 与源极 S 间加电压 $U_{DS}$，就可产生漏极电流 $I_D$。

所谓耗尽型就是当 $U_{GS}=0$ 时，存在导电沟道，漏极电流 $I_D \neq 0$。由此可见，耗尽型 MOS 管和增强型 MOS 管的区别是：耗尽型在 $U_{GS}=0$ 时，漏、源极之间已经存在原始导电沟道；而增强型只有当 $U_{GS}>0$ 时，漏、源极之间才能形成导电沟道。

耗尽型场效应管结构如图 1-22（a）所示，N 沟道耗尽型场效应管（耗尽型 NMOS 管）图形符号如图 1-22（b）所示，P 沟道耗尽型场效应管（耗尽型 PMOS 管）图形符号如图 1-22（c）所示。

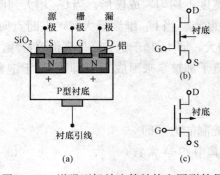

图 1-21 增强型场效应管结构和图形符号

（a）N 沟道增强型场效应管结构；（b）N 沟道增强型场效应管图形符号；（c）P 沟道增强型场效应管图形符号

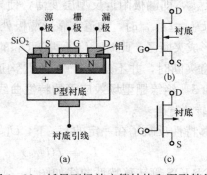

图 1-22 耗尽型场效应管结构和图形符号

（a）N 沟道耗尽型场效应管结构；（b）N 沟道耗尽型场效应管图形符号；（c）P 沟道耗尽型场效应管图形符号

### 1.4.2 绝缘栅型场效应管的工作原理

对增强型 NMOS 管，P 型衬底和源极 S 通常连在一起并接地。栅极 G 与源极 S 之间、漏极 D 与源极 S 之间分别接电源 $U_{GS}$ 和 $U_{DS}$，如图 1-23 所示。

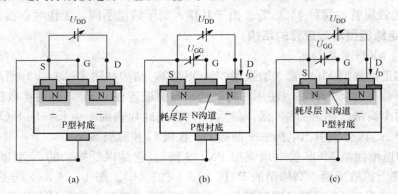

图 1-23　增强型 NMOS 管的工作原理

(a) $U_{GS}=0$ 时没有导电沟道；(b) $U_{GS}>0$ 时产生导电沟道；

(c) $U_{GS}$ 较大时出现夹断，$I_D$ 趋于饱和

(1) $U_{GS}=0$ 时的情况。此时，源极 S 与漏极 D 之间为两个背向串联的 PN 结，中间不存在导电沟道，故无论 $U_{DS}$ 电压如何，均有 $I_D=0$。

(2) $U_{GS}>0$ 时的情况。如图 1-23（b）所示，当栅极 G 与源极 S 间加上正向电压 $U_{GS}$ 后，由于栅极与衬底之间相当于一个平行电容器，$U_{GS}$ 垂直于绝缘层与 P 型衬底产生一强电场，该电场在绝缘层下方（此处电势最强）吸引 P 型衬底中的少子（电子），即在衬底上表面便形成一个 N 型薄层（反型层）。当 $U_{GS}$ 大于某一临界值即开启电压 $U_{GS(th)}$ 后，就会在衬底靠近栅极表面形成 N 型导电沟道，故称增强型 MOS 管。若此时使 $U_{DS}>0$，就可产生漏极电流 $I_D$。

(3) $U_{GS}>U_{GS(th)}$，$U_{DS}>0$ 时的情况。由前面的分析可以得出，$U_{GS}$ 控制着导电沟道的形成与宽窄。在导电沟道形成后，漏极 D 与源极 S 极间加的正向电压 $U_{DS}$ 增大，$I_D$ 也增大。同时，会沿沟道方向产生电压梯度，使靠近漏极 D 的电压 $U_{GD}$（$U_{GD}=U_{GS}-U_{DS}$）小于源极 S 的电压 $U_{GS}$，即漏极附近反型层变薄，使导电沟道宽度不均匀，成楔形。当 $U_{DS}$ 增大到使 $U_{GD}=U_{GS}-U_{DS}=U_{GS(th)}$ 时，沟道在靠近漏极处产生预夹断点。当 $U_{DS}$ 继续增大时，夹断点向源极处延伸形成夹断区。此时，$I_D$ 不再随 $U_{DS}$ 的增加而增大，即 $I_D$ 趋于饱和，呈现恒流特性。

注意夹断时，并不是 $I_D=0$，而是沟道中的载流子都被拿来形成 $I_D$，即 $I_D$ 趋于饱和。

### 1.4.3　绝缘栅型场效应管的特性曲线

1. 转移特性

转移特性反映了在一定的 $U_{DS}$ 下，$U_{GS}$ 对 $I_D$ 的控制能力，即

$$I_D = f(U_{GS})\,|_{U_{DS}=c} \qquad （其中 C = 常数） \qquad (1-18)$$

增强型 NMOS 管转移特性曲线如图 1-24 所示。

2. 漏极特性（又称输出特性）

漏极特性是 $U_{GS}$ 为某一确定值时，$I_D$ 与 $U_{DS}$ 之间的关系曲线，即

$$I_D = f(U_{DS})\,|_{U_{GS}=c} \qquad （其中 C = 常数） \qquad (1-19)$$

如图 1-25 所示，按增强型 NMOS 管的工作情况，可将漏极特性曲线分为 3 个区域：恒流区、截止区和可变电阻区。

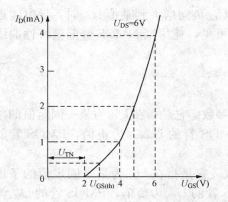

图 1-24　增强型 NMOS 管的转移特性曲线

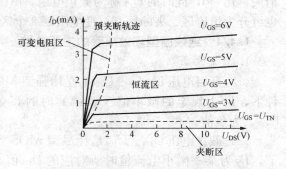

图 1-25　增强型 NMOS 管的漏极特性曲线

（1）可变电阻区。在预夹断轨迹（虚线）左边的区域内，$U_{DS}$ 相对较小，$I_D$ 随 $U_{DS}$ 的增加而迅速增加，输出电阻 $r_o$ 较小，且可以通过改变 $U_{GS}$ 的大小来改变 $r_o$，这个区域称为可变电阻区。

（2）夹断区，又称截止区。当 $U_{GS} < U_{TN}$（夹断电压）时，即 $U_{GS} = U_{TN}$ 以下的曲线区域。此时，由于尚未形成导电沟道，因此 $I_D \approx 0$。

（3）恒流区。在预夹断轨迹（虚线）右边的区域内，当 $U_{GS}$ 为常数时，$I_D$ 几乎不随 $U_{DS}$ 的变化而变化，特性曲线趋于与横轴平行，输出电阻 $r_o$ 很大，$U_{GS}$ 增大时，$I_D$ 随 $U_{GS}$ 线性增大，这一区域称为放大区（恒流区）。

综上所述，场效应管的漏极电流 $I_D$ 受栅极、源极间电压 $U_{GS}$ 的控制，即 $I_D$ 随 $U_{GS}$ 的变化而变化，所以场效应管是一种电压控制器件。场效应管 $U_{GS}$ 对 $I_D$ 控制作用的大小用跨导 $g_m$ 表示，即

$$g_m = \frac{\Delta I_D}{\Delta U_{GS}}\bigg|_{U_{DS} = C} \qquad （其中 C = 常数） \tag{1-20}$$

图 1-26 所示为耗尽型 NMOS 管的转移特性曲线和漏极特性曲线。从转移特性看，耗尽型 NMOS 管可在 $U_{GS}$ 为正、负和零的情况下工作，灵活性很大。$I_D$ 随 $U_{GS}$ 变化而不同，当 $U_{GS} = 0$ 时，由于存在原始沟道，在 $U_{DS}$ 作用下，即有漏极电流 $I_D$。当 $U_{GS} > 0$ 时，沟道加

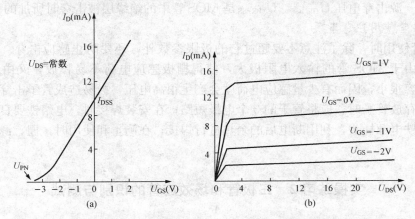

图 1-26　耗尽型 NMOS 管的转移特性曲线和漏极特性曲线

（a）转移特性曲线；（b）漏极特性曲线

宽，$I_D$ 增大；当 $U_{GS}<0$ 时，沟道变窄，$I_D$ 减小。当 $U_{GS}$ 负向增大到某值 $U_{PN}$ 时，导电沟道消失，$I_D=0$，此时的 $U_{PN}$ 称为截止电压。由图 1-26 可见，耗尽型 NMOS 管漏极特性曲线也可分为恒流区、夹断区和可变电阻区 3 个区域。

### 1.4.4 绝缘栅型场效应管的主要参数

1. 直流参数

（1）开启电压 $U_{GS(th)}$。$U_{GS(th)}$ 是增强型 MOS 管的参数。它是指在 $U_{DS}$ 为某一固定值的条件下，$I_D$ 为规定的微小值（50$\mu$A）时的 $U_{GS}$ 值。NMOS 管的 $U_{GS(th)}$ 为正值，PMOS 管的 $U_{GS(th)}$ 为负值。

（2）截止电压 $U_{PN}$。$U_{PN}$ 是耗尽型 MOS 管的参数。它是指在 $U_{DS}$ 为某一固定值的条件下，$I_D$ 为某一微小电流值时所对应的 $U_{GS}$ 值。NMOS 管的 $U_{PN}$ 为负值，PMOS 管的 $U_{PN}$ 为正值。

（3）输入阻抗 $R_{GS}$。$R_{GS}$ 是 $U_{GS}$ 与栅极电流 $I_G$ 的比值。MOS 管的 $R_{GS}$ 为 $10^9 \sim 10^{16}\Omega$，工作时 MOS 管几乎不从信号源取用电流，因此为压控器件。

2. 交流参数

（1）跨导 $g_m$。$g_m$ 是指在 $U_{DS}$ 为某固定值的条件下，$I_D$ 的变化量与 $U_{GS}$ 的变化量的比值，即

$$g_m = \frac{\Delta I_D}{\Delta U_{GS}}\Big|_{U_{DS}=C} \qquad \text{（其中 } C = \text{常数）} \qquad (1-21)$$

它是表征 $U_{GS}$ 对栅极电流控制作用大小的一个参数，反映了场效应管的放大能力，其单位是西门子（S）。

（2）极间电容。有栅—源电容 $C_{GS}$、栅—漏电容 $C_{GD}$ 和漏—源电容 $C_{DG}$，它们是由 PN 结电容和分布电容构成的。极间电容的存在决定了管子的最高工作频率和工作速度。

3. 极限参数

（1）最大漏极电流 $I_{DM}$。$I_{DM}$ 是管子工作时允许的最大漏极电流。

（2）漏极最大允许耗散功率 $P_{DM}$。$P_{DM}$ 是管子工作时允许的最高升温数值，否则管子会烧坏。

（3）漏—源击穿电压 $U_{(BR)DS}$。$U_{(BR)DS}$ 是 $U_{DS}$ 增大到使 $I_D$ 雪崩击穿时所加的 $U_{DS}$ 值。

（4）栅—源击穿电压 $U_{(BR)GS}$。$U_{(BR)GS}$ 是 MOS 管中的绝缘层被击穿时所加的 $U_{GS}$ 值。

4. MOS 管使用注意事项

MOS 管使用时，除了注意不要超过它的极限参数外，还要防止感应击穿。感应击穿发生的原因是由于 MOS 管的输入电阻极大，使得栅极感应电荷不易释放，又由于绝缘层很薄，极间电容很小，因而有少量感应电荷就会产生很高电压，极易造成管子击穿。为避免上述问题，在存放管子时，应将管子的 3 个电极短路；在安装焊接时，电烙铁要良好接地，最好拔下电烙铁电源插头，利用断电后的余热进行焊接；在测量和使用时，栅、源间必须有直流通路。

## 实操练习2　三极管和场效应管的识别与测试

### 一、目的要求

（1）认识各类三极管的外貌特征，掌握其对应的图形符号。

（2）掌握用万用表判别三极管、场效应管的管脚和质量的检测方法。

**二、工具、仪表和器材**

（1）工具：万用表 1 台或数字型万用表 1 台。

（2）元件：三极管 3DX27、2S3055、C1397、T1171 各 1 只；场效应管残次品，损坏的各类三极管、场效应管若干只。

**三、实操练习内容与步骤**

（一）三极管的外形识别

（二）各类三极管的基本测试与极性判别

1. 三极管的基本测试

（1）三极管 B 极和管型的判断。判断三极管的管型，首先必须判别出 B 极。具体方法如下：

将万用表置于欧姆挡，此时黑表笔接内电源的正极。将黑表笔接任一极，红表笔分别依次接另外两个电极，若在两次测量中万用表的指针均偏转很大（表明电阻很小，三极管的 PN 结加正向电压，处于导通状态），则黑表笔所接电极为 B 极，同时可判断该管为 NPN 型。若万用表表笔接任一极，黑表笔分别依次接另外两个电极，重复以上操作，直至产生同样的结果，则红表笔接的电极为 B 极，而管子为 PNP 型。

（2）三极管的发射极 E、集电极 C 的判别。三极管的管型和 B 极确定后，接下来就是用万用表对集电极 C、发射极 E 进行判断。

1）方法一：对于有测三极管 $h_{FE}$ 插孔的指针万用表，在三极管的管型和 B 极确定后，三极管按管型将 E、C 两脚随意插到 $h_{FE}$ 插孔中（注意管型和 B 极要判断正确），测试 $h_{FE}$ 值，然后再将 E、C 两极倒过来再测一遍，测得 $h_{FE}$ 值比较大的一次，E、C 两极管脚插入的位置是正确的。若万用表置于 $h_{FE}$（$\beta$）不正常（如为零或大于 300），则说明管子已坏。

2）方法二：对无 $h_{FE}$ 测量插孔的指针万用表，管子引脚太大不方便插入插孔的，可以用此方法测量。

对 NPN 管，在三极管的管型和 B 极确定后，将万用表置于 $R \times 1k$ 挡，剩下的两个引脚假设其中一个为 C 极、另一个为 E 极，红表笔接假设的 E 极（注意拿红表笔的手不要碰到表笔尖或管脚），黑表笔接假设的 C 极，用手指把 B 极捏起触摸，万用表指针应有一定的偏转。然后再做相反的假设（即交换 C、E 的假设），用同样的方法再试测一次，并记住电阻值的读数。比较两次测量中，万用表指针偏转较大的一次，所假设的 E、C 极管脚是正确。这样就可判定三极管的 C、E 极。

对 PNP 型，只要将黑表笔接假设的 E 极，红表笔接假设的 C 极，用手触摸假设的 B 极（但引脚不要相碰）。其他操作过程与上述方法相同。

3）方法三：在测出 B 极，并确定管子是 NPN 或 PNP 类型后，将万用表置于 $R \times 10k$ 挡。对于 NPN 管，黑表笔接 E 极，红表笔接 C 极时，万用表指针会有一定偏转大小。而对于 PNP 管，黑表笔接 C 极，红表笔接 E 极时，万用表指针同样会有一定的偏转大小。若上述两种情况反过来测量都不会有偏转。由此，可以判定出三极管的 C、E 极。不过对于高耐压的三极管，此方法不适用。

（3）三极管好坏的判断。在测量三极管时，通常用万用表置于 $R \times 1k$ 挡，测其发射结 BE 结、集电结 BC 结都应呈现与二极管完全相同的单向导电性，而反向电阻则为无穷大，

正向电阻为 $10k\Omega$ 左右。然后进一步判断三极管质量的好坏。若在上述操作中无一电极满足上述现象，则说明三极管已坏。

2. 场效应管的测试

场效应晶体管简称场效应管（FET），又称单极型晶体管，它属于电压控制型半导体器件。其输入阻抗很高（$10^7 \sim 10^{16} \Omega$），噪声小，功耗低，特别适用于要求高灵敏度和低噪声的电路。

场效应管分为结型（JFET）和绝缘栅型（MOS）。结型场效应管又分为 N 沟道和 P 沟道两种；绝缘栅型场效应管除有 N 沟道和 P 沟道之分外，还有增强型与耗尽型之分。

（1）电极的判别。根据 PN 结的正、反向电阻值不同的现象可以很方便地判别出结型场效应管的 G、D、S 极。

1）方法一：将万用表置于 $R\times1k$ 挡，任选两电极，分别测出它们之间的正、反向电阻。若正、反向的电阻相等（约几千欧），则该两极为漏极 D 和源极 S，余下的则为栅极 G。

2）方法二：用万用表的黑笔任接一个电极，另一表笔依次接触其余两个电极，测得其阻值。若两次测得的阻值近似相等，则该黑笔接的为栅极 G，余下的两个为 D 极和 S 极。

（2）放大倍数的测量。将指针万用表置于 $R\times1k$ 挡或 $R\times100$ 挡，两只表笔分别接触 D 极和 S 极，用手靠近或碰触 G 极，此时万用表指针右摆，且摆动幅度越大，放大倍数越大。

对 MOS 管来说，为防止栅极击穿，一般测量前先在其栅、源极间接一只阻值数量级为兆欧的大电阻，然后按上述方法测量。

（3）判别结型场效应管质量的好坏。结型场效应管质量的好坏主要是检查两个 PN 结的单向导电性，PN 结正常，管子是好的，否则为坏的。测漏、源极之间的电阻 $R_{DS}$，应为几千欧；若 $R_{DS}$ 为零或为无穷大，都表明场效应管已损坏。测 $R_{DS}$ 时，用手靠近栅极 G，表指针应有明显摆动，摆幅越大，管子的性能越好。

# 本 章 小 结

（1）晶体半导体具有两种载流子：自由电子和空穴。N 型半导体的多子是自由电子，少子是空穴；P 型半导体的多子是空穴，少子是自由电子。PN 结有单向导电性。PN 结正向偏置时，多子扩散运动为主，形成正向电流；PN 结反向偏置时，以少子漂移运动形成很小的反向饱和电流。

（2）半导体二极管由 PN 结组成。二极管有硅管和锗管之分。硅二极管的死区电压约为 0.5V，导通压降为 $0.6 \sim 0.8V$；锗二极管死区电压约为 0.1V，导通压降为 $0.1 \sim 0.3V$。稳压二极管是一种特殊的二极管。它工作在反向击穿状态，当其反向电流在一定变化范围，其端电压基本稳定，$U_Z$ 为其稳定电压。

（3）半导体三极管有两个背靠背 PN 结：发射结和集电结。三极管有两种载流子参与导电，是双极型晶体管。当发射结正向偏置、集电结反向偏置时，基极电流有较小变化能引起集电极较大变化，即三极管具有放大作用。它的输出特性曲线有 3 个工作区：截止区、放大区和饱和区。

（4）绝缘栅型场效应管是利用外加电场产生导电沟道的，从而控制漏极电流的元件。它只有一种载流子参与导电，是单极型晶体管。根据导电沟道的不同，MOS 管分为 NMOS 管和 PMOS 管，每一种又分为增强型和耗尽型。MOS 管的漏极特性曲线也有 3 个工作区：截止区、恒流区和可变电阻区。绝缘栅型场效应管是一种电压控制器件，绝缘栅型场效应管的输入阻抗极大，而功耗很低。

## 复习思考题

1. 本征半导体是晶体，其载流子是_____和_____。

2. 漂移电流是_____在_____作用下形成的。

3. 二极管最主要的电气特征是_____，与此相关的两个主要参数是_____和_____。

4. 双极型晶体管从结构上可以分成_____和_____两种类型，它们工作时有_____和_____两种载流子参与导电。晶体三极管用作放大时，应使发射结处于_____，集电结处于_____。

5. 当 PN 结未加外部电压时，扩散电流_____漂移电流；当外加电压电压使 PN 结的 P 区电位高于 N 区电位，称为 PN 结_____；加正向电压时，扩散电流_____漂移电流，其耗尽层_____；加反向电压时，扩散电流_____漂移电流，其耗尽层_____。

6. 场效应管被称作单极型管，是因为_____，半导体三极管被称为双极型管，是因为_____。

7. 半导体三极管属于_____器件，其输入阻抗_____；场效应管属于_____，其输入阻抗_____。

8. 设图 1-27 中稳压二极管 VD1、VD2 具有理想的特性，试判断它们是否导通。

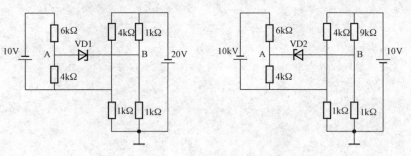

图 1-27　题 8 图

9. 由图 1-28 所示输出特性曲线，判断它们各代表何种器件？如是结型场效应管，请说明它属于何种沟道。

10. 场效应管的输出特性曲线和转移特性曲线如图 1-29 所示，试标出管子的类型（N 沟道还是 P 沟道，增强型还是耗尽型，结型还是耗尽型，结型还是绝缘栅型）。

11. 3 个场效应管的转移特性如图 1-30 所示，其中漏极电流 $i_D$ 的方向是它的实际方向。试说明它们各是哪种类型场效应管。

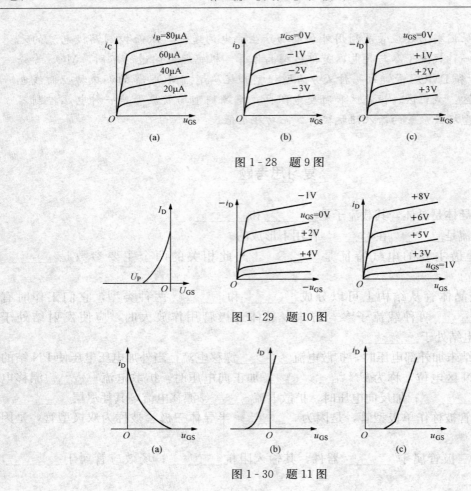

图 1-28 题 9 图

图 1-29 题 10 图

图 1-30 题 11 图

# 第2章　基本放大电路

### 学习目标

放大电路是把微弱的信号进行放大的电子电路，是模拟电子电路的基础。

**本章的学习目标是：**

1. 了解放大电路的基本概念、分类、组成，了解射极输出器的特点及应用。

2. 理解反馈的概念、负反馈对放大电路性能的影响，理解静态工作点的稳定原理。

3. 掌握单级小信号低频电压放大电路的组成、工作原理、分析方法，会进行简单的定量计算。

4. 了解功率放大电路的功能和特点，理解交越失真的原因及解决方法。

## 2.1　共射极基本放大电路

### 2.1.1　放大电路概述

1. 放大器的基本结构

在现代技术的电子设备中，通常需要将微弱的输入信号加以放大，变成与它成正比且幅值较大的输出信号，以便进行观察、处理、测量和利用。放大电路是电子设备中最常用的一种基本单元电路。能够把信号源送来的微弱电信号（指变化的电压或电流信号）不失真地放大为所需值的装置叫放大器。放大器由基本放大电路、信号源及负载三部分组成，基本结构如图2-1所示。输入端接预放大的信号源，输出端接负载。

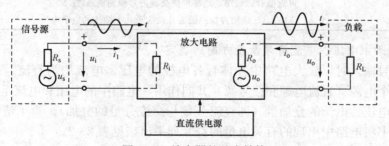

图2-1　放大器的基本结构

### 提示

电路图中的负载电阻 $R_L$，并不一定是一个实际的电阻器，它可能是某种用电设备，如仪表、扬声器、显示器、继电器或下一级放大电路等。信号源也可能是一级放大电路，其中 $u_s$ 为信号源电压，$R_s$ 为信号源内阻。

2. 放大器的分类

（1）按信号的大小分，有小信号放大器和大信号放大器。

（2）按所放大的信号频率分，有直流放大器、低频放大器和高频放大器。

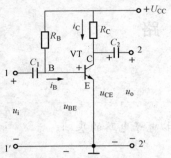

图 2-2　共射极基本放大电路

（3）按晶体管的连接方式分，有共射极放大器、共集电极放大器和共基极放大器。

（4）按元件集约程度来分，有分立元件放大器和集成放大器等。

本章着重介绍的是低频小信号共射极基本放大电路。

### 2.1.2　共射极基本放大电路的组成和工作原理

1. 共射极基本放大电路的组成及各元件的作用

图 2-2 所示为应用最广的共射极基本放大电路。信号从 1—1′端输入，从 2—2′端输出，1′端和 2′端是输入和输出的公共端，共射极放大电路因发射极是输入回路和输出回路的公共端而得名。

放大电路各元件的作用见表 2-1。

表 2-1　　　　　　　　　　　　　放大电路各元件的作用

| 元件 | 名称 | 主要作用 |
| --- | --- | --- |
| VT | 晶体管 | 具有电流放大作用，可以将微小的基极电流转换成较大的集电极电流，它是放大器的核心 |
| $V_{CC}$ | 直流电源 | （1）为电路提供能源。<br>（2）为电路提供静态工作电压，即使发射结正向偏置，集电结反向偏置 |
| $R_B$ | 基极偏置电阻 | 为电路提供静态偏流 $I_{BQ}$，$R_B$ 的阻值一般是几十千欧至几百千欧 |
| $R_C$ | 集电极电阻 | 将晶体管的电流放大作用变换成电压放大作用。$R_C$ 的取值一般是几千欧至几十千欧 |
| $C_1$、$C_2$ | 耦合电容 | （1）隔直流，使晶体管中的直流电流不影响输入端之前的信号源，也不影响输出端之后的负载。<br>（2）通交流，当 $C_1$、$C_2$ 的电容量足够大时，它们对交流信号呈现的容抗很小，可近似看做短路，这样可使交流信号顺利地通过。<br>$C_1$、$C_2$ 选用容量一般为几微法至几十微法的电解电容 |

2. 放大电路中电压、电流符号及正方向的规定

在没有信号输入时，放大电路中晶体管各电极的电压、电流均为直流。当有信号输入时，电路中两个电源（直流电源和信号源）共同作用，电路中的电压和电流是两个电源单独作用时产生的电压、电流的叠加量（即直流分量与交流分量的叠加）。为了清楚地表示不同的物理量，本书将电路中出现的有关电量的符号列举出来见表 2-2。

表 2-2　　　　　　　　　　　　　电压、电流符号的规定

| 物理量 | 表示符号 |
| --- | --- |
| 直流量 | 用大写字母带大写下标（俗称"大大"），例如：$I_B$、$I_C$、$I_E$、$U_{BE}$、$U_{CE}$ |
| 交流量 | 用小写字母带小写下标（俗称"小小"），例如：$i_b$、$i_c$、$i_e$、$u_{be}$、$u_{ce}$、$u_i$、$u_o$ |
| 交直流叠加量 | 用小写字母带大写下标（俗称"小大"），例如：$i_B$、$i_C$、$i_E$、$u_{BE}$、$u_{CE}$ |
| 交流分量的有效值 | 用大写字母带小写下标（俗称"大小"），例如：$I_b$、$I_c$、$I_e$、$U_{be}$、$U_{ce}$ |

电压的正方向用"＋"、"－"表示，电流的正方向用箭头表示。

3. 静态工作点的设置

（1）静态工作点。所谓静态指的是放大器在没有交流信号输入（即 $u_i = 0$）时的工作状态。这时晶体管的 $I_B$、$I_C$、$U_{BE}$ 和 $U_{CE}$ 值叫静态值。静态值分别在输入、输出特性曲线上对应着一点 $Q$，如图 2-3 所示，该点称为静态工作点，或简称 $Q$ 点。由于 $U_{BE}$ 基本是恒定的，所以在讨论静态工作点时主要考虑 $I_B$、$I_C$ 和 $U_{CE}$ 3 个量，并分别用 $I_{BQ}$、$I_{CQ}$ 和 $U_{CEQ}$ 表示。

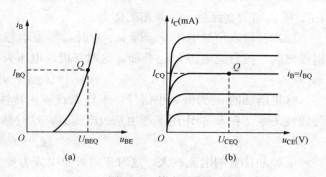

图 2-3 静态工作点

(a) 输入特性曲线上的 $Q$ 点；(b) 输出特性曲线上的 $Q$ 点

（2）静态工作点的作用。若把基极电阻 $R_B$ 断开，晶体管发射结无偏置电压，即 $U_{BEQ} = 0$，这时，偏置电流 $I_{BQ} = 0$，$I_{CQ} = 0$，静态工作点在坐标原点。当 $u_i$ 为正半周时，晶体管发射结正向偏置，但由于晶体管的输入特性曲线存在死区，所以只有当输入信号电压超过死区电压时，晶体管才能导通，产生基极电流 $i_B$；当 $u_i$ 为负半周时，发射结反向偏置，晶体管截止，$i_B = 0$。这时 $i_B$ 波形与输入电压波形 $u_i$ 不同，发生了失真，如图 2-4 所示。

接上基极电阻 $R_B$，若设置了合适的静态工作点，当输入信号电压 $u_i$ 后，$u_i$ 与静态时 $U_{BEQ}$ 相叠加为发射结两端的电压，若该电压始终大于晶体管的死区电压，那么在输入电压的整个周期内晶体管始终处于导通状态，即随输入电压 $u_i$ 的变化均有基极电流，这样，使放大器能不失真地把输入信号得到放大，如图 2-5 所示。

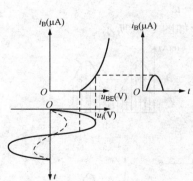

图 2-4 无偏置电阻时 $u_{BE}$ 和 $i_B$ 的工作波形

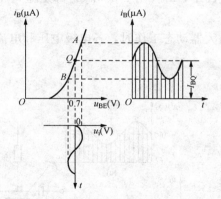

图 2-5 静态工作点合适时 $u_{BE}$ 和 $i_B$ 的工作波形

由此可见，一个放大器必须设置合适的静态工作点，这是放大器能不失真地放大交流信号的条件。

4. 工作原理

上面讨论了共射极基本放大电路的组成及各元件的作用，明确了设置静态工作点的意义。下面讨论共射极基本放大电路的放大原理，即给放大器输入一个交流信号电压，经放大器放大输出信号的情况。

（1）输入信号 $u_i = 0$ 时，输出信号 $u_o = 0$。这时在直流电源电压 $U_{CC}$ 作用下通过 $R_B$ 产生了 $I_{BQ}$，经晶体管的电流放大，转换为 $I_{CQ}$，$I_{CQ}$ 通过 $R_C$ 在 C、E 极间产生了 $U_{CEQ}$。$I_{BQ}$、

$I_{CQ}$、$U_{CEQ}$ 均为直流量，即静态工作点。

（2）若输入信号电压 $u_i$，即 $u_i \neq 0$ 时，称为动态。通过电容 $C_1$ 送到晶体管的基极和发射极之间，与直流电压 $U_{BEQ}$ 叠加，这时基极总电压为

$$u_{BE} = U_{BEQ} + u_i \tag{2-1}$$

这里所加的 $u_i$ 为低频小信号，工作点在输入特性曲线线性区域移动，电压与电流近似为线性关系。在 $u_i$ 的作用下产生基极电流 $i_b$，这时基极总电流为

$$i_B = I_{BQ} + i_b \tag{2-2}$$

$i_B$ 经晶体管的电流放大，这时集电极总电流为

$$i_C = I_{CQ} + i_c \tag{2-3}$$

$i_C$ 在集电极电阻 $R_C$ 上产生电压降 $i_C R_C$（为了便于分析，假设放大电路为空载），使集电极电压为

$$u_{CE} = U_{CC} - i_C R_C \tag{2-4}$$

经变换有 $\qquad u_{CE} = U_{CEQ} + (-i_c R_C)$

即 $\qquad u_{CE} = U_{CEQ} + u_{ce} \tag{2-5}$

由于电容 $C_2$ 的隔直作用，在放大器的输出端只有交流分量 $u_{ce}$ 输出，输出的交流电压为

$$u_o = u_{ce} - i_c R_C \tag{2-6}$$

式中，"－"号表示输出交流电压 $u_o$ 与 $i_c$ 相位相反。

只要电路参数能使晶体管工作在放大区，且 $R_C$ 足够大，则 $u_o$ 的变化幅度将比 $u_i$ 变化幅度大很多倍，由此说明该放大器对 $u_i$ 进行了放大。

电路中，$u_{BE}$、$i_B$、$i_C$ 和 $u_{CE}$ 都是随 $u_i$ 的变化而变化，它的变化作用顺序如下：

$$u_i \rightarrow u_{BE} \rightarrow i_B \rightarrow i_C \rightarrow u_{CE} \rightarrow u_o$$

放大器动态工作时，各电极电压和电流的工作波形如图 2-6 所示。

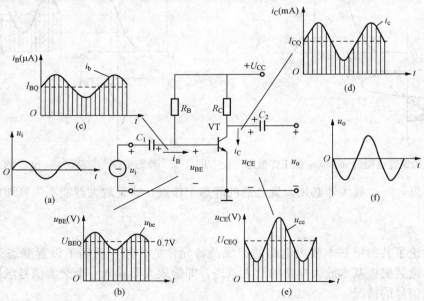

图 2-6　共射极基本放大电路各极电压、电流工作波形

（a）$u_i$ 波形；（b）$u_{BE}$ 波形；（c）$i_B$ 波形；（d）$i_C$ 波形；（e）$u_{CE}$ 波形；（f）$u_o$ 波形

从工作波形可以看出：

（1）输出电压 $u_o$ 的幅度比输入电压 $u_i$ 的幅度大，说明放大器实现了电压放大。$u_i$、$i_b$、$i_c$ 三者频率相同，相位相同，而 $u_o$ 与 $u_i$ 相位相反，这叫做共射极放大器的倒相作用。

（2）动态时，$u_{BE}$、$i_B$、$i_C$、$u_{CE}$ 都是直流分量和交流分量的叠加，波形也是两种分量的合成。

（3）虽然动态时各部分电压和电流大小随时间变化，但方向却始终保持和静态时一致，所以静态工作点 $I_{BQ}$、$I_{CQ}$、$U_{CEQ}$ 是交流放大的基础。

**提 示**

电压放大作用是一种能量转换作用，即在很小的交流输入功率控制下，将电源的直流功率转变成了较大的交流输出功率，放大器的输出功率比输入功率大。

### 2.1.3　晶体管放大器的微变等效电路

微变等效电路法是在信号为微变量时的一种近似等效，当信号变化范围很小（微变）时，放大器不会产生失真，即三极管电压、电流变化量之间的关系认为是线性的。此时，输入特性、输出特性均可近似看做是一段直线。三极管就可建立一个小信号的线性模型，即微变等效电路。利用微变等效电路，可将复杂的三极管放大电路（含有非线性特性）近似转化为线性电路来分析。

三极管处于共射极状态时，输入回路和输出回路各变量之间的关系由以下形式表示

输入特性　　　　　　　　　$u_{BE}=f(i_B,u_{CE})$　　　（戴维南定理）

输出特性　　　　　　　　　$i_C=f(i_B,u_{CE})$　　　（诺顿定理）

当三极管有输入信号时，各极间电压、电流应是在静态值上叠加由信号引起的增量。即对上两式在静态工作点 $Q$ 附近取全微分

$$\mathrm{d}u_{BE}=\frac{\partial u_{BE}}{\partial i_B}\bigg|_{U_{CEQ}}\mathrm{d}i_B+\frac{\partial u_{BE}}{\partial u_{CE}}\bigg|_{I_{BQ}}\mathrm{d}u_{CE} \tag{2-7}$$

$$\mathrm{d}i_C=\frac{\partial i_C}{\partial i_B}\bigg|_{U_{CEQ}}\mathrm{d}i_B+\frac{\partial i_C}{\partial u_{CE}}\bigg|_{I_{BQ}}\mathrm{d}u_{CE} \tag{2-8}$$

令式中　$h_{ie}=\dfrac{\partial u_{BE}}{\partial i_B}\bigg|_{U_{CE}}$——输出端交流短路时的输入电阻，$\Omega$；

$h_{re}=\dfrac{\partial u_{BE}}{\partial u_{CE}}\bigg|_{I_B}$——输入端交流开路时后反向电压传输比，很小，相当于短路；

$h_{fe}=\dfrac{\partial i_C}{\partial i_B}\bigg|_{U_{CE}}$——输出端交流短路时正向电流传输比 $\beta$；

$h_{oe}=\dfrac{\partial i_C}{\partial u_{CE}}\bigg|_{I_B}$——输入端交流开路时的输出电导，S，相当于开路。

于是有

$$u_{be}=h_{ie}(r_{be})i_b+h_{re}u_{ce} \tag{2-9}$$

$$i_c=h_{fe}(\beta)i_b+h_{oe}u_{ce} \tag{2-10}$$

由此可见，对微变等效电路：①微分定义中参数均为无限小的信号增量；②在三极管特性曲线的线性范围内，无限小的信号可用有限的增量代替；③小信号模型不能运用求 $Q$ 点得到，但是反映了在 $Q$ 点附近的交流小信号的工作情况。

根据式（2-7）、式（2-8）可画出三极管的微变等效电路，如图2-7（a）所示。

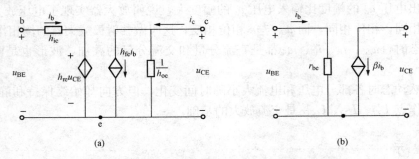

(a)                                                    (b)

图 2-7　三极管共射极放大电路的微变等效电路

(a) $h$ 参数小信号模拟；(b) 简化模型

由于 $h_{re}$（反向电压传输比）、$h_{oe}$（集电结反偏的输出电导）是 $u_{CE}$ 变化通过基区宽度变化对 $i_c$ 及 $U_{BE}$ 的影响，一般这种影响很小，可以忽略不计。这样式（2-7）、式（2-8）又可简化为

$$u_{be} = r_{be} i_b \tag{2-11}$$
$$i_c = \beta i_b \tag{2-12}$$

其中，$h_{ie} = r_{be}$，$h_{fe} = \beta$。$r_{be}$ 称为三极管的输入电阻，由于它是对变化量而言的，故又称为动态输入电阻；$\beta$ 是电流放大倍数，反映了基极电流 $i_b$ 对集电极电流 $i_c$ 的控制关系。所以，可以得三极管的简化等效电路，如图2-7（b）所示。

输入电阻 $r_{be}$ 通常用下面公式估算

$$r_{be} = r_{bb'} + (1 + \beta) r_e \tag{2-13}$$

式中，$r_{bb'}$ 为三极管的基区体电阻，其大小与三极管的类型有关，对于低频小功率管为几百欧姆，通常取 $300\Omega$，高频管和大功率管为几欧至几十欧。而 $r_e = r_{b'e} + r'_e$，为发射结电阻和发射区体电阻之和，由于 $r_{b'e} \gg r'_e$，则 $r_e \approx r_{b'e}$。因而需将 $r_e$ 折算到基极回路，故有 $(1 + \beta)$ 倍的关系，根据 PN 结的伏安特性，可以导出 $r_e \approx r_{b'e} = \dfrac{26\text{mV}}{I_{EQ}}$（$I_{EQ}$ 的单位为 mA）。因此，对于低频小功率管，有

$$r_{be} = 300 + (1 + \beta) \frac{26\text{mV}}{I_{EQ}} (\Omega) \tag{2-14}$$

### 2.1.4　共射极基本放大电路的分析

1. 近似估算法

已知电路各元器件的参数，利用公式通过近似计算来分析放大器性能的方法称为近似估算法。在分析低频小信号放大器时，一般采用估算法较为简便。

当放大器输入交流信号后，放大器中同时存在着直流分量和交流分量两种成分。由于放大器中通常都存在电抗性元件，所以直流分量和交流分量的通路是不一样的。在进行电路分析和计算时注意把两种不同分量作用下的通路区别开来，这样将使电路的分析更方便。

（1）静态工作点。由于静态只研究直流，为分析方便起见，可根据直流通路进行分析。

直流通路是指直流信号流通的路径。因电容具有隔直作用，所以在画直流通路时，把电容看做断路，图2-8（b）为图2-8（a）的直流通路。

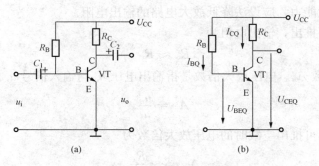

图 2-8 放大电路的直流通路

(a) 共射极基本放大电路；(b) 直流通路

由直流通路可推导出有关近似估算静态工作点的公式，见表 2-3。

表 2-3 近似估算静态工作点公式

| 静态工作点 | | 说 明 |
|---|---|---|
| 基极偏置电流 | $I_{BQ}=\dfrac{U_{CC}-U_{BEQ}}{R_B}\approx\dfrac{U_{CC}}{R_B}$ | 晶体管 $U_{BEQ}$ 很小（硅管为 0.7V，锗管为 0.3V），与 $U_{CC}$ 相比可忽略不计 |
| 静态集电极电流 | $I_{CQ}\approx\beta I_{BQ}$ | 根据晶体管的电流放大原理 |
| 静态集电极电压 | $U_{CEQ}=U_{CC}-I_{CQ}R_C$ | 根据回路电压定律 |

（2）放大器的输入电阻、输出电阻和电压放大倍数。由于输入、输出电阻及电压放大倍数均反映的是交流分量的关系，为了方便计算，只需画交流通路来进行分析。

交流通路是指交流信号流通的路径。在画交流通路时，因电容通交流，而直流电源的内阻又很小，所以把电容和直流电源均视为交流短路。图 2-9 为图 2-8（a）的交流通路。

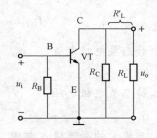

1）输入电阻 $R_i$。放大器的输入电阻是指从放大器的输入端看进去的交流等效电阻。

图 2-9 放大电路的交流通路

晶体管的基极与发射极间可等效为 $r_{be}$，$r_{be}$ 可按下面经验公式进行估算

$$r_{be} = 300 + (1+\beta)\frac{26}{I_{EQ}} \tag{2-15}$$

式中 $I_{EQ}$——静态时发射极电流，mA。

一般情况下，$r_{be}$ 为 1kΩ 左右。

放大器的输入电阻为

$$R_i \approx r_{be} \tag{2-16}$$

对信号源来说，放大器是其负载，输入电阻 $R_i$ 表示信号源的负载电阻。一般情况下，希望放大器的输入电阻尽可能大些，这样，向信号源（或前一级电路）汲取的电流小，有利于减轻信号源的负担。

2）输出电阻 $R_o$。对负载来说，放大器又相当于一个具有内阻的信号源，这个内阻就是放大电路的输出电阻。

当负载发生变化时，输出电压发生相应的变化，放大器的带负载能力差。因此，为了提

高放大电路的带负载能力，应设法降低放大电路的输出电阻。

通过交流通路可推出，输出电阻为

$$R_{\mathrm{o}} \approx R_{\mathrm{C}} \tag{2-17}$$

3）电压放大倍数 $A_{\mathrm{u}}$。电压放大倍数是指输出电压 $u_{\mathrm{o}}$ 与输入信号 $u_{\mathrm{i}}$ 之比，即

$$A_{\mathrm{u}} = \frac{u_{\mathrm{o}}}{u_{\mathrm{i}}}$$

通过交流通路，可推出空载时的电压放大倍数为

$$A_{\mathrm{u}} = -\frac{\beta R_{\mathrm{C}}}{r_{\mathrm{be}}} \tag{2-18}$$

有载时的电压放大倍数为

$$A_{\mathrm{u}} = -\frac{\beta R_{\mathrm{L}}'}{r_{\mathrm{be}}} \tag{2-19}$$

$$R_{\mathrm{L}}' = R_{\mathrm{C}} /\!/ R_{\mathrm{L}} = \frac{R_{\mathrm{C}} R_{\mathrm{L}}}{R_{\mathrm{C}} + R_{\mathrm{L}}} \tag{2-20}$$

 做 一 做

在共射极基本放大电路中，设 $U_{\mathrm{CC}} = 12\mathrm{V}$，$R_{\mathrm{B}} = 300\mathrm{k}\Omega$，$R_{\mathrm{C}} = 2\mathrm{k}\Omega$，$\beta = 50$，$R_{\mathrm{L}} = 2\mathrm{k}\Omega$。试求静态工作点、输入电阻 $R_{\mathrm{i}}$、输出电阻 $R_{\mathrm{o}}$ 及空载与带负载两种情况下的电压放大倍数。

**解**　静态偏置电流

$$I_{\mathrm{BQ}} \approx \frac{U_{\mathrm{CC}}}{R_{\mathrm{B}}} = \frac{12}{300 \times 10^3} = 0.04(\mathrm{mA}) = 40(\mu\mathrm{A})$$

静态集电极电流

$$I_{\mathrm{CQ}} \approx \beta I_{\mathrm{BQ}} = 50 \times 0.04 = 2 \; (\mathrm{mA})$$

静态集电极电压

$$U_{\mathrm{CEQ}} = U_{\mathrm{CC}} - I_{\mathrm{CQ}} R_{\mathrm{C}} = 12 - 2 \times 2 = 8 \; (\mathrm{V})$$

三极管的交流输入电阻

$$r_{\mathrm{be}} = 300 + (1+\beta)\frac{26}{I_{\mathrm{EQ}}} = 300 + (1+50) \times \frac{26}{2} = 950 \; (\Omega) \approx 0.95 \; (\mathrm{k}\Omega)$$

放大器的输入电阻　　　　　　　$R_{\mathrm{i}} \approx r_{\mathrm{be}} = 0.95\mathrm{k}\Omega$

放大器的输出电阻　　　　　　　$R_{\mathrm{o}} \approx R_{\mathrm{C}} = 2\mathrm{k}\Omega$

空载时，放大器的电压放大倍数

$$A_{\mathrm{u}} = -\frac{\beta R_{\mathrm{C}}}{r_{\mathrm{be}}} = -\frac{50 \times 2}{0.95} \approx -106$$

有载时，等效负载电阻

$$R_{\mathrm{L}}' = \frac{R_{\mathrm{C}} R_{\mathrm{L}}}{R_{\mathrm{C}} + R_{\mathrm{L}}} = 1\mathrm{k}\Omega$$

放大器的电压放大倍数

$$A_{\mathrm{u}} = -\frac{\beta R_{\mathrm{L}}'}{r_{\mathrm{be}}} = -\frac{50 \times 1}{0.95} \approx -53$$

2. 图解法

图解法是指利用晶体管的输入、输出特性曲线，通过作图来分析放大电路性能的方法。

（1）图解分析放大器的静态工作点。图解放大器静态工作点的步骤如下：

1）由直流输入回路，利用近似估算法可求

$$I_{BQ} \approx \frac{U_{CC}}{R_B} \tag{2-21}$$

2）列直流输出回路中关于 $I_C$ 与 $U_{CE}$ 的线性方程式。

3）画直流负载线，直流负载线的斜率为 $1/R_C$。

4）确定静态工作点。直流负载线与 $I_{BQ}$ 所在输出特性曲线的交点即为静态工作点 $Q$。

如图 2-10 所示，直线 $MN$ 为直流负载线，$Q$ 点为静态工作点。

（2）图解分析放大器的动态工作情况。由交流通路可知 $u_{ce} = -i_c R'_L$，这是一个直线方程，直线的斜率为 $-1/R'_L$，该直线叫交流负载线。

▶ **交流负载线的作法：**

（1）作交流负载线的辅助线。辅助线与横轴的交点坐标为 $N(U_{CC}, 0)$，与纵轴的交点坐标为 $L(0, U_{CC}/R'_L)$，如图 2-10 所示。

（2）过 $Q$ 点作辅助线的平行线，即为交流负载线。$HJ$ 为交流负载线。

静态工作点 $Q$ 是指无信号输入时的工作点，可理解为输入信号为零时的动态工作点，所以放大器的交流负载线经过静态工作点。

利用图解法分析动态工作情况的具体作法为：

1）作直流负载线确定静态工作点。

2）过静态工作点作交流负载线。

3）已知输入电压 $u_i = U_{im} \sin \omega t$，在输入特性曲线上，$u_{BE}$ 将以 $U_{BEQ}$ 为基础，随 $u_i$ 的变化而变化，如图 2-11 所示。可见，对应的基极电流 $i_B$ 也将以 $I_{BQ}$ 为基础而变化，在最大基极电流 $I_{bmax}$ 和最小基极电流 $I_{bmin}$ 之间变化。

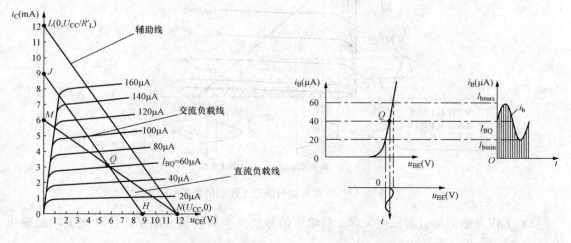

图 2-10　图解分析放大器的交流负载线　　　　图 2-11　放大器输入图解分析

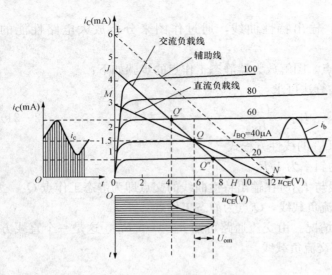

4）在输出特性曲线上找出 $I_{BQ}$ 及 $I_{bmin}$ 和 $I_{bmax}$ 对应的特性曲线和交流负载线的交点 $Q$、$Q'$、$Q''$，可得到相对应的集电极电流 $i_C$ 的动态范围及集电极与发射极间电压 $u_{CE}$ 的动态范围，如图 2 - 12 所示。

5）求电压放大倍数。根据输入交流电压 $U_{im}$，再由图 2 - 12 求出输出电压 $U_{om}$。

根据电压放大倍数的定义可求出

$$A_u = \frac{U_{om}}{U_{im}}$$

由图解分析可知：$u_o$ 与 $u_i$ 相位相反。

图 2 - 12　放大器输出图解分析

（3）波形失真与静态工作点的关系。

1）工作点偏高易引起饱和失真。当输出信号波形负半周被部分削平，这种现象叫饱和失真。

产生饱和失真的原因：$Q$ 点偏高。如图 2 - 13 中的 $Q'$ 点，输入信号的正半周有一部分进入饱和区，使输出信号的负半周被部分削平。

消除失真的方法：增大 $R_B$，减小 $I_{BQ}$，使 $Q$ 点适当下移。

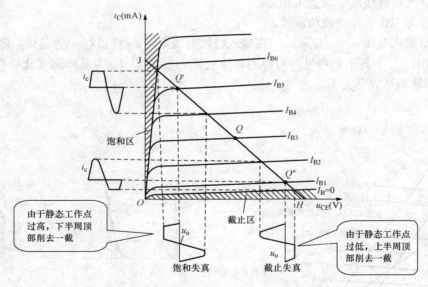

图 2 - 13　波形失真与静态工作点的关系

2）工作点偏低易引起截止失真。当输出信号的正半周被部分削平，这种现象叫做截止失真。

产生截止失真的原因：$Q$ 点偏低。如图 2 - 13 中的 $Q''$ 点，输入信号电压负半周有一部分进入截止区，使输出信号正半周被部分削平。

消除截止失真的方法：减小 $R_B$，增大 $I_{BQ}$，使 $Q$ 点适当上移。

饱和失真和截止失真分别是因为工作点进入饱和区和截止区（非线性区）而发生的失真。所以饱和失真和截止失真统称为非线性失真。

由上述分析可知，静态工作点的位置对放大器的性能和输出波形都有很大影响。如果静态工作点偏高，放大器在加入交流信号以后容易产生饱和失真，此时 $u_o$ 的负半周将被削底；如果工作点偏低，则易产生截止失真，即 $u_o$ 的正半周将被削顶。这两种情况都不符合不失真放大的要求。若需满足较大信号幅度的要求，静态工作点尽量靠近交流负载线的中点。

## 实操练习 3　共射极基本放大电路的安装和调试

### 一、目的要求
（1）掌握共射极基本放大电路的电路组成及各元件的作用。
（2）能够进行静态工作点的调试，分析静态工作点对放大器性能的影响。
（3）掌握共射极基本放大电路放大倍数、输入电阻和输出电阻的测量方法。

### 二、工具、仪表和器材
（1）工具：电烙铁、焊料及常用无线电装配工具一套。
（2）仪表：+6V 的稳压电源、万用表、交流毫伏表、信号发生器和示波器。
（3）元件：见表 2 - 4。

表 2 - 4　　　　　　　　　　元　件　明　细　表

| 序号 | 名　称 | | 规格 | 数量 |
| --- | --- | --- | --- | --- |
| 1 | 晶体管 VT | | VT9013 | 1 只 |
| 2 | 电位器 $R_P$ | | 2.2MΩ | 1 只 |
| 3 | 电阻器 | $R_B$ | 47kΩ | 1 只 |
| | | $R_C$、$R_L$ | 2kΩ/0.25W | 2 只 |
| | | $R$ | 1kΩ | 1 只 |
| 4 | 电解电容 $C_1$、$C_2$ | | 10μF/25V | 2 只 |
| 5 | 开关 S | | 单刀单掷 | 1 台 |
| 6 | 实验板 | | — | 1 块 |

### 三、测试电路
图 2 - 14 所示为共射极基本放大电路。

### 四、实操练习内容与步骤
1. 清点、检测元器件并对元器件进行搪锡处理
（1）按表 2 - 4 核对元器件的数量、型号和规格，如有短缺、差错应及时补缺和更换。

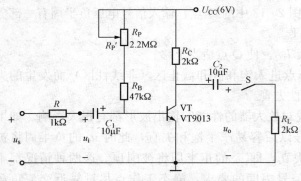

图 2-14　共射极基本放大电路

（2）用万用表检测电路元器件。对不符合质量要求的元器件剔除并更换。

（3）清除元器件引脚上和实验板上的氧化层，并搪锡。

2. 按图 2-14 进行组装

准备常用的无线电装配工具，将元器件插装后焊接固定，用硬铜线根据电路图进行布线，最后进行焊接固定。

3. 电路的测试内容和操作方法

（1）静态工作点的调整和测量。接通电源前，先将 $R_P$ 调至最大，信号发生器输出旋钮旋至零。

断开信号源，将开关 S 合上，调节 $R_P$。用万用表测量共射极基本放大电路有载时的静态工作点，把测量结果和计算的数值填入表 2-5 中。

表 2-5　　　　　　　　　　　　　　　静态工作点测试记录

| 测量值 | | | | 计算值 | | | |
|---|---|---|---|---|---|---|---|
| $U_{BE}$（V） | $U_{CE}$（V） | $I_B$（μA） | $I_C$（mA） | $U_{BE}$（V） | $U_{CE}$（V） | $I_B$（μA） | $I_C$（mA） |
| | | | | | | | |

（2）测量放大器的电压放大倍数。在放大器的输入端输入频率为 1kHz 的正弦信号 $u_s$，调节信号发生器的输出旋钮，使 $U_{im}=10$mV，同时用示波器观察放大器输出电压 $u_o$ 的波形，在输出电压波形不失真的条件下，用晶体管毫伏表测量此时的输入电压 $U_{im}$ 和输出电压 $U_{om}$ 的值，填入表 2-6。然后改变输入电压分别为 8、6、4mV 左右，分别用晶体管毫伏表测量对应的电压 $U_{om}$ 值，并填入表 2-6 中，然后计算电压放大倍数 $A_u$，用示波器观察 $u_o$ 和 $u_i$ 的相位关系。

表 2-6　　　　　　　　　　　　　　　电压放大倍数测试记录

| 测量次数 | 1 | 2 | 3 | 4 | 观察记录一组 $u_o$ 与 $u_i$ 波形 |
|---|---|---|---|---|---|
| $U_{im}$（mV） | 10 | 8 | 6 | 4 | |
| $U_{om}$（mV） | | | | | |
| $A_u$（$U_{om}/U_{im}$） | | | | | |

（3）测量输入电阻和输出电阻。为了测量放大器的输入电阻，在放大器的输入端与信号源之间串入一个已知电阻 $R$，如图 2-15 所示。在放大器正常工作的情况下，用晶体管毫伏表测出信号源输出电压 $U_{sm}$ 及放大器输入端电压 $U_{im}$，根据输入电阻的定义可得

$$R_i = \frac{U_{im}}{U_{sm}-U_{im}}R$$

放大器的输出电阻可以通过测量的方法得到，如图 2-16 所示。在放大电路正常工作的条件下，测得将开关 S 断开（输出端不接负载 $R_L$）的输出电压 $U_{om}$ 和将开关 S 合上（输出端接负载 $R_L$）后的输出电压 $U_{Lm}$，那么电路的输出电阻 $R_o$ 为

$$R_o = \left(\frac{U_{om}}{U_{Lm}}-1\right)R_L \tag{2-22}$$

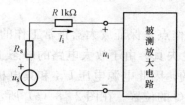

图 2 - 15 输入电阻的测量

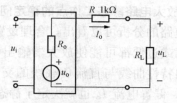

图 2 - 16 输出电阻的测量

置 $R_C = 2k\Omega$，$R_L = 2k\Omega$，$I_C = 2.0mA$。输入频率为 1kHz 的正弦信号 $u_s$，在输出电压不失真的情况下，用晶体管毫伏表测得 $U_{sm}$、$U_{im}$、$U_{om}$ 和 $U_{Lm}$，记入表 2 - 7 中，计算输入电阻和输出电阻。

表 2 - 7 输入、输出电阻测试记录

| $U_{om}(mV)$ | $U_{im}(mV)$ | $R_i(k\Omega)$ | | $U_{om}(V)$ | $U_{Lm}(V)$ | $R_o(k\Omega)$ | |
|---|---|---|---|---|---|---|---|
| | | 测量值 | 计算值 | | | 测量值 | 计算值 |
| | | | | | | | |

（4）观察静态工作点对输出波形的影响。调节电位器 $R_P$（减小其电阻值），用示波器观察输出波形。调节到一定程度，若波形的底部被削平，电路出现饱和失真现象。同样，调节电位器 $R_P$（增大其电阻值），用示波器观察到截止失真的现象，波形的顶部被削平。记录输出波形的正常形状和两种失真情况下输出波形的形状，填入表 2 - 8 中。

表 2 - 8 静态工作点对输出波形的影响情况记录

| 输出波形的正常形状 | 失真输出波形的形状 | |
|---|---|---|
| | 饱和失真现象 | 截止失真现象 |
| | | |

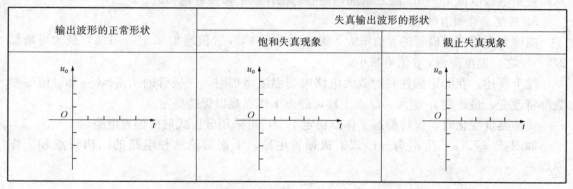

## 2.2 分压式射极偏置电路

共射极基本放大电路的结构虽简单，但它最大的缺点是静态工作点不稳定，当环境温度变化、电源电压波动、更换晶体管时都会使静态工作点偏离原来的位置，使输出信号发生非线性失真，严重时会使放大器不能正常工作。工作点不稳定的各种因素中，温度是主要因素。

 想 一 想

怎样才能保证静态工作点不受温度变化的影响？

### 2.2.1　放大电路静态工作点的稳定问题

由放大电路的分析可以看出，合理设置静态工作点是保证放大器正常工作的先决条件，$Q$ 点设置过高或过低都可能使放大器输出信号产生失真。由于放大电路的静态工作点是由 $i_B = I_B$ 的输出特性曲线与直流负载线的交点决定的，因此电源电压 $U_{CC}$ 和集电极负载电阻 $R_C$ 一经选定，偏置电流 $I_B$ 也就决定了静态工作点 $Q$ 的位置。在图 2-8（a）所示的共射极放大电路中，其偏置电流 $I_B$ 由下式确定

$$I_B = \frac{U_{CC} - U_{BE}}{R_B} \approx \frac{U_{CC}}{R_B} \tag{2-23}$$

由此可见，$R_B$ 一经选定后，$I_B$ 将固定不变，故称此放大电路为固定偏置共射放大电路。固定偏置放大电路简单，易于调整，但当外界条件变化时，会造成工作点的不稳定，使原来合适的静态工作点变为不合适而产生失真。

引起放大电路静态工作点不稳定的原因较多，如温度变化、电源电压波动、元器件老化而使参数发生变化，其中最主要的原因是温度变化的影响，因为三极管的特性和参数对温度特别敏感。

1. 温度变化时对 $I_{CEQ}$ 的影响

一般情况，温度每升高 12℃，锗管的 $I_{CEQ}$ 数值增大 1 倍；温度每上升 8℃，硅管的 $I_{CEQ}$ 数值增大 1 倍，使静态工作点 $I_{CQ} = \beta I_{BQ} + I_{CEQ}$ 增加，$Q$ 点上移接近饱和区。

2. 温度变化对发射结电压 $U_{BE}$ 的影响

在电源电压和偏置电阻一定的情况下，温度升高后，会使 $U_{BE}$ 减小，基极电流 $I_B$ 增加，从而使集电极电流 $I_C = \beta I_B$ 随之增加，使静态工作点上移接近饱和区。

3. 温度变化对 $\beta$ 的影响

温度升高将使三极管的 $\beta$ 值增大，温度每升高 1℃，$\beta$ 值增加 0.5%～1%，最大可增加 2%；反之，温度降低，$\beta$ 值将减小。

综上所述，在固定偏置共射放大电路中当温度增加时，三极管的 $I_{CEQ}$、$U_{BE}$ 和 $\beta$ 值等参数都将改变，最终使 $i_C$ 增加，$Q$ 点上移，静态工作点难以保持稳定。

要使温度变化时，保持静态工作点稳定不变，可采用分压式射极偏置电路。

如图 2-17（a）所示为分压式射极偏置电路。下面讨论这种电路的结构特点和工作原理。

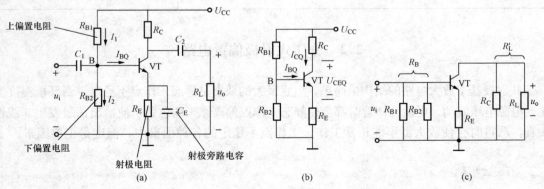

图 2-17　分压式偏置电路

（a）分压式射极偏置电路；（b）直流通路；（c）交流通路

### 2.2.2 分压式射极偏置电路的结构特点

分压式射极偏置电路与前面介绍的共射极基本放大电路的区别在于：晶体管基极接了两个分压电阻 $R_{B1}$ 和 $R_{B2}$，发射极串联了电阻 $R_E$ 和电容 $C_E$。

（1）利用上偏置电阻 $R_{B1}$ 和下偏置电阻 $R_{B2}$ 组成串联分压器，为基极提供稳定的静态工作电压 $U_{BQ}$。

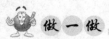 **做一做**

在图 2-17（a）中，若 $R_{B1}=7.6\text{k}\Omega$，$R_{B2}=2.4\text{k}\Omega$，$R_C=2\text{k}\Omega$，$R_L=2\text{k}\Omega$，$R_E=1\text{k}\Omega$，$U_{CC}=12\text{V}$，晶体管的 $\beta=60$。求：（1）放大电路的静态工作点；（2）放大电路的输入电阻 $R_i$、输出电阻 $R_o$ 及电压放大倍数 $A_{uL}$。

**解** （1）基极电压

$$U_{BQ} \approx \frac{R_{B2}}{R_{B1}+R_{B2}}U_{CC} = \frac{2.4 \times 12}{2.4+7.6} = 2.88(\text{V})$$

静态集电极电流

$$I_{CQ} \approx I_{EQ} = \frac{U_{BQ}}{R_E} = \frac{2.88}{1 \times 10^3} = 2.88(\text{mA})$$

静态偏置电流

$$I_{BQ} = \frac{I_{CQ}}{\beta} = \frac{2.88}{60} \approx 36(\mu\text{A})$$

静态集电极电压

$$U_{CEQ} = U_{CC} - I_{CQ}(R_C+R_E) = 12 - 2.88 \times (1+2) = 3.36(\text{V})$$

（2） $r_{be} = 300+(1+\beta)\frac{26}{I_{EQ}} = 300+(1+60) \times \frac{26}{2.88} \approx 850(\Omega) = 0.85(\text{k}\Omega)$

放大器的输入电阻 $\qquad\qquad R_i \approx r_{be} = 0.85\text{k}\Omega$

放大器的输出电阻 $\qquad\qquad R_o \approx R_C = 2\text{k}\Omega$

放大器的电压放大倍数

$$A_{uL} = -\frac{\beta R'_L}{r_{be}}$$

其中

$$R'_L = \frac{R_C R_L}{R_C+R_L} = \frac{2 \times 4}{2+4} = 1.33(\text{k}\Omega)$$

$$A_{uL} = -\frac{\beta R'_L}{r_{be}} = -\frac{60 \times 1.33}{0.85} \approx -94$$

图 2-17（b）所示为分压式射极偏置电路的直流通路。

若流过 $R_{B1}$ 的电流为 $I_1$，流过 $R_{B2}$ 的电流为 $I_2$，则 $I_1 = I_2 + I_{BQ}$。

如果电路满足条件 $\qquad\qquad\qquad I_2 \gg I_{BQ}$

则基极电压为

$$U_{BQ} \approx \frac{R_{B2}}{R_{B1}+R_{B2}}U_{CC} \qquad\qquad\qquad (2-24)$$

由此可见，$U_{BQ}$ 只取决于 $U_{CC}$、$R_{B1}$ 和 $R_{B2}$，它们都不随温度的变化而变化，所以 $U_{BQ}$ 将稳定不变。

（2）利用发射极电阻 $R_E$，自动使静态电流 $I_{EQ}$ 稳定不变。

由直流通路可看出

$$U_{BQ} = U_{BEQ} + U_{EQ}$$

式中　$U_{EQ}$——发射极电阻 $R_E$ 上的电压。

若满足 $\hspace{4cm} U_{BQ} \gg U_{BEQ}$

则 $\hspace{4cm} I_{EQ} \approx \dfrac{U_{BQ}}{R_E}$ $\hspace{4cm}$ (2 - 25)

可见静态电流 $I_{EQ}$ 也是稳定的。

综上所述，如果电路能满足 $I_2 \gg I_{BQ}$ 和 $U_{BQ} \gg U_{BEQ}$ 两个条件，静态工作电压 $U_{BQ}$、静态工作电流 $I_{EQ}$（或 $I_{CQ}$）将主要由外电路参数 $U_{CC}$、$R_{B1}$ 和 $R_{B2}$ 和 $R_E$ 决定，与环境温度、晶体管的参数几乎无关。

### 2.2.3　估算静态工作点

通过直流通路可求出电路的静态工作点，公式见表 2 - 9。

**表 2 - 9**　　　　　　　　　　　　　静态工作点的求解公式

| 静态工作点 | | 说明 |
| --- | --- | --- |
| 静态基极电位 | $U_{BQ} \approx \dfrac{R_{B2}}{R_{B1}+R_{B2}} U_{CC}$ | 因为 $I_2 \gg I_{BQ}$ |
| 静态发射极电流 | $I_{EQ} \approx \dfrac{U_{BQ}}{R_E}$ | 因为 $U_{BQ} \gg U_{BEQ}$ |
| 静态集电极电流 | $I_{CQ} \approx I_{EQ}$ | 集电极电流 $I_{CQ}$ 和发射极电流 $I_{EQ}$ 相差不大 |
| 静态偏置电流 | $I_{BQ} = \dfrac{I_{CQ}}{\beta}$ | 根据晶体管电流放大原理 $I_{CQ} = \beta I_{BQ}$ |
| 静态集电极电压 | $U_{CEQ} = U_{CC} - I_{CQ}(R_C + R_E)$ | 根据回路电压定律 |

### 2.2.4　估算输入电阻、输出电阻和电压放大倍数

图 2 - 17（c）所示为分压式射极偏置电路的交流通路，交流通路与共射极基本放大电路的交流通路相似，等效电路也相似，其中 $R_B = R_{B1} /\!/ R_{B2}$。所以，输入电阻、输出电阻和电压放大倍数的估算公式完全相同。

分压式射极偏置电路的静态工作点稳定性好，对交流信号基本无削弱作用。如果放大电路满足 $I_2 \gg I_{BQ}$ 和 $U_{BQ} \gg U_{BEQ}$ 两个条件，那么静态工作点将主要由直流电源和电路参数决定，与晶体管的参数几乎无关。在更换晶体管时，不必重新调整静态工作点，这给维修工作带来了很大方便。所以分压式射极偏置电路在电气设备中得到非常广泛的应用。

## 2.3　多级放大器

在实际应用中，要把一个微弱的信号放大几千倍或几万倍甚至更大，仅靠单级放大器是不够的，通常需要把若干单级放大器连接起来，将信号进行逐级放大。多级放大电路的组成

框图如图 2-18 所示。多级放大电路
由输入级、中间级及输出级三部分
组成。

各级放大器之间的连接方式，
叫做耦合。放大器级与级之间的耦
合方式主要有阻容耦合、变压器耦

图 2-18   多级放大电路的组成框图

合、直接耦合和光电耦合 4 种。实际使用中，人们将按照不同电路的需要，选择合适的级间
耦合方式。

### 2.3.1   级间耦合方式

#### 1. 阻容耦合

如图 2-19 所示，为阻容耦合放大电路。用一只容量足够大的耦合电容 $C$ 进行连接，传
递交流信号，前、后级放大器之间的直流电路被隔离，静态工作点彼此独立，互不影响。但
这种耦合方式低频特性不好，不能用于直流放大器中，一般应用在低频电压放大器中。

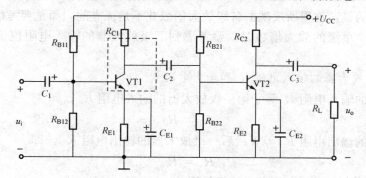

图 2-19   阻容耦合放大电路

#### 2. 变压器耦合

如图 2-20 所示，为变压器耦合放大电路。通过变压器进行连接，将前级输出的交流信
号通过变压器耦合到后级，通过变压器能够隔离前、后级的直流联系，各级电路的静态工作
点彼此独立，互不影响。同时耦合变压器还有阻抗变换作用，有利于提高放大器的输出功
率，但由于变压器体积大，低频特性差，又无法集成，因此一般应用于高频调谐放大器或功
率放大器中。

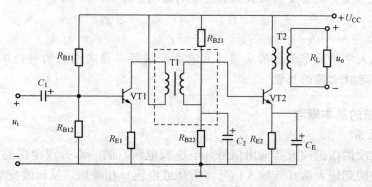

图 2-20   变压器耦合放大电路

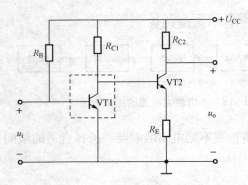

图 2 - 21 直接耦合放大电路

**3. 直接耦合**

如图 2 - 21 所示，为直接耦合放大电路。电路中无耦合元器件，信号通过导线直接传递，可放大缓慢的直流信号，但前、后级的静态工作点互相影响，给电路的设计和调试增加了难度，但直流放大器必须采用这种耦合方式。直接耦合便于电路的集成化，因此广泛应用于集成电路中。

### 2.3.2 多级放大器的近似估算

1. 估算多级放大器的电压放大倍数 $A_u$

可以证明，多级放大器的电压放大倍数 $A_u$ 等于各级电压放大倍数之积，对于一个 $n$ 级放大器有

$$A_u = A_{u1} A_{u2} \cdots A_{un} \tag{2 - 26}$$

式中 $A_{u1}$，$A_{u2}$，$\cdots$，$A_{un}$——第 1，2，$\cdots$，$n$ 级的电压放大倍数。

要特别注意的是，这里所反映的各级放大倍数并不是孤立的，而是要考虑后级对前级的影响。在求每一个单级的放大倍数时，要考虑到下级放大器的输入电阻也是前级负载的一部分。

2. 估算多级放大器的输入电阻 $R_i$ 和输出电阻 $R_o$

多级放大器的输入电阻 $R_i$ 等于第一级放大器的输入电阻 $R_{i1}$，即

$$R_i = R_{i1} \tag{2 - 27}$$

多级放大器的输出电阻 $R_o$ 等于最后一级放大器的输出电阻 $R_{on}$，即

$$R_o = R_{on} \tag{2 - 28}$$

计算输入、输出电阻时必须考虑级间的影响。

## 2.4 负反馈放大电路

在放大电路中，信号从输入端输入，经过放大器放大后从输出端送给负载，这是信号的正向传输。在许多通信设备和测量仪器中，对放大器的某些指标的要求比较高，为了改善放大器的性能，在很多放大电路中，常将输出信号再反向传输到输入端，即反馈。本节重点介绍反馈的基本概念及交流负反馈对放大器性能的影响。

 提 示

实用的放大电路几乎都采用反馈。直流负反馈可以稳定电路的静态工作点，交流负反馈可以改善放大器的性能。

### 2.4.1 反馈的基本概念

1. 什么是反馈

放大器中的反馈指把放大器输出信号（电压或电流）的一部分或全部通过一定的电路，按照某种方式送回到输入端并与输入信号（电压或电流）相叠加，从而改变放大器性能的一种方法。这种把电压或电流从放大器的输出端返送到输入端的过程叫做反馈。

2. 反馈的组成结构

反馈放大器由基本放大电路 $A$ 和反馈电路 $F$ 两部分组成。图 2-22 所示为反馈放大器框图，图中"$\otimes$"称为比较环节，表示信号在此叠加，箭头表示信号的传输方向。输出量 $X_o$ 经反馈电路处理获得反馈量 $X_f$ 送回到输入端，与输入量 $X_i$ 叠加产生净输入量 $X_i'$ 加到放大器的输入端。引入反馈后，使信号既有正向传输又有反向传输，电路形成闭合的环路，因此反馈放大器通常称为闭环放大器，而未引入反馈的放大器则称为开环放大器。

为了把放大器的输出信号送回到输入端，通常用电阻、电容、电感等元件组成引导反馈信号的电路，该电

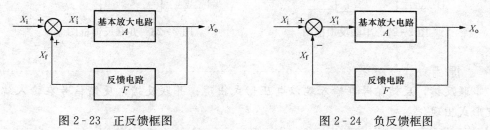

图 2-22 反馈放大器框图

路叫反馈电路，又叫反馈网络。构成反馈电路的元件叫反馈元件，反馈元件联系着放大器的输出与输入，并影响放大器的输入。

3. 反馈的分类

（1）正反馈和负反馈。正反馈是指反馈信号 $X_f$ 与输入信号 $X_i$ 极性相同，使净输入信号 $X_i'$ 增加。正反馈框图如图 2-23 所示。负反馈是指反馈信号 $X_f$ 与输入信号 $X_i$ 极性相反，使净输入信号 $X_i'$ 减小。负反馈框图如图 2-24 所示。

图 2-23 正反馈框图          图 2-24 负反馈框图

提 示

正反馈使放大器的放大倍数增加，负反馈使放大器的放大倍数减小。

提 示

在运用瞬时极性法时要注意：

（1）晶体管各电极的相位关系，发射极与基极瞬时极性相同，集电极与基极瞬时极性相反。

（2）反馈电路中的电阻、电容等元件，一般认为它们在信号传输过程中不产生附加相移，对瞬时极性没有影响。

（2）电压反馈和电流反馈。电压反馈是指反馈信号 $X_f$ 取自输出端负载两端的电压 $u_o$。电压反馈框图如图 2-25 所示。电流反馈是指反馈信号取自输出电流 $i_o$。电流反馈框图如图 2-26 所示。

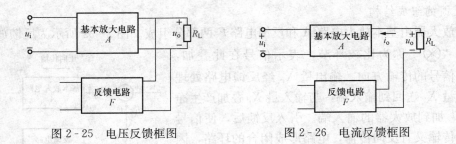

图 2 - 25  电压反馈框图                图 2 - 26  电流反馈框图

💥 **提 示**

电压反馈的取样环节与输出端并联；电流反馈的取样环节与输出端串联。

（3）串联反馈和并联反馈。串联反馈是指反馈电路与信号源相串联。串联反馈框图如图 2 - 27 所示。并联反馈是指反馈电路与信号源相并联。并联反馈框图如图 2 - 28 所示。

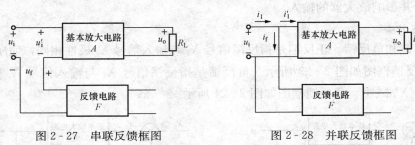

图 2 - 27  串联反馈框图                图 2 - 28  并联反馈框图

💥 **提 示**

串联反馈，反馈信号在输入端以电压形式出现；并联反馈，反馈信号在输入端以电流形式出现。

（4）直流反馈和交流反馈。直流反馈是指反馈量只含有直流量。交流反馈是指反馈量只含有交流量。

### 2.4.2  反馈的判断

1. 有无反馈的判断

反馈放大器的特征是存在反馈元件，反馈元件是联系放大器的输出与输入的桥梁。因此能否从电路中找到反馈元件是判断有无反馈的关键。

2. 反馈极性的判断

反馈极性的判断一般采用瞬时极性法，具体步骤如下：

（1）先假设输入信号在某一瞬间对地为"＋"；

（2）从输入端到输出端依次标出放大器各点的瞬时极性；

（3）对反馈信号的极性与输入信号进行比较，确定反馈极性。

在输入端，假设加到晶体管基极的输入信号瞬时极性为"＋"，经放大器放大，回送到基极的反馈信号瞬时极性若为"－"，是负反馈，反之则是正反馈，如图 2 - 29（a）所示。送回到发射极的反馈信号瞬时极性若为"＋"，是负反馈，反之则是正反馈，如图 2 - 29（b）所示。

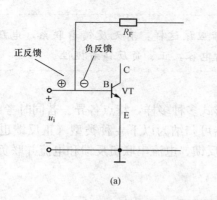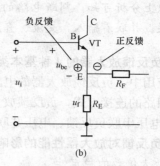

图 2-29 判断反馈极性示意图

（a）反馈加到基极；（b）反馈加到发射极

3. 电压反馈和电流反馈的判断

看输出端：电压反馈和电流反馈的判断方法是看反馈电路在输出回路的连接方法，若反馈电路接在输出端为电压反馈，若不接在输出端（一般接发射极）为电流反馈。

4. 串联反馈和并联反馈的判断

看输入端：串联反馈和并联反馈的判断方法是看反馈电路在输入回路的连接方法，若反馈电路接在输入端为并联反馈，若不接在输入端（一般接发射极）为串联反馈。

5. 直流反馈和交流反馈的判断

若反馈电路中存在电容，根据电容"通交隔直"的特性来进行判断。

如图 2-30 所示电路，试判断电路的反馈类型。

**解** （1）看联系，这是一个两级放大电路，通过 $R_F$、$R_{E1}$ 把第二级和第一级放大电路联系起来，这两级放大电路之间存在反馈。

（2）看输出，由于反馈电路接在输出端，所以是电压反馈。

（3）看输入，反馈电路接在输入回路的发射极，所以是串联反馈。

（4）看电容，在反馈电路中无电容，所以交、直流均存在反馈。

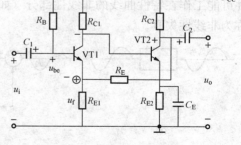

图 2-30 反馈电路示例

（5）看极性，若假设第一级基极输入瞬时极性为"＋"，则经第一级放大，集电极输出信号为"－"，再经第二级放大，集电极输出信号为"＋"，经 $R_F$、$R_{E1}$ 送回第一级放大器发射极，反馈电压 $u_f$ 为"＋"，使净输入信号 $u_{be} = u_i - u_f$ 减小，说明电路引入了负反馈。

总之，放大电路通过 $R_F$、$R_{E1}$ 为电路引入了电压串联交、直流负反馈，简称电压串联负反馈。

**提 示**

通过以上分析可知，判断电路的反馈应该这样：有无反馈看联系，电压、电流看输出，串联、并联看输入，交流、直流看电容，正、负反馈看极性。

### 2.4.3 负反馈放大器的 4 种基本类型

在实际应用中，负反馈放大器的电路形式多种多样，特点各异。若同时考虑反馈电路与输入、输出回路的连接方式，负反馈放大器可归纳为以下 4 种类型（正反馈也有 4 种类型，在此从略）：电压串联负反馈、电压并联负反馈、电流串联负反馈和电流并联负反馈。

### 2.4.4 负反馈对放大器性能的影响

1. 提高放大倍数的稳定性

电压负反馈能稳定输出电压，电流负反馈能稳定输出电流。为了分析方便，假设输入信号处于中频段，反馈网络为纯电阻，所以 $A$、$F$ 都为实数，则可写成

$$A_f = \frac{A}{1+AF} \qquad\qquad (2-29)$$

由于负载、环境温度的变化，器件老化等原因，使电路元件参数和放大器件的特性参数发生变化，因而导致放大电路增益的改变。引入负反馈，特别是深度负反馈，即 $|1+AF|$ $\gg 1$ 时，式（2-29）可简化为

$$A_f = \frac{A}{1+AF} \approx \frac{1}{F} \qquad\qquad (2-30)$$

这时，$A_f$ 只取决于反馈网络的反馈系数，而与基本放大电路的增益几乎无关。反馈网络一般选用性能比较稳定的无源线性元件组成，因此引入负反馈后，增益是比较稳定的。

2. 减小放大器的非线性失真

放大电路的非线性失真是由放大元件的非线性造成的。当输入信号的幅度较大，放大器件可能工作在特性曲线的非线性部分（如 BJT 的输入特性），而使输出波形失真，这种失真称为非线性失真。

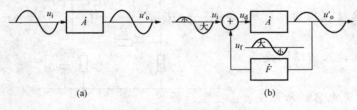

(a)                    (b)

图 2-31 负反馈减小非线性失真
(a) 无负反馈；(b) 有负反馈

当放大电路开环时，假设正弦信号 $x_i$ 经过放大器（$A$）后，变成了正半周幅度大、负半周幅度小的输出波形，如图 2-31（a）所示。这时引入负反馈，并假定反馈网络是不会引起失真的纯电阻网络，这时将得到正半周幅度大、负半周幅度小的反馈信号 $x_f$，如图 2-31（b）所示。净输入信号 $x_{id} = x_i - x_f$，由此得到的净输入信号 $x_{id}$ 则是正半周幅度小、负半周幅度大的输入波形，经过基本放大电路放大后，就使输出波形趋于正常正弦波，减小了非线性失真。

引入负反馈不能彻底消除非线性失真。如果输入信号本身就有失真，引入负反馈也无法改善，因为负反馈所能改善的只是放大器所引起的非线性失真。

3. 改变放大器的输入电阻和输出电阻

对于一个放大器来说，最基本的性能指标是放大器的放大倍数、输入电阻和输出电阻。在放大器加入负反馈后，它的输入电阻和输出电阻会有很大变化。

（1）负反馈对输入电阻的影响：仅取决于输入端的连接方式是串联反馈还是并联反馈。

1）串联负反馈使输入电阻增大。为了突出串联反馈，可把负反馈放大器的框图画成如图 2-32 所示的形式。现在按照图 2-32 求输入电阻 $r_{if}$。

按照定义，输入电阻是输入电压除以输入电流，即

$$r_{if} = \frac{\dot{U}_i}{\dot{I}_i} \tag{2-31}$$

又因为

$$\dot{U}_i = \dot{U}_i' + \dot{U}_f = \dot{U}_i'(1 + \dot{A}\dot{F})$$

所以

$$r_{if} = \frac{\dot{U}_i}{\dot{I}_i} = \frac{\dot{U}_i'}{\dot{I}_i}(1 + \dot{A}\dot{F}) = r_i(1 + \dot{A}\dot{F}) \tag{2-32}$$

显然串联负反馈电路的输入电阻是未加反馈时的 $(1 + \dot{A}\dot{F})$ 倍，所以这种反馈常常用于需要高输入电阻的电路中。

2）并联负反馈使输入电阻减小。图 2-33 是并联负反馈框图。这里输入电阻同样应该是输入电压和输入电流之比，即

$$r_{if} = \frac{\dot{U}_i}{\dot{I}_i} \tag{2-33}$$

由于

$$\dot{I}_i = \dot{I}_d + \dot{I}_f = \dot{I}_i'(1 + \dot{A}\dot{F})$$

则

$$r_{if} = \frac{\dot{U}_i}{\dot{I}_i} = \frac{\dot{U}_i}{\dot{I}_i'} \times \frac{1}{1 + \dot{A}\dot{F}} = \frac{r_i}{1 + \dot{A}\dot{F}} \tag{2-34}$$

在需要低输入电阻的地方，就可以使用并联负反馈。

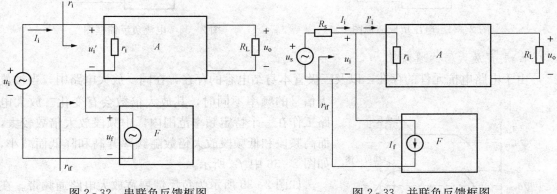

图 2-32　串联负反馈框图　　　　图 2-33　并联负反馈框图

（2）负反馈对输出电阻的影响：仅取决于输出端的连接方式是电压反馈还是电流反馈。

1）电压负反馈使输出电阻减小。电压负反馈框图如图 2-34 所示。$r_o$ 为无反馈放大器的输出电阻。令输入信号为零，在输出端外加电压 $u_o$，则

$$\dot{X}'_i = -\dot{X}_f$$

$$\dot{A}_o \dot{X}'_i = -\dot{X}_f \dot{A}_o = -u_o \dot{F} \dot{A}_o \tag{2-35}$$

$$\dot{I}_o = \frac{u_o - \dot{A}_o \dot{X}'_i}{r_o} = \frac{u_o(1 + \dot{A}_o \dot{F})}{r_o} \tag{2-36}$$

$$r_{of} = \frac{u_o}{I_o} = \frac{r_o}{1 + \dot{A}_o \dot{F}} \tag{2-37}$$

2）电流负反馈使输出电阻增大。电流负反馈框图如图 2-35 所示。将放大电输出端用电流源等效。令输入信号为零，则

$$\dot{X}'_i = -\dot{X}_f$$

故 
$$\dot{I}_o = \dot{A} \dot{X}'_i + \frac{u_o}{r_o}$$

又因为 
$$\dot{A} \dot{X}'_i = -\dot{A} \dot{X}_f = -\dot{A} \dot{F} \dot{I}_o$$

所以 
$$\dot{I}_o = -\dot{F} \dot{A} \dot{I}_o + \frac{u_o}{r_o} \tag{2-38}$$

于是 
$$r_{of} = \frac{u_o}{I_o} = (1 + \dot{A} \dot{F}) r_o \tag{2-39}$$

就是说，加了电流负反馈后输出电阻为未加反馈时的 $(1 + \dot{A} \dot{F})$ 倍。在深反馈时，所增加的倍数当然是很多的。

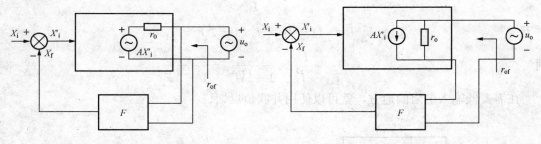

图 2-34 电压负反馈框图            图 2-35 电流负反馈框图

**4. 展宽放大器的通频带**

由于电路电抗元件的存在，以及三极管本身结电容的存在，在同一放大电路中，当被放大信号的频率不同时，其放大倍数会有变化。放大电路工作在一个特定频率范围内，中频段放大倍数较大，而高频段和低频段放大倍数随频率升高和降低而减小，如图 2-36 中 $f_{bw}$ 所示。

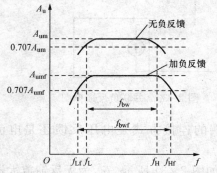

图 2-36 负反馈展宽放大电路通频带

如图 2-36 所示为负反馈展宽放大电路通频带。在中频段，由于放大倍数大，输出信号大，反馈信号也大，使净输入信号减小得也多，这样中频段放大倍数有明显的降低。在低频段和高频段，放大倍数较小，输出信号小，使净输入信号减小的程度比中频段要小，这样高频段和低频段放大倍数降低得少，因此放大电

路引入负反馈时上限频率 $f_{Hf}$ 更高了，下限频率 $f_{Lf}$ 更低了，频带被展宽了，如图 2-36 中 $f_{bwf}$ 所示。

在放大电路中引入负反馈后，还能提高电路的抗干扰能力，改善电路的频率响应，展宽频带宽度。

总之，在放大电路中引入负反馈是以牺牲放大倍数为代价，换来放大器各方面性能的改善。若在电路中引入正反馈，对放大电路的影响与之相反，虽使放大倍数增加了，但却使放大器性能变差，所以，一般放大电路中不引入正反馈，正反馈主要应用在振荡电路中。

## 实操练习 4　负反馈放大器的安装和测试

### 一、目的要求
（1）进一步掌握放大电路工作点的测量方法。
（2）验证负反馈降低电压放大倍数的结论。
（3）验证负反馈改变输入、输出电阻的结论。

### 二、工具、仪表和器材
（1）工具：电烙铁、焊料及常用无线电装配工具 1 套。
（2）仪表：+12V 的稳压电源、信号发生器、万用表、交流毫伏表和示波器。
（3）元件：见表 2-10。

表 2-10　　　　　　　　　　　元 件 明 细 表

| 序号 | 名称 | | 型号 | 数量 |
|------|------|------|------|------|
| 1 | 晶体管 VT1、VT2 | | VT9014 | 2 只 |
| 2 | 电位器 | $R_{P1}$ | 100kΩ | 1 只 |
| | | $R_{P2}$ | 470kΩ | 1 只 |
| 3 | 电阻器 | $R_4$ | 100Ω | 1 只 |
| | | $R$、$R_5$ | 1kΩ | 2 只 |
| | | $R_3$、$R_7$、$R_8$ | 2.2kΩ | 3 只 |
| | | $R_L$ | 3kΩ/0.25W | 1 只 |
| | | $R_2$ | 9.1kΩ | 1 只 |
| | | $R_f$ | 10kΩ | 1 只 |
| | | $R_1$ | 18kΩ | 1 只 |
| | | $R_6$ | 100kΩ | 1 只 |
| 4 | 电容器 | $C_1$、$C_3$、$C_5$ | 10μF/25V | 3 只 |
| | | $C_2$、$C_4$ | 100μF/25V | 2 只 |
| 5 | 开关 | S1 | 单刀单掷 | 1 只 |
| | | S2 | 单刀双掷 | 1 只 |
| 6 | 实验板 | | — | 1 块 |

### 三、测试电路

图 2-37 所示为负反馈放大电路示例。

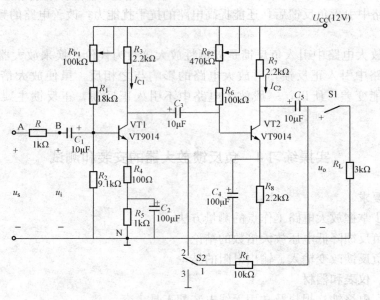

图 2-37　负反馈放大电路示例

### 四、实操内容与步骤

1. 清点、检测元器件并对元器件进行搪锡处理

（1）按表 2-10 核对元器件的数量、型号和规格，如有短缺、差错应及时补缺和更换。

（2）用万用表检测电路元器件。对不符合质量要求的元器件剔除并更换。

（3）清除元器件引脚上和实验板上的氧化层，并搪锡。

2. 按图 2-37 进行组装

准备常用的无线电装配工具，将元器件插装后焊接固定，用硬铜线根据电路图进行布线，最后进行焊接固定。

3. 电路的测试内容和操作方法

（1）静态工作点的测量。断开信号源，将电路的输入端接地，断开开关 S1，开关 S2 接端点 3，调整 $R_{P1}$，使 $R_3$ 两端电压为 3.3V，调整 $R_{P2}$，使 $R_7$ 两端电压也为 3.3V，经过调整后两管的集电极电流 $I_{C1}$ 和 $I_{C2}$ 都为 1.5mA，然后用万用表测量负反馈放大器的静态工作电压 $U_{B1}$、$U_{E1}$、$U_{C1}$、$U_{B2}$、$U_{E2}$ 和 $U_{C2}$，并计算 $I_{C1}\left(I_{C1}=\dfrac{U_{E1}}{R_{E1}}\right)$ 和 $I_{C2}\left(I_{C2}=\dfrac{U_{E2}}{R_{E2}}\right)$ 填入表 2-11 中。

表 2-11　　　　　　　　　　　　　　静态工作点测试记录

| $U_{B1}$(V) | $U_{E1}$(V) | $U_{C1}$(V) | $I_{C1}$(mA) | | $U_{B2}$(V) | $U_{E2}$(V) | $U_{C2}$(V) | $I_{C2}$(mA) | |
|---|---|---|---|---|---|---|---|---|---|
| | | | 测量值 | 计算值 | | | | 测量值 | 计算值 |
| | | | | | | | | | |

（2）负反馈放大电路放大倍数的测量。将开关 S1 合上，信号发生器输出的正弦波信号连到放大器输入端，调节输入信号的频率为 1kHz，电压为 $U_{im}=2mV$。拆掉负反馈连线（开关 S2 接端点 3），观察示波器的波形，保证 $u_o$ 不失真（若失真可以适当减小 $U_{im}$）。用晶体管毫伏表测量此时的 $U_{im}$ 和 $U_{om}$，计算开环电压放大倍数 $A_u=\dfrac{U_{om}}{U_{im}}$，并填入表 2-12 中。保持 $U_{im}$ 不变，连接负反馈连线（开关 S2 接端点 2），用晶体管毫伏表测量此时的 $U_{om}$，计算闭环电压放大倍数，并填入表 2-12 中。并且分析引入负反馈后对放大器电压放大倍数的影响。

**表 2-12**　　　　　　　　　　　　　电压放大倍数测试记录

| 测试条件 | 不接反馈时 | 接反馈时 |
| --- | --- | --- |
| $U_{im}$（V） | 2mV | |
| $U_{om}$（V） | | |
| $A_u$ | | |

拆掉负反馈连线（开关 S2 接端点 3），观察示波器的波形，增大 $U_{im}$ 使 $u_o$ 出现明显失真。保持 $U_{im}$ 不变，连接负反馈连线（开关 S2 接端点 2），从示波器上观察输出波形失真的变化情况，并且分析引入负反馈后对放大器非线性失真的影响。

（3）负反馈放大电路输入电阻的测量。将开关 S1 合上，放大电路输入端接信号源 $u_s$，不接反馈和接反馈两种情况下，分别用示波器观察 $u_s$ 和 $u_i$ 的波形，调节信号源电压 $u_s$ 的幅度，读出 $u_s$ 和 $u_i$ 的不失真最大值 $U_{sm}$ 和 $U_{im}$，根据式 $R_i=\dfrac{U_{im}}{U_{sm}-U_{im}}\times R$ 计算电路的输入电阻，把结果填入表 2-13 中。

**表 2-13**　　　　　　　　　　　　　输入电阻测试记录

| | $U_{im}$（V） | $U_{sm}$（V） | $R_i$（Ω） |
| --- | --- | --- | --- |
| 不接反馈时 | | | |
| | $U_{im}$（V） | $U_{sm}$（V） | $R_i$（Ω） |
| 接反馈时 | | | |

（4）负反馈放大电路输出电阻的测量。不接反馈和接反馈两种情况下，分别测量放大器的输出电阻。将放大电路输入端接信号源 $u_s$，用示波器观察输出波形，先将开关 S1 断开，读出输出电压的不失真最大值 $U_{om}$，然后将开关 S1 合上，再读出输出电压的不失真最大值 $U'_{om}$，根据式 $R_o=\left(\dfrac{U_{om}}{U'_{om}}-1\right)R_L$ 计算电路的输出电阻，把结果填入表 2-14 中。

**表 2-14**　　　　　　　　　　　　　输出电阻测试记录

| | $U_{om}$（V） | $U'_{om}$（V） | $R_o$（Ω） |
| --- | --- | --- | --- |
| 不接反馈时 | | | |
| | $U_{om}$（V） | $U'_{om}$（V） | $R_o$（Ω） |
| 接反馈时 | | | |

## 2.5 射 极 输 出 器

### 2.5.1 电路组成

图 2 - 38（a）所示电路，输出信号是从发射极取出的，故称该电路为射极输出器。输入信号 $u_i$ 经耦合电容 $C_1$ 加到基极与"⊥"之间，输出信号 $u_o$ 由发射极与"⊥"之间经耦合电容 $C_2$ 输出。交流通路如图 2 - 38（c）所示，由此可看出，输入和输出的公共端为集电极，因此，该电路又称为共集电极放大电路。

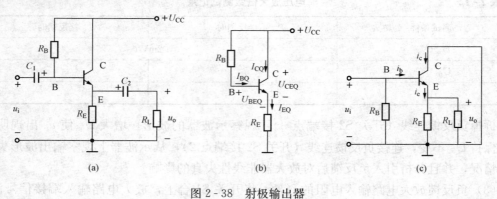

图 2 - 38　射极输出器
（a）电路；（b）直流通路；（c）交流通路

电阻 $R_E$ 是联系输出和输入的公共支路，所以 $R_E$ 为反馈元件，它在输出回路中接在输出端，所以是电压反馈，在输入回路中接在发射极，所以是串联反馈，利用瞬时极性法，可判断 $R_E$ 为电路引入了负反馈。那么，$R_E$ 为电路引入了电压串联负反馈。

　想 一 想

电压串联负反馈对放大器的性能会产生什么影响？

### 2.5.2 射极输出器的特点

（1）电压放大倍数小于 1，且接近于 1。由图 2 - 38，根据基尔霍夫电压定律（KVL），可得

$$\dot{U}_i = \dot{I}_b r_{be} + \dot{I}_e R'_L = \dot{I}_b [r_{be} + (1+\beta)R'_L] = r'_i \dot{I}_b \tag{2-40}$$

$$\dot{U}_o = \dot{I}_e R''_L = (1+\beta)\dot{I}_b R'_L \tag{2-41}$$

上式中，$R'_L = R_e \mathbin{/\mkern-5mu/} R_L$，$r'_i = r_{be} + (1+\beta)R'_L$ 是晶体管基极对地电阻。

由电压放大倍数的定义得

$$\dot{A}_u = \frac{\dot{U}_o}{\dot{U}_i} = \frac{(1+\beta)R'_L}{r_{be} + (1+\beta)R'_L} \approx 1 \tag{2-42}$$

（2）输出电压与输入电压大小相等，相位相同。这个特性称为射极输出器的电压跟随特性，所以，射极输出器又称为射极跟随器，简称射随器。

（3）输入电阻很大，输出电阻很小。

由图 2 - 38 可得

$$r_i = R_b \mathbin{/\!/} r_i' = R_b \mathbin{/\!/} [r_{be} + (1+\beta)R_L'] \tag{2-43}$$

由于 $\beta \gg 1$，$r_i$ 是一个很大的电阻，因此电路可减小放大电路对信号源（或前级）分流电流，即它常作为放大器的输入级。

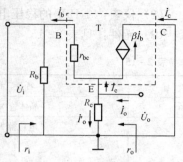

根据定义，使 $\dot U_i = 0$（输入短路），$R_L \to \infty$（开路），在输出端加一电压 $\dot U_o$，得到电流 $\dot I_o$，电路如图 2 - 39 所示。虽然 $\dot U_i = 0$，但 $\dot I_b$ 不为零，有

$$\dot I_b = \frac{\dot U_o}{r_{be}} \quad \dot I_e = (1+\beta)\dot I_b \quad \dot I_o' = \frac{\dot U_o}{R_e} \tag{2-44}$$

图 2 - 39 射极跟随器输出
电阻的计算电路

所以

$$\dot I_o = \dot I_e + \dot I_o' = (1+\beta)\frac{\dot U_o}{r_{be}} + \frac{\dot U_o}{R_e} = \dot U_o \left( \frac{1}{\frac{r_{be}}{1+\beta}} + \frac{1}{R_e} \right) \tag{2-45}$$

由此可求得输出电阻

$$r_o = \frac{\dot U_0}{\dot I_o} = \frac{r_{be}}{1+\beta} \mathbin{/\!/} R_e \approx \frac{r_{be}}{1+\beta} \approx \frac{r_{be}}{\beta} \tag{2-46}$$

由此可知，射极跟随器的输出电阻很小，说明其带负载的能力较强，可用作放大器的输出级。

输入电阻很大而输出电阻很小的特性称为阻抗变换特性，射极输出器是一种阻抗变换器。

综上所述，射极输出器是一种典型的电压串联负反馈电路，它具有输入电阻大而输出电阻很小的特点，并且输出与输入电压大小相等、相位相同，电压放大倍数近似为 1。尽管射极输出器的电压放大倍数略小于 1，但因其输出电流为基极电流的 $(1+\beta)$ 倍，具有电流放大作用，因此它仍具有一定的功率放大能力。

### 2.5.3 电路应用

射极输出器具有输入电阻很高、输出电阻很低的特点及电压跟随作用，有一定的电流和功率放大作用，因而应用十分广泛。

（1）用作多级放大电路的输入级，因输入电阻很大，可减轻信号源的负担。

（2）用作多级放大电路的输出级，因输出电阻很小，可以提高带载能力。

（3）用作多级放大电路的中间级，因其具有电压跟随作用，且输入电阻大对前级的影响小，输出电阻小，对后级的影响也小，所以，用作中间级起缓冲、隔离作用。

### 实操练习 5    射极输出器的安装和测试

**一、目的要求**

（1）组装射极输出器，加深理解射极输出器的工作特点。

（2）掌握射极输出器的放大倍数、输入电阻和输出电阻的测量方法。

## 二、实操工具、仪表和器材

(1) 工具：电烙铁、焊料及常用无线电装配工具 1 套。

(2) 仪表：＋12V 的稳压电源、信号发生器、万用表、交流毫伏表和示波器。

(3) 元件：见表 2 - 15。

表 2 - 15　　　　　　　　　　　元 件 明 细 表

| 序号 | 名　　称 | | 型号 | 数量 |
|---|---|---|---|---|
| 1 | 晶体管 VT | | VT9014 | 1 只 |
| 2 | 电位器 $R_P$ | | 100kΩ | 1 只 |
| 3 | 电阻器 | $R$ | 1kΩ | 1 只 |
| | | $R_B$ | 47kΩ | 1 只 |
| | | $R_E$ | 2kΩ | 1 只 |
| | | $R_L$ | 100Ω/1W | 1 只 |
| 4 | 电解电容器 $C_1$、$C_2$ | | 10μF/25V | 2 只 |
| 5 | 开关 S | | 单刀单掷 | 1 只 |
| 6 | 实验板 | | — | 1 块 |

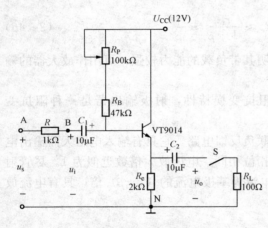

图 2 - 40　射极输出器电路原理图

## 三、测试电路

图 2 - 40 所示为射极输出器电路原理图。

## 四、实操练习步骤和内容

1. 清点、检测元器件并对元器件进行搪锡处理

(1) 按表 2 - 15 核对元器件的数量、型号和规格，如有短缺、差错应及时补缺和更换。

(2) 用万用表检测电路元器件。对不符合质量要求的元器件剔除并更换。

(3) 清除元器件引脚上和实验板上的氧化层，并搪锡。

2. 按图 2 - 40 进行组装

准备常用的无线电装配工具，将元器件插装后焊接固定，用硬铜线根据电路图进行布线，最后进行焊接固定。

3. 电路的测试内容和操作方法

(1) 静态工作点的测量。将开关 S 合上，断开信号源，输入端 A 接地，用万用表测量固定偏置放大电路有载时的静态工作点。把测试结果填入表 2 - 16 中。

表 2 - 16　　　　　　　　　静态工作点测试记录

| $U_{BE}$（V） | $U_{CE}$（V） | $R_B$ 两端电压（V） | $I_B$（$=R_B$ 两端电压/$R_B$）（mA） | $R_C$ 两端电压（V） | $I_E$（$=R_E$ 两端电压/$R_E$）（mA） |
|---|---|---|---|---|---|
| | | | | | |

（2）电压放大倍数 $A_u$ 的测量。将开关 S 合上，放大电路输入端（A 点）接信号源 $u_s$，用示波器测量有载时放大电路输入电压 $u_i$（B 点与 N 点之间）和输出电压 $u_o$ 的波形，读出它们的不失真最大值 $U_{im}$ 和 $U_{om}$，则电压放大倍数 $A_u = \dfrac{U_{om}}{U_{im}}$，把结果填入表 2 - 17 中。

表 2 - 17　　　　　　　　　　　　　电压放大倍数测试记录

| $U_{im}(V)$ | $U_{om}(V)$ | $A_u$ |
|---|---|---|
| | | |

（3）放大电路输入电阻 $R_i$ 的测量。将开关 S 合上，放大电路输入端（A 点）接信号源 $u_s$，用示波器观察 $u_s$（A 点与 N 点之间）和 $u_i$（B 点与 N 点之间）的波形，调节信号源 $u_s$ 的幅度，读出 $u_s$ 和 $u_i$ 的不失真最大值 $U_{sm}$ 和 $U_{im}$，那么电路的输入电阻 $R_i = \dfrac{U_{im}}{U_{sm} - U_{im}} \times R$，把结果填入表 2 - 18 中。

表 2 - 18　　　　　　　　　　　　　输 入 电 阻 测 试 记 录

| $U_{sm}(V)$ | $U_{im}(V)$ | $R_i(\Omega)$ |
|---|---|---|
| | | |

（4）放大电路输出电阻 $R_o$ 的测量。放大电路输入端（A 点）接信号源 $u_s$，用示波器观察输出波形，先将开关 S 断开，读出输出电压的不失真最大值 $U_{om}$，而后将开关 S 合上，再读出输出电压的不失真最大值 $U'_{om}$，那么电路的输出电阻 $R_o = \left( \dfrac{U_{om}}{U'_{om}} - 1 \right) \times R_L$，把结果填入表 2 - 19 中。

表 2 - 19　　　　　　　　　　　　　输 出 电 阻 测 试 记 录

| $U_{om}(V)$ | $U'_{om}(V)$ | $R_o(\Omega)$ |
|---|---|---|
| | | |

# 2.6　场 效 应 管 放 大 电 路

场效应管除了作为集成电路的基本单元外，也可如晶体三极管一样，单个作放大管使用。

场效应管的三个电极源极 S、漏极 G、栅极 D 和双极型晶体管的三个电极发射极 E、基极 B、集电极 C 是相对应的，两者的放大电路也类似，场效应管组成的放大电路也分共源极、共漏极、共栅极 3 种接法。下面仅就共源极和共漏极场效应管放大电路进行分析。

### 2.6.1　共源极放大电路

图 2 - 41 所示为放大电路采用分压式偏置电路的共源极放大电路。$R_{G1}$ 和 $R_{G2}$ 为分压电阻；$R_S$ 为源极电阻，用于稳定静态工作点；$C_5$ 为源极交流旁路电容；$R_G$ 为栅极电阻，用来构成栅—源间的直流通路，以提高放大电路的输入电阻；$R_D$ 为漏极电阻，使放大电路具有电压放大作用；$C_1$ 和 $C_2$ 为耦合电容。

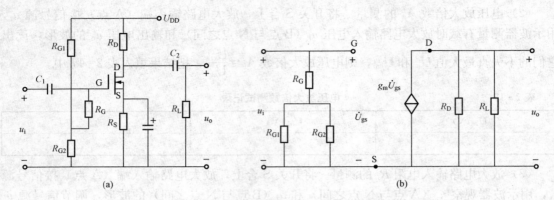

图 2-41　场效应管及放大电路微变等效电路

（a）场效应管共源极放大电路；（b）共源极放大电路的微变等效电路

1. 静态分析

由于场效应管的栅极电流为零，所以 $R_G$ 中无电流通过，两端电压为零，栅极偏压 $U_{GS}$ 由两部分电压决定，即

$$U_{GS} = U_G - U_S = \frac{R_{G2}}{R_{G1} + R_{G2}} U_{DD} - I_D R_S \tag{2-47}$$

式中　$U_G$——栅极对地电压；

　　　　$U_S$——源极对地电压。

对于 N 沟道耗尽型场效应管，$U_{GS}$ 为负值，$I_D R_S > U_G$；对于 N 沟道增强型场效应管，$U_{GS}$ 为正值，$I_D R_S < U_G$。场效应管放大电路的静态工作点可用图解法和公式法计算。用公式法求静态工作点时，可利用特性方程与漏—源回路联立求解，即

$$I_{DS} = I_{DSS} \left(1 - \frac{U_{GSQ}}{U_{GS(off)}}\right)^2 \tag{2-48}$$

$$U_{DSQ} = U_{DD} - I_{DQ}(R_D + R_S) \tag{2-49}$$

增强型 MOS 管的转移特性方程为

$$I_D = I_{DO} \left(\frac{U_{GS}}{U_{GS(th)}} - 1\right)^2 \quad [U_{GS} > U_{GS(th)}] \tag{2-50}$$

式中：$I_{DO}$ 是 $U_{GS} = 2U_{GS(th)}$ 时的 $I_D$ 值。

2. 共源极放大电路动态分析

对场效应管放大电路进行动态分析时，同三极管放大电路相似，在低频小信号下，也可利用等效电路分析法。图 2-41（b）所示就是共源极场效应管放大电路的微变等效电路。

（1）电压放大倍数为

$$\dot{A}_u = \frac{\dot{U}_o}{\dot{U}_i} = \frac{-\dot{I}_d R'_L}{\dot{U}_{gs}} = \frac{-g_m \dot{U}_{gs} R'_L}{\dot{U}_{gs}} = -g_m R'_L \tag{2-51}$$

（2）输入电阻为

$$R_i = R_G + R_{G1} \mathbin{/\mkern-5mu/} R_{G2} \tag{2-52}$$

$R_G$ 一般取几兆欧，可见 $R_G$ 的接入可使输入电阻大大提高。

（3）输出电阻为

$$R_o = R_D \qquad\qquad (2-53)$$

$R_D$ 一般在几千欧到几十千欧，输出电阻较高。

### 2.6.2 共漏极放大器——源极输出器

图 2-42（a）为源极输出放大电路，它与射极输出器有类似特点，即电压放大倍数接近小于 1，输入电阻高而输出电阻低，输出电压与输入电压同相。

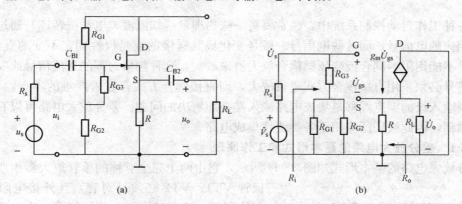

图 2-42 源极输出器
(a) 放大电路；(b) 微变等效电路

1. 电压放大倍数 $\dot{A}_u$

图 2-42（b）为源极输出器的微变等效电路，由等效电路得

$$u_o = g_m U_{gs} R'_L \qquad (R'_L = R_S \mathbin{/\mkern-5mu/} R_L)$$
$$u_i = U_{gs} + u_o \qquad (U_{gs} = u_i - u_o)$$
$$u_o = g_m (u_i - u_o) R' \qquad\qquad (2-54)$$

则

$$u_o = \frac{g_m R'_L u_i}{1 + g_m R'_L}$$

从而

$$A_u = \frac{g_m R'_L}{1 + g_m R'_L} \qquad\qquad (2-55)$$

由此可见，当 $g_m(R \mathbin{/\mkern-5mu/} R_L) \gg 1$ 时，$A_u \approx 1$，共漏极放大电路属电压跟随器。与射极输出器的 $A_u$ 相比，可知场效应晶体管的 $g_m$ 相当于晶体三极管的 $(1+\beta)/r_{be} \approx \beta/r_{be}$。

2. 输入电阻 $r_i$ 的计算

由图 2-42（b）可得出输入电阻

$$r_i = R_g \approx R_{g3} + (R_{g1} \mathbin{/\mkern-5mu/} R_{g2}) \qquad (2-56)$$

3. 输出电阻 $r_o$

令 $u_o = 0$，保留信号源内阻 $R'_s$，将 $R_L$ 开路，在输出端接入一测试 $\dot{U}_2$ 电源，如图 2-43 所示。

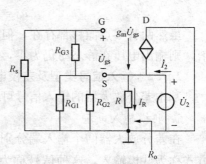

由电路可得

$$\dot{I}_2 = \frac{\dot{U}_2}{R} - g_m \dot{U}_{gs}，而 \dot{U}_{gs} = -\dot{U}_2$$

$$\dot{I}_2 = \left(g_m + \frac{1}{R}\right) u_2 \qquad\qquad (2-57)$$

图 2-43 求 $R_o$ 的电路

故有
$$r_{o} = \frac{u_2}{i_2} = \frac{1}{g_m + \frac{1}{R_s}} = \frac{1}{g_m} /\!/ R_s \tag{2-58}$$

## 2.7 差 分 放 大 电 路

在各种工作自动控制系统中，经常要将一些物理量（如温度、电动机转速）通过传感器转化为相应的电信号，而这些电信号一般是变化极其缓慢的或是极性固定不变的直流信号。这类信号不能用阻容耦合或变压器耦合放大器来放大，这种频率为零的直流信号或变化缓慢的交流信号必须采用直接耦合方式进行放大，而直接耦合方式存在着严重的零点漂移问题。如何抑制输入级的零点漂移是集成电路输入端必须解决的问题。差分放大电路可以有效地抑制零点漂移，因此被广泛应用于各类线性集成电路。

### 2.7.1 差分放大电路的基本形式和工作原理

差分放大电路的基本形式如图 2-44 所示，它由两个完全对称的单管放大器组成，两个

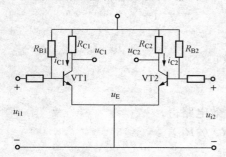

图 2-44 差分放大电路的基本形式

三极管 VT1、VT2 必须是对管，且外接电阻也要一一对称相等，静态工作点也必须相同。输入信号从两管的基极输入，输出信号从两管的集电极之间输出。因此该电路称为双端输入双端输出差分放大电路。由于两管完全对称，所示静态时，输入信号为零，即 $u_{i1} = u_{i2} = 0$，而 $I_{C1} = I_{C2}$，$R_{C1} I_{C1} = R_{C2} I_{C2}$，$u_{o1} = u_{o2}$，因此，输出电压 $u_o = u_{o2} - u_{o1} = 0$。

当放大电路输入端短路时，输出端仍有缓慢变化的、串扰的电压信号产生，这种现象称为零点漂移。

在直流耦合的多级放大器中，输入端的零点漂移电压会被后面的放大器逐级放大，并影响后级放大电路的静态工作点，严重时将使集成电路无法正常工作，所以在集成电路的输入端需要解决好零点漂移问题。通常温度变化是引起零点漂移的主要原因。

环境温度发生变化时，放大器的静态工作点随温度的变化产生漂移，两管的集电极电流逐步增大（或减小）。相应地，集电极电位也会同步下降（或升高）。两管集电极的电位漂移相同，设同为 $\Delta u$，则有

$$u_o = u_{o1} \pm \Delta u - (u_{o2} \pm \Delta u) = 0 \tag{2-59}$$

虽然两管零点漂移都存在，但由于电路的对称性，在输出端各自的零点漂移电压互相抵消，则输出电压在静态时仍为零，因而零点漂移得到抑制。

### 2.7.2 输入信号类型及差模电压放大倍数

基本差分放大器的输入信号可分为共模信号和差模信号两种。

1. 共模输入电压

在差分放大器两个输入端分别输入大小相等、极性相同的信号，即 $u_{i1} = u_{i2}$，这种输入方式称为共模输入，这种信号称为共模信号，差动放大器在输入共模信号时不产生输出电压。共模信号常用 $u_{ic} = u_{i1} = u_{i2}$ 表示。

图 2-45（a）所示为差分放大器共模输入电路。在共模输入情况下，因电路对称，输出

两端的电位 $u_{C1}$ 和 $u_{C2}$ 的变化也是大小相等、极性相同的，因而输出电压 $\Delta u_{o}$ 仍保持为零。这与输入信号为零（静态）的输出结果一样。这表明差分放大器对共模信号没有放大作用，即共模电压放大倍数 $A_{uc} = 0$，或者说对共模信号具有很强抑制能力。实际上差分放大器对零点漂移的抑制就是抑制共模信号。

定义输入共模信号时，输出电压与输入共模电压之比为共模电压放大倍数，用 $A_{uc}$ 表示。理想（电路完全对称）情况下，差动放大器的共模放大倍数恒等于零。

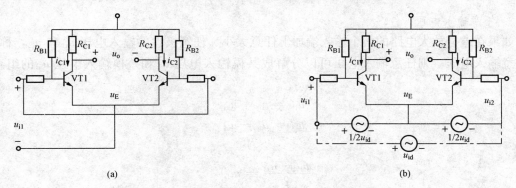

图 2-45 差分放大器的输入方式

（a）共模；（b）差模

**2. 差模输入电压**

图 2-45（b）所示为差分放大器差模输入电路。在差分放大器两个输入端分别输入大小相等、极性相反的输入电压，即 $u_{i1} = -u_{i2}$。这种输入方式称为差模输入，这种信号称为差模信号，差模输入信号常用 $u_{id}$ 表示，即

$$
\left.
\begin{aligned}
u_{i1} &= \frac{1}{2} u_{id} \\
u_{i2} &= -\frac{1}{2} u_{id}
\end{aligned}
\right\}
\tag{2-60}
$$

在差模信号作用下，一个管的集电极电流增大，另一个管的集电极电流减小，在电路对称的情况下，集电极电位的变化大小相等、极性相反。若设两管电压放大倍数分别为 $A_1$、$A_2$，集电极输出电压分别为 $u_{o1}$、$u_{o2}$，则有

$$
\left.
\begin{aligned}
u_{o1} &= A_1 u_{i1} = A_1 \frac{1}{2} u_{id} \\
u_{o2} &= A_2 u_{i2} = -A_2 \frac{1}{2} u_{id}
\end{aligned}
\right\}
\tag{2-61}
$$

总电路输出电压为

$$
u_{o} = u_{o1} - u_{o2} = \frac{1}{2}(A_1 + A_2) u_{id}
\tag{2-62}
$$

因电路对称，所以 $\qquad A_1 = A_2 = A$

则差模电压放大倍数为

$$
A_{ud} = \frac{u_{od}}{u_{id}} = A
\tag{2-63}
$$

由此可见，差分放大器的差模电压放大倍数与单管共射放大器的电压放大倍数相同，但

是差分放大器增加了一倍的元件数量，以换取对零点漂移（共模信号）的抑制能力。由于单管共射放大器的放大倍数为

$$A_u = -\frac{\beta R_C}{r_{be}} \times \frac{R_B /\!/ r_{be}}{R_s + R_B /\!/ r_{be}} = -\frac{\beta R_C}{R_s\left(1 + \dfrac{r_{be}}{R_B}\right) + r_{be}}(-般\ R_B \gg r_{be}) \qquad (2-64)$$

故得
$$A_{ud} = A_u \approx -\frac{\beta R_C}{R_s + r_{be}} \qquad (2-65)$$

3. 任意输入电压

如果在差分放大电路的两个输入端加上任意大小、任意极性的输入电压 $u_{i1}$ 和 $u_{i2}$，称之为任意输入电压。则任意输入电压可以分解成共模输入电压 $u_{ic}$ 和差模输入电压 $u_{id}$ 的组合。设有

$$u_{i1} = u_{ic} + u_{id}$$
$$u_{i2} = u_{ic} - u_{id}$$

可得

$$\left.\begin{aligned}\frac{u_{i1} - u_{i2}}{2} &= u_{id} \\[4pt] \frac{u_{i1} + u_{i2}}{2} &= u_{ic}\end{aligned}\right\} \qquad (2-66)$$

通常，可以认为差模输入电压信号反映的是有用信号，故对于 $u_{id}$ 希望得到尽可能大的放大倍数；而把共模输入电压信号视为是漂移（零漂）信号或者为伴随输入信号一起进来的干扰信号，故对于 $u_{ic}$ 尽可能加以抑制，不予放大。

4. 共模抑制比

衡量差分放大电路的性能好坏，不仅要看它对差模输入电压的放大能力，还要看其对共模输入电压的抑制能力，通常用共模抑制比 $K_{CMR}$ 来表示，它定义为差模电压放大倍数与共模电压放大倍数之比，即

$$K_{CMR} = \left|\frac{A_{ud}}{A_{uc}}\right| \qquad (2-67)$$

一般认为，$K_{CMR}$ 越大，表示差分放大器放大差模信号（有用信号）的能力越强，抑制共模信号（干扰信号）的能力也越强，在电路完全对称的理想条件下，若采用双端输出，则 $A_{uc} = 0$，$K_{CMR} = \infty$。

### 2.7.3 几种常用差分放大电路

在实际应用电路中，即使是使基本差分放大器都工作在双端输入、双端输出状态，也还不能完全抑制零点漂移。同时，电路的参数不可能做到严格对称，或当要求电路进行单端输出（不对称输出）时，则输出电压仍有一定的漂移。当零点漂移严重时，由于信号过大，电路对称也将很难做到完全抵消。而且，从单个三极管来看，其集电极对地电压的漂移并没受到抑制。因此，在实际电子技术工程中基本差分放大器一般不被采用。

1. 具有射极公共电阻的差动放大电路

在差分放大电路的发射极引入一个公共电阻 $R_E$，由图 2-46 可见，接入 $R_E$ 就是引入直流负反馈。而这个发射极电阻 $R_E$ 对于差模、共模信号的影响是相同的。

对于差模信号来说，由于两个三极管的输入电压大小相等、极性相反，因此将使两个三

极管的集电极电流产生异向变化,在电路结构、
参数对称的情况下,增加量和减少量彼此相等,
所以流过 $R_E$ 的电流没有任何改变,因而 $R_E$ 上的
信号压降为零,即射极电阻 $R_E$ 对差模输入信号
不产生影响。

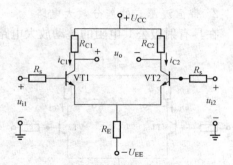

图 2-46 具有射极公共电阻的差动放大电路

对于共模信号而言,由于两个三极管的输入
电压大小相等、极性相同,因此会使两个三极管
的集电极电流产生同向变化,并同向流过 $R_E$,
致使 $R_E$ 上的压降为 2 倍的变化电流产生的压降,
即使两个三极管的发射结电压 $U_{BE}=U_B-U_E$ 有
相应的变化,可见 $R_E$ 对每个三极管的共模输入有较强的负反馈作用。由此可见,由于 $R_E$
对共模信号的负反馈作用,使每个三极管的零点漂移得到削弱,从而大大地提高了电路的共
模抑制比,因此 $R_E$ 也称为共模负反馈电阻。

综上所述,共模负反馈电阻 $R_E$ 越大,其对共模输入信号的抑制作用越强;但是当 $R_E$
越大,在一定电源 $U_{CC}$ 控制下,三极管的静态压降 $U_{CE}$ 就会越小,这就将影响差模信号的动
态范围。因此,在公共发射极回路中引入负电源 $U_{EE}$ 来补偿 $R_E$ 上的直流压降,从而解决了
设置静态值与抑制零点漂移之间的矛盾。由于供给偏流的回路可以是:$U_{EE}$ 正端→$R_s$→发射
结→$R_E$→$U_{EE}$ 负端。这样,不接 $R_{B1}$ 和 $R_{B2}$ 电路也能工作。

当温度 $T$ 升高时,两个三极管的电流 $I_{C1}$ 和 $I_{C2}$ 同时增大,电路便会有以下稳定过程:

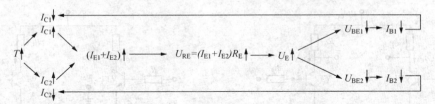

这是利用电流负反馈来改变加到三极管的 $U_{BE}$ 反对集电极电流的变化。

图 2-45 所示电路差模交流通路如图 2-46 所示。因 $R_E$ 对差模信号不起作用,即动态
时,可以为任意输入。而在理想状态下,共模输入时电路的输出电压为零,差分放大电路只
对差模输入信号进行放大。

当未接入负载 $R_L$ 时,单管输出的差模放大倍数为

$$A_{d1}=-\frac{\beta R_C}{R_s+r_{be}} \tag{2-68}$$

差分放大器双端输出的差模放大倍数为(此时,$u_o=2u_{o1}$,$u_d=2u_{i1}$)

$$A_d=\frac{u_o}{u_d}=\frac{2u_{o1}}{2u_{i1}}=\frac{\beta R_C}{R_s+r_{be}} \tag{2-69}$$

可见,差分放大电路在双端输出时,其电压放大倍数与单管放大电路的电压放大倍数相等。

两个输入端之间的差模输入电阻为

$$r_i=2(R_s+r_{be}) \tag{2-70}$$

两个三极管集电极之间的差模输出电阻为

$$r_o=2R_C \tag{2-71}$$

#### 2. 带恒流源式的差分放大电路

在具有射极公共电阻的差动放大电路中，欲提高电路的共模抑制比，$R_E$ 阻值就得越大，使对共模信号的抑制作用越强。但是，$R_E$ 值越大，会造成获得合适的静态工作点所需的负电源 $U_{EE}$ 值越高，这将给电路集成化带来一定困难。实际电路设计中，为了既能增强共模负反馈作用，又不必选用大电阻，可用三极管组成的恒流源代替射极公共电阻 $R_E$，如图 2-47 所示。

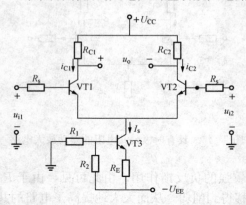

图 2-47 带恒流源的差分放大电路

在图 2-47 中，用三极管 VT3 组成的恒流源取代 $R_E$。$R_1$ 和 $R_2$ 构成分压式偏置电路，固定了 VT3 的基极电压值，$R_E$ 接在 VT3 的发射极，具有电流负反馈作用。这样既有合适的静态工作点电压，又能使 VT3 起到恒流源的作用，而恒流源具有极大的动态电阻值，会对共模信号有极强的抑制作用。

#### 2.7.4 差分放大电路的 4 种输入输出方式

差分放大电路中，信号从两个管子的基极输入，从两个管子的集电极输出。根据不同的用途，差分放大电路输入端和输出端会有不同的接地，可以组成 4 种接法（见图 2-48）：双端输入—双端输出、双端输入—单端输出、单端输入—双端输出、单端输入—单端输出。

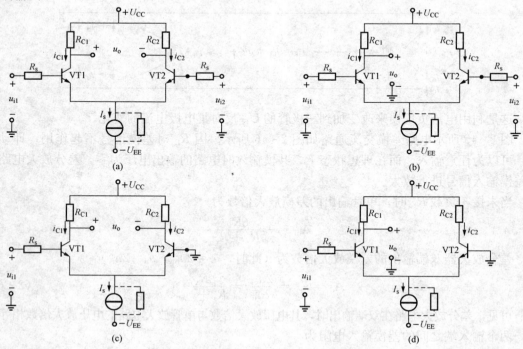

(a)　(b)

(c)　(d)

图 2-48 差分放大电路的 4 种输入输出接法

(a) 双端输入—双端输出；(b) 双端输入—单端输出；

(c) 单端输入—双端输出；(d) 单端输入—单端输出

1. 双端输入—双端输出

其电压放大倍数为

$$A_\mathrm{d} = \frac{u_\mathrm{o}}{u_\mathrm{d}} = \frac{\beta R_\mathrm{C}}{R_\mathrm{s} + r_\mathrm{be}} \tag{2-72}$$

两个输入端之间的差模输入电阻为

$$r_\mathrm{i} = 2(R_\mathrm{s} + r_\mathrm{be}) \tag{2-73}$$

两个三极管集电极之间的差模输出电阻为

$$r_\mathrm{o} = 2R_\mathrm{C} \tag{2-74}$$

2. 双端输入—单端输出

由于输出电压只与一个三极管的集电极电压变化有关，因此，它的输出电压变化量 $u_\mathrm{o}$ 只是双端输出时的一半，即

$$A_\mathrm{d} = \frac{1/2u_\mathrm{o}}{u_\mathrm{d}} = -\frac{1}{2} \times \frac{\beta R_\mathrm{C}}{R_\mathrm{s} + r_\mathrm{be}} \tag{2-75}$$

注意：只有从 VT1 集电极输出时，$A_\mathrm{d}$ 的表达式中才有负号；若改为从 VT2 的集电极输出时，$A_\mathrm{d}$ 为正。

输入电阻并不随输出方式变化，而输出电阻为

$$r_\mathrm{o} = R_\mathrm{C} \tag{2-76}$$

3. 单端输入—双端输出

由于差分放大电路两边完全对称，差分放大电路可以看作有任意电压输入信号 $u_\mathrm{i1} = 0$，$u_\mathrm{i2} = u_\mathrm{i}$，可分解为 $u_\mathrm{i1} = \frac{u_\mathrm{i}}{2} - \frac{u_\mathrm{i}}{2}$，$u_\mathrm{i2} = \frac{u_\mathrm{i}}{2} + \frac{u_\mathrm{i}}{2}$。可见单端输入时差分放大电路的输入效果和双端输入差分放大电路一样。

4. 单端输入—单端输出

这种接法的特点是通过改变输入或输出端的位置，可以得到同相或反相放大输出电压。

总之，不论采用何种接法，差模放大倍数与输出电阻都取决于输出方式，而与输入方式无关。只要是双端输出，其差模放大倍数与单管放大倍数相同，输出电阻为 $2R_\mathrm{C}$；只要是单端输出，差模放大倍数就为单管放大倍数的一半，输出电阻为 $R_\mathrm{C}$。输入电阻与输入接法无关，总是等于 $2(R_\mathrm{s} + r_\mathrm{be})$。从抑制零点漂移和抗共模干扰的角度看，双端输出优于单端输出。

## 2.8 功率放大电路

电子设备最终都要驱动负载工作的，如收音机中的扬声器（喇叭）要发出声音，电动机要旋转，继电器触点要动作，记录仪表要指示数据等。这些负载需供给足够的功率才能发挥其效能。前面讨论的低频电压放大器的主要任务是把微弱的信号电压放大，输出功率不一定大。在多级放大电路的末级通常总是采用既能输出较高的电压又能输出较大电流的放大电路，也就是要求能输出一定功率的功率放大电路。

### 2.8.1 低频功率放大器的概念

功率放大电路又称为功率放大器，简称功放。功率放大器中使用半导体功率管为主要器件，称功率放大管，简称功放管。

1. 对功率放大器的基本要求

（1）要求有足够大的输出功率。功率放大器主要是向负载提供足够大的输出功率，这就要求功率放大器不仅要有较高的输出电压，还要有较大的输出电流，即功率放大器处于三极管工作的极限运用状态。

（2）要求效率高。放大器的放大作用都是通过放大管的控制作用，把电源供给的直流功率转换为向负载输出的交流功率（有用信号的功率）。效率高就是能量转换效率的提高。

（3）要求非线性失真小。由于功率放大器工作于大信号工作状态，易引起失真，所以必须采取特殊的方法才能减小非线性失真。

（4）要求功率放大管的散热性要好。功率放大器都工作于三极管的极限状态，要求有良好的散热措施，以降低功率放大管工作时的温度。

2. 功率放大器的分类

按功率放大管工作点的位置不同，有甲类、乙类和甲乙类三种功率放大器。按功率放大器输出端特点不同分类，有变压器耦合功率放大器、无输出变压器功率放大器（OTL 电路）和无输出电容功率放大器（OCL 电路）。

变压器耦合功率放大器可通过变压器的阻抗变换特性，使负载获得最大输出功率。但由于变压器体积大、笨重、频率特性较差，且不便于集成化，目前已很少使用。OTL 和 OCL 电路都不用输出变压器，便于集成化，所以应用较广。这两个电路实质上是由两个射极输出器组成互补对称的电路。

### 2.8.2　互补对称功率放大器

甲类功率放大器输出波形较好，但因管耗大，效率较低。乙类功率放大器，虽然管耗较小，有利于提高效率，但存在严重的失真，使输入信号的半周被削掉了。若采用两个导电性相反的三极管，使它们都工作乙类放大状态，一个在正半周工作，另一个在负半周工作，同时把两个输出波形加到负载上，在负载上得到完整的输出波形，这样就解决了效率与失真的矛盾。由于两只晶体管工作特性对称，互补对方的不足，故称为互补对称功率放大器。

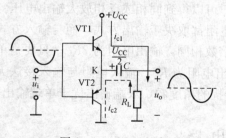

图 2 - 49　OTL 电路

1. 单电源供电的互补对称功率放大器（OTL 电路）

（1）电路组成及工作原理。图 2 - 49 所示为 OTL 电路。VT1 和 VT2 为一对导电性能相反的三极管，两管接成射极输出形式，由于输出电阻很小，所以无需变压器就能与低阻负载很好匹配。大容量的电容 $C$ 既是输出耦合电容，又同时充当电源的作用。

> **提　示**
>
> 虽然电容 $C$ 在工作中有时充电，有时放电，但因其容量较大，所以，电容两端电压基本维持在 $U_{CC}/2$，起电源的作用。

静态时，由于电路结构对称，所以 $U_k = U_{CC}/2$，因两管均无偏置，两管均处于截止状态，$I_{BQ}=0$，$I_{CQ}=0$，工作在乙类状态。

当输入信号为正半周时，VT1 导通，VT2 截止，电源 $U_{CC}$ 通过 VT1 向电容 $C$ 充电，如

图 2-49 中实线所示方向。

当输入信号为负半周时，VT2 导通，VT1 截止，此时电容 $C$ 上的电压（$U_C = U_{CC}/2$）通过 VT2 放电，此时，集电极电流 $i_{C2}$ 流过负载 $R_L$，如图 2-49 中虚线所示方向，流过 $R_L$ 的方向与 $i_{C1}$ 方向相反。VT1 和 VT2 交替工作，通过 $R_L$ 可获得正、负半周完整的输出信号波形，实现了信号的功率放大。

（2）实用的 OTL 电路。OTL 电路功率放大管工作在乙类状态，效率较高。而实际上这种电路输出波形并不能很好地反映输入信号的变化，而是在正、负半周的交界处出现了与输入不同的失真波形，这种失真叫交越失真，如图 2-50 所示。

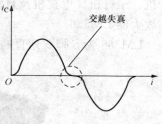

图 2-50 交越失真波形

产生交越失真的原因是工作在乙类放大状态时，由于两管发射结都没有偏置电压，当输入信号电压小于死区电压时，VT1 和 VT2 均处于截止状态，当信号在过零附近处，没有输出信号，产生了失真。

产生交越失真的原因是什么？如何消除交越失真？

消除交越失真的方法是给 VT1、VT2 的发射结加上正向很小的偏置电压，使其在静态时处于微导通状态，这样输入信号一旦加入，晶体管立即进入线性放大区，从而克服了交越失真。图 2-51 所示电路为实用的 OTL 电路。

二极管 VD3、VD4 供给 VT1、VT2 两管一定的偏置电压，确保两管静态时处于微导通（甲乙类）状态。由 VT5 组成工作点稳定的偏置放大电路工作于甲类放大状态。$R_2$ 为电路引入了电压并联负反馈，使 K 点电压 $U_K$ 趋于稳定，同时也使得放大电路的动态性能指标得到了改善。

OTL 电路，虽采用单电源供电，但频率响应较差，不利于电路的集成化。所以一些高级音响设备中大多采用双电源供电的互补对称功率放大器（OCL 电路）。

2. 双电源供电的互补对称功率放大器（OCL 电路）

OTL 电路中，电容 $C$ 为功放管供电，实际起负电源的作用。如果直接用一个负电源代替电容 $C$，就构成了 OCL 电路，如图 2-52 所示。

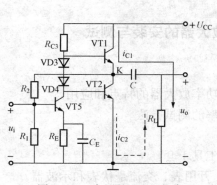

图 2-51 实用的 OTL 电路

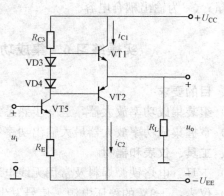

图 2-52 OCL 电路

OCL 电路与 OTL 电路工作原理相似，但电路采用直接耦合形式，由于没有大容量的电容，低频特性较好，而且便于集成化，所以广泛应用于高保真的音响设备中。

### 2.8.3　集成功率放大器

随着集成技术的不断发展，集成功率放大器产品越来越多，由于集成功率放大器输出功率大，频率特性好，非线性失真小，外围元件少，成本低，使用方便，因而被广泛应用在收音机、录音机、电视机及直流伺服系统中。下面简单介绍目前应用较多的小功率音频集成功率放大器 LM386。

LM386 为 8 脚双列直插塑料封装结构，外形如图 2-53 所示，引脚如图 2-54 所示。

图 2-53　LM386 外形

图 2-54　LM386 引脚图

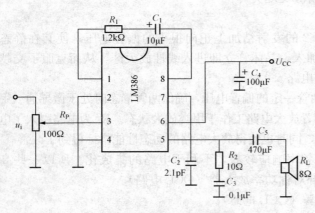

图 2-55　LM386 的应用接线图

LM386 是一种通用型宽带集成功率放大器，属于 OTL 功率放大器，适用的电源电压为 4～10V，常温下功耗在 660mW 左右。

图 2-55 所示为 LM386 的应用接线图，常用于电话机或袖珍收音机作音频放大电路。其中，$R_1$ 和 $C_1$ 接在引脚 1 和 8 之间可将电压增益调为任意值；$C_2$ 为旁路电容；$R_2$ 和 $C_3$ 串联构成校正网络用来补偿扬声器音量电感产生的附加相移，防止电路自激；$C_4$ 为去耦电容，用于滤掉电源的高次谐波分量；$C_5$ 为输出耦合电容。

## 实操练习 6　集成功率放大器的安装与测试

### 一、目的要求

（1）组装集成功率放大器，进一步熟悉集成功率放大器的特点和应用。

（2）掌握集成功率放大器最大输出功率和效率的测试方法。

### 二、工具、仪表和器材

（1）工具：电烙铁、焊料及常用无线电装配工具 1 套。

（2）仪表：+9V 的稳压电源、信号发生器、万用表、交流毫伏表和示波器。

（3）元件：见表 2-20。

**表 2 - 20** 元 件 明 细 表

| 序号 | 名称 | 型号 | 数量 |
|---|---|---|---|
| 1 | 集成功率放大器 | LM386 | 1只 |
| 2 | 电容器 | $10\mu F/25V$ | 1只 |
| | | $220\mu F/25V$ | 1只 |
| | | $0.5\mu F$ | 1只 |
| 3 | 电阻器 | $5.1k\Omega$ | |
| | | $1k\Omega$ | 1只 |
| 4 | 喇叭 | $8\Omega$ | 1只 |
| 5 | 实验板 | — | 1块 |

### 三、测试电路

图 2 - 56 所示为集成功率放大器原理图。

### 四、实操练习内容与步骤

1. 熟悉集成功率放大器的引脚排列

2. 清点、检测元器件并对元器件进行搪锡处理

（1）按表 2 - 20 核对元器件的数量、型号和规格，如有短缺、差错应及时补缺和更换。

（2）用万用表检测电路元器件。对不符合质量要求的元器件剔除并更换。

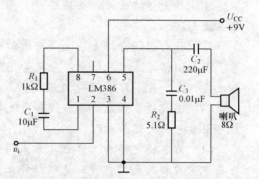

图 2 - 56 集成功率放大器原理图

（3）清除元器件引脚上和实验板上的氧化层，并搪锡。

3. 按图 2 - 56 进行组装

准备常用的无线电装配工具，将元器件插装后焊接固定，用硬铜线根据电路图进行布线，最后进行焊接固定。

4. 电路的测试内容和操作方法

（1）静态工作点的测量。用短路线将 $V_{in}$ 端对地短路，用万用表测量集成功率放大器各管脚的直流电压，并测量结果填入表 2 - 21 中。

**表 2 - 21** 静态工作点测试记录

| 管脚 | 1 | 2 | 3 | 4 | 5 | 6 | 7 | 8 |
|---|---|---|---|---|---|---|---|---|
| 测量电压 | | | | | | | | |

（2）测量集成功率放大器的最大不失真功率 $P_{OM}$。信号发生器输出的正弦波信号通过 $V_{in}$ 端送给集成功率放大器作为其输入电压（$f=1kHz$）逐渐增大幅度，用示波器观察输出波形，当输出的波形幅度最大且不失真时，用毫伏表测量喇叭两端电压 $U_{OM}$，计算最大不失真功率 $P_{OM}=\dfrac{U_{OM}^2}{R_L}$，并将 $U_{OM}$ 和计算的 $P_{OM}$ 填入表 2 - 22 中。

（3）测量功率放大器的效率 $\eta$。将万用表调至 100mA 挡，然后把其串联在电源 $U_{CC}$ 与 LM386 的 6 端，测直流电源的输出电流 $I_E$，则电源输出功率 $P_E=U_{CC}I_E$，功率放大器的效

率 $\eta = \dfrac{P_{OM}}{P_E}$。将测出的 $I_E$ 和计算出 $\eta$ 的填入表 2-22 中。

表 2-22　　　　　　　　　　　　　　　输出功率及效率测试记录

| $R_L(\Omega)$ | $U_{CC}(V)$ | $U_{OM}(V)$ | $I_E(A)$ | $P_{OM}(W)$ | $P_E(W)$ | $\eta$ |
|---|---|---|---|---|---|---|
|  |  |  |  |  |  |  |

# 本 章 小 结

（1）放大器的主要功能是将输入信号不失真地放大。放大器的核心是晶体管。要不失真地放大交流信号，必须给放大器设置合适的静态工作点，以保证晶体管始终工作在放大区。

（2）放大器的分析方法主要有近似估算法和图解分析法两种。

用近似估算法时应注意：分析静态工作点（$I_{BQ}$、$I_{CQ}$、$U_{CEQ}$）用直流通路；分析动态性能（$A_u$、$R_i$、$R_o$）用交流通路。

（3）图解法要作直流负载线和交流负载线，用来分析放大器的动态特性比较直观，尤其用于分析大信号电路。

（4）为了稳定静态工作点，常采用分压式偏置电路，这种电路使 $I_{BQ}$、$I_{CQ}$ 和 $U_{CEQ}$ 与晶体管的参数无关。特别是在维修工作中，当更换晶体管时不必重新调整静态工作点，这给实际工作带来了很大的方便。

（5）放大器有 4 种耦合方式：阻容耦合、变压器耦合、直接耦合和光电耦合。

多级放大器的电压放大倍数等于各级电压放大倍数的连乘积，输入电阻等于第一级的输入电阻，输出电阻为末级的输出电阻。

（6）放大器中，把输出信号回送到输入回路的过程称为反馈。反馈放大器主要由基本放大电路和反馈电路两部分组成。引入反馈的放大器称为闭环放大器，未引入反馈的放大器称为开环放大器。

（7）判断反馈的性质用瞬时极性法。判断反馈的类型关键是先找到反馈电路，然后根据反馈电路在输入、输出电路的连接方法来判断反馈的类型。直流反馈和交流反馈的判断看反馈电路中的电容元件来确定。

（8）实际放大电路中几乎都采用反馈。正反馈可组成振荡器，负反馈可改善放大器的性能。如直流负反馈可稳定静态工作点，交流负反馈以降低放大倍数为代价，使放大器的稳定性提高，减小非线性失真，改变输入、输出电阻。

（9）射极输出器是一种典型的电压串联负反馈电路，又称为共集电极放大电路或射极跟随器。它没有电压放大能力，但仍具有电流和功率放大能力。其输出电压和输入电压相位相同，这是它的跟随特性；输入电阻很大，输出电阻很小，这是它的阻抗变换特性。

射极输出器因输入电阻很大常作为多级放大器的输入级，可减轻信号源的负担；因它的输出电阻很小常作为多级放大器的输出级，可提高电路的带载能力；因其电压放大倍数接近 1 而用于多级放大器的中间级起缓冲、隔离作用等。

（10）差分放大电路，是以电路的对称性来放大差模信号并抑制共模信号，一般作为集成运放的输入级，对诸如输入电阻，共模、差模输入电压和共模抑制比等起到事关全局的作用，是提高集成运放的关键点，常见的形式有基本形式、射极公共电阻 $R_E$ 式（长尾式）和恒流源式。

（11）功率放大器在要求非线性失真尽可能小的情况下输出功率尽可能大，使效率尽可能高。乙类功率放大器静态功耗近似为零，效率较高，但非线性失真（交越失真）较严重。OTL 功率放大器采用单电源供电，OCL 功率放大电路采用双电源供电。两只放大管导电性能相反，但特性参数一致，在工作时两管交替导通，实现了互补对称，不但效率较高，而且可减小交越失真。

## 复习思考题

1. 什么叫放大器？放大器由哪几部分组成？

2. 什么叫静态工作点？放大电路为什么要设置静态工作点？

3. 如图 2-57 所示，在电路中，$U_{CC}=15V$，$R_B=300k\Omega$，$R_C=3k\Omega$，$R_L=6k\Omega$，晶体管的 $\beta=50$。

（1）计算电路的静态工作点；

（2）求放大电路的输入电阻、输出电阻；

（3）分别求放大电路空载和有载时的电压放大倍数。

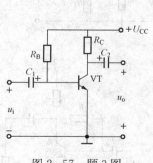
图 2-57 题 3 图

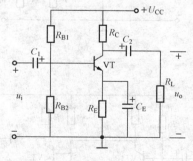
图 2-58 题 4 图

4. 在图 2-58 所示的电路中，$R_{B1}=60k\Omega$，$R_{B2}=20k\Omega$，$R_C=3k\Omega$，$R_E=2k\Omega$，$R_L=6k\Omega$，$U_{CC}=16V$，$\beta=50$。

（1）计算静态工作点；

（2）求输入电阻和输出电阻；

（3）求空载和带载两种情况下的电压放大倍数；

（4）若该三极管换成一只 $\beta=30$ 的同类型晶体三极管，问该放大电路能否正常工作；

（5）分析电路在环境温度升高时稳定静态工作点的过程。

5. 射极输出器具有什么特点？在多级放大电路中常用在哪一级？为什么？

6. 多级放大器级间耦合方式有哪些？各有何特点？

7. 为稳定输出电流，应引入_____反馈；为稳定输出电压，应引入_____反馈；为稳定静态工作点，应引入_____反馈；为了展宽放大电路频带，应引入_____反馈。

8. 为提高放大电路的输入电阻，应引入_____反馈；为降低放大电路的输出电阻，应引入_____反馈。

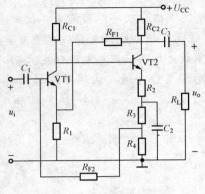

图 2-59 题 10 图

9. 串联电压负反馈稳定_____放大倍数；串联电流负反馈稳定_____放大倍数；并联电压负反馈稳定_____放大倍数；并联电流负反馈稳定_____放大倍数；

10. 图 2-59 所示电路中，分析 $R_{F1}$ 和 $R_{F2}$ 引入反馈的类型，并说明这些反馈对放大器性能有何影响。

11. 在图 2-60 所示各电路中，哪些元件组成了级间反馈通路？它们引入的反馈是正反馈还是负反馈？是直流反馈还是交流反馈？试判断它们反馈的组态。

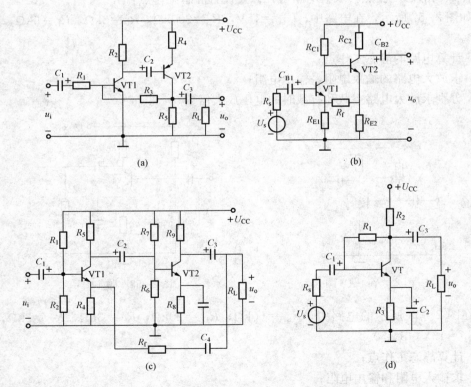

图 2-60 题 11 图

(a) 电路 1；(b) 电路 2；(c) 电路 3；(d) 电路 4

12. 已知电路形式如图 2-61 所示，电路参数为 $R_g = 5\text{M}\Omega$，$R_d = 25\text{k}\Omega$，$R = 1.5\text{k}\Omega$，$U_{dd} = 15\text{V}$，管子参数 $U_p = -1\text{V}$。试计算其静态工作点。

13. 已知电路参数如图 2-62 所示，场效应管工作点上的互导 $g_m = 1\text{ms}$，设 $r_d \gg R_d$。

（1）画出电路的微变等效电路；

（2）求电压放大倍数 $\dot{A}_{um}$；

（3）求放大器的输入电阻 $r_i$。

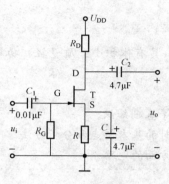

图 2-61　题 12 图

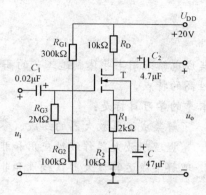

图 2-62　题 13 图

14. 直接耦合放大电路产生零点漂移的主要原因是_____。

15. 相同的条件下，阻容耦合放大电路的零点漂移比直接耦合放大电路_____，这是由于_____。

16. 双端输出时，理想差动放大电路的共模输出等于_____；共模抑制比等于_____。

17. 试比较功率放大电路与小信号电压放大电路有何异同？

18. 什么是交越失真？如何消除？

# 第 3 章  集 成 运 算 放 大 电 路

📖 **学习目标**

　　集成电路采用半导体制造工艺的高科技产品，具有体积小、质量轻、功耗低、可靠性高的特点。

　　**本章的学习目标是：**

　　1. 了解集成运算放大器的组成、参数及类型等基础知识。

　　2. 掌握理想放大器作线性应用和非线性应用时的基本特点和分析方法。

　　3. 理解集成运算放大器在线性和非线性应用方面的电路。

## 3.1  集成运算放大器的组成、封装与图形符号

　　运算放大器（operational amplifier）简称为运放，是一种高增益直流放大器，最初因用在模拟计算机中进行各种数学运算而得名。如果将整个运算放大器制成在一个小硅片上，就成为集成运算放大器（integrated operational amplifier）。集成电路是一种高电压增益，高输入阻抗和低输出电阻的集成多级直接耦合放大电路。它是采用现代半导体制造工艺把晶体管、场效应管、二极管、电阻、电容整体集成在同一块半导体芯片上，构成具有特定功能的电子电路。它具有体积更小、质量更轻、功耗更低的特点，由于是高精度、高自动化流水线生产，从而提高了电子芯片的可靠性和灵活性，实现了元件、电路和系统的结合，为电子技术的应用开辟了一个新时代。

　　集成运放实际上是一个高放大倍数的多级直接耦合放大电路。随着电子技术的发展，特别是各种类型集成运放的大量涌现，其应用已远远超出模拟计算机的界限，在信号运算、信号处理、信号测量及波形产生等方面获得广泛应用。

### 3.1.1  集成运算放大器

　　集成运放的种类很多，内部电路也各不相同，但其基本结构由输入级、中间级、输出级和偏置电路 4 个部分组成，如图 3-1 所示。

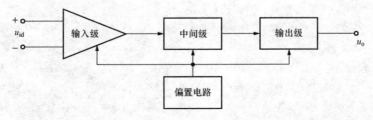

图 3-1  集成运放内部组成原理框图

（1）输入级电路：通常由差分放大电路构成，用其对称性来减小放大电路的零点漂移，

提高输入阻抗。

（2）中间级电路：通常由共发射极放大电路构成，目的是为了获得较高的电压放大倍数。

（3）偏置电路：一般由各种恒流源电路构成，为集成电路各级提供稳定、合适的偏置电流，决定各级的静态工作点。

（4）输出级电路：输出级与负载相接，通常由互补对称放大电路构成，目的是为了减小输出电阻，提高电路的带负载能力。

集成运放的图形符号如图 3-2 所示。它有两个输入端，即标"＋"的

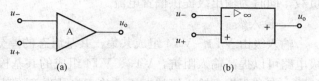

图 3-2　集成运放的图形符号
(a) 习惯通用画法符号；(b) 国际标准符号

输入端称为同相输入端，输入信号由此端输入时，输出信号与输入信号相位相同；标"－"的输入端称为反相输入端，输入信号由此端输入时，输出信号与输入信号相位相反。

### 3.1.2　通用型集成运算放大器 F007

F007 集成运放是应用较广泛的一种通用型集成运放，其内部原理电路如图 3-3 所示。下面简单介绍电路的组成和工作原理。

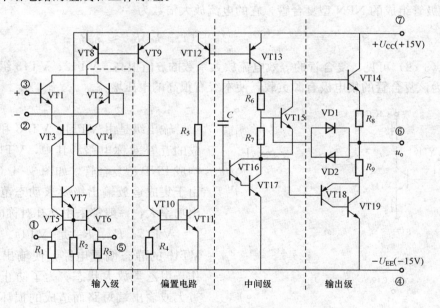

图 3-3　F007 内部原理电路

1. 偏置电路

由图 3-3 可知，流过电阻 $R_5$ 的电流 $I_R$ 为

$$I_R = \frac{U_{CC} + U_{EE} - 2U_{BE}}{R_5} \approx \frac{U_{CC} + U_{EE}}{R_5} \tag{3-1}$$

只要 $U_{CC}$、$U_{EE}$ 恒定，则电流 $I_R$ 为常数，所以称 $I_R$ 为偏置电路的基准电流。由于 $I_R$ 数值可由式（3-1）确定，则各级偏置电流及恒流源电流均可以确定。

VT 10和 VT 11组成微电流源电路，$I_{C11} \approx I_R$。$I_{C10} = \dfrac{U_{BE11} - U_{BE10}}{R_4}$，由 $I_{C10}$ 供给输入级中 VT3、VT4 的偏置电流。VT8、VT9 组成镜像电流源，$I_{C8} \approx I_{C9} \approx I_{C10}$，$I_{C8}$ 供给输入级 VT1、VT2 的工作电流，故 $I_{C1} = I_{C2} \approx I_{C8}/2$，而 $I_{C1} \approx I_{C3} = I_{C4} = I_{C6} \approx I_{C5}$。

VT12 和 VT13 也组成镜像电流源，$I_{C13} \approx I_{C12}$。VT13 作为中间级 VT16、VT17 的有源负载，同时为输出级提供偏置电流。

2. 输入级

输入级由 VT1～VT4 组成共集—共基组态的差分放大电路。VT1、VT2 组成的共集电极电路可以提高输入阻抗，VT3、VT4 组成的共基极电路和 VT5、VT6、VT7 组成的有源负载，有利于提高输入级的电压增益，并可改善频率响应。

用瞬时极性法分析，可以知道输出电压与输入电压之间的相位关系。当在电路中的③端输入信号为正极性时，输出电压也为正极性，由于输出与输入信号极性相同，故称③端为同相输入端；当②端输入信号为正极性时，输出电压极性为负，输出与输入信号极性相反，故称②端为反相输入端。

3. 中间级

这一级由 VT16、VT17 组成复合管共发射极放大电路。图 3 - 4 （a） 所示是由两个 NPN 型三极管组成的 NPN 型复合管。它的电流放大倍数为

$$\beta = \frac{i_C}{i_B} = \frac{i_{C16} + i_{C17}}{i_{B16}} = \beta_{16} + (1 + \beta_{16})\beta_{17} \approx \beta_{16}\beta_{17} \tag{3 - 2}$$

由式 （3 - 2） 可见，复合管的等效电流放大系数的 $\beta$ 值很高。VT12、VT13 组成的镜像电流源作为该复合管的集电极有源负载，使本级有很高的电压增益。

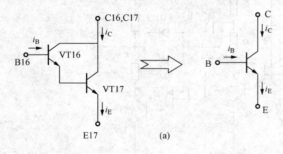

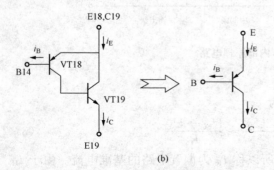

图 3 - 4 复合管的连接
（a） NPN 型复合管；（b） PNP 型复合管

4. 输出级

输出级是由 VT14、VT18 和 VT19 组成的互补对称电路。其中，VT18、VT19 构成 PNP 型复合管，如图 3 - 4 （b） 所示。由于集成运放输出级要求动态范围大、输出功率大，一般都采用互补对称电路。

VT15、$R_6$、$R_7$ 是 VT14、VT18 和 VT19 的静态偏置电路，使输出级电路工作于甲乙类放大状态。为了防止输入信号过大或输出端短路而造成的损坏，电路内备有过电流保护元件。当正向输出电流过大，流过 VT14 和 $R_8$ 的电流增大，使 $R_8$ 两端压降增大并足以使 $VD_1$ 管导通，造成对 VT14 基极电流的分流，从而限制了 VT14 的电流。当负向输出电流过大时，$R_9$ 两端电压增大，使 $VD_2$ 管导通，减小了 VT18 的基极电流，而限制了 VT19 的电流，达到保护的目的。

### 3.1.3　集成运算放大器的主要参数及种类

为了合理选用和正确使用运放，必须了解它的性能和技术指标。下面介绍常用的主要技术指标。

1. 集成运放的主要参数

（1）差模开环电压放大倍数 $A_{do}$：集成运放本身（无外加反馈回路）的差模放大倍数，即

$$A_{do} = \frac{u_o}{u_+ - u_-} \tag{3-3}$$

它体现了集成运放的电压放大能力，一般在 $10^4 \sim 10^7$ 之间。$A_{do}$ 越大，电路越稳定，运算精度也越高。

（2）共模开环电压放大倍数 $A_{\infty}$：集成运放本身的共模电压放大倍数。它反映了集成运放抗温漂、抗共模干扰的能力。优质的集成运算放大器 $A_{\infty}$ 应接近于零。

（3）共模抑制比 $K_{CMR}$：用来综合衡量集成运放的放大能力和抗温漂、抗共模干扰的能力，一般应大于 80dB。

（4）差模输入电阻 $r_{id}$：差模信号作用下集成运放的输入电阻。

（5）输入失调电压 $U_{io}$：为使输出电压为零，在输入级所加的补偿电压值。它反映了差分放大器部分参数的不对称程度，显然越小越好，一般为毫伏级。

（6）失调电压温度系数 $\Delta U_{io}/\Delta T$：温度变化 $\Delta T$ 时所产生的失调电压变化 $\Delta U_{io}$ 的大小。它直接影响集成运放的精确度，一般为几十微伏每摄氏度。

（7）转换速率 $S_R$：衡量集成运放对高速变化信号的适应能力，一般为几伏每微秒。若输入信号变化速率大于此值，输出波形会严重失真。

2. 集成运算放大器的种类

集成运放的品种繁多，大致可分为通用型和专用型两大类。

（1）通用型集成运放。通用型集成运放的各项指标比较均衡，适用于无特殊要求的一般场合，如单运算放大器、双运算放大器、四运算放大器等。其特点是增益高、共模和差模电压范围宽、正负电源对称且工作稳定。

（2）专用型集成运放。专用型集成运放的种类很多，根据各种特殊需要而设计，大致有如下几类：

1）低功耗型：静态功耗在 1mW 左右，如 CA3078、F253/012/013 等。

2）高速型：转换速率 $S_R$ 在 10V/$\mu$s 左右，如 $\mu$A715、LM318。

3）高输入阻抗型：输入电阻 $r_{id} > 10^9 \sim 10^{12}$ Ω，输入偏置电流很小，又称为低输入偏置电流型。

4）高精度型：用于毫伏量级或更低的微弱信号的精密检测、高精度稳压电源和自动控制仪表中。

5）高压型：具有高输入电压或大的输出功率，如 LM143、HA2645 和 D41。

6）低功耗型：在低电源电压（1.5～4V）时，仍具有低静态功耗和保持良好的电气性能，如 ICL7641、$\mu$PC253 和 CA3078。

### 3.1.4　集成运算放大器的电压传输特性及理想模型

集成运放的输出电压 $u_o$ 与输入电压（即同相输入端与反相输入端之间的差值电压）之

间的关系曲线称为电压传输特性，即

$$u_o = f(u_i) = f(u_P - u_N) \tag{3-4}$$

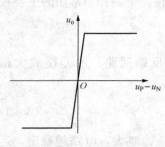

图 3-5 集成运放的
电压传输特性曲线

对于正、负电源供电的集成运放，电压传输特性如图 3-5 所示。从图 3-5 中曲线可以看出，集成运放有线性放大区域（即线性区）和饱和区域（即非线性区）两部分。在线性区，曲线的斜率为电压放大倍数；在非线性区，输出电压只有两种可能的情况，即 $+U_{OM}$ 或 $-U_{OM}$。

利用集成运放引入各种不同的反馈，就可以构成具有不同功能的实用电路。在分析各种实用电路时，通常都将集成运放的性能指标理想化。性能指标理想化的运放称为理想集成运放。下面介绍理想集成运放的性能指标。

1. 理想运放的性能指标

理想运放的主要参数包括：

（1）开环差模增益 $A_{od} = \infty$；

（2）差模输入电阻 $R_{id} = \infty$；

（3）输出电阻 $R_o = 0$；

（4）共模抑制比 $K_{CMR} = \infty$；

（5）上限截至频率 $f_H = \infty$。

实际上，集成运放的技术指标均为有限值，理想化后必然带来分析误差。但是，在一般的分析计算中，这些误差都是允许的。而且，随着新型运放的不断出现，实际运放的性能指标越来越接近理想运放电路，分析计算的误差也越来越小。因此，在运放电路的分析计算中，只有在进行误差分析时，才考虑实际运放的有限增益、带宽、共模抑制比、输入电阻和失调因素等带来的影响。

2. 理想运放在不同工作区时的特点

（1）理想运放工作在线性区。理想运放工作在线性区时，输出电压与输入电压间呈线性关系。根据理想运放的特征，可以导出工作在线性区时集成运放的两个重要特点：

1）理想运放的差模输入电压等于零。由于理想集成运放 $A_{uo} \to \infty$，故可以认为两个输入端之间的差模电压近似为零，即 $u_{id} = u_- - u_+ \approx 0$，即 $u_+ = u_-$，而 $u_o$ 具有一定的值。由于两个输入端间的电压为零，但不是短路，所以把这种现象称为虚短路。

2）理想运放的输入电流等于零。由于理想运放的开环输入电阻 $R_{id} \to \infty$，故可以认为两输入端不向信号源索取电流，即 $i_- = i_+ \approx 0$，这样，两个输入端都没有电流流入集成运放。此时同相输入端和反相输入端电流都等于零，如同两点断开一样，而这种断开并不是真正的断路，是等效断路，把这种现象叫做"虚断路"。

"虚短"和"虚断"是理想运放工作在线性区的两条重要结论。

注：对于理想运放，若两个输入端之间加无穷小电压，则输出电压就会超出其线性范围，不是正向最大电压就是最大负向电压。因此，只有电路引入负反馈，才能保证集成运放工作在线性区，所以说集成运放工作在线性区的特征就是电路中引入了负反馈。因此可以通过判断电路是否引入了负反馈，来判断电路是否工作在线性区。

（2）理想运放工作在非线性区。在非线性区时，输出电压不再随输入电压线性增长，而是达到饱和。理想运放工作在非线性区时也有两个重要的特点：

1）理想运放的输出电压达到饱和值。

2）理想运放的输入电流等于零。

理想运放的电压传输特性曲线如图 3-6 所示。

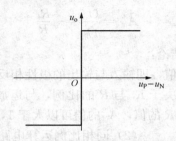

图 3-6　理想运放电压传输特性曲线

## 3.2　集成运算放大器的线性应用

### 3.2.1　在信号处理方面的应用

1. 比例运算电路

（1）反相比例运算电路。反相比例运算电路如图 3-7 所示。输入电压 $u_i$ 通过电阻 $R$ 加在运放的反相输入端。$R_f$ 是沟通输入和输出的通道，是电路的反馈网络。因为该电路的两个端子分别与输入和输出端子接在一起，根据反馈组态的判别方法，可知该电路的反馈组态是电压并联负反馈。

同相输入端所接的电阻 $R'$ 称为电路的平衡电阻，该电阻等于从运放的同相输入端往外看除源以后的等效电阻。为了保证运放电路工作在平衡的状态下，$R'$ 的值应等于从运放的反相输入端往外看除源以后的等效电阻 $R_N$，即

$$R' = R_N$$

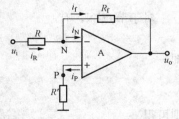

图 3-7　反相比例运算电路

下面分析该电路的电压放大倍数。因为反相比例运算电路带有负反馈网络，所以集成运放工作在线性工作区。利用"虚短"和"虚断"的概念可分析输出电压和输入电压的关系，可得

$$i_P = i_N = 0$$
$$u_P = u_N = 0$$

对于节点 N，有

$$i_R = i_f$$

根据电路可求出

$$i_R = \frac{u_i - u_N}{R} \qquad (3-5)$$

$$i_f = \frac{u_N - u_o}{R_f} \qquad (3-6)$$

所以

$$\begin{cases} \dfrac{u_{\mathrm{i}} - u_{\mathrm{N}}}{R} = \dfrac{u_{\mathrm{N}} - u_{\mathrm{o}}}{R_{\mathrm{f}}} \Rightarrow u_{\mathrm{o}} = -\dfrac{R_{\mathrm{f}}}{R} u_{\mathrm{i}} \\ u_{\mathrm{N}} = 0 \end{cases} \qquad (3-7)$$

可求出该电路的闭环电压放大倍数为

$$\dot{A}_{\mathrm{uf}} = \frac{\dot{U}_{\mathrm{o}}}{\dot{U}_{\mathrm{i}}} = -\frac{R_{\mathrm{f}}}{R} \qquad (3-8)$$

由上面的分析可得出两点结论：

1）闭环电压放大倍数是负值，即输入与输出的极性相反。

2）电压放大倍数的大小取决于 $R_{\mathrm{f}}$ 与 $R$ 的比例，与运放本身的参数无关，因此精度和稳定度都很高。适当选取 $R_{\mathrm{f}}$ 与 $R$ 的值，$A_{\mathrm{uf}}$ 的值可以大于 1，也可以等于 1 或者小于 1。

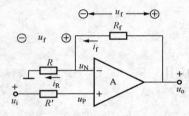

图 3-8　同相比例运算电路图

（2）同相比例运算电路。同相比例运算电路如图 3-8 所示。输入电压 $u_{\mathrm{i}}$ 通过电阻 $R'$ 加在运放的同相输入端。$R_{\mathrm{f}}$ 是沟通输出和输入的通道，是电路的反馈网络。因为该网络的一个端子与输出端子接在一起，另一个端子没有与输入端子接在一起，根据反馈组态的判别方法，可得该电路的反馈组态是电压串联负反馈，它可以稳定输出电压。

由上面的分析可知，同相比例运算电路属于电压串联负反馈放大电路。利用"虚短"和"虚断"的概念可分析输出电压与输入电压的关系。根据"虚断"的概念可得

$$i_{\mathrm{P}} = i_{\mathrm{N}} = 0$$

根据"虚短"的概念可得

$$u_{\mathrm{P}} = u_{\mathrm{N}} = u_{\mathrm{i}}$$

对于节点 N，有

$$i_{\mathrm{R}} = i_{\mathrm{f}}$$

即

$$\frac{u_{\mathrm{N}} - 0}{R} = \frac{u_{\mathrm{o}} - u_{\mathrm{N}}}{R_{\mathrm{f}}} \qquad (3-9)$$

则可得

$$u_{\mathrm{o}} = \left(1 + \frac{R_{\mathrm{f}}}{R}\right) u_{\mathrm{N}} = \left(1 + \frac{R_{\mathrm{f}}}{R}\right) u_{\mathrm{P}}$$
$$= \left(1 + \frac{R_{\mathrm{f}}}{R}\right) u_{\mathrm{i}} \qquad (3-10)$$

上式表明 $u_{\mathrm{o}}$ 与 $u_{\mathrm{i}}$ 同相且 $u_{\mathrm{o}}$ 大于 $u_{\mathrm{i}}$。

应当指出，虽然同相比例运算电路具有高输入电阻、低输出电阻的优点，但因为集成运放由共模输入，所以为了提高运算精度，应当选用高共模抑制比的集成运放。从另一角度看，在对电路进行误差分析时，应特别注意共模信号的影响。

（3）电压跟随器。在同相比例运算电路中，如果将输出电压的全部反馈到反相输入端，就构成了图 3-9 所示的电压跟随器。电路引入了电压串联负反馈，其反馈系数为 1。由于 $u_{\mathrm{o}} = u_{\mathrm{N}} = u_{\mathrm{P}}$，故输出电压与输入电压的关系为

$$u_{\mathrm{o}} = u_{\mathrm{i}} \qquad (3-11)$$

理想运放的开环差模增益为无穷大，因而电压跟随器具有比射极输出器更好的跟随特性。

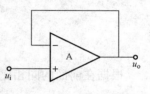

图 3-9 电压跟随器

2. 加法和减法运算电路

实现多个输入信号按各自不同的比例求和或求差的电路统称为加减运算电路。若所有输入信号均作用于集成运放的同一个输入端，则实现加法运算；若一部分输入信号作用于集成运放的同相输入端，而另一部分输入信号作用于反相输入端，则实现加减运算。

(1) 反相求和运算电路。反相求和运算电路如图 3-10 所示。由图可见，增加反相比例运算电路的输入端，即构成反相求和电路。

根据"虚短"和"虚断"的概念，$u_N = u_P = 0$，节点 N 的电流方程为

$$i_1 + i_2 + i_3 = i_f \tag{3-12}$$

即

$$\frac{u_{i1}}{R_1} + \frac{u_{i2}}{R_2} + \frac{u_{i3}}{R_3} = -\frac{u_o}{R_f} \tag{3-13}$$

所以输出电压 $u_o$ 的表达式为

$$u_o = -R_f\left(\frac{u_{i1}}{R_1} + \frac{u_{i2}}{R_2} + \frac{u_{i3}}{R_3}\right) \tag{3-14}$$

对于多输入的电路，除了用上述节点电流法求解运算关系外，还可利用叠加原理，首先分别求出各输入电压单独作用时的输出电压，然后将它们相加，便得到所有信号共同作用时输出电压与输入电压的运算关系。

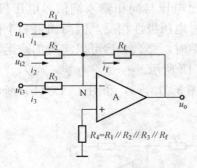

图 3-10 反相求和运算电路

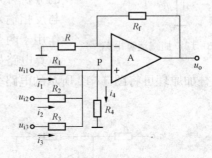

图 3-11 同相求和运算电路

(2) 同相求和运算电路。当多个输入信号同时作用于集成运放的同相输入端时，就构成同相求和运算电路。同相求和运算电路如图 3-11 所示。

对于节点 P，其电流方程为

$$i_1 + i_2 + i_3 = i_4 \tag{3-15}$$

即

$$\frac{u_{i1} - u_P}{R_1} + \frac{u_{i2} - u_P}{R_2} + \frac{u_{i3} - u_P}{R_3} = \frac{u_P}{R_4} \tag{3-16}$$

可得

$$\left(\frac{1}{R_1} + \frac{1}{R_2} + \frac{1}{R_3} + \frac{1}{R_4}\right)u_P = \frac{u_{i1}}{R_1} + \frac{u_{i2}}{R_2} + \frac{u_{i3}}{R_3} \tag{3-17}$$

$$u_P = R_P\left(\frac{u_{i1}}{R_1} + \frac{u_{i2}}{R_2} + \frac{u_{i3}}{R_3}\right) \tag{3-18}$$

$$R_P = R_1 // R_2 // R_3 // R_4 \tag{3-19}$$

根据在前面的同相比例运算电路中求得的 $u_P$ 与 $u_o$ 之间的关系式 $u_o = \left(1 + \frac{R_f}{R}\right)u_P$ 可得

$$u_o = \left(1 + \frac{R_f}{R}\right)R_P\left(\frac{u_{i1}}{R_1} + \frac{u_{i2}}{R_2} + \frac{u_{i3}}{R_3}\right)$$

$$= \frac{R + R_f}{R} \times \frac{R_f}{R_f}R_P\left(\frac{u_{i1}}{R_1} + \frac{u_{i2}}{R_2} + \frac{u_{i3}}{R_3}\right) \tag{3-20}$$

$$= \frac{R_P}{R_N}R_f\left(\frac{u_{i1}}{R_1} + \frac{u_{i2}}{R_2} + \frac{u_{i3}}{R_3}\right)$$

$$R_N = R // R_f \tag{3-21}$$

若　　　　　　　　　　　　　　$R_P = R_N$

则

$$u_o = R_f\left(\frac{u_{i1}}{R_1} + \frac{u_{i2}}{R_2} + \frac{u_{i3}}{R_3}\right) \tag{3-22}$$

与反相求和运算电路相同，也可用叠加原理求解同相求和运算电路。但后一种方法计算过程相对烦琐。因此，对于不同的电路，应选用不同的分析方法，以简化求解过程。

（3）加减运算电路。由比例运算电路、求和运算电路的分析可知，输出电压与同相输入端信号电压极性相同，与反相输入端信号电压极性相反，因而如果多个信号同时作用于两个输入端时，那么必然可以实现加减运算。加减运算电路如图 3-12 所示。

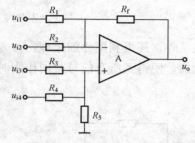

图 3-12　加减运算电路

利用叠加原理可将图 3-12 所示的电路分解为图 3-13（a）和图 3-13（b）所示的两个电路。

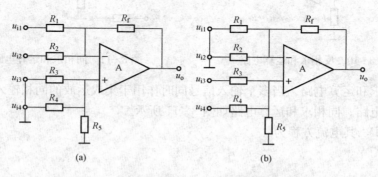

(a)　　　　　　　　　　　　(b)

图 3-13　利用叠加原理求解加减运算电路
(a) 反相求和运算电路；(b) 同相求和运算电路

图 3-13（a）所示为反相求和运算电路，其输出电压为

$$u_{o1} = -R_f\left(\frac{u_{i1}}{R_1} + \frac{u_{i2}}{R_2}\right) \tag{3-23}$$

图 3-13（b）所示电路为同相求和运算电路，若 $R_1//R_2//R_f = R_3//R_4//R_5$，则输出电压为

$$u_{o2} = R_f \left( \frac{u_{i3}}{R_3} + \frac{u_{i4}}{R_4} \right) \tag{3-24}$$

所以，当输入信号同时作用时的输出电压为

$$u_o = u_{o1} + u_{o2} = R_f \left( \frac{u_{i3}}{R_3} + \frac{u_{i4}}{R_4} - \frac{u_{i1}}{R_1} - \frac{u_{i2}}{R_2} \right) \tag{3-25}$$

可见，加减运算电路的输出电压与输入电压的和、差成正比的关系。

3. 积分和微分运算电路

（1）积分运算电路。图 3-14 所示为积分运算电路。根据"虚短"和"虚断"的概念可知，$u_P = u_N = 0$。流过电容 $C$ 的电流 $i_C$ 等于流过电阻 $R$ 的电流 $i_R$，即

$$i_R = i_C = \frac{u_i}{R} \tag{3-26}$$

输出电压与电容两端电压的关系为

$$u_o = - u_C \tag{3-27}$$

而电容电压 $u_C$ 等于电容上电流 $i_C$ 的积分，因此

$$u_o = - \frac{1}{C} \int i_C \mathrm{d}t = - \frac{1}{RC} \int u_i \mathrm{d}t \tag{3-28}$$

利用积分运算电路能够将输入的正弦电压变换为输出的余弦电压，实现波形的移相，也可以说实现了函数的变换。它可以将输入的方波电压变换为输出的三角波电压，实现波形的变换。另外，它对低频信号增益大，对高频信号增益小，当信号频率趋于无穷大时增益为零，实现了滤波功能。可见，利用积分运算电路的运算关系可以实现多方面的功能。

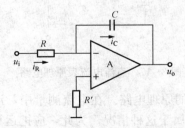
图 3-14 积分运算电路

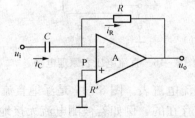
图 3-15 微分运算电路

（2）微分运算电路。微分是积分的逆运算，将积分运算电路中 $R$ 和 $C$ 的位置互换，就得到微分运算电路，如图 3-15 所示。根据"虚短"和"虚断"的概念，$u_P = u_N = 0$。电容两端电压 $u_C = u_i$，其电流是端电压的微分。电阻 $R$ 的电流 $i_R$ 等于电容 $C$ 中的电流 $i_C$，所以

$$i_R = i_C = C \frac{\mathrm{d}u_i}{\mathrm{d}t} \tag{3-29}$$

输出电压为

$$u_o = - i_R R = - RC \frac{\mathrm{d}u_i}{\mathrm{d}t} \tag{3-30}$$

由此可见，微分运算电路的输出电压与输入电压的变化率成比例。

### 3.2.2　在信号测量方面的应用

1. 电压、电流和电阻的测量

在测量中，电表的接入应不影响被测电路的原工作状态，这就要求电压表应具有无穷大的输入电阻，电流表的内阻应为零。但实际上，万用电表表头的可动线圈总有一定的电阻，例如 $100\mu A$ 的表头，其内阻约为 $1k\Omega$，用它进行测量时将影响被测量，引起误差。此外，交流电表中的整流二极管的压降和非线性特性也会产生误差。如果在万用电表中使用运算放大器，就能大大降低这些误差，提高测量精度。在欧姆表中采用运算放大器，不仅能得到线性刻度，还能实现自动调零。

（1）直流电压表。图 3-16 为同相端输入，高精度直流电压表原理电路。

为了减小表头参数对测量精度的影响，将表头置于运算放大器的反馈回路中，这时，流经表头的电流与表头的参数无关，只要改变 $R_1$ 一个电阻，就可进行量程的切换。

表头电流 $I$ 与被测电压 $U_i$ 的关系为

$$I = \frac{U_i}{R_1} \tag{3-31}$$

应当指出：图 3-16 所示电路适用于测量电路与运算放大器共地的有关电路。此外，当被测电压较高时，在运放的输入端应设置衰减器。

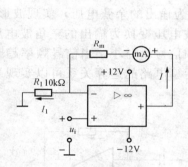

图 3-16　直流电压表原理电路

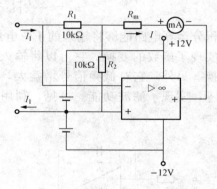

图 3-17　直流电流表原理电路

（2）直流电流表。图 3-17 是浮地直流电流表的原理电路。在电流测量中，浮地电流的测量是普遍存在的，例如若被测电流无接地点，就属于这种情况。为此，应把运算放大器的电源也对地浮动，按此种方式构成的电流表就可像常规电流表那样，串联在任何电流通路中测量电流。

表头电流 $I$ 与被测电流 $I_1$ 间关系为

$$-I_1 R_1 = (I_1 - I)R_2 \tag{3-32}$$

则

$$I = \left(1 + \frac{R_1}{R_2}\right)I_1 \tag{3-33}$$

可见，改变电阻比 $(R_1/R_2)$，可调节流过电流表的电流，以提高灵敏度。被测电流较大时，应给电流表表头并联分流电阻。

（3）交流电压表。由运算放大器、二极管整流桥和直流毫安表组成的交流电压表如图 3-18所示。被测交流电压 $u_i$ 加到运算放大器的同相端，故有很高的输入阻抗，又因为负反馈能减小反馈回路中的非线性影响，故把二极管桥路和表头置于运算放大器的反馈回路中，以减小二极管本身非线性的影响。

表头电流 $I$ 与被测电压 $u_i$ 的关系为

$$I = \frac{U_i}{R_1} \qquad (3-34)$$

电流 $I$ 全部流过桥路,其值仅与 $U_i/R_1$ 有关,与桥路和表头参数(如二极管的死区等非线性参数)无关。表头中电流与被测电压 $u_i$ 的全波整流平均值成正比,若 $u_i$ 为正弦波,则表头可按有效值来刻度。被测电压的上限频率取定于运算放大器的频带和上升速率。

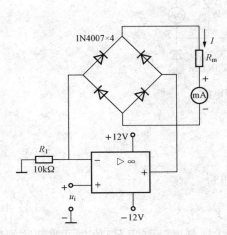
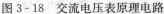

图 3-18  交流电压表原理电路

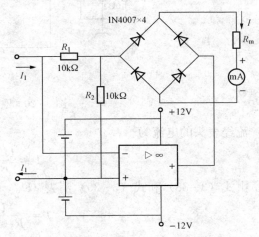

图 3-19  交流电流表原理电路

(4)交流电流表。图 3-19 为浮地交流电流表原理电路。表头读数由被测交流电流 $i$ 的全波整流平均值 $I_{1av}$ 决定,即

$$I = \left(1 + \frac{R_1}{R_2}\right)I_{1av} \qquad (3-35)$$

如果被测电流 $i$ 为正弦电流,即

$$i_1 = \sqrt{2}I_1\sin\omega t$$

则式(3-35)可写为

$$I = 0.9\left(1 + \frac{R_1}{R_2}\right)I_1 \qquad (3-36)$$

则表头可按有效值来刻度。

(5)欧姆表。图 3-20 所示为多量程欧姆表原理电路。

在此电路中,运算放大器改由单电源供电,被测电阻 $R_x$ 跨接在运算放大器的反馈回路中,同相端加基准电压 $U_{REF}$。

因为

$$U_P = U_N = U_{REF}$$

$$I_1 = I_x$$

$$\frac{U_{REF}}{R_1} = \frac{U_o - U_{REF}}{R_x} \qquad (3-37)$$

即

$$R_x = \frac{R_1}{U_{REF}}(U_o - U_{REF}) \qquad (3-38)$$

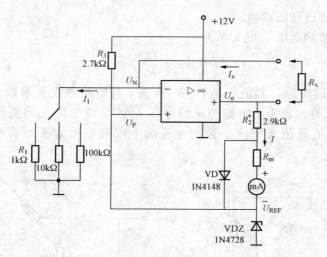

图 3-20　欧姆表原理电路

流经表头的电流为

$$I = \frac{U_o - U_{REF}}{R_2 + R_m} \tag{3-39}$$

由式（3-38）和式（3-39）消去 $(U_o - U_{REF})$ 可得

$$I = \frac{U_{REF} R_x}{R_1(R_m + R_2)} \tag{3-40}$$

可见，电流 $I$ 与被测电阻成正比，而且表头具有线性刻度，改变 $R_1$ 值，可改变欧姆表的量程。这种欧姆表能自动调零，当 $R_x = 0$ 时，电路变成电压跟随器，$U_o = U_{REF}$，故表头电流为零，从而实现了自动调零。

二极管 VD 起保护电表的作用，如果没有 VD，当 $R_x$ 超量程时，特别是当 $R_x \to \infty$ 时，运算放大器的输出电压将接近电源电压，使表头过载。有了 VD 就可使输出钳位，防止表头过载。调整 $R_2$，可实现满量程调节。

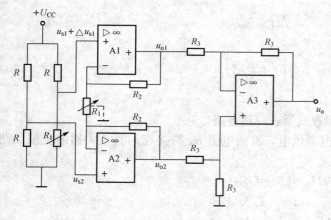

图 3-21　差分测量放大电路

**2. 高精度测量运算放大器**

随着集成电路的不断发展，目前采用混合集成工艺，可将高性能集成运放和精密电阻都集成在一个单片电路中，使电阻的阻值与运放特性匹配达到极高精度以及相对温度的稳定。

（1）电路组成和工作原理。差分测量放大电路如图 3-21 所示，由两个高阻型集成运放 A1、A2 和低失调运放 A3 组成。由于 A1、A2 各自组成同相输入的电压串联负反馈电路，故具有较高输入阻抗。A3 组成后级差分放大电路。

由于 A1、A2 组成对称的差分式放大电路，因此，可把 $R_1$ 的中点看成零电位，相当于

虚地。这样 A1、A2 即各自构成了同相比例放大电路。故其输出为

$$u_{o1} = \left(1 + \frac{R_2}{R_1/2}\right)u_{s1} \tag{3-41}$$

$$u_{o2} = \left(1 + \frac{R_2}{R_1/2}\right)u_{s2} \tag{3-42}$$

第二级 A3 组成为差分放大电路，由于外接电阻均相同为 $R_3$，故其放大倍数为 1，由减法运算电路得

$$u_o = \frac{R_3}{R_3}(u_{o2} - u_{o1}) = \left(1 + \frac{2R_2}{R_1}\right)(u_{s2} - u_{s1}) \tag{3-43}$$

调节 $R_1$ 可改变电路的放大倍数。为了减小误差，要求采用精密电阻。

图 3-21 所示电路表示测量温度的电路，由电阻温度变换器 $R_1$ 和 $R$ 组成测量桥路。当电桥平衡时，$u_{s1} = u_{s2}$，相当于共模信号，故输出 $u_o = 0$。这表明测量放大器对共模信号有较高的共模抑制比和较小的温漂。若测量桥臂 $R_1$ 感受的温度变化后，产生与 $\Delta R_1$ 相应的微小信号变化 $\Delta u_{s1}$，这相当于差模信号，能进行有效地放大。相反如果取 $u_{s1} + \Delta u_{s1}$ 一端对地信号，用一般单管组成的直流放大电路进行放大，则其输出难以反映微小变化量的放大信号，因放大后的 $u_{s1}$ 将 $\Delta u_{s1}$ 淹没了。

由于测量放大电路具有较高精度和良好性能，在微弱信号检测中得到广泛应用。

（2）集成精度测量放大器。

1）概述。上述测量放大电路，A1、A2 运放特性难以匹配，电阻值也不可能精确。采用混合集成工艺，可将高性能集成运放和精密电阻都集成在一个单片电路中，使电阻的阻值都集成在一个单片电路中，使电阻的阻值与运放特性匹配达到极高精度以及相对温度的稳定。

常用集成精密测量放大器型号有 LH0036、LH0037、LH0038C、LF352、AD521、AD522；超高精度有 INA101、IN104；低功耗型有 IN102；精密型有 LM163、LM363；数字可控增益型有 LH0086（其程控增益为 $2^0 \sim 2^7$ 共有 1～255 可控）；低漂移廉价型有 3626、3629。

2）INA101M 型测量放大器简介。内部电路值如图 3-22（a）所示，运放 A1、A2 的输

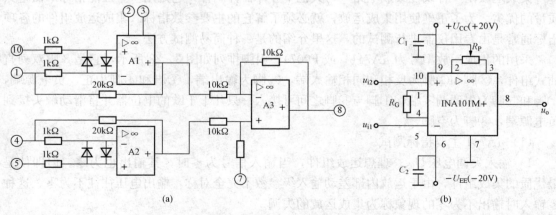

图 3-22　INA101M 测量放大器

（a）内部电路；（b）基本应用线路

入端用两只二极管正、反向并联作输入限幅保护。INA101M 典型基本应用线路如图 3 - 22（b）所示。其放大倍数可由外接电阻 $R_G$ 决定。由式（3 - 43）可知，其输出与输入电压关系为

$$U_o = \left(1 + \frac{40k\Omega}{R_G}\right)(U_{i2} - U_{i1}) \qquad (3 - 44)$$

当 $R_G = 40.4\Omega$ 时，其 $A_o = \dfrac{U_o}{U_{i2} - U_{i1}} = 1000$。

在 INA101M②、③脚上接电位器 $R_P$ 用以消除失调电压。

集成精密测量放大器常应用在电阻应变计、热电偶和热电阻及其他传感器信号放大器、医用仪器仪表等精度较高的放大电路中。

## 实操练习7 集成运算放大器指标测试

**一、目的要求**

（1）掌握运放主要指标的测试方法。

（2）通过对运放 $\mu$A741 指标的测试，了解集成运放组件的主要参数的定义和表示方法。

**二、工具、仪表和器材**

（1）±12V 直流电源；

（2）函数信号发生器；

（3）双踪示波器；

（4）交流毫伏表；

（5）直流电压表；

（6）集成运放 $\mu$A741×1；

（7）电阻器、电容器若干。

**三、实操练习内容与步骤**

1. 实操原理

集成运放是一种线性集成电路，与其他半导体器件一样，它是用一些性能指标来衡量其质量的优劣。为了正确使用集成运放，就必须了解它的主要参数指标。集成运放组件的各项指标通常是由专用仪器进行测试的，这里介绍的是一种简易测试方法。

采用的集成运放型号为 $\mu$A741（或 F007），引脚排列如图 3 - 23 所示，它是 8 脚双列直插式组件，②脚和③脚为反相和同相输入端，⑥脚为输出端，⑦脚和④脚为正、负电源端，①脚和⑤脚为失调调零端，①脚与⑤脚之间可接入一只几十千欧的电位器并将滑动触头接到负电源端，⑧脚为空脚。

（1）$\mu$A741 主要指标测试。

1）输入失调电压 $U_{oS}$。理想运放组件，当输入信号为零时，其输出也为零。但即使是最优质的集成组件，由于运放内部差动输入级参数不完全对称，输出电压往往不为零。这种零输入时输出不为零的现象称为集成运放的失调。

输入失调电压 $U_{oS}$ 是指输入信号为零时，输出端出现的电压折算到同相输入端的数值。

$U_{oS}$ 测试电路如图 3 - 24 所示。闭合开关 K1 及 K2，使电阻 $R_B$ 短接，测量此时的输出电

压 $U_{o1}$ 即为输出失调电压，则输入失调电压为

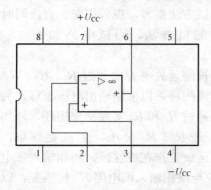

图 3-23   $\mu$A741 引脚排列

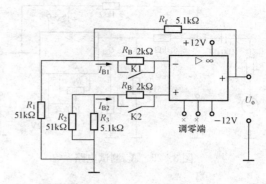

图 3-24   $U_{oS}$、$I_{oS}$ 测试电路

$$U_{oS} = \frac{R_1}{R_1 + R_f} U_{o1} \tag{3-45}$$

实际测出的 $U_{o1}$ 可能为正，也可能为负，一般在 1～5mV 之间。对于高质量的运放，$U_{oS}$ 在 1mV 以下。

测试中应注意：①将运放调零端开路；②要求电阻 $R_1$ 和 $R_2$，$R_3$ 和 $R_f$ 的参数严格对称。

2）输入失调电流 $I_{oS}$。输入失调电流 $I_{oS}$ 是指当输入信号为零时，运放的两个输入端的基极偏置电流之差，即

$$I_{oS} = |I_{B1} - I_{B2}| \tag{3-46}$$

输入失调电流的大小反映了运放内部差动输入级两个晶体管 $\beta$ 的失配度，由于 $I_{B1}$、$I_{B2}$ 本身的数值已很小（微安级），因此它们的差值通常不是直接测量的。$I_{oS}$ 测试电路如图3-24 所示，测试分两步进行：

a）闭合开关 K1 及 K2，在低输入电阻下，测出输出电压 $U_{o1}$，如前所述，这是由输入失调电压 $U_{oS}$ 所引起的输出电压。

b）断开 K1 及 K2，两个输入电阻 $R_B$ 接入，由于 $R_B$ 阻值较大，流经它们的输入电流的差异，将变成输入电压的差异，因此，也会影响输出电压的大小。可见测出两个电阻 $R_B$ 接入时的输出电压 $U_{o2}$，若从中扣除输入失调电压 $U_{oS}$ 的影响，则输入失调电流 $I_{oS}$ 为

$$I_{oS} = |I_{B1} - I_{B2}| = |U_{o2} - U_{o1}| \frac{R_1}{R_1 + R_f} \times \frac{1}{R_B} \tag{3-47}$$

一般，$I_{oS}$ 为几十至几百纳安（nA，$10^{-9}$A），高质量的运放 $I_{oS}$ 低于 1nA。

测试中应注意：①将运放调零端开路；②两输入端电阻 $R_B$ 必须精确配对。

3）开环差模放大倍数 $A_{ud}$。集成运放在没有外部反馈时的直流差模放大倍数称为开环差模电压放大倍数，用 $A_{ud}$ 表示。它定义为开环输出电压 $U_o$ 与两个差分输入端之间所加信号电压 $U_{id}$ 之比，即

$$A_{ud} = \frac{U_o}{U_{id}} \tag{3-48}$$

按定义 $A_{ud}$ 应是信号频率为零时的直流放大倍数，但为了测试方便，通常采用低频（几十赫兹以下）正弦交流信号进行测量。由于集成运放的开环电压放大倍数很高，难以直接进

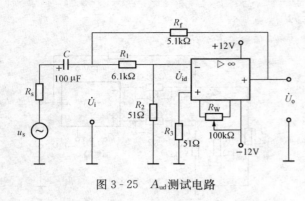

图 3-25　$A_{ud}$ 测试电路

行测量，故一般采用闭环测量方法。$A_{ud}$ 的测试方法很多，现采用交、直流同时闭环的测试方法，测试电路如图 3-25 所示。

被测运放一方面通过 $R_f$、$R_1$、$R_2$ 完成直流闭环，以抑制输出电压漂移，另一方面通过 $R_f$ 和 $R_s$ 实现交流闭环，外加信号 $u_s$ 经 $R_1$、$R_2$ 分压，使 $u_{id}$ 足够小，以保证运放工作在线性区。同相输入端电阻 $R_3$ 应与反相输入端电阻 $R_2$ 相匹配，以减小输入偏置电流的影响。电容 $C$ 为隔直电容。被测运放的开环电压放大倍数为

$$A_{ud} = \frac{U_o}{U_{id}} = \left(1 + \frac{R_1}{R_2}\right)\frac{U_o}{U_i} \tag{3-49}$$

通常低增益运放 $A_{ud}$ 为 60～70dB；中增益运放约为 80dB；高增益运放在 100dB 以上，可达 120～140dB。

测试中应注意：①测试前电路应首先消振及调零；②被测运放要工作在线性区；③输入信号频率应较低，一般用 50～100Hz，输出信号幅度应较小，且无明显失真。

4）共模抑制比 $K_{CMR}$。集成运放的差模电压放大倍数 $A_d$ 与共模电压放大倍数 $A_c$ 之比称为共模抑制比，即

$$K_{CMR} = \left|\frac{A_d}{A_c}\right| \tag{3-50}$$

或

$$K_{CMR} = 20\lg\left|\frac{A_d}{A_c}\right| (dB) \tag{3-51}$$

共模抑制比在应用中是一个很重要的参数，理想运放对输入的共模信号，其输出为零。但在实际的集成运放中，其输出不可能没有共模信号的成分，输出端共模信号越小，说明电路对称性越好，也就是说运放对共模干扰信号的抑制能力越强，即 $K_{CMR}$ 越大。$K_{CMR}$ 测试电路如图 3-26 所示。

集成运放工作在闭环状态下的差模电压放大倍数为

$$A_d = -\frac{R_f}{R_1} \tag{3-52}$$

当接入共模输入信号 $U_{ic}$ 时，测得 $U_{oc}$，则共模电压放大倍数为

$$A_c = \frac{U_{oc}}{U_{ic}} \tag{3-53}$$

得共模抑制比

$$K_{CMR} = \left|\frac{A_d}{A_c}\right| = \frac{R_f}{R_1} \times \frac{U_{ic}}{U_{oc}} \tag{3-54}$$

测试中应注意：①消振与调零；②$R_1$ 与 $R_2$、$R_3$ 与 $R_f$ 之间阻值严格对称；③输入信号 $U_{ic}$ 幅度必须小于集成运放的最大共模输入电压范围 $U_{icm}$。

5）共模输入电压范围 $U_{icm}$。集成运放所能承受的最大共模电压称为共模输入电压范围，

超出这个范围，运放的 $K_{CMR}$（共模抑制比）会大大下降，输出波形产生失真，有些运放还会出现自锁现象以及永久性的损坏。

$U_{icm}$测试电路如图 3-27 所示。被测运放接成电压跟随器形式，输出端接示波器，观察最大不失真输出波形，从而确定 $U_{icm}$ 值。

6）输出电压最大动态范围 $U_{opp}$。集成运放的动态范围与电源电压、外接负载及信号源频率有关。$U_{opp}$测试电路如图 3-28 所示。

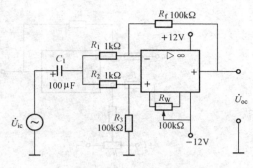

图 3-26 $K_{CMR}$ 测试电路

改变 $u_s$ 幅度，观察 $u_o$ 削顶失真开始时刻，从而确定 $u_o$ 的不失真范围，这就是运放在某一定电源电压下可能输出的电压峰值 $U_{opp}$。

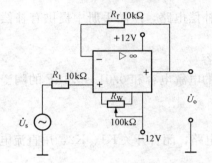

图 3-27 $U_{icm}$ 测试电路

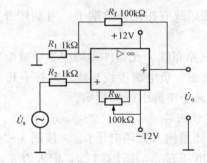

图 3-28 $U_{opp}$ 测试电路

（2）集成运放在使用时应考虑的一些问题。

1）输入信号选用交、直流量均可，但在选取信号的频率和幅度时，应考虑运放的频响特性和输出幅度的限制。

2）调零。为提高运算精度，在运算前，应首先对直流输出电位进行调零，即保证输入为零时，输出也为零。当运放有外接调零端子时，可按组件要求接入调零电位器 $R_W$。调零时，将输入端接地，调零端接入电位器 $R_W$，用直流电压表测量输出电压 $U_o$，细心调节 $R_W$，使 $U_o$ 为零（即失调电压为零）。如运放没有调零端子，若要调零，可按图 3-29 所示电路进行调零。

一个运放如不能调零，大致有以下原因：

a）组件正常，接线有错误。

b）组件正常，但负反馈不够强（$R_f/R_1$ 太大），为此可将 $R_f$ 短路，观察是否能调零。

c）组件正常，但由于它所允许的共模输入电压太低，可能出现自锁现象，因而不能调零。可将电源断开后，再重新接通，如能恢复正常，则属于这种情况。

d）组件正常，但电路有自激现象，应进行消振。

e）组件内部损坏，应更换好的集成块。

3）消振。一个集成运放自激时，表现为即使输入信号为零，亦会有输出，使各种运算功能无法实现，严重时还会损坏器件。在实验中，可用示波器监视输出波形。为消除运放的自激，常采用如下措施：

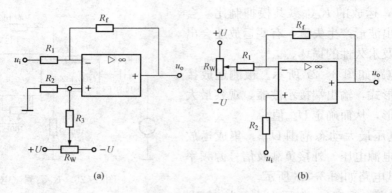

图 3-29　调零电路
(a) 方法一；(b) 方法二

a）若运放有相位补偿端子，可利用外接 $R_C$ 补偿电路，产品手册中提供有补偿电路及元件参数。

b）电路布线、元器件布局应尽量减少分布电容。

c）在正、负电源进线与地之间接上几十微法的电解电容和 $0.01\sim0.1\mu F$ 的陶瓷电容相并联，以减小电源引线的影响。

2．测试内容

（1）测量输入失调电压 $U_{oS}$。按图 3-24 连接电路，闭合开关 K1、K2，用直流电压表测量输出端电压 $U_{o1}$，并计算 $U_{oS}$，记入表 3-1 中。

（2）测量输入失调电流 $I_{oS}$。按图 3-24 连接电路，打开开关 K1、K2，用直流电压表测量 $U_{o2}$，并计算 $I_{oS}$，记入表 3-1 中。

表 3-1　　　　　　　　　　　　　集成运放测试记录

| $U_{oS}$ （mV） | | $I_{oS}$ （nA） | | $A_{ud}$ （dB） | | $K_{CMR}$ （dB） | |
|---|---|---|---|---|---|---|---|
| 实测值 | 典型值 | 实测值 | 典型值 | 实测值 | 典型值 | 实测值 | 典型值 |
| | 2～10 | | 50～100 | | 100～106 | | 80～86 |

（3）测量开环差模电压放大倍数 $A_{ud}$。按图 3-25 连接实操电路，运放输入端加频率 100Hz、大小 30～50mV 的正弦信号，用示波器监视输出波形。用交流毫伏表测量 $U_o$ 和 $U_i$，并计算 $A_{ud}$，记入表 3-1 中。

（4）测量共模抑制比 $K_{CMR}$。按图 3-26 连接电路，运放输入端加 $f=100Hz$，$U_{ic}=1\sim2V$ 的正弦信号，监视输出波形。测量 $U_{oc}$ 和 $U_{ic}$，计算 $A_c$ 及 $K_{CMR}$，记入表 3-1 中。

（5）测量共模输入电压范围 $U_{icm}$ 及输出电压最大动态范围 $U_{opp}$。自拟实操步骤及方法。

## 3.3　集成运算放大器的非线性应用

电压比较器用来比较两个输入电压的大小关系。因为两个输入电压的大小关系是相对的，所以在比较两个输入电压大小关系的时候，通常将其中的一个输入电压当做参考，称为参考电压，用字母 $U_T$ 来表示，另一个输入电压与参考电压相比较的结果，即为电压比较器的输出电压。

描述电压比较器输出电压与输入电压函数关系的表达式 $u_o = f(u_i)$ 称为电压比较器的电压传输特性。该函数的曲线称为电压比较器的电压传输特性曲线。因为输入电压与参考电压比较的结果只有大于或小于两种状态，所以电压比较器的输出电压也是高、低电平两个状态。最简单的电压比较器的电压传输特性曲线如图 3-30 所示。

图 3-30 中，输出电压高、低电平的跳变点所对应的输入电压，称为电压比较器的门限电压，又称阈值电压，用 $U_T$ 来表

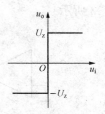

图 3-30 简单电压比较器的
电压传输特性曲线

示。根据电压比较器的电压传输特性曲线可知，凡是在两个电压的驱动下能够输出高、低电平的电路都可以作为电压比较器。

电压比较器是运算放大器的非线性运用，由于它的输入为模拟量，输出为数字量，是模拟电路与数字电路之间的过渡电路，所以在自动控制、数字仪表、波形变换、模数转换等方面都广泛地使用电压比较器，目前国内外已有专门的单片集成比较器。电压比较器常见的类型有单限电压比较器和滞回比较器。

### 3.3.1 单限电压比较器

电路只有一个阈值电压，输入电压 $u_i$ 逐渐增大或减小过程中，当通过 $U_T$ 时，输出电压 $u_o$ 产生跃变，从高电平跃变为低电平，或者从低电平跃变为高电平。图 3-31（b）所示是某单限比较器的电压传输特性曲线。可见比较器的输入端进行的是模拟信号大小的比较，而在输出端则以高电平或低电平来反映其比较的结果。

单限电压比较器按阈值电压的不同可以分为过零比较器和一般单限比较器。

1. 过零比较器

当参考电压 $U_T = 0$ 时，即输入电压 $u_i$ 与零电平比较，称为过零比较器。过零比较器电

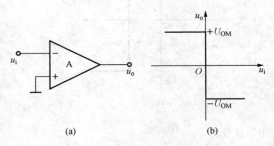

图 3-31 过零比较器
(a) 电路图；(b) 电压传输特性曲线

路如图 3-31（a）所示，集成运放工作在开环状态，其输出电压为 $+U_{OM}$ 或 $-U_{OM}$。

因为该电路从运放的反相输入端输入信号，所以当输入信号电压大于零时，相当于在运放的反相输入端输入正极性的信号，输出电压将是小于零的负极性信号；反之，当输入信号电压小于零时，相当于在运放的反相输入端输入负极性的信号，输出电压将是大于零的正极性信号。根据上述分析，可得该电压比较器的电压传输特性曲线如图 3-31（b）所示。

在实用电路中为了稳定电压比较器的输出电压，电压比较器的输出电路中通常接有双向稳压管 VDZ，电阻 $R$ 是该稳压管的限流电阻，电路如图 3-32 所示。在这种情况下，电压比较器的输出电压为稳压管的稳压值。因为运算放大器的同相输入端接地，所以该电压比较器的参考电压为零。

若将图 3-31（a）中的接地端和信号输入端对调，即运算放大器的反相输入端接地，输

入信号从同相输入端输入，也可组成过零电压比较器。该电压比较器的电压传输特性曲线如图 3‐33 所示。

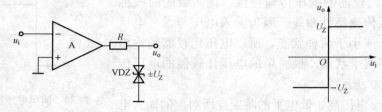

图 3‐32　加稳压管的电压比较器　　　　图 3‐33　同相输入电压比较器传输特性曲线

**2. 任意电压比较器**

阈值电压等于任意值的电压比较器称为任意电压比较器，电路如图 3‐34（a）所示。$U_{REF}$ 为外加参考电压。根据叠加原理，集成运放反相输入端的电位

$$u_N = \frac{R_1}{R_1 + R_2}u_i + \frac{R_2}{R_1 + R_2}U_{REF} \tag{3-55}$$

令 $u_N = u_P = 0$，则求出阈值电压

$$U_T = -\frac{R_2}{R_1}U_{REF} \tag{3-56}$$

当 $u_i < U_T$ 时，$u_N < u_P$，所以 $u_o' = +U_{OM}$，$u_o = U_{OH} = +U_Z$；当 $u_i > U_T$ 时，$u_N > u_P$，所以 $u_o' = -U_{OM}$，$u_o = U_{OL} = -U_Z$。若 $U_{REF} < 0$，则图 3‐34（a）所示的电压比较器的电压传输特性如图 3‐34（b）所示。

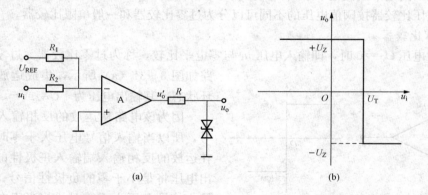

图 3‐34　任意电压比较器
（a）电路图；（b）电压传输特性曲线

由上面分析可知，只要改变参考电压的大小和极性，以及电阻 $R_1$ 和 $R_2$ 的阻值，就可以改变阈值电压的大小和极性。若要改变 $u_i$ 过 $U_T$ 时 $u_o$ 的跃变方向，则应将集成运放的同相输入端和反相输入端所接外电路互换。

**3.3.2　滞回电压比较器**

前面介绍的电压比较器只有一个门限电压，所以称为单门限电压比较器。但是在某些场合需要用到双门限的电压比较器，双门限电压比较器又称为滞回电压比较器。

滞回电压比较器电路有两个阈值电压，输入电压从小变大过程中使输出电压产生跃变时

的阈值电压不等于从大变小过程中使输出电压产生跃变的阈值电压，电路具有滞回特性。滞回电压比较器的电路如图 3-35（a）所示。

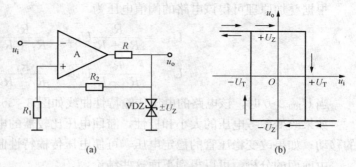

图 3-35　滞回电压比较器

(a) 电路图；(b) 电压传输特性曲线

根据反馈组态和极性的判别方法可知，滞回电压比较器是一个电压串联正反馈电路。

从集成运放输出端的限幅电路可以看出，$u_\mathrm{o}=\pm U_\mathrm{Z}$。集成运放反相输入端电位 $u_\mathrm{N}=u_\mathrm{i}$，同相输入端电位为

$$u_\mathrm{P}=\pm\frac{R_1}{R_1+R_2}U_\mathrm{Z} \qquad (3-57)$$

令 $u_\mathrm{N}=u_\mathrm{P}$，求出的 $u_\mathrm{i}$ 就是阈值电压，因此得出

$$\pm U_\mathrm{T}=\pm\frac{R_1}{R_1+R_2}U_\mathrm{Z} \qquad (3-58)$$

输出电压在输入电压 $u_\mathrm{i}$ 等于阈值电压时是如何变化的呢？下面来进行分析。

假设 $u_\mathrm{i}<-U_\mathrm{T}$，那么 $u_\mathrm{N}$ 一定小于 $u_\mathrm{P}$，因而 $u_\mathrm{o}=\pm U_\mathrm{Z}$，所以 $u_\mathrm{P}=+U_\mathrm{T}$。只有当输入电压 $u_\mathrm{i}$ 增大到 $+U_\mathrm{T}$，再增大一个无穷小量时，输出电压 $u_\mathrm{o}$ 才会从 $+U_\mathrm{Z}$ 跃变为 $-U_\mathrm{Z}$。同理，假设 $u_\mathrm{i}>+U_\mathrm{T}$，那么 $u_\mathrm{N}$ 一定大于 $u_\mathrm{P}$，因而 $u_\mathrm{o}=-U_\mathrm{Z}$，所以 $u_\mathrm{P}=-U_\mathrm{T}$。只有当输入电压 $u_\mathrm{i}$ 减小到 $-U_\mathrm{T}$，再减小一个无穷小量时，输出电压 $u_\mathrm{o}$ 才会从 $-U_\mathrm{Z}$ 跃变为 $+U_\mathrm{Z}$。可见，$u_\mathrm{o}$ 从 $+U_\mathrm{Z}$ 跃变为 $-U_\mathrm{Z}$ 和 $u_\mathrm{o}$ 从 $-U_\mathrm{Z}$ 跃变为 $+U_\mathrm{Z}$ 的阈值电压是不同的，电压传输特性曲线如图 3-35（b）所示。

从电压传输特性曲线上可以看出，当 $-U_\mathrm{T}<u_\mathrm{i}<+U_\mathrm{T}$，$u_\mathrm{o}$ 可能是 $+U_\mathrm{Z}$，也可能是 $-U_\mathrm{Z}$。如果 $u_\mathrm{i}$ 是从小于 $-U_\mathrm{T}$ 的值逐渐增大到 $-U_\mathrm{T}<u_\mathrm{i}<+U_\mathrm{T}$，那么 $u_\mathrm{o}$ 应为 $+U_\mathrm{Z}$；如果 $u_\mathrm{i}$ 是从大于 $+U_\mathrm{T}$ 的值逐渐减小到 $-U_\mathrm{T}<u_\mathrm{i}<+U_\mathrm{T}$，那么 $u_\mathrm{o}$ 应为 $-U_\mathrm{Z}$。所以曲线具有方向性，如图 3-35（b）所示。可见，滞回电压比较器的传输特性曲线形成一个滞回曲线。

图 3-35 所示电路的阈值电压关于纵轴对称，将电路中 $R_1$ 电阻的接地点断开，接上一个参考电压 $U_\mathrm{REF}$，就可获得阈值电压关于纵轴不对称的滞回电压比较器，如图 3-36（a）所示。

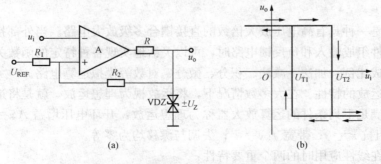

图 3-36　加参考电压的滞回电压比较器

(a) 电路图；(b) 电压传输特性曲线

根据叠加原理可得该电路的阈值电压为

$$U_{T1} = \frac{R_2}{R_1 + R_2}U_{REF} - \frac{R_1}{R_1 + R_2}U_Z \Bigg\}$$

$$U_{T2} = \frac{R_2}{R_1 + R_2}U_{REF} + \frac{R_1}{R_1 + R_2}U_Z \Bigg\}$$

(3 - 59)

当 $U_{REF} > 0$ 时，该电路的电压传输特性曲线如图 3 - 36（b）所示。

如果改变参考电压的大小和极性，滞回电压比较器的电压传输特性曲线将产生水平方向的移动；如果改变稳压管的稳定电压，可使电压传输特性曲线产生垂直方向的移动。

由前面的分析，可以得到下面这些结论：

（1）在电压比较器中，集成运放多工作在非线性区，输出电压只有高电平和低电平两种可能的情况。

（2）一般用电压传输特性来描述输出电压与输入电压的函数关系。

（3）电压传输特性的 3 个要素是输出电压的高、低电平，阈值电压和输出电压的跃变方向。输出电压的高低电平取决于限幅电路；令 $U_P = U_N$ 所求出的 $U_i$ 就是阈值电压；$U_i$ 等于阈值电压时输出电压的跃变方向取决于同相输入端还是反相输入端。

## 实操练习 8　集成运算放大器的基本应用——模拟运算电路

### 一、目的要求

（1）研究由集成运放组成的比例、加法、减法和积分等基本运算电路的功能。

（2）了解运放在实际应用时应考虑的一些问题。

### 二、工具、仪表和器材

（1）±12V 直流电源；

（2）函数信号发生器；

（3）交流毫伏表；

（4）直流电压表；

（5）集成运算放大器 $\mu$A741×1；

（6）电阻器、电容器若干。

### 三、实操练习内容与步骤

1. 实操原理

集成运放是一种具有高电压放大倍数的直接耦合多级放大电路。当外部接入不同的线性或非线性元器件组成输入和负反馈电路时，可以灵活地实现各种特定的函数关系。在线性应用方面，可组成比例、加法、减法、积分、微分、对数等模拟运算电路。

（1）理想运放的特性。在大多数情况下，将运放视为理想运放，就是将运放的各项技术指标理想化，满足下列条件的运算放大器称为理想运放：开环电压增益 $A_{ud} = \infty$；输入阻抗 $r_i = \infty$；输出阻抗 $r_o = 0$；带宽 $f_{BW} = \infty$；失调与漂移均为零等。

理想运放在线性应用时的两个重要特性：

1）输出电压 $U_o$ 与输入电压之间满足关系式

$$U_o = A_{ud}(U_+ - U_-)$$

由于 $A_{ud}=\infty$，而 $U_o$ 为有限值，因此，$U_+-U_-\approx0$，即 $U_+\approx U_-$，称为"虚短"。

2）由于 $r_i=\infty$，故流进运放两个输入端的电流可视为零，称为"虚断"。这说明运放对其前级吸取电流极小。

上述两个特性是分析理想运放应用电路的基本原则，可简化运放电路的计算。

（2）基本运算电路。

1）反相比例运算电路，电路如图 3-37 所示。对于理想运放，该电路的输出电压与输入电压之间的关系为

$$U_o=-\frac{R_f}{R_1}U_i \qquad (3-60)$$

为了减小输入级偏置电流引起的运算误差，在同相输入端应接入平衡电阻 $R_2=R_1//R_f$。

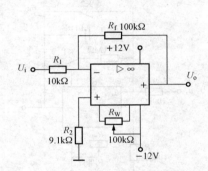

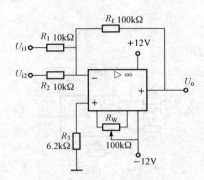

图 3-37 反相比例运算电路　　　　图 3-38 反相加法运算电路

2）反相加法运算电路，电路如图 3-38 所示，输出电压与输入电压之间的关系为

$$U_o=-\left(\frac{R_f}{R_1}U_{i1}+\frac{R_f}{R_2}U_{i2}\right)$$
$$R_3=R_1//R_2//R_f \qquad (3-61)$$

3）同相比例运算电路，电路如图 3-39（a）所示，该电路的输出电压与输入电压之间的关系为

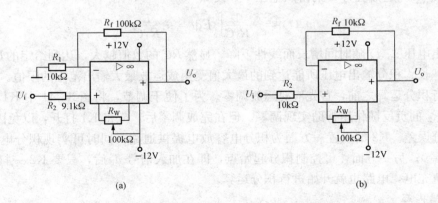

（a）　　　　　　　　　　　　　　　　　（b）

图 3-39 同相比例运算电路

（a）同相比例运算电路；（b）电压跟随器

$$U_o = \left(1 + \frac{R_f}{R_1}\right)U_i$$

$$R_2 = R_1 // R_f \tag{3-62}$$

当 $R_1 \to \infty$ 时，$U_o = U_i$，即得到如图 3-39（b）所示的电压跟随器。图中 $R_2 = R_f$，用以减小漂移和起保护作用。一般 $R_f$ 取 10kΩ，$R_f$ 太小起不到保护作用，太大则影响跟随性。

4）差动放大电路（减法器）对于图 3-40 所示的减法运算电路，当 $R_1 = R_2$，$R_3 = R_f$ 时，有如下关系式

$$U_o = \frac{R_f}{R_1}(U_{i2} - U_{i1}) \tag{3-63}$$

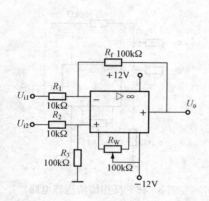

图 3-40　减法运算电路

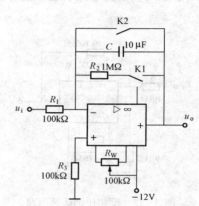

图 3-41　积分运算电路

5）积分运算电路。反相积分电路如图 3-41 所示。在理想化条件下，输出电压 $u_o$ 等于

$$u_o(t) = -\frac{1}{R_1 C}\int_0^t u_i \mathrm{d}t + u_C(0) \tag{3-64}$$

式中　$u_C(0)$——$t = 0$ 时刻电容 $C$ 两端的电压值，即初始值。

如果 $u_i(t)$ 是幅值为 $E$ 的阶跃电压，并设 $u_C(0) = 0$，则

$$u_o(t) = -\frac{1}{R_1 C}\int_0^t E\mathrm{d}t = -\frac{E}{R_1 C}t \tag{3-65}$$

即输出电压 $u_o(t)$ 随时间增长而线性下降。显然 $RC$ 的数值越大，达到给定的 $U_o$ 值所需的时间就越长。积分输出电压所能达到的最大值受集成运放最大输出范围的限值。

在进行积分运算之前，首先应对运放调零。为了便于调节，将图 3-41 中 K1 闭合，即通过电阻 $R_2$ 的负反馈作用帮助实现调零。但在完成调零后，应将 K1 打开，以免因 $R_2$ 的接入造成积分误差。K2 的设置一方面为积分电容放电提供通路，同时可实现积分电容初始电压 $u_C(0) = 0$；另一方面，可控制积分起始点，即在加入信号 $u_i$ 后，只要 K2 一打开，电容就将被恒流充电，电路也就开始进行积分运算。

2. 实操内容

实操前要看清运放组件各引脚的位置，切忌正、负电源极性接反和输出端短路，否则将会损坏集成块。

（1）反相比例运算电路。

1）按图 3-37 连接电路，接通 ±12V 电源，输入端对地短路，进行调零和消振。

2）输入 $f=100\mathrm{Hz}$，$U_i=0.5\mathrm{V}$ 的正弦交流信号，测量相应的 $U_o$，并用示波器观察 $u_o$ 和 $u_i$ 的相位关系，记入表 3-2 中。

表 3-2　　　　　　　　　　　反相比例运算电路实验记录

| $U_i$ (V) | $U_o$ (V) | $u_i$ 波形 | $u_o$ 波形 | $A_V$ | |
|---|---|---|---|---|---|
| | | 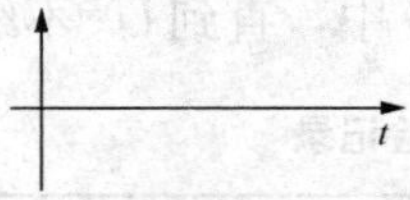 | 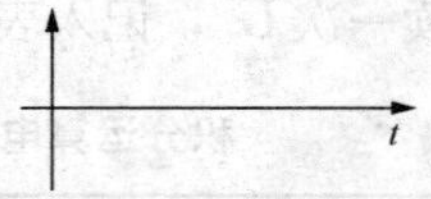 | 实测值 | 计算值 |
| | | | | | |

（2）同相比例运算电路。

1）按图 3-39（a）连接电路。实验步骤同内容（1），将结果记入表 3-3 中。

2）将图 3-39（a）中的 $R_1$ 断开，得图 3-39（b）电路重复内容 1）。

表 3-3　　　　　　　　　　　同相比例运算电路实验记录

| $U_i$ (V) | $U_o$ (V) | $u_i$ 波形 | $u_o$ 波形 | $A_V$ | |
|---|---|---|---|---|---|
| | | 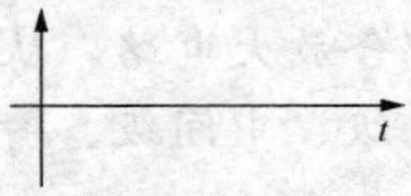 | 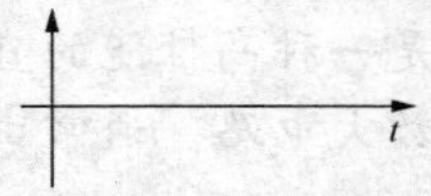 | 实测值 | 计算值 |
| | | | | | |

（3）反相加法运算电路。

1）按图 3-38 连接电路，进行调零和消振。

2）输入信号采用直流信号，图 3-42 所示电路为简易可调直流信号源，由实操者自行完成。实验时要注意选择合适的直流信号幅度以确保集成运放工作在线性区。用直流电压表测量输入电压 $U_{i1}$、$U_{i2}$ 及输出电压 $U_o$，记入表 3-4 中。

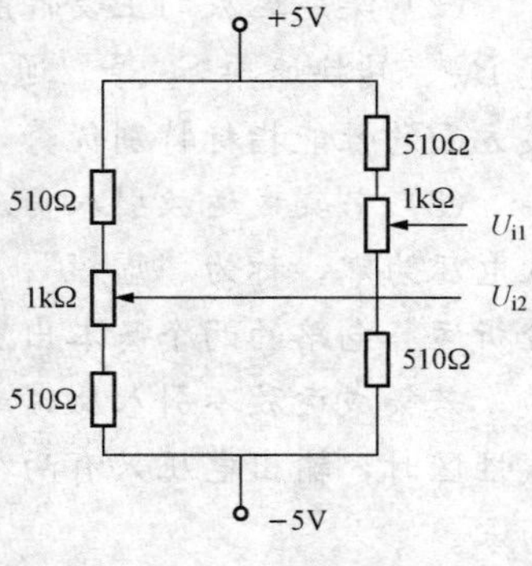

（4）减法运算电路。

1）按图 3-40 连接电路，进行调零和消振。

2）采用直流输入信号，实操步骤同内容（3），记入表 3-5 中。

图 3-42　简易可调直流信号源电路

表 3-4　　　　　　　　　　　反相加法运算电路实验记录

| $U_{i1}$ (V) | | | | |
|---|---|---|---|---|
| $U_{i2}$ (V) | | | | |
| $U_o$ (V) | | | | |

表 3-5　　　　　　　　　　　减法运算电路实验记录

| $U_{i1}$ (V) | | | | |
|---|---|---|---|---|
| $U_{i2}$ (V) | | | | |
| $U_o$ (V) | | | | |

（5）积分运算电路。

1）按图 3-41 连接电路。

2）打开 K2，闭合 K1，对运放输出进行调零。

3）调零完成后，再打开 K1，闭合 K2，使 $u_C(0)=0$。

4）预先调好直流输入电压 $U_i=0.5V$，接入实验电路，再打开 K2，然后用直流电压表测量输出电压 $U_o$，每隔 5s 读一次 $U_o$，记入表 3-6 中，直到 $U_o$ 不继续明显增大为止。

表 3-6　　　　　　　　　　　　积分运算电路实验记录

| $t(s)$ | 0 | 5 | 10 | 15 | 20 | 25 | 30 | … |
|---|---|---|---|---|---|---|---|---|
| $U_o(V)$ | | | | | | | | |

# 本 章 小 结

（1）集成运放实际上是一种高性能的直接耦合放大电路，从外部看可以等效成双端输入、单端输出的差分放大电路。通常由输入级、中间级、输出级和偏置电路等部分构成。

（2）集成运放的主要性能指标有 $A_{od}$、$U_{io}$ 和 $dU_{io}/dT$ 和、$I_{io}$ 和 $dI_{io}/dT$、$-3dB$ 带宽 $B_W$、转换速率 $S_R$ 等。通用型运放各方面参数均衡，适合一般应用；特殊型运放在某方面的性能指标特别优秀，因而适合特殊要求的场合。

（3）若集成运放引入负反馈，则工作在线性区。集成运放工作在线性区时，净输入电压为零，称为"虚短"；净输入电流也为零，称为"虚断"。"虚短"和"虚断"是分析运算电路的两个基本出发点。

若集成运放不引入反馈或仅引入正反馈，则工作在非线性区。集成运放工作在非线性区时，输出电压只有两种可能情况，不是 $+U_{OM}$ 就是 $-U_{OM}$，同时其净输入电流也为零。

（4）集成运放引入电压负反馈后，可以实现模拟信号的比例、加减、积分和微分等各种基本运算。

（5）电压比较器能够将模拟信号转换成具有数字信号特点的两值信号，即输出不是高电平就是低电平，因此集成运放工作在非线性区。本章介绍了单限比较器和滞回比较器，单限比较器只有一个阈值电压，滞回比较器有两个阈值电压，具有滞回特性。

## 复习思考题

1. 电路如图 3-43 所示。求：

（1）写出 $U_o$ 与 $U_{i1}$ 与 $U_{i2}$ 的函数关系；

（2）若 $U_{i1}=+1.25V$，$U_{i2}=-0.5V$，问 $U_o=?$

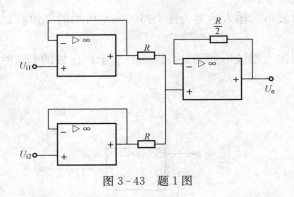

图 3-43　题 1 图

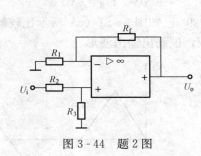

图 3-44　题 2 图

2. 在图 3-44 中，已知 $R_1 = 2\text{k}\Omega$，$R_f = 10\text{k}\Omega$，$R_2 = 2\text{k}\Omega$，$R_3 = 18\text{k}\Omega$，$U_i = 1\text{V}$，求 $U_o$ 的值。

3. 证明图 3-45 中运放的电压放大倍数：

$$A_{uf} = \frac{U_o}{U_i} = -\frac{1}{R_1}\left(R_{f1} + R_{f2} + \frac{R_{f1} + R_{f2}}{R_{f3}}\right)$$

4. 在图 3-46 中，已知 $R_f = 5.1\Omega$，$U_i = 10\text{mV}$，求 $U_o$ 的值。

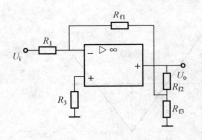

图 3-45　题 3 图

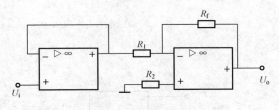

图 3-46　题 4 图

5. 试推导图 3-47 中 $U_o$ 与 $U_{i1}$ 和 $U_{i2}$ 之间的关系。

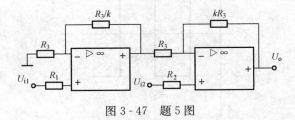

图 3-47　题 5 图

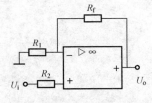

图 3-48　题 6 图

6. 图 3-48 所示电路中，求：

(1) 求出当 $R_1 = 10\text{k}\Omega$，$R_f = 100\text{k}\Omega$ 时，$U_o$ 与 $U_i$ 的运算关系。

(2) 当 $R_f = 100\text{k}\Omega$ 时，欲使 $U_o = 26U_i$，$R_1$ 应为何值。

7. 图 3-49 所示电路是同相求和运算电路，已知 $R_f // R = R_1 // R_2$，求证：

$$U_o = \frac{R_f}{R_1}U_{i1} + \frac{R_f}{R_2}U_{i2}$$

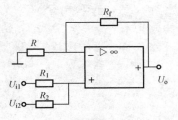

图 3-49　题 7 图

8. 画出图 3-50（b）所示电路的输出波形，输入信号为图3-50（a）所示的三角波，已知 $U_{om}=\pm10V$，$U_R=4V$。

9. 已知图 3-51（a）所示比较器的两输入端波形如图3-51（b）所示，运放的 $U_{om}=\pm10V$，试画出输出波形。

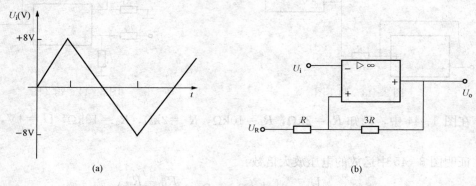

图 3-50  题 8 图
（a）输入波形；（b）电路图

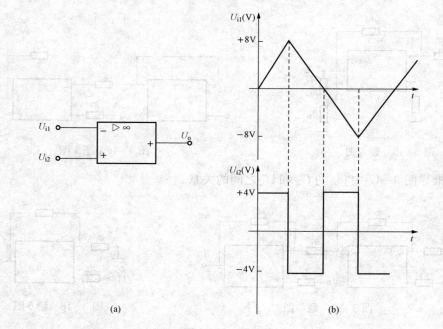

图 3-51  题 9 图
（a）电路图；（b）输入波形

# 第 4 章　信 号 发 生 电 路

📖 **学习目标**

　　在电子技术应用中，需要用到各种各样的波形信号，常用的有正弦波信号和非正弦波信号。

　　**本章的学习目标是：**

　　1. 掌握自激振荡电路的组成，自激振荡的两个条件，即幅值条件和相位条件。

　　2. 掌握正弦波振荡电路组成及常见 RC 和 LC 振荡电路的工作过程、特点及振荡频率。

　　3. 掌握非正弦波（方波、矩形波、三角波）振荡电路的构成及振荡频率。

## 4.1　正 弦 波 振 荡 电 路

　　在测量、自动控制、通信和遥控等电子技术应用中都要用到各种各样的波形信号，这些不同的波形信号都是由波形发生电路产生的。信号发生电路按其产生的波形分为两大类：正弦波振荡电路和非正弦波振荡电路。信号发生电路不需要输入信号便能产生一定频率和幅值周期性的波形信号，它由放大电路、正反馈电路、选频电路及稳幅环节组成。本章首先介绍振荡电路产生自激振荡的条件，然后介绍常用波形振荡电路及应用。

### 4.1.1　自激振荡

1. 自激振荡的条件

　　从前几章的电路分析可知，一个放大电路通常在输入端接上输入信号时才能有信号输出。如果它的输入端不外接输入信号，输出端却有一定频率和幅值的信号输出，称这种现象为自激振荡。振荡器就是利用放大电路的自激振荡原理来工作的。

　　下面讨论振荡电路产生自激振荡的条件。

　　图 4 - 1 所示为自激振荡的电路框图。$\dot{A}_o$ 是放大电路，$\dot{F}$ 是反馈电路。当开关 S 在位置"1"时，就是一般的交流放大电路，此时输入电压为 $\dot{U}_i$，输出电压为 $\dot{U}_o$。如果把输出信号通过反馈电路 $\dot{F}$ 反馈到输入端，并且适当调节参数，使反馈电压 $\dot{U}_f = \dot{U}_i$，即两者大小相等、相位相同，那么

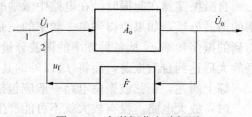

图 4 - 1　自激振荡电路框图

这时将开关 S 由位置"1"投向位置"2"，则反馈信号源电压 $\dot{U}_f$ 可代替外加信号 $\dot{U}_i$，使放大电路的输出电压 $\dot{U}_o$ 仍保持不变，这时的电路就成了自激振荡电路。它的输入信号是从自己的输出端反馈回来的。

由于

$$\dot{A}_{\text{o}} = \frac{\dot{U}_{\text{o}}}{\dot{U}_{\text{i}}} \qquad \dot{F} = \frac{\dot{U}_{\text{f}}}{\dot{U}_{\text{o}}}$$

当 $\dot{U}_{\text{f}} = \dot{U}_{\text{i}}$ 时，则有

$$\dot{A}_{\text{o}}\dot{F} = 1 \tag{4-1}$$

式（4-1）即为自激振荡的条件。

因为 $\dot{A}_{\text{o}} = |A_{\text{o}}| \underline{/\varphi_{\text{A}}}$，$\dot{F} = F \underline{/\varphi_{\text{F}}}$，则

$$\dot{A}_{\text{o}}\dot{F} = A_{\text{o}}F \underline{/\varphi_{\text{A}} + \varphi_{\text{F}}} = 1 \tag{4-2}$$

因此，自激条件具体包含幅值条件和相位条件，即

（1）幅值条件

$$|\dot{A}_{\text{o}}\dot{F}| = 1 \tag{4-3}$$

（2）相位条件

$$\varphi_{\text{A}} + \varphi_{\text{F}} = \pm 2n\pi (n = 0,1,2,\cdots) \tag{4-4}$$

相位条件表示反馈电压在相位上要与输入电压相同，也就是说，要使电路产生自激振荡，必须具有足够强的正反馈。自激振荡的幅值条件表示反馈网络要有足够的反馈系数才能使反馈信号等于所需要的输入信号。

2. 振荡电路的基本组成

上述自激振荡的幅值条件是对正弦波已经产生且电路已进入稳态而言。如果一个正弦波振荡电路的 $|\dot{A}_{\text{o}}\dot{F}|$ 恒等于 1，但实际上振荡开始工作时，并没有外加一个信号激励，振荡的起振完全靠接通电源瞬间电路内的扰动和噪声信号。振荡器在接通电源的瞬间，电路中有一个电流冲击，从而激起一个微小幅值的反馈信号加到放大电路的输入端，此时若 $|\dot{A}_{\text{o}}\dot{F}| > 1$，则信号被放大后经正反馈网络又加到放大电路的输入端，再进行放大，再次反馈，如此信号经多次循环正反馈放大过程，使输出电压 $U_{\text{o}}$ 逐渐增大。但若 $U_{\text{o}}$ 一直增大，则三极管最后就会进入饱和区产生波形失真。因此，应适当调节 $A$ 的值，使其逐渐减小，直至 $|\dot{A}_{\text{o}}\dot{F}| = 1$ 时，得到稳定的等幅振荡。也就是说，要使电路自行建立振荡，则必须具备起振条件 $|\dot{A}_{\text{o}}\dot{F}| > 1$，而 $|\dot{A}_{\text{o}}\dot{F}| = 1$ 是稳幅条件，从 $|\dot{A}_{\text{o}}\dot{F}| > 1$ 到 $|\dot{A}_{\text{o}}\dot{F}| = 1$ 是振荡器自激振荡建立的过程。

自激振荡器在起振时，在电路中激励的电压或电流的变化一般是非正弦波，含有各种频率的谐波分量，如果要得到单一频率的正弦波信号，振荡器还必须具有选频特性，将所希望得到的振荡频率 $f_{\text{o}}$ 从各种频率的谐波分量中筛选出来，只有 $f_{\text{o}}$ 频率才满足相位条件，经反馈放大后达到自激振荡，而将 $f_{\text{o}}$ 以外的其他频率成分尽快地衰减下去。

综上所述，正弦波振荡电路一般应包括以下几个基本组成部分。

（1）放大电路。没有放大就不可能产生正弦波振荡。放大电路必须结构合理，静态工作点选择适当，以保证放大电路具有放大作用。

（2）正反馈电路。其作用主要用来满足自激振荡的相位条件。

（3）选频电路。起振时，电路中激起的电压和电流的变化往往是非正弦的，含有各种频率的谐波分量，因此输出的信号也将是含的不同谐波成分的非正弦波。为了得到单一频率的正弦波信号，电路中必须接入选频电路。选频电路的作用是只让单一频率满足振荡条件，以

产生单一频率的正弦波。

根据选频电路的不同,正弦波振荡电路分为 RC 振荡电路、LC 振荡电路和晶体振荡电路。在很多正弦波振荡电路中,选频电路和正反馈电路结合在一起,即同一个电路既起选频作用,又起正反馈作用。

(4)稳幅环节。其作用是使振荡幅值稳定,改善波形。

### 4.1.2 典型的正弦波振荡电路

正弦波振荡器按组成选频网络的元件不同可分为 RC 正弦波振荡器、LC 正弦波振荡器和石英晶体振荡器,下面分别进行介绍。

1. RC 串并联正弦波振荡器

RC 振荡电路的选频电路由 R、C 元件组成。它一般用来产生几十赫兹至几百千赫兹的低频信号。

常见的 RC 正弦波振荡器是 RC 串并联正弦波振荡器,其电路如图 4 - 2 所示。

(1)基本电路分析。图 4 - 2 所示电路的主要特点是选用 RC 串并联网络作为选频网络。

1)RC 串并联网络的频率特性。图 4 - 2 所示电路的 RC 串并联网络如图 4 - 3(a)所示。其选频特性定性分析如下:

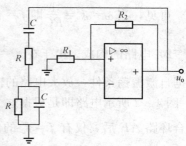

图 4 - 2 RC 串并联正弦波振荡器

当输入信号频率足够低时,$\frac{1}{\omega C} \gg R$,可得近似的低频等效电路,如图 4 - 3(b)所示,它是一个超前网络,输出电压 $\dot{U}_2$ 相位超前输入电压 $\dot{U}_1$。

当输入信号频率足够高时,$\frac{1}{\omega C} \ll R$,其近似的高频等效电路如图 4 - 3(c)所示,它是一个滞后网络,输出电压 $\dot{U}_2$ 相位落后输入电压 $\dot{U}_1$。

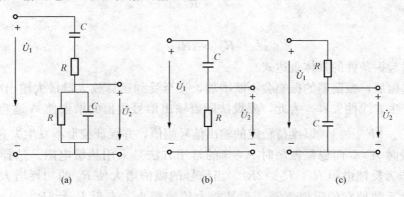

图 4 - 3 RC 串并联网络及高、低频等效电路

(a)RC 串并联网络;(b)低频等效电路;(c)高频等效电路

由此可以断定,在高频与低频之间必定存在一个频率 $f$。使输出电压 $\dot{U}_2$ 与输入电压 $\dot{U}_1$ 相位相同,这就是 RC 串并联网络的选频特性。其频率特性如图 4 - 4 所示。

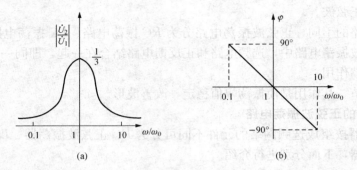

图 4 - 4 RC 串并联网络的频率特性

(a) 幅频特性；(b) 相频特性

可见，当 $\omega = \omega_0 = \dfrac{1}{RC}$ 即 $f = f_0$ 时，$\left|\dfrac{\dot{U}_2}{\dot{U}_1}\right|$ 达到最大值，等于 $1/3$，而相移 $\varphi = 0°$。

2）电路的构成。由于在 $f = f_0$ 时，RC 串并联反馈网络的 $\varphi = 0°$，$|\dot{F}| = \dfrac{1}{3}$，因此，根据自激振荡条件，放大电路的输入与输出之间的相位关系是同相的，且放大倍数不能小于3。图 4 - 2 所示电路即是根据这个原则组成的。由于 RC 串并联网络的选频特性，信号通过闭合环路 $\dot{A}\dot{F}$ 后，仅有 $f = f_0$ 的信号才能满足相位条件，因此，该电路振荡频率为

$$f_0 = \frac{1}{2\pi RC} \tag{4 - 5}$$

从而保证了电路输出单一频率的正弦波。

（2）起振与稳幅过程。图 4 - 2 所示电路的电压放大倍数为 $A = 1 + \dfrac{R_2}{R_1}$，调节 $R_1$ 和 $R_2$ 的比值，可以改变其大小。考虑到起振条件 $|\dot{A}\dot{F}| > 1$，而 $|\dot{F}| = 1/3$，因此要求

$$A = 1 + \frac{R_2}{R_1} > 3 \tag{4 - 6}$$

即

$$R_2 > 2R_1 \tag{4 - 7}$$

这就是该电路起振条件的具体表达式。

该电路起振后，振荡器的振幅会不断增加，直至受到运算放大器最大输出电压的限制，使输出信号产生非线性失真。为此，要设法随着输出信号幅值的增大使 $A$ 适当减小，即当 $R_2 = 2R_1$ 时，$|\dot{A}\dot{F}| = 1$，以维持稳定的输出信号幅值，并保证波形不发生失真。

保证起振时 $A > 3$ 而稳幅振荡时 $A = 3$ 的常用方法是采用热敏电阻。选择负温度系数的热敏电阻作为反馈电阻 $R_2$，$R_2 > 2R_1$。当信号的幅值增大使 $R_2$ 的功耗增大时，其温度上升，负温度系数使它的阻值下降，于是放大倍数减小，直至 $R_2 = 2R_1$，$A = 3$，信号的幅值受到限制。如果参数选择合适，可使输出信号的幅值稳定到需要的数值，且波形失真较小。

由于该电路的振荡频率与 $R$、$C$ 的乘积成反比，当要求振荡频率较高时，势必要减小 $R$ 和 $C$ 的数值。由于 RC 串并联网络是放大电路的负载之一，所以 $R$、$C$ 值的减小不能超过一

定限度，同时，$C$ 值过小振荡频率也会受寄生电容的影响而不稳定。因此 $RC$ 振荡电路常用作音频信号发生器（频率范围 20Hz～200kHz），工作频率一般在 1MHz 以下。若要产生更高频率的正弦波，则应采用 $LC$ 正弦波振荡电路。

2. $LC$ 振荡电路

$LC$ 振荡电路以 $L$、$C$ 元件构成的谐振回路作为选频电路，可以产生频率高达 1000MHz 的正弦波信号。常见的 $LC$ 振荡电路有三点式和变压器反馈式两种。

（1）$LC$ 三点式振荡电路。

1）$LC$ 三点式振荡电路的构成原则。三点式振荡电路的一般简化交流通路如图 4-5 所示。电抗元件 $X_1$、$X_2$ 构成谐振回路，三极管的 3 个电极分别接在谐振回路的 3 个节点上，因此称为三点式。下面分析 $X_1$、$X_2$ 和 $X_3$ 应属于哪类电抗，电路才能满足自激振荡的相位条件。

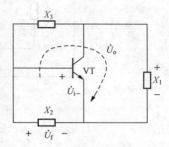

图 4-5 三点式振荡
电路的交流通路

谐振时，3 个电抗元件中的电流比三极管的 3 个电极中的电流大得多，谐振回路外界的影响可忽略。即认为 3 个电抗元件中的电流自成回路电流 $\dot{I}$。反馈由电抗 $X_2$ 实现，反馈系数为

$$\dot{F} = \frac{\dot{U}_f}{\dot{U}_o} = \frac{-jX_2\dot{I}}{jX_1\dot{I}} = \frac{-X_2}{X_1} \tag{4-8}$$

要满足相位条件必须是正反馈，即 $\dot{U}_f$ 与 $\dot{U}_i$ 同相，而放大电路的 $\dot{U}_o$ 与 $\dot{U}_i$ 反相，要求 $\dot{U}_f$ 与 $\dot{U}_o$ 必须是反相，反馈系数应为负值。因此，$X_1$ 和 $X_2$ 必须是同类电抗，即 $X_1$ 和 $X_2$ 为同类电抗，则 $X_3$ 必为异类电抗。

由以上分析，得出三点式振荡电路要满足自激振荡的相位条件必须遵循的构成原则为：①与发射极相连的两个电抗必须同类型；②基极与集电极之间的电抗必须是相反类型的电抗。

三点式振荡电路的幅值条件很容易满足，只要满足了相位条件，一般即可起振。

当 $X_1$ 和 $X_2$ 同为电感，$X_3$ 为电容时，称为电感三点式振荡器；当 $X_1$ 和 $X_2$ 同为电容，$X_3$ 为电感时，称为电容三点式振荡器。

2）电感三点式振荡电路。图 4-6（a）所示为电感三点式振荡器，由电容 $C$ 和带中间抽头的电感 $L_1$、$L_2$ 构成的并联谐振回路作选频电路。正反馈电压取自电感 $L_2$。电源 $U_{CC}$ 和电容 $C_B$、$C_E$ 对交流可视为短路，不考虑偏置电阻，得出它的简化交流通路如图 4-6（b）所示。可见它满足三点式电路振荡的相位条件。

当用瞬时极性法来分析相位关系时，可设基极输入电压 $U_i$ 瞬时极性为"＋"，如图 4-6（a）所示。由于 $LC$ 并联电路在谐振频率 $f_o$ 时的输入阻抗呈纯电阻性，即此时放大电路的负载为一个电阻性负载，根据放大电路的工作原理，在电阻性负载时 $\dot{U}_o$ 与 $\dot{U}_i$ 反相，即线圈的①端应为"－"。因为线圈中间抽头接直流电源，对于交流而言相当于接地，所以线圈的②端标为"＋"，即 $\dot{U}_f$ 的极性为"＋"，说明 $\dot{U}_f$ 与 $\dot{U}_i$ 同相，满足相位条件。

电感三点式振荡电路的振荡频率近似等于 $LC$ 谐振回路的谐振频率，即

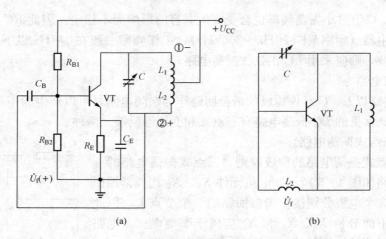

图 4 - 6　电感三点式振荡电路及简化交流电路

(a) 振荡电路；(b) 简化交流电路

$$f_\circ = \frac{1}{2\pi \sqrt{(L_1 + L_2 + 2M)C}} \qquad (4-9)$$

式中　$M$——$L_1$ 与 $L_2$ 之间的互感系数。

电感三点式振荡电路不仅易起振，而且采用可变电容能在较宽的范围内调节振荡频率，故在需要经常改变频率的场合（如收音机、信号发生器等）得到广泛的应用。由于反馈电压取自电感 $L_2$，它对高次谐波阻抗大（电感的感抗与频率成正比），使反馈电压中的高次谐波成分较大，因此输出波形中所含高次谐波波形较差。

3）电容三点式振荡电路。图 4 - 7（a）所示为电容三点式振荡电路，正反馈电压取自电容 $C_2$。它的简化交流通路如图 4 - 7（b）所示，可见它满足振荡的相位条件。

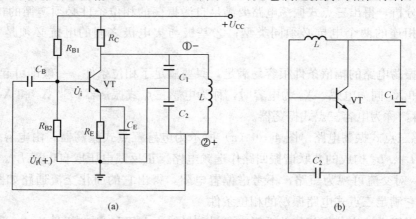

图 4 - 7　电容三点式振荡电路及简化交流电路

(a) 振荡电路；(b) 简化交流电路

电容三点式振荡电路的振荡频率近似等于 $LC$ 并联电路的谐振频率，即

$$f_\circ \approx \frac{1}{2\pi \sqrt{L\left(\dfrac{C_1 C_2}{C_1 + C_2}\right)}} \qquad (4-10)$$

由于电容三点式振荡电路的反馈电压取自电容 $C_2$，反馈电压中高次谐波分量小，输出波形较好，而且电容 $C_1$、$C_2$ 的容量可选得较小，所以振荡频率可高达 100MHz 以上。

（2）变压器反馈式振荡电路。图 4-8 所示为变压器反馈式振荡电路，仍采用 $LC$ 并联电路作选频电路。正反馈由变压器二次侧绕组 $L_2$ 实现，因此称变压器反馈式振荡电路。它产生的正弦波通过变压器的另外一个绕组 $L_3$ 送给负载。

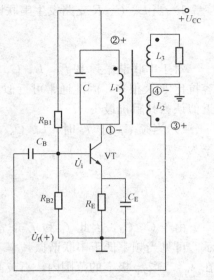

可用瞬时极性法来分析其相位条件。设基极输入 $\dot{U}_i$ 的瞬时极性为"＋"，当 $LC$ 并联电路在谐振频率 $f_o$ 时，$\dot{U}_{ce}$ 与 $\dot{U}_i$ 反相，图 4-8 中变压器的①端应为"－"。变压器线圈 $L_1$ 的②端和 $L_2$ 的④端分别接直流电源和地，对交流信号而言，它们都相当于接地。$L_2$ 的③端与 $L_1$ 的①端互为异名端，它们的相位相反，故在③端为"＋"。可见反馈电压（即线圈 $L_2$ 的电压）$\dot{U}_f$ 与输入电压 $\dot{U}_i$ 同相位，满足振荡器相位条件。只要变压器的变比设计适当，三极管和变压器参数合适，一般都可以满足幅值条件。电路的振荡频率决定于 $L_1C$ 回路的谐振频率，即

图 4-8 变压器反馈式振荡电路

$$f_o \approx \frac{1}{2\pi\sqrt{L_1C}}$$

变压器反馈式 $LC$ 振荡电路比三点式 $LC$ 振荡电路结构复杂一些，但易实现与负载相匹配，可输出较大的功率。

3. 晶体振荡电路

晶体振荡电路是采用石英晶体来作为选频网络的。它具有极高的频率稳定度，广泛应用于各种电子设备中，如通信系统中的射频振荡器、数字系统中的时钟发生器等。下面就石英晶体的基本特性和石英晶体振荡器电路进行分析。

（1）石英晶体的基本特性。石英晶体用作振荡器是利用它的压电效应。在石英晶体的两面加一个电场，晶片就会产生机械变形；反之，若在晶片两面施加机械压力，就会在晶片相应的方向上产生电场。这种现象称为压电效应。若在晶片的两极上加交变电压，晶片就会产生机械振动，同时机械振动又会产生交变电场。一般情况下，这种机械振动的振幅和它产生交变电场的振幅都非常小，只有在外加交变电压的频率为某一特定频率时，振幅才明显增大，这种现象称为压电谐振，因此石英晶体又称石英晶体谐振器。此特定频率为晶体的固有频率或谐振频率，它与晶片的几何形状、尺寸等参数有关。

（2）石英晶体的等效电路。石英晶体的电路符号和等效电路如图 4-9 所示。当晶体不振动时，可把它看成一个平板电容器 $C_0$，称为静电电容，一般为几到几十皮法。晶体振动时的惯性用电感 $L$ 等效，一般为几十毫亨到几百毫亨。晶片的弹性用电容 $C$ 等效，其值很小，只有 $0.01\sim0.1\text{pF}$。晶片振动时因摩擦造成的损耗则用电阻 $R$ 等效，一般约为 $100\Omega$。

由于 $L$ 很大，而 $C$ 和 $R$ 很小，所以晶体的品质因数 $Q = \dfrac{\omega_0 L}{R} = \dfrac{1}{R}\sqrt{\dfrac{L}{C}}$ 很高，其选频能力强。

因此利用石英谐振器组成的振荡电路可获得很高的频率稳定度。

从石英晶体振荡器的等效电路可知，它有两个谐振频率，即

1) 当 $L$、$C$、$R$ 支路发生串联谐振时，它的等效阻抗最小（等于 $R$）。串联谐振频率为

$$f_{\circ} = \frac{1}{2\pi \sqrt{LC}} \tag{4-11}$$

对于串联谐振频率 $f_{\circ}$，$L$、$C$、$R$ 支路的等效阻抗为电阻 $R$，而电容 $C_0$ 的值很小，它的容抗比 $R$ 大很多，因此通常可近似认为石英晶体对于串联谐振频率 $f_{\circ}$ 呈纯电阻性，且可以近似认为其阻抗最小。

2) 当频率高于 $f_{\circ}$ 时，$L$、$C$、$R$ 支路呈感性，可与电容 $C_0$ 发生并联谐振，并联谐振频率为

$$f_{p} = \frac{1}{2\pi \sqrt{L \dfrac{CC_0}{C+C_0}}} = f_{\circ} \sqrt{1 + \frac{C}{C_0}} \tag{4-12}$$

由于 $C \ll C_0$，因此 $f_p$ 和 $f_{\circ}$ 非常接近。定性画出它的电抗频率特性曲线，如图 4-10 所示。可见当频率低于串联谐振频率 $f_{\circ}$ 或高于并联谐振频率 $f_p$ 时，石英晶体都呈容性。只有在 $f_{\circ} < f < f_p$ 极窄的范围内，石英晶体呈感性，等效为一个电感。

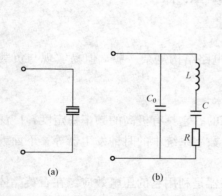

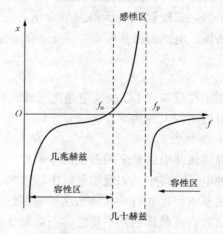

图 4-9　石英晶的电路符号和等效电路
(a) 电路符号；(b) 等效电路

图 4-10　石英晶体的电抗频率特性

(3) 石英晶体振荡电路。石英晶体振荡电路分为并联型晶体振荡电路和串联型晶体振荡电路两类。前者晶体工作在 $f_p$ 和 $f_{\circ}$ 之间，利用晶体作为一个电感来组成振荡电路；后者晶体工作在串联谐振频率 $f_{\circ}$ 处，利用阻抗最小的特性来组成振荡电路。

1) 并联型晶体振荡电路。图 4-11 所示为并联型晶体振荡电路及其简化交流通路。石英晶体呈感性，它与电容 $C_1$、$C_2$ 构成电容三点式振荡电路。由于 $f_p$ 和 $f_{\circ}$ 非常接近，即晶体呈感性的频率范围极窄，所以并联型晶体振荡电路的振荡频率具有很高稳定度。

2) 串联型晶体振荡电路。图 4-12 所示为利用石英晶体组成的串联型晶体振荡电路。晶体接在 VT1、VT2 组成的正反馈电路中。当振荡频率等于串联谐振频率 $f_{\circ}$ 时，晶体阻抗最小，且为纯电阻性，此时正反馈最强，相移为零，电路满足振荡条件。对于 $f_{\circ}$ 以外的其他频率，晶体阻抗增大，相移不为零，不满足自激振荡条件。可变电阻 $R$ 可改变反馈的强

弱，以获得良好的波形输出。若 $R$ 过大，反馈量会太小，不满足振幅条件，不能振荡；若 $R$ 过小，则反馈量过大，输出波形失真。

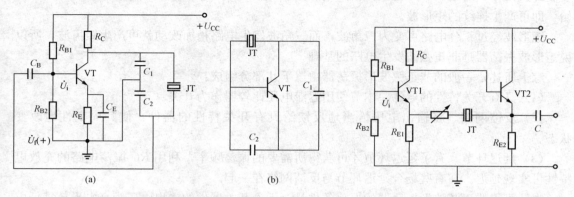

图 4 - 11　并联型晶体振荡电路及其简化交流通路　　　图 4 - 12　串联型晶体振荡电路
(a) 振荡电路；(b) 简化交流通路

由于石英晶体特性好，且仅有两根引线，安装简单，易调试，所以在正弦振荡电路和方波发生电路中获得广泛的应用。

## 4.2　非正弦波振荡电路

矩形波振荡器是非正弦波形发生电路中最常见的电路之一，而且是产生其他波形电路的基础，因此，本节从矩形波振荡器的基本工作原理入手，研究其他非正弦波形发生电路。

### 4.2.1　矩形波振荡器

如果将一个单刀双位开关的两个固定端 H 和 L 分别接等电动势的正、负两个电源，并将开关的动端和两个电源的公共端 G 作为输出，如图 4 - 13 (a) 所示。那么只要开关能自动地周期性地动作，就可产生图 4 - 13 (b) 所示的波形，即矩形波。图 4 - 13 (b) 所示是矩形波，除跳变过程外，只有高电平和低电平两个状态。

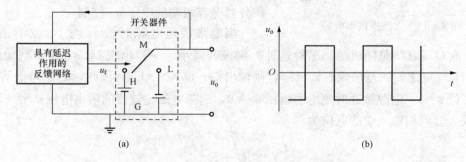

图 4 - 13　矩形波产生电路及矩形波示意图
(a) 波形产生电路；(b) 输出波形

只要通过适当的反馈去控制具有开关特性的器件即可使开关自动地周期性地动作，也就是说，从输出端引回反馈，使输出电压为高电平时反馈电压逐级升高。经过一定时间升高到一定程度后控制开关动作，使动端 M 与接负电源的 L 点接通，使输出由高电平跳变为低电平。反之当输出电压为低电平时，使反馈电压逐渐降低，经过一定的时间后，降低到一定程度使开关动作，动端 M 与接正电源的 H 点接通，输出由低电平跳变为高电平。如此周而复始，即可产生连续的矩形波。

矩形波经过积分电路可变为三角波，而三角波发生电路稍加改动就可产生矩齿波，所以说矩形波振荡器是非正弦波发生电路的基础。

综上所述，一般的非正弦波形振荡器由以下几部分组成：

（1）具有开关特性的器件。本节使用迟滞电压比较器作为开关。

（2）反馈网络。将输出电压恰当地反馈给具有开关特性的器件，使其周期性地改变状态。

（3）延迟环节。有了延迟环节才可获得所需要的振荡频率，利用 $RC$ 振荡电路的充放电特性可实现延迟。在有些场合延迟环节与反馈网络在一起。

由此可得非正弦波形振荡器的振荡条件是：无论开关器件的输出电压为高电平还是低电平，如果经过一定的延迟时间后可使开关器件的输出改变状态，便能产生周期性的振荡，否则不能振荡。

矩形波有两种：一种是输出高电平的时间与输出低电平的时间相等，称为方波；另一种是两者不相等。

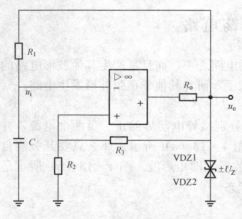

图 4 - 14　方波振荡器电路

**1. 方波振荡器**

（1）工作原理。方波振荡器电路如图 4 - 14 所示。右边是迟滞电压比较器，起开关作用；左边为由电阻 $R_1$ 和电容 $C$ 串联的 $RC$ 电路，起反馈和延迟作用；迟滞电压比较器的输出端通过 $R_0$ 和稳压管 VDZ1、VDZ2 对输出限幅。

设两稳压管的稳压值相等，即 $U_{Z1} = U_{Z2} = U_Z$，那么输出电压正、负幅度对称。$U_{OH} = +U_Z$，$U_{OL} = -U_Z$，同相端电位 $U_+$ 由 $u_0$ 通过 $R_2$、$R_3$ 分压后得到，这是引入的正反馈。反相端电压 $U_-$ 受积分器电容两端的电压 $u_C$ 控制。

当电路接通电源时，$U_+$ 与 $U_-$ 必存在差别。$U_+ > U_-$ 或 $U_+ < U_-$ 是随机的。尽管这种差别极其微小，一旦出现 $U_+ < U_-$，则输出 $u_0 = U_{OH} = +U_Z$；反之，一旦出现 $U_+ > U_-$，则输出 $u_0 = U_{OL} = -U_Z$，因此，$u_0$ 不可能居于其他中间值。设 $t = 0$，电源接通时刻电容电压 $u_C = 0$，迟滞电压比较器的输出电压 $u_0 = +U_Z$，集成运算放大器同相输入端的电位为

$$U_+ = \frac{R_2}{R_2 + R_1} U_Z \tag{4 - 13}$$

此时，输出电压 $u_0 = +U_Z$，对电容 $C$ 充电，使 $U_- = u_C$，由零逐渐上升。在 $U_-$ 等于 $U_+$ 以前 $u_0 = +U_Z$ 不变。当 $U_- \geqslant U_+$ 时，输出电压 $u_0$ 从高电平 $+U_Z$ 跳变为低电平 $-U_Z$。

当 $u_0 = -U_Z$ 时，集成运算放大器同相输入端的电位也随之发生跳变，即

$$U_+ = -\frac{R_2}{R_2 + R_1} U_Z \tag{4 - 14}$$

同时电容经 $R$ 放电，使 $U_- = u_C$ 逐渐下降。在 $U_-$，$U_+$ 时，$u_o = -U_Z$ 不变，当 $U_- \leqslant U_+$ 时，从 $-U_Z$ 跳变为 $+U_Z$，也随之跳变为 $\dfrac{R_2}{R_2 + R_1} U_Z$，又回到初始状态，电容器 $C$ 再次充电。如此周而复始，产生振荡，输出电压 $u_o$ 为一系列方波，波形如图 4 - 15 所示。

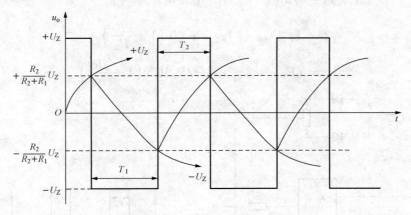

图 4 - 15　方波振荡器输出波形

（2）振荡周期。由图 4 - 15 可以看出振荡周期为

$$T = T_1 + T_2$$

利用 $RC$ 电路充放电规律，不难得出

$$T_1 = RC \ln\left(1 + \frac{2R_2}{R_3}\right) \tag{4 - 15}$$

$$T_2 = RC \ln\left(1 + \frac{2R_2}{R_3}\right) \tag{4 - 16}$$

$$T = T_1 + T_2 = 2RC \ln\left(1 + \frac{2R_2}{R_3}\right) \tag{4 - 17}$$

由于 $T_1 = T_2$，所以图 4 - 15 所示是周期性方波，改变 $R$、$C$ 或 $R_2$、$R_3$ 均可改变振荡周期。

2. 矩形波振荡器

一般将波形为高电平的时间与周期时间之比称为占空比。图 4 - 15 所示方波的占空比为 50%。如果需要产生占空比小于或大于 50% 的矩形波，则应设法使图 4 - 13 电路中电容充电的时间常数与放电的时间常数不相等。利用二极管的单向导电性可使电容充电与放电回路不同，因而可使电容充电与放电的时间常数不同。图 4 - 16 所示为占空比可调的矩形波振荡器及输出波形。

当 $u_o$ 为正值时，二极管 VD1 导通，VD2 截止，电容 $C$ 充电的时间常数是

$$\tau_1 = (R'_W + r_{d1} + R_1)C \tag{4 - 18}$$

式中：$R'_W$ 为电位器动端至上端点的阻值；$r_{d1}$ 为二极管 VD1 导通时的等效电阻；VD2 的反向电阻和稳压管的内阻可忽略不计。

当 $u_o$ 为负值时，二极管 VD1 截止，VD2 导通，电容 $C$ 放电的时间常数为

$$\tau_2 = (R_W - R'_W + r_{d2} + R_1)C \tag{4 - 19}$$

式中：$r_{d2}$ 为二极管 VD2 导通时的等效电阻。

用同样的方法可求出

$$T_1 = \tau_1 \ln\left(1 + \frac{2R_2}{R_3}\right) \tag{4-20}$$

$$T_2 = \tau_2 \ln\left(1 + \frac{2R_2}{R_3}\right) \tag{4-21}$$

$$T = T_1 + T_2 = (\tau_1 + \tau_2)\ln\left(1 + \frac{2R_2}{R_3}\right)$$

$$= (R_W + r_{d1} + r_{d2} + 2R_1)C\ln\left(1 + \frac{2R_2}{R_3}\right) \tag{4-22}$$

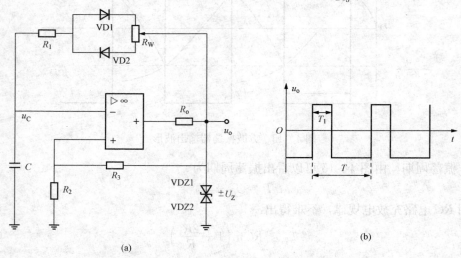

图 4 - 16 占空比可调的矩形波振荡器及输出波形

(a) 电路；(b) 输出波形

可见调节电位器 $R_W$ 动端的位置，输出矩形波的周期并不改变，因为占空比为

$$\frac{T_1}{T} = \frac{\tau_1}{\tau_1 + \tau_2} \tag{4-23}$$

将式（4-18）和式（4-19）代入式（4-23），得

$$\frac{T_1}{T} = \frac{\tau_1}{\tau_1 + \tau_2} = \frac{R'_W + r_{d1} + R_1}{R_W + r_{d1} + r_{d2} + 2R_1} \tag{4-24}$$

可见调节电位器 $R_W$ 可使输出波形的占空比变化。

### 4.2.2 三角波振荡器

1. 电路组成与工作原理

三角波振荡器如图 4 - 17 所示。集成运算放大器 A1、A2 组成迟滞电压比较器，起开关作用；A2 组成积分电路，起延迟作用。

设电源合上时，$t=0$，$u_{o1} = +U_Z$，电容恒流充电，$u_o$ 按线性规律逐渐下降。当 $u_o$ 下降到一定程度，使 A1 的 $U_+ \leqslant U_- = 0$ 时，$u_{o1}$ 从 $+U_Z$ 跳变为 $-U_Z$，与此同时 A1 的 $U_+$ 也跳变到更低的值（比零低得多）。$u_{o1}$ 变为 $-U_Z$ 后，电容放电，$u_o$ 按线性规律逐渐上升，当 $u_o$ 上升到一定程度后，使 A1 的 $U_+ \geqslant U_-$，$u_{o1}$ 从 $-U_Z$ 跳变到 $+U_Z$，电容再次充电，$u_o$ 再次下降，如此周而复始，产生振荡。由于电容充电回路与放电回路相同，积分电路输出电压上升与下降的时间相等，上升与下降的斜率的绝对值也相等，因此 $u_o$ 是三角波。依上所述，可

画出三角波振荡器 $u_o$ 和 $u_{o1}$ 的波形,如图 4 - 18 所示,其中 $u_o$ 是三角波, $u_{o1}$ 是方波。

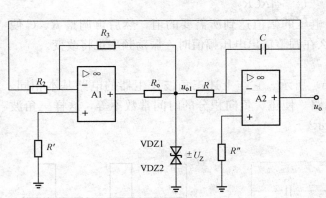

图 4 - 17　三角波振荡器电路

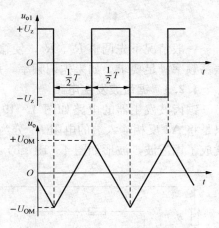

图 4 - 18　三角波振荡器的波形

2. 振荡器的参数计算

由图 4 - 18 所示的波形可知,迟滞电压比较器的输出电压 $u_{o1}$ 从 $-U_Z$ 跳变到 $+U_Z$ 时的值就是输出电压 $u_o$ 的幅值 $U_{OM}$,而 $u_{o1}$ 发生跳变的临界条件是集成运算放大器 A1 两个输入端的电位相等,即 $U_+ = U_- = 0$。

从图 4 - 17 可知

$$U_+ = \frac{R_2}{R_2 + R_3} u_o + \frac{R_2}{R_2 + R_3} u_{o1} \qquad (4 - 25)$$

当 $U_+ = U_- = 0$ 时,对应的 $u_o$ 值为输出三角波的幅值 $U_{OM}$ 为

$$U_{OM} = -\frac{R_2}{R_3} u_{o1} \qquad (4 - 26)$$

当 $u_{o1} = +U_Z$ 时

$$U_{OM} = -\frac{R_2}{R_3} U_Z \qquad (4 - 27)$$

当 $u_{o1} = -U_Z$ 时

$$U_{OM} = +\frac{R_2}{R_3} U_Z \qquad (4 - 28)$$

图 4 - 18 所示的波形表明,积分电路输出电压从 $-U_{OM}$ 上升到 $+U_{OM}$ 所需要的时间就是振荡周期的一半,即在 $T/2$ 时间内 $u_o$ 的变化量等于 2。由积分电路输出与输入的关系可得

$$\frac{1}{RC}\int_0^{\frac{T}{2}} U_Z \mathrm{d}t = 2U_{OM} \qquad (4 - 29)$$

即

$$T = 4RC\frac{U_{OM}}{U_Z} \qquad (4 - 30)$$

将式 (4 - 29) 代入式 (4 - 30),得

$$T = \frac{4RCR_2}{R_3} \qquad (4 - 31)$$

所以

$$f = \frac{1}{T} = \frac{R_3}{4RCR_2} \qquad (4-32)$$

一般情况下先调整 $R_2$、$R_3$，使输出电压的幅值达到所需要的值，然后再调整 $R$、$C$ 使振荡频率满足要求。如果先调频率，那么在调整输出电压幅值时，振荡频率也将改变。

### 4.2.3 锯齿波发生电路

锯齿波发生器的电路如图 4 - 19（a）所示。它与上述三角波发生器的电路基本相同，只是将 A2 反相输入端的电阻 $R_4$ 分为两路，使正、负向积分的时间常数不等，这样三角波就成了锯齿波，波形如图 4 - 19（b）所示。

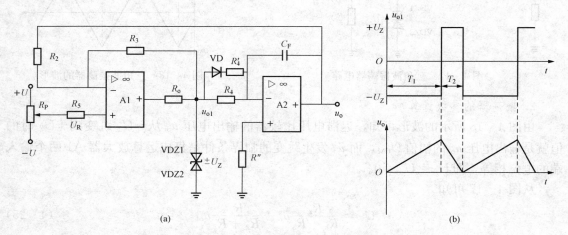

(a)                                    (b)

图 4 - 19 锯齿波发生器电路及波形
（a）电路；（b）波形

当 $u_{o1} = +U_Z$ 时，二极管 VD 导通。积分时间常数为 $(R_4 // R_4')C_F$，远小于 $u_{o1} = -U_Z$ 时的积分时间常数 $R_4 C_F$。这样，正、负向积分的速率相差很大，则 $T_2 \ll T_1$，从而可得到如图 4 - 19（b）所示的锯齿波。

如果在 A1 的反相输入端接上可调的直流参考电压 $U_R$，通过调节 $U_R$，可使锯齿波在纵轴方向上下平移。

## 实操练习 9  *RC* 正弦波振荡电路指标测试

### 一、目的要求

（1）掌握文氏电桥正弦波振荡器工作原理，验证稳幅振荡时的幅度平衡条件。

（2）熟悉负反馈强弱对振荡器工作的影响。

（3）学习振荡频率和幅度的测量方法。

### 二、工具、仪表和器材

（1）工具：万用表 1 台或数字型万用表 1 台。

（2）元件：2AP 型、2DW 型二极管各 1 只；发光二极管 3 只；红外发光二极管 1 只；光电二极管 1 只；其他残次各类二极管若干只。

### 三、实验原理

$RC$ 文氏电桥正弦波振荡电路由放大电路、选频网络、反馈网络和稳幅环节组成。由选频网络的特性可知，网络的固有频率为 $f_0$，在此频率下，放大器输出电压与反送到同相输入端的电压相位相同，满足正反馈，其正反馈系数为 1/3（最大）。根据正弦波振荡电路的自激振荡条件可知，该频率必须满足自激振荡的要求。但由于运算放大器开环增益很大，输出电压波形近似为方波，为此在电路中加入稳幅环节和负反馈，目的是消除失真。这样基本放大电路就成为具有负反馈网络的同相输入的放大器。

### 四、实验内容

（1）$RC$ 文氏电桥正弦波振荡电路如图 4 - 20 所示，按图连接线路，电路参数为：$R=R_1=R_2=10\text{k}\Omega$，$C=0.1\mu\text{F}$，$R_W=100\text{k}\Omega$。

计算 $RC$ 文氏电桥正弦波振荡电路指标的理论值。

（2）观察负反馈对输出波形的影响，用示波器观察输出波形，调节电位器，观察输出波形变化，整理测试结果。

（3）测量振荡频率，可用下面两种方法测试：用示波器测量周期后计算频率，利用示波器的李沙育法测量振荡频率。李沙育法：将示波器 Y 轴输入接振荡电路的输出端，将 X 轴输入接信号源的输出端，调节 Y 轴衰减和 X 轴衰减旋钮，并调节信号源的频率，当两者频率相同时，示波器上显示出一个较稳定的圆形或椭圆形，此时信号源的频率即为振荡电路的频率。

（4）观察电路中稳幅环节的作用。

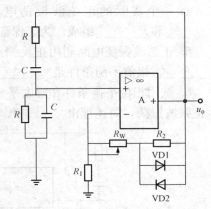

图 4 - 20　$RC$ 文氏电桥正弦波振荡电路

# 本 章 小 结

（1）正弦波振荡电路实质上是一个满足自激振荡条件的正反馈放大电路。自激振荡的条件包括幅值条件和相位条件。幅值条件是 $|\dot{A}_0\dot{F}|=1$，即必须有足够强的反馈；相位条件是 $\varphi_F+\varphi_A=2n\pi$，即必须是正反馈。

（2）正弦波振荡电路由放大电路、正反馈电路、选频电路和稳幅环节组成。按选频电路的不同，正弦波振荡电路分为 $RC$ 振荡电路和 $LC$ 振荡电路（包括石英晶体振荡器）两大类。

（3）常用的 $RC$ 振荡电路是 $RC$ 串并联式振荡电路（又称 $RC$ 桥式振荡电路），它的振荡频率较低，主要用作低频振荡电路（如音频信号发生器）。

（4）$LC$ 正弦波振荡电路可产生频率很高的正弦波，它有两种基本电路：三点式和变压器反馈式。

（5）晶体振荡电路可看成是 $RC$ 振荡电路的一种特殊形式。由于晶体的品质因数 $Q$ 很高，因此石英晶体振荡电路具有极高的频率稳定度。

（6）非正弦波方波、矩形波、三角波、锯齿波振荡电路构成及其振荡频率。

## 复习思考题

1. 产生正弦波振荡的条件是什么？

2. 根据石英晶体的阻抗频率特性曲线，当 $f=f_s$ 时，石英晶体呈现_____性；当 $f_s<f<f_p$ 时，石英晶体呈现_____性；当 $f<f_s$ 或 $f>f_p$ 时，石英晶体呈现_____性。

3. 自激振荡是指在没有输入信号时，电路中产生了_____输出波形的现象。

4. 一个实际的正弦波振荡电路绝大多数属于_____电路，它主要由_____、_____和_____组成。为了保证振荡幅值稳定且波形较好，常常还需_____环节。

5. 正弦波振荡电路利用正反馈产生振荡，振荡条件是_____，其中相位平衡条件是_____，幅值平衡条件是_____，为了使振荡电路起振，其条件是_____。

6. 试用相位平衡条件和幅度平衡条件，判断图 4-21 中所示电路中各电路是否可能产生正弦波振荡，简述理由。

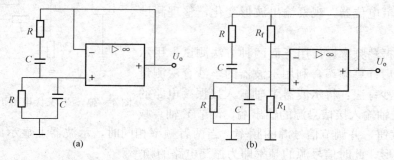

图 4-21 题 6 图

（a）电路一；（b）电路二

7. 在图 4-22 所示电路中：

（1）将图中 A、B、C、D 四点正确连接，使之成为一个正弦波振荡电路，请将连线画在图上。

（2）图中的电路参数如下：$R=10\text{k}\Omega$，$C=0.1\mu\text{F}$，估算振荡频率。

（3）当 $R_2=20\text{k}\Omega$ 时，为保证电路起振，$R_1$ 应为多大？

（4）为稳幅，$R_1$ 选用何种温度系数的热敏电阻。

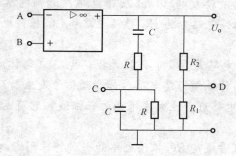

图 4-22 题 7 图

# 第5章　直流稳压电路

**本章的学习目标是：**

1. 重点掌握直流稳压电路的组成和稳压原理。

2. 理解整流电路的工作原理及主要技术指标的定义，掌握半波、全波整流电路的工作方式。

3. 理解单相整流电路的工作原理。

4. 理解各种滤波电路的工作原理和性能。

5. 理解串联型直流稳压电路及其工作原理。

6. 了解几种常见的集成稳压器。

7. 理解线性稳压电路的工作原理，熟悉三端集成稳压器的应用。

8. 了解开关稳压电源的特点及工作原理。

## 5.1　整　流　电　路

直流稳压电源是一种能量转换电路，它将交流电转换成直流电。电路的输入是由交流电网提供的 50Hz、220V 的正弦电压，输出是稳定的直流电压。直流稳压电源通常由电源变压器、整流电路、滤波电路和稳压电路四部分组成，如图 5-1 所示。

在电路中，变压器将常规的交流电压（220、380V）变换成所需要的交流电压，通常情况下二次电压小于一次电压；整流电路将交流电压变换成单方向脉动的直流电，有半波整流电路和全波整流电路两

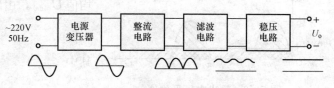

图 5-1　直流稳压电源框图

种；滤波电路再将单方向脉动的直流电中所含的大部分交流成分滤掉，得到一个较平滑的直流电；稳压电路利用自动调整的原理，用来消除由于电网电压波动、负载改变对其产生的影响，从而使输出电压稳定。

本节首先来分析整流电路，它有单相半波整流和单相全波整流电路。

### 5.1.1　单相半波整流电路

分析整流电路，就是弄清电路的工作原理（即整流原理），求出主要参数，并确定整流二极管的极限参数。下面以图 5-2（a）所示单相半波整流电路为例来说明整流电路的分析方法及基本参数。

1. 半波整流原理

当变压器二次电压 $u_2$ 为正半周时，二极管 VD 承受正向电压而导通，忽略二极管的电

压降，则负载两端的输出电压等于变压器二次电压，即 $u_o = u_2$，$u_{VD} = 0$。输出电压 $u_o$ 的波形幅度与 $u_2$ 相同。此时有电流流过负载，并且和二极管上的电流相等，即 $i_o = i_{VD}$。

当 $u_2$ 为负半周时，二极管 VD 承受反向电压而截止。此时负载上无电流流过，输出电压 $u_o = 0$，变压器二次电压 $u_2$ 全部加在二极管 VD 上，即 $u_{VD} = u_2$。

由此可知，在负载两端得到的输出电压 $u_o$ 是单方向的，并且近似为半个周期的正弦波，$u_2$、$u_o$、$u_{VD}$ 的波形如图 5 - 2（b）所示。

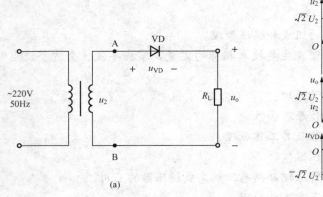
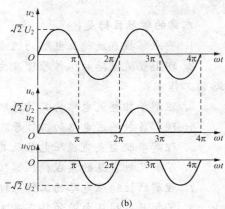

图 5 - 2   单相半波整流电路
(a) 电路；(b) 波形

**2. 半波整流负载电压及电流**

在研究整流电路时，至少要考察整流电路输出电压平均值和输出电流平均值两项指标，有时还应考虑脉动系数，以便定量反映输出波形脉动情况。

（1）输出电压平均值就是负载电阻上电压的平均值 $U_{o(av)}$，由图 5 - 3 得

$$U_{o(av)} = \frac{1}{2\pi}\int_0^\pi u_o \mathrm{d}(\omega t) \qquad (5-1)$$

图 5 - 3   输出电压平均值

其中

$$u_o = \begin{cases} \sqrt{2}U_2\sin\omega t & (0 \leqslant \omega t \leqslant \pi) \\ 0 & (\pi \leqslant \omega t \leqslant 2\pi) \end{cases} \qquad (5-2)$$

所以

$$U_{o(av)} = \frac{1}{2\pi}\int_0^{2\pi} \sqrt{2}U_2\sin\omega t \, \mathrm{d}(\omega t)$$

$$= \frac{\sqrt{2}U_2}{\pi} = 0.45U_2 \qquad (5-3)$$

（2）流过二极管的平均电流 $I_{o(av)}$。由于流过负载的电流就等于流过二极管的电流，所以

$$I_{o(av)} = \frac{U_{o(av)}}{R_L} \approx 0.45\frac{U_2}{R_L} \qquad (5-4)$$

（3）脉动系数。整流输出电压的脉动系数 $S$ 定义为整流输出电压的基波峰值 $U_m$ 与输出

电压平均值 $U_{o(av)}$ 之比，即

$$S = \frac{U_m}{U_{o(av)}} = \frac{\dfrac{\sqrt{2}U_2}{2}}{\dfrac{\sqrt{2}U_2}{\pi}} = 1.57 \tag{5-5}$$

对于半波整流电路，$S$ 越大，脉动越大。

（4）二极管的选择。当整流电路的变压器二次电压有效值和负载电阻值确定后，电路对二极管参数的要求也就确定了。一般应根据流过二极管电流的平均值和它所承受的最大反向电压来选择二极管的型号。

在单相半波整流电路中，二极管的正向平均电流等于负载电流平均值，即

$$i_{VD(av)} = I_{o(av)} = 0.45\frac{U_2}{R_L} \tag{5-6}$$

二极管承受的最大反向电压等于变压器二次侧的峰值电压，即

$$U_{RM} = \sqrt{2}U_2$$

一般情况下，允许电网电压有 $\pm 10\%$ 的波动，即电源变压器一次电压为 $198 \sim 242V$，因此在选用二极管时，对于最大整流平均电流 $I_F$ 和最高反向工作电压 $U_{RM}$ 应至少留有 $10\%$ 的余地，以保证二极管安全工作，即选取

$$I_F > 0.45 \times \frac{1.1U_2}{R_L} \tag{5-7}$$

$$U_R = 1.1 \times \sqrt{2}U_2 \tag{5-8}$$

单相半波整流电路简单易行，所用二极管数量少。但是由于它只利用了交流电压的半个周期，所以输出电压低，交流分量大（即脉动大），效率低。因此，这种电路仅适用于整流电流较小，对脉动要求不高的场合。

### 5.1.2　单相全波整流电路

1. 桥式单相全波整流电路

为了克服单相半波整流电路的缺点，在实用电路中多采用单相全波整流电路，最常用的是单相桥式整流电路，它由 4 个二极管接成电桥形式。

（1）电路组成及工作原理。桥式整流电路由 4 个二极管组成，其构成原则是保证在变压器二次电压 $u_2$ 的整个周期内，负载上的电压和电流方向始终不变。电路图如图 5-4（a）所示，图 5-4（b）所示为简化画法。

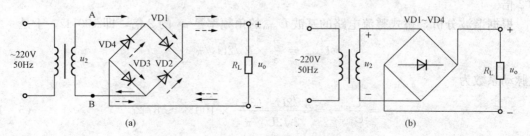

图 5-4　桥式整流电路

(a) 一般画法；(b) 简化画法

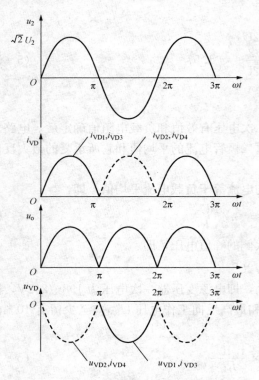

图 5-5 单相桥式整流电路的波形

在图 5-4（a）所示电路中，设所有二极管均为理想二极管。当变压器二次电压 $u_2$ 为上正下负时，二极管 VD1 和 VD3 导通，VD2 和 VD4 截止，电流 $i$ 的通路为 A→VD1→$R_L$→VD3→B，此时负载电阻 $R_L$ 上的电压等于变压器二次电压，即 $u_o = u_2$，负载电阻 $R_L$ 上得到一个正弦半波电压，如图 5-5 中 0~π 段所示。当变压器二次电压 $u_2$ 为上负下正时，二极管 VD1 和 VD3 反向截止，VD2 和 VD4 导通，电流 $i$ 的通路为 B→VD2→$R_L$→VD4→A，负载电阻 $R_L$ 上的电压等于 $-u_2$，即 $u_o = -u_2$，同样，在负载电阻上得到一个正弦半波电压，如图 5-5 中 π~2π 段所示。

根据上面的分析可知，在 $u_2$ 的整个周期，4 只整流二极管两两交替导通，负载 $R_L$ 上得到脉动的直流电压，为全波整流波形。$u_2$、二极管电流 $i_{VD}$、$u_o$、二极管电压 $u_{VD}$ 波形如图 5-5 所示。

（2）输出电压平均值 $U_{o(av)}$ 和输出电流平均值 $I_{o(av)}$。由图 5-5 所示的波形可知输出电压的平均值为

$$U_{o(av)} = \frac{1}{\pi}\int_0^\pi u_2 \, \mathrm{d}(\omega t) = \frac{1}{\pi}\int_0^\pi \sqrt{2}U_2 \sin(\omega t)\mathrm{d}(\omega t)$$
$$\approx 0.9U_2$$

$$(5-9)$$

由于桥式整流电路实现了全部整流电路，它将 $u_2$ 的负半周也利用起来，所以在二次电压有效值相同的情况下，输出电压的平均值是半波整流电路的 2 倍。

（3）输出电流的平均值（即负载电阻中的电流平均值）为

$$I_{o(av)} = \frac{U_{o(av)}}{R_L} \approx 0.9\frac{U_2}{R_L}$$

$$(5-10)$$

在变压器二次电压相同，且负载也相同的情况下，输出电流的平均值也是半波整流电路的 2 倍。

根据谐波分析，桥式整流电路的基波 $U_{o1m}$ 的角频率是 $u_2$ 的 2 倍，即 100Hz，于是

$$U_{o1m} = \frac{2}{3} \times 2\sqrt{2}U_2/\pi$$

故脉动系数为

$$S = \frac{U_{o1m}}{U_{o(av)}} = \frac{4\sqrt{2}U_2/(3\pi)}{2\sqrt{2}U_2/\pi} \times 100\% \approx 67\%$$

$$(5-11)$$

与半波整流电路相比，输出电压的脉动减小很多。

桥式单相全波整流电路与半波整流电路相比，在相同的变压器二次电压下，对二极管的参数要求是一样的，并且还具有输出电压高、变压器利用率高、脉动小等优点，因此得到相

当广泛的应用。

2. 变压器中心轴头式全波整流电路

（1）电路图。变压器中心抽头式单相全波整流电路如图 5 - 6（a）所示。VD1、VD2 为性能相同的整流二极管，VD1 的阳极连接 A 点，VD2 的阳极连接 B 点；T 为电源变压器，作用是产生大小相等而相位相反的 $v_{2a}$ 和 $v_{2b}$。

（2）工作原理。设 $u_1$ 为正半周时，A 端为正、B 端为负，则 A 端电位高于中心抽头 C 处电位，且 C 处电位又高于 B 端电位。二极管 VD1 导通，VD2 截止，电流 $i_{VD1}$ 自 A 端经二极管 VD1 自上而下流过 $R_L$ 到变压器中心抽头 C 处。当 $u_1$ 为负半周时，B 端为正、A 端为负，则 B 端电位高于中心抽头 C 处电位，且 C 处电位又高于 A 端电位。二极管 VD2 导通，VD1 截止，电流 $i_{VD2}$ 自 B 端经二极管 VD2，也自上而下流过负载 $R_L$ 到 C 处。$i_{VD1}$ 和 $i_{VD2}$ 叠加形成全波脉动直流电流 $i_L$，在 $R_L$ 两端产生全波脉动直流电压 $u_L$。各点波形如图 5 - 6（b）所示。

可见，在整个 $u_1$ 周期内，流过二极管的电流 $i_{VD1}$、$i_{VD2}$ 叠加形成全波脉动直流电流 $i_L$，于是 $R_L$ 两端产生全波脉动直流电压 $u_L$。故电路称为全波整流电路。

（3）负载和整流二极管上的电压和电流。全波整流电路的负载 $R_L$ 上得到的是全波脉动直流电压，所以全波整流电路的输出电压比半波整流电路的输出电压增加 1 倍，电流也增加 1 倍，即

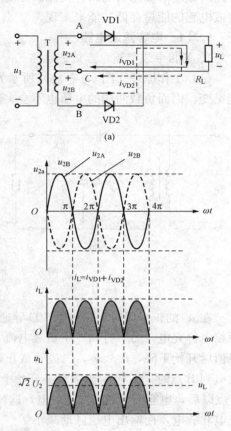

图 5 - 6　变压器中心抽头式全波整流电路
（a）电路；（b）波形

$$U_L = 0.9U_2 \tag{5 - 12}$$

$$I_L = \frac{U_L}{R_L} = \frac{0.9U_2}{R_L} \tag{5 - 13}$$

二极管的平均电流只有负载电流的一半，即

$$I_{VD} = \frac{1}{2}I_L \tag{5 - 14}$$

二极管承受反向峰值电压是变压器次级两个绕组总电压的峰值，即

$$U_{RM} = 2\sqrt{2}U_2 \tag{5 - 15}$$

## 5.2　滤　波　电　路

整流电路可以将交流电转换为直流电，但脉动较大，在某些应用中，如电镀、蓄电池充电等，可直接使用脉动直流电源。但许多电子设备需要平稳的直流电源，这种电源中的整流

电路后面还需加滤波电路将交流成分滤除，以得到比较平滑的输出电压。滤波通常是利用电容或电感的能量存储功能来实现。

### 5.2.1　电容滤波电路

1. 单相半波整流电容滤波电路

（1）工作原理。图5-7（a）所示为单相半波整流电容滤波电路，由于电容两端电压不能突变，因而负载两端的电压也不会突变，使输出电压得以平滑，达到滤波目的。

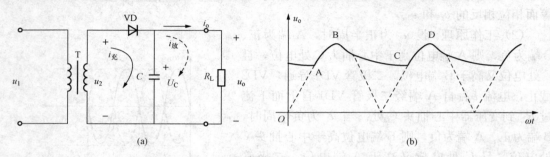

图5-7　单相半波整流电容滤波电路
（a）电路；（b）波形

在 $u_2$ 的正半周时，二极管 VD 导通，忽略二极管正向压降，则 $u_0 = u_2$，这个电压一方面给电容充电，另一方面产生负载电流 $i_0$，电容 $C$ 上的电压 $u_C$ 与 $u_2$ 同步增长，当 $u_2$ 达到峰值后开始下降，$u_C > u_2$，二极管截止，之后，电容 $C$ 以指数规律经 $R_L$ 放电，$u_C$ 下降。当放电到 B 点时，$u_2$ 经负半周后又开始上升，当 $u_2 > u_C$ 时，电容再次被充电到峰值。$u_C$ 降到 C 点以后，电容 $C$ 再次经 $R_L$ 放电，这样循环下去，$u_2$ 周期性变化，电容 $C$ 周而复始地进行充电和放电，使输出电压脉动减小。

根据上面的分析，可得单相半波整流电容滤波电路输出电压的波形，如图5-7（b）所示。电容 $C$ 放电的快慢取决于时间常数（$\tau = R_L C$）的大小，时间常数越大，电容 $C$ 放电越慢，输出电压 $u_0$ 就越平坦，平均值也越高。

由于电容不断充放电，使得输出电压的脉动性减小，而且输出电压的平均值有所提高。输出电压平均值 $U_0$ 的大小，显然与 $R_L$、$C$ 的大小有关，$R_L$ 越大，$C$ 越大，电容放电越慢，$U_0$ 越高。在极限情况下，当 $R_L = \infty$ 时，$U_0 = U_C = U_2$，不再放电。当 $R_L$ 很小时，$C$ 放电很快，甚至与 $u_2$ 同步下降，则 $U_0 = 0.9U$，$R_L$、$C$ 对输出电压的影响如图5-7（b）中虚线所示。可见电容滤波电路适用于负载较小的场合。当满足 $R_L C \geqslant$（3~5）$T/2$（$T$ 为交流电源电压的周期）时，则输出电压的平均值为

$$U_0 = U_2（半波）$$
$$U_0 = 1.2U_2（全波）$$

滤波电容 $C$ 一般选择体积小、容量大的电解电容器。应注意，普通电解电容器有正、负极性，使用时正极必须接高电位端，如果接反会造成电解电容器的损坏。

加入滤波电容以后，二极管导通时间缩短，且短时间内承受较大的冲击电流（$i_C + i_0$），为了二极管的安全，选管时应放宽余量。

单相半波整流、电容滤波电路中，二极管承受的反向电压为

$$u_{DR} = u_C + u_2 \qquad\qquad (5-16)$$

当负载开路时，承受的反向电压为最高，为

$$U_{RM} = 2\sqrt{2}U_2 \tag{5-17}$$

（2）利用电容滤波时应注意下列问题：

1）滤波电容容量较大，一般用电解电容，应注意电容的正极性接高电位，负极性接低电位。如果接反则容易击穿、爆裂。

2）开始时，电容 $C$ 上的电压为零，通电后电源经整流二极管给 $C$ 充电。通电瞬间二极管流过短路电流，称浪涌电流，一般是正常工作电流的 5～7 倍。所以选二极管参数时，正向平均电流的参数应选大一些。同时在整流电路的输出端应串一个阻值为（0.02～0.01）$R$ 的电阻，以保护整流二极管。

2. 单相桥式整流电容滤波电路

（1）滤波原理。单相桥式整流电容滤波电路如图 5-8（a）所示，理想情况下的波形如图 5-8（b）所示，有内阻时的波形如图 5-8（c）所示。

当 $u_2$ 为正半周并且数值大于电容两端电压 $u_C$ 时，二极管 VD1 和 VD3 导通，VD2 和 VD4 截止，电流一路流经负载电阻 $R_L$，另一路对电容 $C$ 充电。在理想情况下，二极管两端电压为零，则 $u_C = u_2$，如图 5-8（b）中 $ab$ 段所示。当 $u_2$ 上升到峰值后，$C$ 通过 $R_L$ 放电，其电压 $u_C$ 也开始下降，趋势与 $u_2$ 基本相同，如图 5-8（b）中的 $bc$ 段所示。但是由于按指数规律放电，所以当 $u_2$ 下降到一定值后，$u_C$ 的下降速度小于 $u_2$ 的下降速度，使得 $u_C > u_2$ 时，导致 VD1 和 VD3 反向偏置而截止，$C$ 通过 $R_L$ 放电，$u_C$ 按指数规律缓慢下降，如图 5-8（b）中的 $cd$ 段所示。

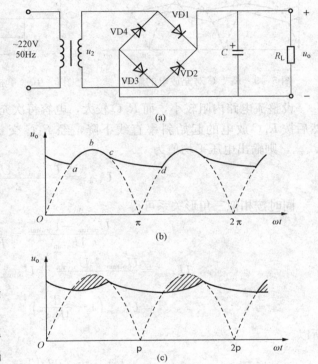

图 5-8　单相桥式整流电容滤波电路
（a）滤波电路；（b）理想情况下的波形；（c）有内阻时的波形

当 $u_2$ 为负半周幅值变化到恰好大于 $u_C$ 时，VD2 和 VD4 因加正向电压变为导通状态，$u_2$ 再次对 $C$ 充电，$u_C$ 上升到 $u_2$ 的峰值后又开始下降。下降到一定数值时 VD2 和 VD4 变为截止，$C$ 对 $R_L$ 放电，$u_C$ 按指数规律下降。放电到一定数值时 VD1 和 VD3 变为导通，重复上述过程。

从图 5-8（b）所示的波形可以看出，经滤波后的输出电压不仅变得平滑，而且平均值也得到提高。如果考虑变压器内阻和二极管的导通电阻，则 $u_C$ 的波形如图 5-8（c）所示。

（2）$R_L$、$C$ 对充放电的影响。电容充电时间常数为 $R_D C$，因为二极管的导通电阻 $R_D$ 很小，所以充电时间常数小，充电速度快。$R_L C$ 为放电时间常数，因为 $R_L$ 较大，放电时间常数远大于充电时间常数。因此，滤波效果取决于放电时间常数。电容 $C$ 越大，负载电阻 $R_L$ 越大，滤波后输出电压越平滑，并且其平均值越大，如图 5-9 所示。

（3）输出电压平均值。滤波电路输出电压波形难于用解析式来描述，近似估算时，可将图 5-8（c）所示波形近似为锯齿波，如图 5-10 所示（图中 $T$ 为电网电压的周期）。

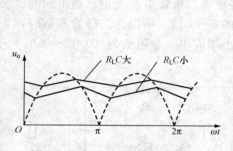

图 5-9　$R_L$、$C$ 对充放电的影响

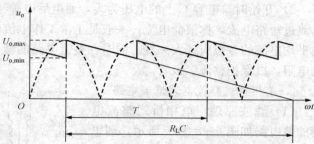

图 5-10　单相桥式整流电容滤波电路近似锯齿波波形

设整流电路内阻较小，而 $R_LC$ 较大，电容每次充电均可到 $u_2$ 的峰值，即 $U_{o,max}=\sqrt{2}U_2$。然后按 $R_LC$ 放电的起始斜率直线下降，经 $R_LC$ 交与横轴，且在 $T/2$ 处的数值为最小值 $U_{o,min}$，则输出电压平均值为

$$U_{o(av)}=\frac{U_{o,min}+U_{o,max}}{2} \qquad (5-18)$$

同时按相似三角形关系可得

$$\frac{U_{o,max}-U_{o,min}}{U_{o,min}}=\frac{T/2}{R_LC} \qquad (5-19)$$

$$U_{o(av)}=\frac{U_{o,min}+U_{o,max}}{2}=U_{o,max}-\frac{U_{o,max}-U_{o,min}}{2}$$

$$=U_{o,max}\left(1-\frac{T}{4R_LC}\right) \qquad (5-20)$$

所以

$$U_{o(av)}=\sqrt{2}U_2\left(1-\frac{T}{4R_LC}\right) \qquad (5-21)$$

（4）脉动系数。在图 5-10 所示的近似波形中，交流分量的基波的峰峰值为（$U_{o,max}-U_{o,min}$），可得基波峰值为

$$\frac{U_{o,max}-U_{o,min}}{2}=\frac{T}{4R_LC}U_{o,max} \qquad (5-22)$$

所以，脉动系数为

$$S=\frac{\dfrac{T}{4R_LC}U_{o,max}}{U_{o,max}\left(1-\dfrac{T}{4R_LC}\right)}=\frac{T}{4R_LC-T} \qquad (5-23)$$

（5）电容滤波电路的输出特性和滤波特性。当滤波电容 $C$ 选定后，输出电压平均值 $U_{o(av)}$ 和输出电流平均值 $I_{o(av)}$ 的关系称为滤波特性，如图 5-11（a）所示。脉动系数 $S$ 和输出电流平均值 $I_{o(av)}$ 的关系称为滤波特性，如图 5-11（b）所示。

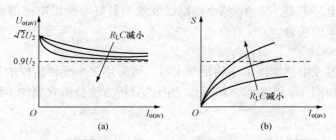

图 5 - 11 电容滤波电路的输出特性和滤波特性

(a) 输出特性；(b) 滤波特性

曲线表明，$C$ 越大电路带负载能力越强，滤波效果越好。$I_{\text{o(av)}}$ 越大，$U_{\text{o(av)}}$ 越低，$S$ 的值越大。

综上所述，电容滤波电路简单易行，输出电压平均值高，适用于负载电流较小且其变化也较小的场合。

### 5.2.2 电感滤波及复式滤波

1. 电感滤波电路

在大电流的情况下，由于负载电阻 $R_L$ 很小。若采用电容滤波电路，则电容容量势必很大，而且整流二极管的冲击电流也非常大，在此情况下应采用电感滤波。电感对于直流分量的电阻抗近似为 $0$，交流分量的电阻抗 $\omega L$ 可以很大。因此，将其串联在整流电路与负载电阻之间，就构成了图 5 - 12 所示的电感滤波电路。由于电感线圈的电感量要足够大，所以一般需要采用有铁芯的线圈。而且，由于电感上感应电动势的方向总是阻止回路电流的变化，即每当整流二极管的电流变小而趋于截止时，

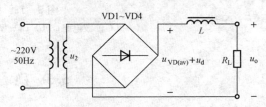

图 5 - 12 电感滤波电路

感应电动势将延长这种变化，从而延长每只二极管在一个周期内的导通时间，这样有利于整流二极管的选择。

整流电路的输出可以分为直流分量 $U_{\text{o(av)}}$ 和交流分量 $u_d$ 两部分，由图 5 - 12 可知，电路输出电压的直流分量为

$$U_{\text{o(av)}} = \frac{R_L}{R + R_L} U_{\text{VD(av)}} \approx \frac{R_L}{R + R_L} \times 0.9 U_2 \qquad (5 - 24)$$

式中　$R$——电感线圈电阻。

输出电压的交流分量为

$$u_o \approx \frac{R_L}{\sqrt{(\omega L)^2 + R_L^2}} u_d \approx \frac{R_L}{\omega L} u_d \qquad (5 - 25)$$

要注意电感滤波电路的电流必须要足够大，即 $R_L$ 不能太大，应满足 $\omega L \gg R_L$，此时 $I_{\text{o(av)}}$ 可用下式计算

$$I_{\text{o(av)}} \approx 0.9 U_2 / R_L \qquad (5 - 26)$$

由于电感的直流电阻小，交流阻抗很大，因此直流分量经过电感后的损失很小。但是对于交流分量，在 $\omega L$ 和 $R$ 上分压后，很大一部分交流分量降落在电感上，因而降低了输出电

压中的脉动成分。电感 $L$ 越大，$R_L$ 越小，则滤波效果越好，所以电感滤波适用于负载电流比较大且变化比较大的场合。

2. 复式滤波电路

当单独使用电容或电感滤波不能满足要求时，可采用多个元件组成的复式滤波电路。常见的复式滤波电路如图 5-13 所示。可根据上面的分析方法分析它们的工作原理，这里不再赘述。

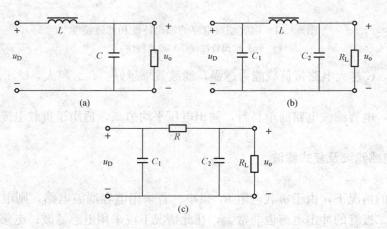

图 5-13 复式滤波电路

（a）$LC$ 滤波电路；（b）$LC\pi$ 型滤波电路；（c）$RC\pi$ 型滤波电路

## 5.3 稳 压 电 路

将不稳定的直流电压变换成稳定且可调的直流电压的电路称为直流稳压电路。直流稳压电路按调整器件的工作状态可分为线性稳压电路和开关稳压电路两大类。稳压二极管电路使用起来简单易行，但转换效率低，体积大，输出电压不可调整。串联型稳压电源输出电压可调，带负载能力比较大，是常用的一种稳压电源。开关稳压电路体积小，转换效率高，但控制电路较复杂。随着自关断电子器件（自动转换器件）和集成电路的迅速发展，开关稳压电源已得到越来越广泛的应用。

### 5.3.1 并联型二极管稳压电路

1. 稳压原理

一个稳压管 VDZ 和一个与之相匹配的限流电阻 $R$ 就可以构成最简单的稳压电路，如图 5-14 中虚线框内所示。图中输入电压 $U_i$ 为桥式整流电容滤波电路的输出，稳压管的端电压为输出电压 $U_o$。稳压管 VDZ 与负载电阻 $R_L$ 并联，所以称为并联型二极管稳压电路，也叫做稳压管稳压电路。

在图 5-14 所示电路中，如果输入电压 $U_i$ 不变而负载电阻 $R_L$ 减小，这时负载上电流 $I_o$ 要增加，电阻 $R$ 上的电流 $I_R = I_o + I_Z$ 也有增大的趋势，则 $U_R = I_R R$ 也趋于增大，这将引起输出电压 $U_o = U_Z$ 的下降。由稳压管的反向伏安特性可知，如果 $U_Z$ 略有减小，稳压管电流 $I_Z$ 将显著减小，$I_Z$ 的减少量将补偿 $I_o$ 所需的增加量，使得 $I_R$ 基本不变，这样输出电压

$U_o = U_1 - I_R R$ 也就基本稳定下来。反之，当负载电阻 $R_L$ 增大时，$I_o$ 减小，$I_Z$ 增加，保证了 $I_R$ 基本不变，同样稳定了输出电压 $U_o$。

如果负载电阻 $R_L$ 保持不变，而电网电压的波动引起输入电压 $U_i$ 升高时，电路的传输作用使输出电压 $U_o$ 也就是稳压管两端电压 $U_Z$ 也趋于上升。由稳

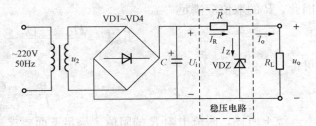

图 5 - 14　并联型二极管稳压电路

压管反向特性知，此时 $I_Z$ 将显著增加，于是电流 $I_R = I_o + I_Z$ 加大，所以电压 $U_R$ 升高，即输入电压的增加量基本降落在电阻 $R$ 上，从而使输出电压 $U_o$ 基本上没有变化，达到了稳定输出电压的目的，同理，电压 $U_i$ 降低时，也通过类似过程来稳定 $U_o$。

2. 主要参数确定

(1) 稳压管的选择。在并联型二极管稳压电路中，存在着 $U_o = U_Z$ 的关系。当负载电流变化时，稳压管的电流将产生一个与之相反的变化，所以稳压管工作在稳压区的所允许的电流变化范围应大于负载电流的变化范围。若负载电流的最大值为 $I_{L,max}$，最小值为 $I_{L,min}$，则要求 $I_{ZM} - I_Z > I_{L,max} - I_{L,min}$。当输入电压 $U_i$ 增大时，限流电阻 $R$ 的电压增量与 $U_i$ 的增量几乎相等，它所引起的 $I_R$ 的增大部分几乎全部流过稳压管；当电路空载时，流过稳压管的电流 $I_Z$ 将与限流电阻 $R$ 上的电流 $I_R$ 相等，所以稳压管的最大稳压电流 $I_{ZM}$ 应适当大些。根据上面的分析，可归纳出选择稳压管的原则为

$$U_o = U_Z \tag{5 - 27}$$
$$I_{ZM} - I_Z > I_{L,max} - I_{L,min} \tag{5 - 28}$$
$$I_{ZM} \geqslant I_{L,max} + I_Z \tag{5 - 29}$$

(2) 输入电压 $U_i$ 的确定。对于并联型二极管稳压电路来说，输入电压 $U_i$ 越高，$R$ 越大，电路稳定性能越好，但损耗较大，所以一般选择

$$U_i = (2 \sim 3)U_o \tag{5 - 30}$$

(3) 限流电阻 $R$ 的选择。在并联型二极管稳压电路中，限流电阻 $R$ 起着重要的作用。只有合理地选择限流电阻的阻值范围，稳压电路才能正常工作。

根据图 4 - 14 可知，稳压管的电流为

$$I_Z = I_R - I_o = \frac{U_i - U_o}{R} - I_o \tag{5 - 31}$$

当输入电压 $U_i$ 最高且负载电流 $I_o$ 最小的时候，稳压管的电流 $I_Z$ 最大，此时若 $I_Z$ 小于稳压管的最大稳定电流 $I_{ZM}$，则稳压管在 $U_i$ 和 $I_o$ 变化的其他情况下都不会损坏。因此，限流电阻 $R$ 的取值应满足

$$I_{Z,max} = \frac{U_{i,max} - U_Z}{R} - I_{o,min} < I_{ZM} \tag{5 - 32}$$

可得

$$R > \frac{U_{i,max} - U_Z}{I_{ZM} + I_{o,min}} \tag{5 - 33}$$

当输入电压 $U_i$ 最低且负载电流 $I_o$ 最大的时候，稳压管的电流 $I_Z$ 最小，此时若 $I_Z$ 大于稳压管的最大稳压电流 $I_Z$，则稳压管在 $U_i$ 和 $I_o$ 变化的其他情况下都始终工作在稳压状态。

因此，$R$ 的取值应满足

$$I_{Z,\min} = \frac{U_{i,\min} - U_Z}{R} - I_{o,\max} > I_Z \qquad (5-34)$$

可得

$$R < \frac{U_{i,\min} - U_Z}{I_Z + I_{o,\max}} \qquad (5-35)$$

综上所述，限流电阻 $R$ 的阻值应满足下面要求

$$\frac{U_{i,\max} - U_Z}{I_{ZM} + I_{o,\min}} < R < \frac{U_{i,\min} - U_Z}{I_Z + I_{o,\max}} \qquad (5-36)$$

实际应用时，当输入电压 $U_i$ 确定时，$R$ 的阻值应尽可能取大些，以减小稳压系数。

### 5.3.2　串联型三极管稳压电路

为克服稳压管稳压电路输出电流较小、负载能力差、输出电压由稳压管决定且不可调的缺点，引入串联型稳压电路。串联型稳压电路以并联型二极管稳压电路为基础，利用晶体管的电流放大作用增大负载电流，并在电路中引入深度电压负反馈使输出电压稳定，通过改变网络参数使输出电压可调。

1. 串联型三极管稳压电路的基本形式

串联型三极管稳压基本电路如图 5-15 所示。

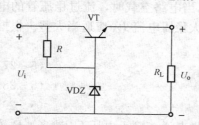

图 5-15　串联型三极管稳压基本电路

$U_i$ 作为晶体管 VT 的工作电源，负载电阻 $R_L$ 为发射极电阻。VT 和 $R_L$ 构成射极输出器，其输入电压为稳压管 VDZ 的端电压，而且电路引入了电压负反馈，所以输出电压 $U_o$ 稳定。

假设 $U_o$ 因为某种原因升高，则由于晶体管基极电位基本不变（其值等于稳压管的端电压），导致 B—E 间电压减小，基极电流和发射极电流也随之减小，管压降 $U_{CE}$ 增大，因此 $U_o$ 减小。当 $U_o$ 因某种原因降低时，则 B—E 间电压增大，基极电流和发射极电流也增大，管压降 $U_{CE}$ 减小，因此 $U_o$ 增大。

由上述分析可知，由于管压降 $U_{CE}$ 的变化总是与输出电压 $U_o$ 的变化方向相反，从而使输出电压稳定，晶体管起到了调节的作用，故称之为调整管。由于调整管与负载电阻串联，故称这类电路为串联型稳压电路。又由于调整管工作在放大区，即线性区，又称这类电路为线性稳压电路。

由图 5-15 可知，输出电压为

$$U_o = U_Z - U_{BE} \qquad (5-37)$$

上式表明 $U_o$ 与 $U_{BE}$ 有密切的关系。而 $U_{BE}$ 不但会随着负载电流的变化而变化，也受温度的影响。这些因素将会影响到输出电压 $U_o$ 的稳定性，为此需要进一步解决这个问题。由前面的分析知基本串联型稳压电路是通过引入电压负反馈来稳定输出电压的，那么反馈的深度将影响着输出电压的稳定程度。若将输出电压的变化量通过放大电路放大后再影响 $U_{CE}$ 的变化，则输出电压在产生很小的变化量时就能得到很强的调节效果，输出电压的稳定性就可大大提高，即加大反馈深度是提高串联型稳压电路的输出电压的有效方法。为了加深电压负反馈，通常采用的方法是在基本串联稳压电路的基础上引入放大环节。这种电路的另外一个优点是输出电压可调。

2. 带有放大环节的串联型稳压电路

（1）电路的组成。图 5-16 所示为带有放大环节的串联型稳压电路，它由调整管、基准电压电路、取样电路和比较放大电路组成。

关于各部分电路的组成与作用，简单介绍如下：

1）调整管。由工作在线性放大区的晶体管 VT 组成，VT 的基极电流受比较放大电路输出的控制，它的改变又可使集电极电流和管压降 $U_{CE}$ 改变，从而达到自动调整稳定输出电压的目的。

2）取样电路。由电阻 $R_1$、$R_3$ 和电位器 $R_2$ 组成的分压电路构成，它将输出电压 $U_o$ 分出一部分作为取样电压，送到比较放大电路。

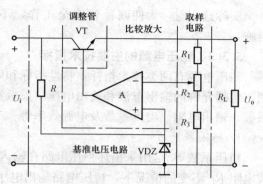

图 5-16 带有放大环节的串联型稳压电路图

3）基准电压电路。由稳压二极管 VDZ 和电阻 $R$ 构成的稳压电路组成，它为电路提供一个稳定的基准电压，作为调整、比较的标准。

4）比较放大环节。由集成运放组成，其作用是将取样电压与基准电压之差放大后去控制调整管。

（2）工作原理。当由于电网电压波动或负载电阻变化的变化使输出电压 $U_o$ 升高（降低），取样电路将这一变化趋势送到集成运放 A 的反相输入端，并与同相输入端电位 $U_Z$ 进行比较放大，A 的输出电压，即调整管的基极电位降低（升高）。因为电路采用射极输出形式，所以输出电压 $U_o$ 必然降低（升高），从而使 $U_o$ 得到稳定。由此可见，电路是靠引入深度负反馈来稳定输出电压的。

（3）输出电压的可调范围。由图 5-16 可知，该电路是一个以稳压管稳定电压为输入电压的同相比例运算电路，改变电位器 $R_2$ 滑动端的位置可调节输出电压 $U_o$ 的大小。

当 $R_2$ 的滑动端在最上端时，输出电压最小，为

$$U_{o,min} = \frac{R_1 + R_2 + R_3}{R_2 + R_3} U_Z \tag{5-38}$$

当 $R_2$ 的滑动端在最下端时，输出电压最大，为

$$U_{o,max} = \frac{R_1 + R_2 + R_3}{R_3} U_Z \tag{5-39}$$

（4）调整管的极限参数。调整管是串联型稳压电路中的核心元件，它的安全工作是电路正常工作的保证，所以稳压管的选择至关重要。选择稳压管时，通常要考虑以下几个极限参数：

1）最大集电极电流 $I_{CM}$。由于调整管与负载串联，在忽略取样电路电流的情况下，流过它的电流近似等于负载电流，所以调整管的最大集电极电流应大于最大负载电流，即

$$I_{CM} > I_{L,max} \tag{5-40}$$

2）集电极与发射极之间的反向击穿电压 $U_{(BR)CEO}$。由于电网电压的波动会使稳压电路的输入电压产生相应的变化，输出电压又有一定的调节范围，所以调整管在稳压电路输入电压最高且输出电压最低时管压降最大，其值应小于调整管 C—E 间的反向击穿电压，即

$$U_{CE,max} = U_{i,max} - U_{o,min} < U_{(BR)CEO} \tag{5-41}$$

3）集电极最大耗散功率 $P_{CM}$。当调整管管压降最大且负载电流也最大时，调整管的功耗最大，其值应小于最大集电极功耗，即

$$P_{C,max} \approx I_{L,max}(U_{i,max} - U_{o,min}) < P_{CM} \tag{5-42}$$

实际选用时，为使调整管安全工作，不但要考虑一定的余量，还应按规定采取散热措施。

### 5.3.3　稳压电源的主要技术指标

稳压电源有两类技术指标：特性指标和质量指标。特性指标规定了该稳压电源的适用范围，包括允许的输出电流和输出电压。质量指标用来衡量该稳压电源的性能优劣，包括稳压系数、输出电阻、温度系数及电源效率等。

1. 稳压系数

稳压系数 $S_r$ 是用来描述稳压电路在输入电压变化时输出电压稳定性的参数。它是在负载电阻 $R_L$ 不变的情况下，稳压电路输出电压 $U_o$ 与输入电压 $U_i$ 相对变化量之比，即

$$S_r = \frac{\Delta U_o / U_o}{\Delta U_i / U_i} \bigg|_{R_L = 常量} \tag{5-43}$$

$S_r$ 越小，输出电压在输入电压变化时的稳定性越好。稳压系数与电路形式有关。

2. 输出电阻

在直流输入电压 $U_i$ 不变的情况下，输出电压 $U_o$ 的变化量和输出电流 $I_o$ 的变化量之比称为稳压电路的输出电阻，即

$$R_o = \frac{\Delta U_o}{\Delta I_o} \bigg|_{\Delta U_i = 0} \tag{5-44}$$

$R_o$ 越小，输出电压的稳定性能越好，其值与电路形式和参数有关。

3. 温度系数

输出电压温度系数 $S_t$ 是指在 $U_i$ 和 $I_o$ 都不变的情况下，环境温度 $t$ 变化所引起的输出电压变化。

4. 动态电阻

动态电阻 $R_N$ 在高频脉冲负载电流工作时，其值随频率增高而增大，因此用它来表示电源在高频脉冲负载电流作用下，所引起的电压瞬态变化程度，即

$$R_N = \frac{U_{SC}}{I_{fz}} \tag{5-45}$$

式中　　$U_{SC}$——瞬态电压变化；

　　　　$I_{fz}$——高频脉冲负载电流。

5. 电源效率

输出总功率与输入总功率之比称为电源效率，用 $\eta$ 表示

$$\eta = \frac{\sum P_o}{\sum P_i} = \frac{U_o I_o}{U_i I_i} \times 100\% \tag{5-46}$$

## 实操练习 10　串联型直流稳压电源性能指标测试

### 一、目的要求

（1）掌握串联型稳压电路的工作原理及主要特性。

（2）熟悉串联型稳压电路的性能指标和测试方法。

## 二、工具、仪表和器材

（1）可调工频电源；

（2）双踪示波器；

（3）交流毫伏表；

（4）直流电压表；

（5）直流毫安表；

（6）三端稳压器 W7812、W7815、W7915；

（7）桥堆 2WO6（或 KBP306）；

（8）电阻器、电容器若干。

## 三、实操练习内容与步骤

1. 实验原理

直流稳压电源包括整流滤波和稳压两部分电路。其中，滤波电路是直流稳压电源的公共组成部分。根据电路的结构的不同，稳压电路部分又分为串联式、并联式、开关式等，同时既有分立元件组成稳压电路，又有集成稳压器，本实验只涉及由分立元件组的稳压电路。无论哪种电路形式，主要的性能指标及其测试方法是相同的。

2. 实验内容

（1）实验电路如图 5-17 所示。其电路参数为：$R_1 = R_2 = 100\Omega$，$R_3 = 180\Omega$，$R_C = 4.7k\Omega$，$R = 1\Omega$，$R_w = 220\Omega$，稳压管 $U_Z = 6.5V$，变压器二次电压为 17V，二极管为 1N4004，三极管 VT1 为 3DD 型，VT2~VT4 为 3DG6 型。

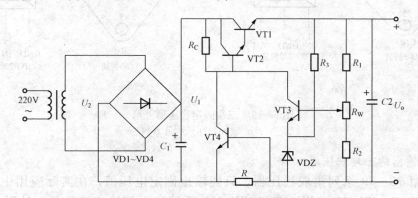

图 5-17　串联型直流稳压电源测试电路

（2）调节调压器使变压器输入为 220V，调节 $R_w$ 用万用表测试表 5-1 中所示的电压值。

（3）测稳压系数。接入负载 $R_L = 100\Omega$，按表 5-2 要求测试，并计算稳压系数。

表 5-1　　　　输出电压测试表

| $R_w$ 位置 | $U_o(V)$ | $U_{CE1}(V)$ | $U_i(V)$ |
|---|---|---|---|
| 最上端 | | | |
| 最下端 | | | |

表 5-2　　　　稳压系数测试表

| 输入电压（V） | $U_o(V)$ | $U_i(V)$ |
|---|---|---|
| 198 | | |
| 220 | 12 | |
| 242 | | |

## 5.4　集成稳压器简介

集成稳压器将取样、基准、比较放大、调整及保护环节集成于一个芯片，按引出端不同可分为三端固定式、三端可调式和多端可调式等。三端稳压器有输入端、输出端和公共端（接地）3 个接线端点，由于它所需外接元件较少，便于安装调试，工作可靠，因此在实际使用中得到广泛应用。

### 5.4.1　三端稳压器简介

1. 固定输出的三端稳压器

常用的三端固定稳压器有 7800 系列、7900 系列，外形如图 5 - 18 所示。型号中 78 表示输出为正电压值，79 表示输出为负电压值，00 表示输出电压的稳定值。根据输出电流的大小不同，又分为 CW78 系列，最大输出电流 1～1.5A。CW78M00 系列，最大输出电流 0.5A；CW78L00 系列，最大输出电流 100mA 左右。7800 系列输出电压等级有 5、6、9、12、15、18、24；7900 系列输出电压等级有−5、−6、−9、−12、−15、−18、−24V。如 CW7815，表明输出＋15V 电压，输出电流可达 1.5A；CW79M12，表明输出−12V 电压，输出电流为−0.5A。

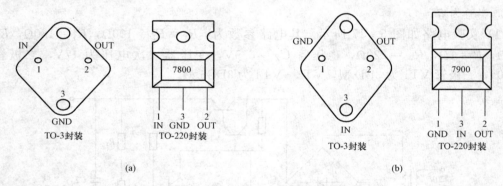

图 5 - 18　三端固定稳压器外形

(a) 7800 系列；(b) 7900 系列

2. 可调输出的三端稳压器

前面介绍 78、79 系列集成稳压器，只能输出固定电压值，在实际应用中不太方便。CW117、CW217、CW317、CW337 和 CW337L 系列为可调输出稳压器，外形如图 5 - 19 所示。

图 5 - 19 中，CW317 是三端可调式正电压输出稳压器，而 CW337 是三端可调式负电压输出稳压器。三端可调集成稳压器输出电压为 1.25～37V，输出电流可达 1.5A。

### 5.4.2　开关型稳压电路简介

串联型稳压器中的调整管工作在放大区，由于负载电流连续通过调整管，因此管子功率损耗大，电源效率低，一般只有 20％～24％。若用开关型稳压电路，可使调整管工作在开关状态，管子损耗很小，效率可提高到 60％～80％，甚至可高达 90％以上。开关型稳压电路按调整管与负载的连接方式不同可分为串联开关型稳压电路和并联开关型稳压电路。

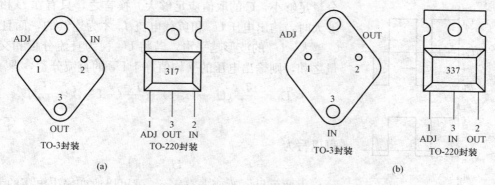

图 5 - 19　三端可调稳压器外形

（a）317 系列；（b）337 系列

**1. 串联开关型稳压电路**

（1）换能电路的基本原理。开关型稳压电路的换能电路将输入的直流电压转换成脉冲电压，再将脉冲电压经 $LC$ 滤波转换成直流电压，基本原理如图 5 - 20 所示。

输入电压 $U_i$ 是未经稳压的直流电压；晶体管 VT 为调整管，因其工作在开关状态，所以也叫开关管；$u_B$ 为矩形波，控制开关管的工作状态；电感 $L$ 和电容 $C$ 组成滤波电路；VD 为续流二极管。

当 $u_B$ 为高电平时，VT 饱和导通，二极管 VD 因承受反向电压而截止，等效电路如图 5 - 21所示，电流如图中所标注。此时电感 $L$ 储存能量，电容 $C$ 充电，发射极电位 $U_E = U_i - U_{CES} \approx U_i$。

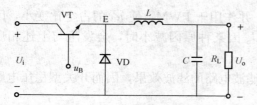

图 5 - 20　串联开关型稳压电路中的换能电路

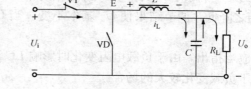

图 5 - 21　$u_B$ 为高电平时等效电路

当 $U_B$ 为低电平时，VT 截止，此时虽然发射极电流为零，但是 $L$ 释放能量，其感应电动势使 VD 导通，等效电路如图 5 - 22 所示。与此同时，$C$ 放电，负载电流方向不变，$U_E = -U_{VD} \approx 0$。

根据上述分析，可以画出 $u_B$、$u_E$、电感上的电压 $u_L$ 和电流 $i_L$ 以及输出电压 $u_o$ 的波形，

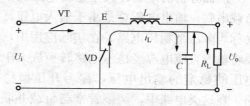

图 5 - 22　$u_B$ 为低电平时等效电路

如图5 - 23所示。在 $U_B$ 的一个周期 $T$ 内，$T_{on}$ 为调整管导通时间，$T_{off}$ 为调整管截止时间，占空比 $q = \dfrac{T_{on}}{T}$。

在换能电路中，如果电感 $L$ 数值太小，在 $T_{on}$ 期间储能不足，那么在 $T_{off}$ 还未结束时，能量已放尽，将导致输出电压为零，出现台阶，这是不允许的。同时为了使输出电压的交流

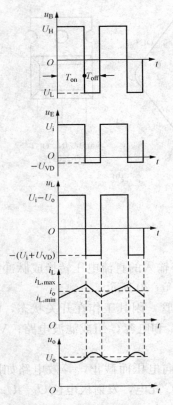

图 5-23　换能电路中各点波形

分量足够小，$C$ 的取值应足够大。换言之，只有在 $L$ 和 $C$ 足够大时，输出电压 $U_\circ$ 和负载电流 $I_\circ$ 才为连续的，而且 $L$ 和 $C$ 越大，$U_\circ$ 的波形越平滑。若将 $U_E$ 视为直流分量和交流分量之和，则输出电压的平均值等于 $U_E$ 的直流分量，即

$$U_\circ = \frac{T_{on}}{T}(U_i - U_{CES}) + \frac{T_{off}}{T}(-U_{VD}) \approx \frac{T_{on}}{T}U_i$$

$$(5-47)$$

可以写为

$$U_\circ \approx qU_i$$

由此可见，改变占空比 $q$，就可以改变输出电压的大小。

（2）串联开关型稳压电路的组成及工作原理。在上述的换能电路中，当输入电压波动或负载变化时，输出电压将随之变化。可以想见，如果能在 $U_\circ$ 增大时自动减小占空比，而在 $U_\circ$ 减小时自动增大占空比，那么就可获得稳定输出电压。调节占空比的方法有两种：①固定开关的频率来改变脉冲的宽度 $T_{on}$，称为脉宽调制型开关电源，用 PWM 表示；②固定脉冲宽度而改变开关周期，称为脉冲频率调制型开关电源，用 PFM 表示。

图 5-24 所示为脉宽调制串联型开关型稳压电源电路，其中 PWM 为脉宽调制控制器，$R_1$ 和 $R_2$ 为采样电阻，$R_L$ 为负载电阻。

当 $U_\circ$ 升高时，采样电压 $U_A$ 会同时增大，并作用于 PWM，使 $u_B$ 的占空比变小，因此 $U_\circ$ 随之降低，调节结果使 $U_\circ$ 基本不变。当 $U_\circ$ 因某种原因减小时，会发生与上述相反的变化。

应当指出，由于负载电阻变化时影响 $LC$ 滤波电路的滤波效果，因而开关型稳压电路不适用于负载变化较大的场合。

2. 并联开关型稳压电路

前面分析的串联开关型稳压电路调整管与负载串联，输出电压总是小于输入电压，所以又称为降压型稳压电路。在实际应用中，还需要将输入直流电源经稳压电路转换成大于输入电压的稳定的输出电压，称为升压型稳压电路。在这类电路中，调整管常与负载并联，故

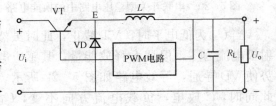

图 5-24　脉宽调制串联开关型稳压电源电路

称之为并联开关型稳压电路。它通过电感的储能作用，将感应电动势与输入电压相叠加后作用于负载，因而输出电压大于输入电压。

图 5-25 所示为并联开关型稳压电路中的换能电路，输入电压 $U_i$ 为直流供电电压，晶体管 VT 为开关管，$u_B$ 为矩形波，VT 的工作状态受其控制。电感 $L$ 和电容 $C$ 组成滤波电路，VD 为续流二极管。

当 $u_B$ 为高电平时，VT 饱和导通，$U_i$ 通过 T 给电感 $L$ 充电储能，充电电流几乎线性增

大，二极管 VD 因为承受反向电压而截止，滤波电容 C 对负载电阻放电，等效电路如图 5-26 所示，各部分电流如图中所示。

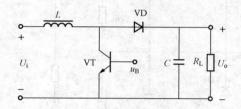

图 5-25 并联开关型稳压电路中的换能电路

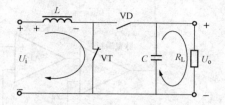

图 5-26 $u_B$ 为高电平时的等效电路

当 $u_B$ 为低电平时，VT 截止，L 产生电动势，其方向阻止电流的变化，因而与 $U_i$ 同方向，两个电压相加后通过二极管 VD 对 C 充电，等效电路如图 5-27 所示。

由此可见，无论 VT 和 VD 的状态如何，负载电流方向始终不变。

根据上述分析，可以画出控制信号 $u_B$、电感上的电压 $u_L$ 和输出电压 $U_o$ 的波形，如图 5-28 所示。从波形分析可知：只有 L 足够大时，才能升压；并且只有当 C 足够大时，输出电压的脉动才可能足够小；当 $u_B$ 的周期不变时，其占空比越大，输出电压将越高。

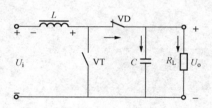

图 5-27 $u_B$ 为低电平时的等效电路

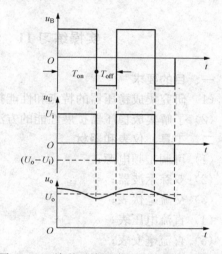

图 5-28 并联开关型稳压电路各点电压波形

在图 5-25 所示的换能电路中加上脉宽调制电路后，便可得到并联开关型稳压电路，如图 5-29 所示。其稳压原理是：图中 $R_1$、$R_2$ 组成采样电路；VT 为为开关调整管，工作在开关状态；VD 是续流二极管；L 是储能电感器，与 C 组成滤波电路；A1 是比较放大器，A2 与振荡器组成电压—脉冲转换（PWM）电路，其输出的脉冲频率固定，而脉冲宽度受电压比较器 A2 控制，故称为脉冲调宽式开关电源。

PWM 型开关电源的稳压原理是：输出电压 $U_o$ 下降时，取样比较电路将 A1 输出一个误差电压，反馈到脉冲调宽级电路 A2，使脉冲宽增大，脉冲占空比 q 增大，开关管导通时间增加，从而使输出电压上升；反之，当输出电压上升时，取样比较电路 A1 输出的误差电压将使脉冲宽度变窄，脉冲占空比减小，开关管导通时间缩短，从而使输出电压下降。

综上所述，开关型稳压电路是根据输出电压的偏离情况自动发出信号控制调整管的导通与截止的时间比例，从而改变输出电压高低，保持输出电压的稳定。若调整管导通时间长，截止时间短时，输出电压高；若截止时间长，导通时间短时，输出电压低。

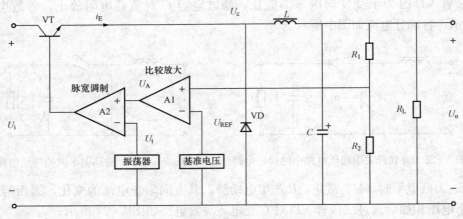

图 5-29　脉宽调制并联开关型稳压电源电路

## 实操练习 11　集成稳压器性能指标测试

**一、目的要求**

（1）研究集成稳压器的特点和性能指标的测试方法。

（2）了解集成稳压器扩展性能的方法。

**二、工具、仪表和器材**

（1）可调工频电源；

（2）双踪示波器；

（3）交流毫伏表；

（4）直流电压表；

（5）直流毫安表；

（6）三端稳压器 W7812、W7815、W7915；

（7）桥堆 2WO6（或 KBP306）；

（8）电阻器、电容器若干。

**三、实操练习内容与步骤**

1. 实操原理

随着半导体工艺的发展，稳压电路也制成了集成器件。由于集成稳压器具有体积小、外接线路简单、使用方便、工作可靠和通用性等优点，因此在各种电子设备中应用十分普遍，基本上取代了由分立元件构成的稳压电路。集成稳压器的种类很多，应根据设备对直流电源的要求来进行选择。对于大多数电子仪器、设备和电子电路来说，通常是选用串联线性集成稳压器。而在这种类型的器件中，又以三端式稳压器应用最为广泛。

W7800、W7900 系列三端式集成稳压器的输出电压是固定的，在使用中不能进行调整。W7800 系列三端式稳压器输出正极性电压，一般有 5、6、9、12、15、18、24V 7 个等级，输出电流最大可达 1.5A（加散热片）。同类型 78M 系列稳压器的输出电流为 0.5A，78L 系列稳压器的输出电流为 0.1A。若要求负极性输出电压，则可选用 W7900 系列稳压器。

图 5-30 为 W7800 系列三端稳压器的外形及接线图。它有 3 个引出端：输入端（不稳定

电压输入端），标以"1"；输出端（稳定电压输出端），标以"3"；公共端，标以"2"。

除固定输出三端稳压器外，尚有可调式三端稳压器，后者可通过外接元件对输出电压进行调整，以适应不同的需要。

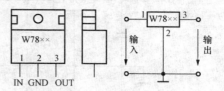

本实操所用集成稳压器为三端固定正稳压器 W7812，它的主要参数有：输出直流电压 $U_o = +12V$，输出电流 L 系列 0.1A，M 系列 0.5A，电压调整率 10mV/V，输出电阻 $R_o = 0.15\Omega$，输入电压 $U_i$ 的范围

图 5 - 30　W7800 系列三端稳压器
外形及接线图

为 15～17V 。一般 $U_i$ 要比 $U_o$ 大 3～5V ，才能保证集成稳压器工作在线性区。

图 5 - 31 是用三端式稳压器 W7812 构成的单电源电压输出串联型稳压电源的实验电路图。其中整流部分采用了由 4 个二极管组成的桥式整流器成品（又称桥堆），型号为 2W06（或 KBP306），内部接线和外部管脚引线如图 5 - 32 所示。滤波电容 $C_1$、$C_2$ 一般选取几百至几千微法的容量。当稳压器距离整流滤波电路比较远时，在输入端必须接入电容器 $C_3$（数值为 $0.33\mu F$），以抵消线路的电感效应，防止产生自激振荡。输出端电容 $C_4$（$0.1\mu F$）用以滤除输出端的高频信号，改善电路的暂态响应。

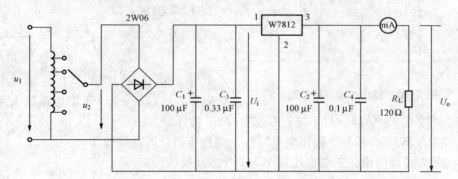

图 5 - 31　由 W7812 构成的串联型稳压电源

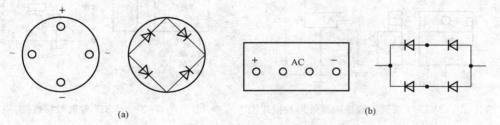

图 5 - 32　桥堆引脚图
(a) 圆桥 2W06；(b) 排桥 KBP306

图 5 - 33 为正、负双电压输出电路，例如需要 $U_{o1} = +15V$，$U_{o2} = -15V$，则可选用 W7815 和 W7915 三端稳压器，这时的 $U_i$ 应为单电压输出时的 2 倍。

当集成稳压器本身的输出电压或输出电流不能满足要求时，可通过外接电路来进行性能扩展。图 5 - 34 所示是一种简单的输出电压扩展电路。如 W7812 稳压器的 3、2 端间输出电压为 12V，因此只要适当选择 $R$ 的值，使稳压管 $D_W$ 工作在稳压区，则输出电压 $U_o = 12 + U_z$，可以高于稳压器本身的输出电压。

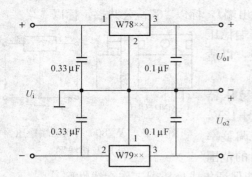

图 5-33　正、负双电压输出电路

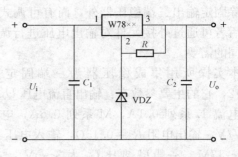

图 5-34　输出电压扩展电路

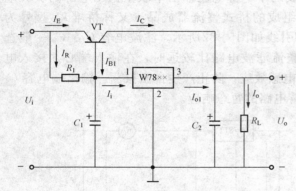

图 5-35　输出电流扩展电路

图 5-35 是通过外接晶体管 VT 及电阻 $R_1$ 来进行电流扩展的电路。电阻 $R_1$ 的阻值由外接晶体管的发射结导通电压 $U_{BE}$、三端式稳压器的输入电流 $I_i$（近似等于三端稳压器的输出电流 $I_{o1}$）和 VT 的基极电流 $I_B$ 来决定，即

$$R_1 = \frac{U_{BE}}{I_R} = \frac{U_{BE}}{I_i - I_B} = \frac{U_{BE}}{I_{o1} - \dfrac{I_C}{\beta}}$$

式中：$I_C$ 为晶体管 VT 的集电极电流，$I_C = I_o - I_{o1}$；$\beta$ 为 VT 的电流放大系数；对于锗管 $U_{BE}$ 可按 0.3V 估算，对于硅管 $U_{BE}$ 按 0.7V 估算。

图 5-36 为 W7900 系列（输出负电压）三端稳压器外形及接线图。

图 5-37 为可调输出正三端稳压器 W317 外形及接线图。

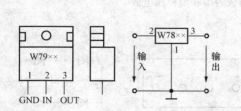

图 5-36　W7900 系列三端稳压器外形及接线图

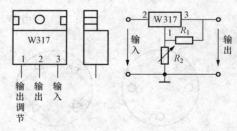

图 5-37　W317 外形及接线图

输出电压计算公式　　　　$U_o \approx 1.25\left(1 + \dfrac{R_2}{R_1}\right)$

最大输入电压　　　　　　$U_{im} = 40V$

输出电压范围　　　　　　$U_o = 1.2 \sim 37$

2. 测试内容

（1）整流滤波电路测试。按图 5-38 连接实操电路，取可调工频电源 14V 电压作为整流电路输入电压 $u_2$。接通工频电源，测量输出端直流电压 $U_L$ 及纹波电压 $u_L$，用示波器观察 $u_2$、$u_L$ 的波形，把数据及波形记入自拟表格中。

（2）集成稳压器性能测试。断开工频电源，按图 5 - 31 改接实验电路，取负载电阻 $R_L = 120\Omega$。

1）初测。接通工频 14V 电源，测量 $U_2$ 值。测量滤波电路输出电压 $U_i$（稳压器输入电压），集成稳压器输出电压 $U_o$，它们的数值应与理论值大致符合，否则说明电路出了故障，应设法查找故障并加以排除。

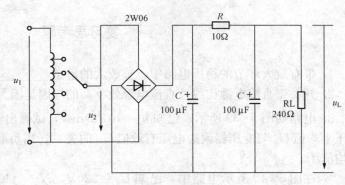

图 5 - 38 整流滤波电路

电路经初测进入正常工作状态后，才能进行各项指标的测试。

2）各项性能指标测试。

a）输出电压 $U_o$ 和最大输出电流 $I_{o,max}$ 的测量。在输出端接负载电阻 $R_L = 120\Omega$，由于 W7812 输出电压 $U_o = 12V$，因此流过 $R_L$ 的电流 $I_{o,max} = \dfrac{12}{120} = 100(\text{mA})$。这时 $U_o$ 应基本保持不变，若变化较大则说明集成块性能不良。

b）稳压系数 $S_r$ 的测量。

c）输出电阻 $R_o$ 的测量。

d）输出纹波电压的测量。

3）集成稳压器性能扩展。根据实操器材，选取图 5 - 33 、图 5 - 34 或图 5 - 37 中各元器件，并自拟测试方法与表格，记录实操结果。

# 本 章 小 结

（1）直流稳压电源由整流电路、滤波电路和稳压电路组成。整流电路将交流电压变为脉动的直流电压，滤波电路可减小脉动使直流电压平滑，稳压电路的作用是在电网电压波动或负载电流变化时保持输出电压基本不变。

（2）整流电路有全波和半波两种，最常用的是单相桥式整流电路。

（3）滤波电路通常有电容滤波、电感滤波和复式滤波。一般场合多采用电容滤波；在负载电流较大时，应采用电感滤波；对滤波效果要求较高时，应采用复式滤波。

（4）稳压管稳压电路结构简单，但输出电压不可调，仅适用于负载电流较小且其变化范围也较小的情况。在串联线性稳压电源中，电路引入了深度电压负反馈，从而使输出电压稳定。

（5）开关型稳压电路中的调整管工作在开关状态，因而功耗小，电路效率高，但一般输出的纹波电压较大，适用于输出电压调节范围小、负载对输出纹波要求不高的场合。

## 复习思考题

1. 带有放大环节的稳压电路中，被放大的量是_____。

2. 开关型直流电源比线性直流电源效率高的原因是因为_____。

3. 电路如图 5-39 所示，已知 $u_2 = 10\sqrt{2}\sin\omega t$，试画出输出电压 $u_o$ 的波形图并写出输出电压平均值 $U_o$ 与变压器副边电压有效值 $U_2$ 的关系；当负载电阻 $R = 1\Omega$ 时，求输出电流的平均值 $I_o$。

4. 在图 5-40 所示电路中，已知 $U_1 = 220V$，$N_1 = 4400$ 匝，$N_2 = 200$ 匝，试求 $U_2$ 和 $U_o$。如 $R_L = 20\Omega$，求 $I_o$。

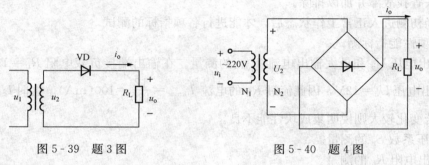

图 5-39　题 3 图　　　　　　　　　　　图 5-40　题 4 图

5. 稳压管参数为 $U_Z = 10V$，$I_{Zmax} = 15mA$，接入图 5-41 所示的电路中。当 $U_i = 25V$，$R_L = 10k\Omega$，$R_1 = 7.5k\Omega$ 时，判断流过稳压管的电流是否超过 $I_{Zmax}$。

6. 集成运放组成的稳压电路如图 5-42 所示。

（1）试标明集成运放输入端的符号；

（2）已知 $U_i = 24 \sim 30V$，试估算输出电压的大小；

（3）若调整管的饱和压降为 1V，则最小输入电压为多大？

（4）试分析其稳压过程。

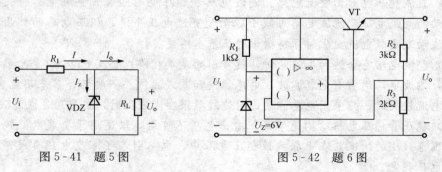

图 5-41　题 5 图　　　　　　　　　　　图 5-42　题 6 图

7. 在图 5-43 所示的串联型稳压电源电路中，已知 $U_Z = 6V$，$R_1 = 100\Omega$，$R_2 = 200\Omega$，$R_W = 100\Omega$。

（1）试求输出电压的调节范围。

（2）当 $U_i = 16V$ 时，试说明调整三极管是否符合调整电压的要求。

（3）当调整管的 $I_E = 50mA$ 时，其最大耗散功率出现在 $R_W$ 的滑动端处于什么位置（上或下)? 此时最大耗散功率等于多少?

(4) 如果滤波电容 $C$ 足够大，为得到 $U_i=16V$，所需的变压器二次电压 $U_2$（有效值）等于多少?

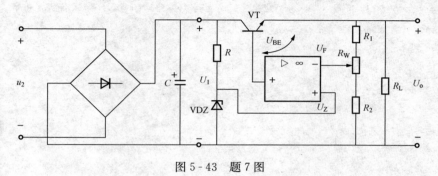

图 5-43　题 7 图

# 第二篇

# 数字电子技术

# 第 6 章　数字电路基础与组合逻辑

**✎ 学习目标**

电子数字化是广泛地运用脉冲与数字电子技术，数字电路是产生、传输和处理数字信号的电路。数字电路是当代最基础和最核心的科技领域。

**本章的学习目标是：**

1. 了解数字电路特点，掌握基本逻辑关系与符号、逻辑器件功能。
2. 掌握逻辑运算的基本定律和逻辑函数的表示方法。
3. 了解逻辑函数的代数化简方法、意义与卡诺图化简法。
4. 掌握组合逻辑电路的分析方法，掌握组合逻辑电路的功能和具体应用。

## 6.1　数字电路基础知识

信息技术的迅猛发展和向社会各领域、各层次广泛的渗透，是现代高科技呈现的突出特征。而实现这一切的基石之一正是数字电子技术。在电子计算机、自动控制、遥控遥感、电视、雷达和广播通信及一些电子装置中广泛采用脉冲与数字技术，特别是计算机技术，促进了各类电子设备电路的高度数字化。数字电路标志着现代电子技术的水准，所以人们提出了"数字化生存"的概念。

### 6.1.1　数字信号

信号的形式有多种多样，如时间、温度、压强、路程等都是在连续时间范围内有定义且幅度连续变化的。这种在时间和数值上都连续变化的信号称为模拟信号。还有一类信号，只是在一些离散的瞬间才有定义，并且每次取值都是某一个最小单位的整数倍。这些在时间上和幅值上都离散的信号称为数字信号。而用于产生和处理数字信号的电路称为数字电路。数字电路的主要研究对象是电路的输入与输出之间的逻辑关系。在数字电路中只存在两种状态：例如电位的高与低、电流的有与无、开关的通与断等，可以用 0 和 1 表示，而 0 和 1 与无脉冲和有脉冲对应就是脉冲数字信号。脉冲数字信号的单位是比特，一个 0 或一个 1 通常称作 1 比特。图 6-1 所示为数字信号，高电平代表 1，低电平代表 0。

与前面几章所讨论的模拟电路相比，数字电路具有以下特点：

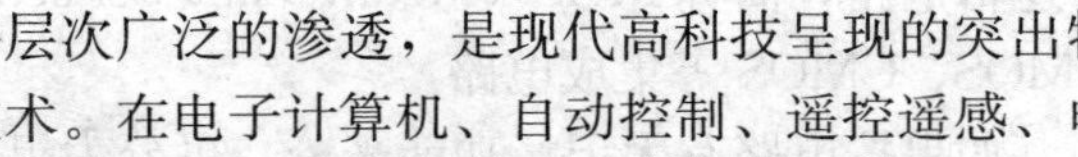

（1）工作于二进制的数字信号状态，是在时间上和数值上都离散的，反映在电路上

图 6-1　数字信号

就是只存在低电平和高电平两种状态（取 0 和 1 两个逻辑值）。在数字电路中，稳态时各种半导体器件都工作在开关状态。

（2）在数字电路中，研究的是输入信号与输出信号之间的逻辑关系，其基本分析工具是逻辑代数。

（3）数字电路对元器件的精度要求不高，只需工作时能够可靠区分 0 和 1 两种状态之间的逻辑关系，抗干扰能力强。

（4）数字电路结构简单，容易制造，便于集成化生产，成本低廉，工作可靠，使用方便。

### 6.1.2　数字电路的分类

数字集成电路（Digital Integrated Circuit）是将电路所有的器件和连接线制作在一块半导体基片（芯片）上而成。通常以门为最小单位，按集成度可将数字集成电路分成：小规模集成电路（Small Scale Integrating，SSI），一块芯片上含 1～100 个门；中规模集成电路（Medium Scale Integrating，MSI），一块芯片上含 100～1000 个门；大规模集成电路（Large Scale Integrating，LSI），一块芯片上含 1000～10 000 个门；超大规模集成电路（Very Large Scale Integrating，VLSI），一块芯片上含 $10^4$～$10^6$ 个门。

如果集成逻辑门是以双极型晶体管（二极管、三极管）为基础制成的，则称为双极型集成逻辑门电路。它主要有以下几种类型：晶体管—晶体管逻辑门（TTL）；射极耦合逻辑门（ECL）；集成注入逻辑门（$I^2L$）。

如果集成逻辑门是以单极型晶体管（只有一种载流子参与导电：电子或空穴）为基础制成的，则称为单极型集成逻辑门电路。目前应用最为广泛的是金属—氧化物—半导体场效应管逻辑电路，简称 MOS（Metal Oxide Semiconductor）集成电路，属于这一类的有 PMOS、NMOS、CMOS 等集成电路。

如果按电路有无记忆功能来分，可分为组合逻辑电路和时序逻辑电路两大类。

组合逻辑电路是一种在任何时刻的输出仅与该时刻电路的输入信号的组合有关，而与过去的输入情况无关的逻辑电路，如全加器、译码器、数据选择器等。

时序逻辑电路是一种在任何时刻的输出不仅取决于该时刻电路的输入，还与过去的输入情况有关的逻辑电路，如计数器、寄存器、移位寄存器等。

### 6.1.3　基本逻辑门

数字电路的基本部分是以开关形式存在，即在满足一定条件下，电路有信号输出，否则无信号输出。这样可把电路的输入状态称为"因"，而输出状态是由输入状态决定的"果"，则输入端与输出端之间有一定的逻辑关系。数字电路就是研究取值为 0、1 二值逻辑因果规律的电路，故又称逻辑电路。

逻辑关系是在生产和生活中的各种因果关系的抽象概括。事物之间的逻辑关系有多种多样，错综复杂，但最基本的逻辑关系却只有 3 种：与逻辑、或逻辑和非逻辑。能够实现逻辑关系的电子电路称为逻辑门。因此，对应基本逻辑也有 3 种基本逻辑门：与门、或门和非门。

1. 与逻辑及与门

当决定某一事件的条件全部具备时，这一事件才发生，有任一条件不具备，事件就不发生，把这种因果控制关系称为与逻辑。

图 6-2 所示的串联开关电路是与逻辑的一个实例，只的当开关 S1、S2 都闭合时，灯才会亮，否则灯不亮。

能够实现与逻辑功能的电路称为与门。图 6-3 所示为由两个二极管组成的与门电路，输入信号分别加在输入端 A、B 上，输出端为 P。假设输入信号在高电平 $U_{IH}$（3.6V）和低电平 $U_{IL}$（0.3V）间变化，若忽略二极管的正向压降，分析可得该电路的输入—输出电位关系见表 6 - 1。

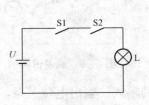

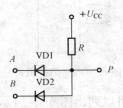

图 6 - 2　与逻辑实例　　　　　　　图 6 - 3　二极管与门电路

如果将表 6 - 1 中的高电平用逻辑 1 表示，低电平用逻辑 0 表示，则可转换得到表 6 - 2 所示的与逻辑真值表。

表 6 - 1　　　　与门输入—输出电位关系

| A(V) | B(V) | P(V) |
| --- | --- | --- |
| 0.3 | 0.3 | 0.3 |
| 0.3 | 3.6 | 0.3 |
| 3.6 | 0.3 | 0.3 |
| 3.6 | 3.6 | 3.6 |

表 6 - 2　　　　　　与逻辑真值表

| A | B | P |
| --- | --- | --- |
| 0 | 0 | 0 |
| 0 | 1 | 0 |
| 1 | 0 | 0 |
| 1 | 1 | 1 |

所谓真值表，就是将逻辑变量（用字母 A、B、C…来表示）的各种可能取值（在二值逻辑中只能有 0 和 1 两种取值）和相对应的函数输出值 P 排列在一起所组成的表。由真值表可看出：只有当输入全为 1 时，输出为 1；只要有一个输入为 0，则输出为 0。图 6 - 3 所示电路可以实现与逻辑功能。

与逻辑可由数学表达式来描述，写成

$$P = A \cdot B$$

当有多个输入变量时，可写成

$$P = A \cdot B \cdot C \cdot \cdots \qquad (6 - 1)$$

式（6 - 1）称为与逻辑表达式。符号"·"读作"与"或"乘"，通常在不致混淆的情况下，"·"可省略，而写成

$$P = AB$$

在逻辑代数中，与逻辑也称作与运算或逻辑乘。

与逻辑的基本运算规则为

$$0 \cdot 0 = 0 \qquad 0 \cdot 1 = 0 \qquad 1 \cdot 0 = 0 \qquad 1 \cdot 1 = 1$$

显然，与逻辑的运算规则可归纳为：有 0 得 0，全 1 得 1。

与门的逻辑符号如图 6 - 4 所示，其中符号"&"表示"and"，即与逻辑。

2. 或逻辑及或门

在决定某一事件的各种条件中，只要具备一个以上的条件，这一事件就会发生，条件全部不具备时，事件不发生，把这种因果控制关系称为或逻辑。

或逻辑又称或运算、逻辑加。

图 6-5 所示为或逻辑的实例，显然只要开关 S1 或 S2 中有一个以上闭合，灯就会亮。

图 6-4 与门逻辑符号 图 6-5 或逻辑实例

按照前述方法可以列出图 6-6 所示或门电路的输入—输出电位关系，见表 6-3。将表中的高电平用逻辑 1 表示，低电平用逻辑 0 表示，则可得到表 6-4 所示或逻辑的真值表。

表 6-3 或门输入—输出电位关系

| $A(V)$ | $B(V)$ | $P(V)$ |
| --- | --- | --- |
| 0.3 | 0.3 | 0.3 |
| 0.3 | 3.6 | 3.6 |
| 3.6 | 0.3 | 3.6 |
| 3.6 | 3.6 | 3.6 |

表 6-4 或逻辑真值表

| $A$ | $B$ | $P$ |
| --- | --- | --- |
| 0 | 0 | 0 |
| 0 | 1 | 1 |
| 1 | 0 | 1 |
| 1 | 1 | 1 |

由真值表可见：只要输入有一个为 1，则输出为 1；只有当输入全为 0 时，输出才为 0。这表明图 6-6 所示或门电路可以实现或逻辑功能。

或逻辑的数学表达式可写成

$$P = A + B$$

当有多个输入变量时，可写成

$$P = A + B + C + \cdots \tag{6-2}$$

与门的逻辑符号如图 6-7 所示，其中符号"+"表示或逻辑，也称作或运算或逻辑加（Logic Addition），读作"或"或者"加"。

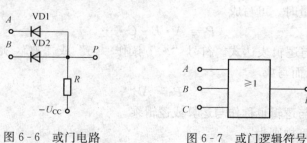

图 6-6 或门电路 图 6-7 或门逻辑符号

或逻辑的基本运算规则为

$$0+0=0 \qquad 0+1=1 \qquad 1+0=1 \qquad 1+1=1$$

显然，或逻辑的运算规则可归纳为：有 1 得 1，全 0 得 0。

3. 非逻辑及非门

某一事件的发生，是以另一事件不发生为条件，这种逻辑关系称为非逻辑。

非逻辑又称非运算、反运算、逻辑否。

图 6-8 所示为非逻辑的实例，当开关 S 闭合时灯不亮，当开关 S 断开时灯亮，灯亮是以开关 S 不闭合为条件。

图 6-9 所示为晶体管非门电路，它实际上是一个晶体管反相器，当 $u_i$ 输入为高电平（如 $U_{CC}$）时，三极管处于饱和状态，输出为 $u_o \approx U_{CES} \approx 0$；当输入为低电平时，三极管处于截止，此时 $u_o \approx U_{CC}$。由此可列出该电路的输入—输出电压对应关系，见表 6-5，对应的真值表为表 6-6。由真值表可见，图 6-9 所示非门电路可以实现非逻辑功能。

非逻辑表达式可写成

$$P = \overline{A} \qquad\qquad (6-3)$$

式中，符号"—"表示非逻辑，也称非运算，读作"非"或者"反"。

| 表 6-5 | 非门输入—输出电位关系 |
| --- | --- |
| $u_i$ | $u_o$ |
| 0 | $U_{CC}$ |
| $U_{CC}$ | 0 |

| 表 6-6 | 非逻辑真值表 |
| --- | --- |
| $A$ | $P$ |
| 0 | 1 |
| 1 | 0 |

非逻辑的基本运算规则为

$$\overline{0} = 1 \qquad \overline{1} = 0$$

非逻辑的逻辑符号如图 6-10 所示。

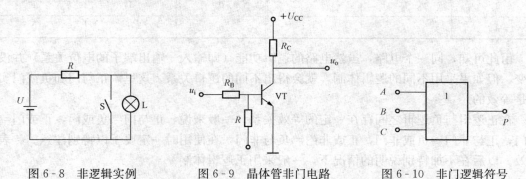

图 6-8 非逻辑实例　　　图 6-9 晶体管非门电路　　　图 6-10 非门逻辑符号

### 6.1.4 复合逻辑门

在逻辑代数中，除了基本的与、或、非逻辑外，还常由这 3 种基本逻辑组合而构成复合逻辑，如与非、或非、与或非、异或和同或等，统称为复合逻辑，并构成相应的与非门、或非门、与或非门、异或门和同或门等复合门电路，它们的逻辑符号、逻辑表达式等见表 6-7。

### 6.1.5 正逻辑与负逻辑

在前面基本逻辑门与门、或门和非门的描述过程中，实际上采用 1 表示高电平、0 表示低电平的体制，这种体制就是正逻辑体制；反之，采用 1 表示低电平、0 表示高电平，则是负逻辑体制。

如对图 6-3 所示的与门电路，其输入—输出电位关系表 6-2 所示。如果采用负逻辑体制，可以得到对应的真值表如表 6-8 所示，它满足或逻辑关系，可作为负逻辑的或门电路。

表 6-7　　　　　　　　　　　　　常 用 复 合 门

| 名称 | 与非门 | 或非门 | 与或非门 | 异或门 | 同或门 |
|---|---|---|---|---|---|
| 国内逻辑符号 | 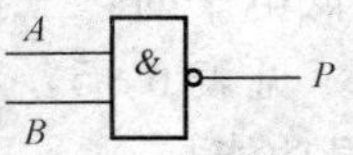 | 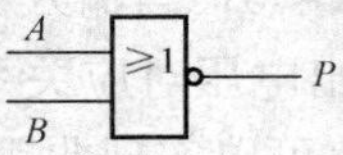 | 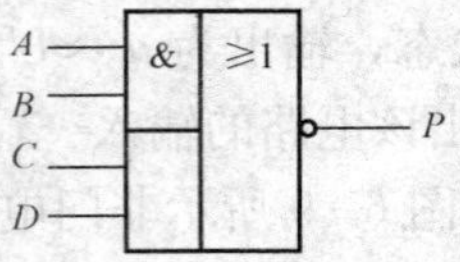 | 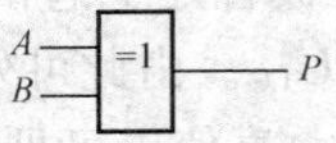 | 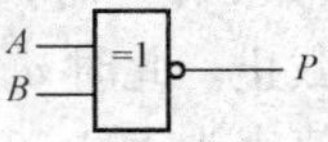 |
| 国外逻辑符号 | 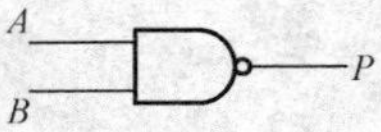 | 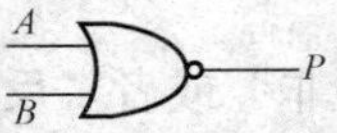 | 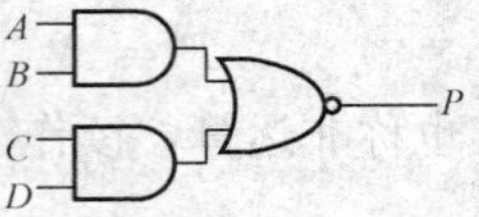 | 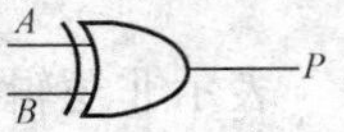 | 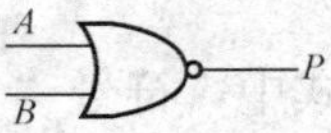 |
| 逻辑表达式 | $P = \overline{ABC}$ | $P = \overline{A+B+C}$ | $P = \overline{AB+CD}$ | $P = A \oplus B$ $= \overline{A}B + A\overline{B}$ | $P = A \odot B$ $= AB + \overline{A}\,\overline{B}$ |
| 逻辑口诀 | 有 0 得 1 全 1 得 0 | 全 0 得 1 有 1 得 0 | 先与再或后非 | 相异得 1 相同得 0 | 相同得 1 相异得 0 |

表 6-8　　　　　　　　　　　　　或 逻 辑 真 值 表

| A | B | P | A | B | P |
|---|---|---|---|---|---|
| 1 | 1 | 1 | 0 | 1 | 1 |
| 1 | 0 | 1 | 0 | 0 | 0 |

由此可知，同一个电路，虽然电路的逻辑功能（即输入—输出端子的电位关系）并没有改变，但如果采用不同的逻辑体制，就会得出不同的逻辑关系。这里，正与门和负或门实际上是等效的。

在正逻辑与负逻辑之间存在一定的等效关系。一般来说，正与门⇔负或门，正或门⇔负与门，正与非门⇔负或非门，正或非门⇔负与非门，在使用时一定要予以特别注意。⇔表示等效。以后在不加特别说明的情况下，一般采用正逻辑体制。

## 6.2　逻辑代数及运算规则

最早研究客观事物的逻辑关系的是英国数学家乔治·布尔（George Boole）在 19 世纪中叶创立的，因此，人们也将逻辑代数称为布尔代数。根据与、或、非 3 种最基本的逻辑运算规则以及它们的相互运算，可以推导出逻辑代数运算的一些基本定律，再由这些基本定律推出逻辑代数的一些常用公式，而这些基本定律和公式是逻辑函数化简的基本依据。

### 6.2.1　逻辑代数的基本定律和公式

1. 逻辑函数的相等

逻辑函数的定义：

如果输入逻辑变量 $A$、$B$、$C$…的取值确定后，对应输出逻辑变量 $P$ 的值也唯一地确定，那么，可以说 $P$ 是变量 $A$、$B$、$C$…的逻辑函数，记作

$$P = f(A, B, C, \cdots)$$

假设，逻辑函数 $F(A_1, A_2, \cdots, A_n)$ 与另一个逻辑函数 $G(A_1, A_2, \cdots, A_n)$，若对应相同的变量 $A_1, A_2, \cdots, A_n$ 的任一组状态组合，$F$ 和 $G$ 的值都完全相同，则称 $F$ 和 $G$ 是等值的，或者说 $F$ 和 $G$ 相等，记为 $F=G$。也就是说，要证明两个含有相同逻辑变量的函数相等，只需验证它们的真值表是否相同。如果 $F=G$，那么它们就应该有相同的真值表。也就是说，如果 $F$ 和 $G$ 的真值表相同，则一定是 $F=G$。

2. 逻辑函数的基本定律

下面给出逻辑代数中最基本的定律，如表 6-9 所示。这些定律反映了逻辑代数运算的基本规律，均可用真值表一一加以验证。

表 6-9　　　　　　　　　　　　　　　　逻辑代数的基本定律

| 定律名称 | 逻辑代数表达式 |
|---|---|
| 重叠律 | $A+A=A$；$AA=A$；$A\oplus A=0$ |
| 交换律 | $AB=BA$；$A+B=B+A$；$A\oplus B=B\oplus A$ |
| 互补律 | $A\overline{A}=0$；$A+\overline{A}=1$ |
| 0—1 律 | $A \cdot 1=A$；$A \cdot 0=0$；$A+1=1$；$A+0=A$ |
| 结合律 | $A(BC)=(AB)C$；$A+(B+C)=(A+B)+C$ |
| 分配律 | $A(B+C)=AB+AC$；$A+BC=(A+B)(A+C)$；$A(B\oplus C)=AB\oplus AC$ |
| 吸收律 | $(A+B)(A+\overline{B})=A$；$AB+A\overline{B}=A$；$A+AB=A$<br>$A(A+B)=A$；$A(\overline{A}+B)=AB$；$A+\overline{A}B=A+B$ |
| 多余项吸收律（消除冗余项） | $(A+B)(\overline{A}+C)(B+C)=(A+B)(\overline{A}+C)$；$AB+\overline{A}C+BC=AB+\overline{A}C$ |
| 反演律（狄·摩根定律） | ※$\overline{AB}=\overline{A}+\overline{B}$；※$\overline{A+B}=\overline{A}\,\overline{B}$ |
| 否定律 | ※$\overline{\overline{A}}=A$ |

注　※表示在逻辑代数中特有的定律，使用时需特别引起注意。

### 6.2.2　逻辑代数的基本规则

在逻辑代数中有 3 个重要规则，依据规则能用已知公式推出更多的公式，为公式法化简提供便利。

1. 代入规则

在任何一个含有变量 $A$ 的等式中，如果将所有出现变量 $A$ 的地方都用逻辑函数 $F$ 来取代，则等式仍然成立，此规则称为代入规则。

利用代入规则可扩大等式的应用范围。

【例 6-1】　在 $AB+\overline{A}B=A$ 中，用 $F=AC$ 来代替所有的 $A$，则可得

$$ACB + AC\overline{B} = AC$$

2. 反演规则

对逻辑函数 $P$ 取"非"（即求其反函数 $\overline{P}$）称为反演。

反演规则规定：将逻辑函数 $P$ 中所有的运算符、变量及常量进行反置换，即可得到它的反函数 $\overline{P}$。

反演规则可表示为

$$P \begin{cases} 运算符 \begin{cases} \cdot \to + \\ + \to \cdot \end{cases} \\ 变量 \begin{cases} 原变量 \to 反变量 \\ 反变量 \to 原变量 \end{cases} \xrightarrow{\text{置换后}} \overline{P} \\ 常量 \begin{cases} 0 \to 1 \\ 1 \to 0 \end{cases} \end{cases}$$

在用反演规则求其反函数时，应注意两点：

(1) 置换时要保持原式中的运算顺序不变；

(2) 不是单个变量上面的"非"号，应保持不变。

3. 对偶规则

(1) 对偶式 $P^*$。设 $P$ 是一个逻辑函数表达式，将 $P$ 中所有的运算符、常量进行反置换，表示为

$$P \begin{cases} 运算符 \begin{cases} \cdot \to + \\ + \to \cdot \end{cases} \\ 常量 \begin{cases} 0 \to 1 \\ 1 \to 0 \end{cases} \end{cases} \to P^*$$

置换后，得到一个新的逻辑函数表达式 $P^*$，$P^*$ 就是 $P$ 的对偶式。

在置换时要注意两点：

1) 是保持原式中的运算顺序不变；

2) 是 $P$ 的对偶式 $P^*$ 没有变量的变换，所以与反函数 $P$ 不同。

【例 6-2】 已知 $P = A\overline{B} + A(C+0)$，求 $P^*$。

解 $P^* = (A+\overline{B})(A+C \cdot 1)$

(2) 对偶规则。如果两个逻辑函数 $P$ 和 $G$ 相等，那么它们的对偶式 $P^*$ 和 $G^*$ 必相等，这就是对偶规则。利用对偶逻辑规则，可以从已知的公式中得到更多的运算公式。

【例 6-3】 $A + \overline{A}B = A + B$ 成立，则它的对偶式 $A(\overline{A}+B) = AB$ 也必成立。

## 6.3 集成逻辑门电路

用二极管、三极管构成的门电路称为分立元件门电路，其缺点是体积大、工作速度低、可靠性欠佳、带负载能力差等。所以，数字电路广泛采用的是集成电路。

集成逻辑门电路可分为双极型（含有两种载流子——电子和空穴）集成门电路和单极型（只有一种载流子参与导电）集成门电路。在双极型集成门电路中，TTL 电路在中、小规模集成电路中应用最为普遍；在单极型集成门电路中，CMOS 电路是目前最主要的门电路。

### 6.3.1 集成 TTL 与非门

TTL 门电路按其逻辑功能可分为与门、或门、非门、与非门、或非门、异或门、同或门等。尽管它们的逻辑功能不同，但是输入输出结构和特性都与与非门相同，并且与非门也是应用最广泛的一种集成门电路，只要掌握了 TTL 与非门，也就学习掌握了其他 TTL 门。

TTL 集成门电路产品有 54/74 通用系列、54/74H 高速系列、54/76S 肖特基系列和 54LS/74LS 低功耗肖特基系列。下面就 TTL 与非门为例，阐述其内部电路的组成、工作原

理及其主要特性参数。

1. TTL 与非门电路组成

图 6-11 是 TTL 与非门的典型电路，它由 3 部分组成。

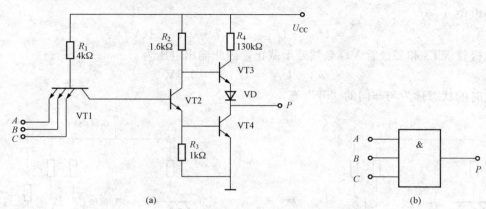

图 6-11 TTL 与非门的典型电路

(a) TTL 与非门电路；(b) 逻辑符号

（1）输入级。由多发射极管 VT1 和电阻 $R_1$ 组成，完成与逻辑功能。

（2）中间级。由 VT2 和电阻 $R_2$、$R_3$ 组成，从 VT2 的集电极和发射极同时输出两个相位相反的信号，作为 VT3、VT4 输出极的驱动信号，使 VT3、VT4 始终处于一管导通而另一管截止的工作状态。

（3）输出级。由 VT3、VD、VT4 构成，采用推拉式输出电路。当输出低电平时，VT4 饱和、VT3 截止，输出电阻 $r_o = r_{CES4}$，值很小。当输出为高电平时，VT4 截止，VT3、VD 导通，VT3 工作为射随器，输出电阻 $r_o$ 的阻值也很小。可见，无论输出是高电平还是低电平，输出电阻 $r_o$ 都较小，电路带负载的能力较强。

2. 逻辑功能分析

（1）输入端有低电平（0.3V）输入时。当输入信号 $A$、$B$、$C$ 中至少有一个为低电平时，多发射极晶体管 VT1 的相应发射结导通，导通压降 $U_{BE1}$ 约为 0.7V，VT1 的基极电流 $i_{B1}$ 约为 0.7V，VT1 的基极电流 $i_{B1}$ 为

$$i_{B1} = \frac{U_{CC} - u_{B1}}{R_1} = \frac{U_{CC} - (0.3 + U_{BE1})}{R_1} = 1\text{mA}$$

此时，VT2 和 VT4 均不会导通，且 VT2 基极的反向电流 $i_{BS2}$ 即为 VT1 的集电极电流，其值很小，可认为 VT1 的集电极电流 $i_{C1} = 0$，因此 $i_{B1} \gg i_{BS1}$（VT1 基极的反向电流）。VT1 处于饱和状态，$u_{CE1} \approx U_{CE} = 0.1\text{V}$。此时，VT2 管基极电位 $u_{B2} = u_{C2} = 0.4\text{V}$，因此 VT2、VT4 均截止，如图 6-12（a）所示。

$U_{CC}$ 通过 $R_2$ 驱动 VT3 和 VD，使 VT3 和 VD 处于导通状态。VT3 发射结的导通压降约为 0.7V。VD 的导通压降约为 0.7V，且由于基流 $i_{B3}$ 很小，可以忽略不计。因此输出电压 $u_o$ 为 3.6V。输出电压 $u_o$ 为

$$u_o = U_{CC} - i_{B3}R_2 - U_{BE3} - U_D \approx 3.6\text{V} \qquad (6-4)$$

所以输出为高电平 $U_{OH} = 3.6\text{V}$，此时的状态称作 TTL 与非门的"关"态。

（2）输入全接高电平（3.6V）时。TTL 与非门的工作状态如图 6-12（b）所示。

当输入信号 $A$、$B$、$C$ 均为高电平（3.6V）时，$U_{CC}$ 通过 $R_1$ 和 VT1 的集电结向三极管 VT2 和 VT4 提供基极电流，在电路设计上使 VT2 和 VT4 管均能饱和导通。此时，VT2 管集电极电位 $u_{C2}$ 为

$$u_{C2} = U_{BE4} + U_{CES2} = 0.7 + 0.3 = 1(V)$$

三极管 VT3 和二极管 VD 必然处于截止，因此输出电压为

$$u_o = U_{OL} = U_{CES4} = 0.3V$$

此时的状态称为与非门的"开"态。

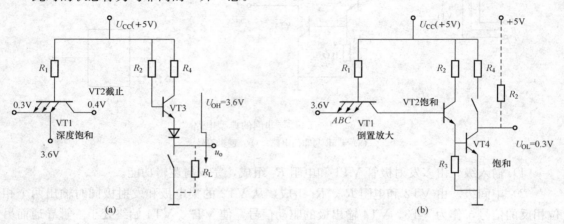

图 6-12 与非门在不同输入下的等效电路

(a) 输入有低电平（0.3V）；(b) 输入全高电平（3.6V）

此时，VT1 管基极电位 $u_{B1}$ 为

$$u_{B1} = U_{BC1} + U_{BE2} + U_{BE4} = 0.7 + 0.7 + 0.7 = 2.1(V)$$

VT1 管的发射结电压为

$$u_{BE1} = 2.1 - 3.6 = -1.5(V) < 0$$

所以 VT1 管发射结处于反向偏置，而集电结处于正向偏置，VT1 管处于发射结和集电结倒置使用的状态，放大能力极小。

综上所述，图 6-12（a）所示电路可完成与非逻辑功能，表示为

$$P = \overline{A \cdot B \cdot C} \tag{6-5}$$

（3）TTL 与非门电压传输特性。TTL 与非门电压传输特性是指输出电压 $u_o$ 随输入电压 $u_i$ 变化的关系曲线。按图 6-13（a）所示电路进行测试，可得图 6-13（b）所示的电压传输特性曲线。

由图 6-13（b）可见，TTL 与非门电压传输特性可分为 $ab$、$bc$、$cd$、$de$ 4 段。

$ab$ 段（截止区）：$0 \leqslant u_i < 0.6V$，与非门处于关态，$u_o = 3.6V$。

$bc$ 段（线性区）：$0.6V \leqslant u_i < 1.3V$，$u_o$ 线性下降。

$cd$ 段（转折区）：$1.3V \leqslant u_i < 1.5V$，$u_o$ 急剧下降。

$de$ 段（饱和区）：$u_i \geqslant 1.5V$，$u_o = 0.3V$，与非门处于开态。

3. 主要性能参数

（1）电压电流参数。

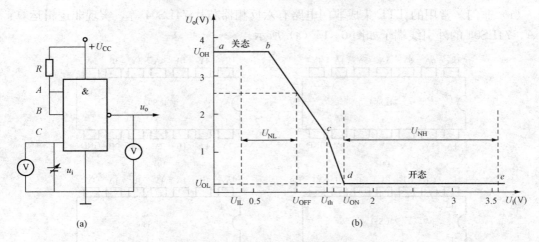

图 6-13　TTL 与非门的电压传输特性

(a) 测试电路；(b) 电压传输电路

输出高电平 $U_{OH}$：当输入端至少有一个接低电平时，输出端得到额定输出的高电平，典型值为 3.6V。

输出高电平 $U_{OL}$：当输入全为高电平时，输出端得到的额定低电平值，典型值为 0.3V。

阈值电压 $U_{th}$：在转折区内，TTL 与非门处于急剧的变化中，通常将转折区的中点对应的输入电压称为 TTL 门的阈值电压 $U_{th}$。一般 $U_{th} \approx 1.4V$。

(2) 抗干扰能力（又称噪声容限）。当输出高电平电压不低于额定值 90% 的条件下所容许叠加在输入低电平电压上的最大噪声（或干扰）电压，称为低电平噪声容限电压，用 $U_{NL}$ 表示，即

$$U_{NL} = U_{OFF} - U_{IL}$$

当保证输出低电平电压的条件下容许叠加在输入高电平电压上的最大噪声（或干扰）电压，称为高电平噪声容限电压，用 $U_{NH}$ 表示，即

$$U_{NH} = U_{IH} - U_{ON}$$

噪声容限电压是用来说明门电路抗干扰能力的参数，其值越大，抗干扰能力也越强。

(3) 扇出系数 $N_O$。扇出系数 $N_O$ 是指一个与非门能够驱动同类型门的最大数目。它表示与非门带负载的能力。对于 TTL 与非门，$N_O \geqslant 8$。

(4) 平均传输延迟时间 $t_{pd}$。由于电荷的存储效应，晶体管作为开关应用时，使得输出和输入之间存在延迟，见图 6-14。

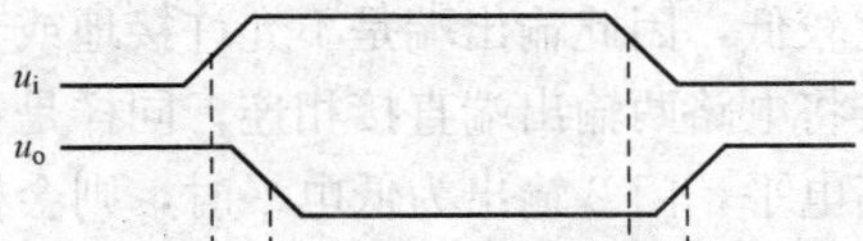

(5) 平均功耗。平均功耗 $P$ 指与非门输出低电平时的空载导通功耗 $P_L$ 和输出高电平时的空载截止功耗 $P_H$ 的平均值，即

$$P = 1/2(P_L + P_H)$$

图 6-14　与非门的平均传输延迟时间 $t_{pd}$

### 6.3.2　其他集成 TTL 逻辑门

集成 TTL 门电路除与非门之外，还有与门、或门、或非门、与或非门、异或门等不同的逻辑功能的集成器件。这里简单列出几种常用的 TTL 集成门电路的芯片。

（1）非门。常用的 TTL 集成非门电路有六反相器芯片 74LS04 等，实现非逻辑运算：$Y=\overline{A}$。74LS04 的外引线端子如图 6-15（a）所示。

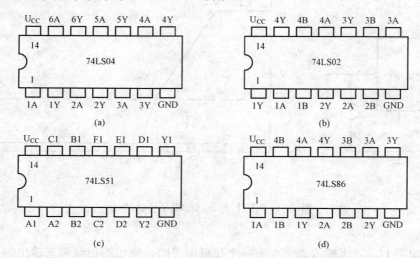

图 6-15 常用集成逻辑门芯片

（a）集成非门 74LS04；（b）集成或非门 74LS02；

（c）集成与或非门 74LS51；（d）集成异或门 74LS86

（2）或非门。常用 TTL 或非门集成芯片有 74LS02，2 输入端 4 或非门，实现或非运算：$Y=\overline{A+B}$。74LS02 的外引线端子如图 6-15（b）所示。

（3）与或非门。集成与或非门芯片 74LS51 是一个 $3\times2/2\times2$ 与或非门，其外引线端子如图 6-15（c）所示。集成与或非门能完成如下与或非运算：$Y_1=\overline{A_1B_1C_1+D_1E_1F_1}$。

（4）异或门。集成 TTL 异或门芯片 7486 为 4 异或门，其外引线端子如图 6-15（d）所示。每个异或门完成异或运算：$Y=A\cdot\overline{B}+B\cdot\overline{A}=A\otimes B$。

### 6.3.3 两种特殊的门电路

下面介绍两种计算机中常用的特殊门电路：集电极开路门（OC 门）和三态输出门（TS 门）。

1. OC 门

TTL 与非门由于采用推拉式输出电路，即无论输出是高电平还是低电平，输出电阻都比较低，因此输出端是不允许接地或直接接高电平的，如图 6-16（a）、图 6-16（b）所示。若将电路两输出端直接相连，同样是不允许的，如图 6-16（c）所示。因为如果门 1 输出为高电平，门 2 输出为低电平时，则会构成一条自 $+U_{cc}$ 到地的低阻通路，将有很大的电流从门 1 的 $R_4$、VT3、VD 经输出端 P1 流入 P2 至门 2 的 VT4 到地。这个大电流不仅会使门 2 的输出低电平抬高，而且还可能因功耗太高而烧毁两个门的输出管。所以，一般的 TTL 逻辑门的输出端是不允许直接相连的。

（1）OC 门的电路形式及符号。为了克服一般 TTL 门不能直接相连的缺点，专门设计了一种输出端可相互连接的特殊的 TTL 门电路，即集电极开路的 OC（Open Collector）门。OC 与非门的电路结构及符号如图 6-17（a）、图 6-17（b）所示。

OC 门在实际运用时，它的输出端必须如图 6-18 所示外接上拉电阻 $R_P$ 和外接电源 $U_P$。

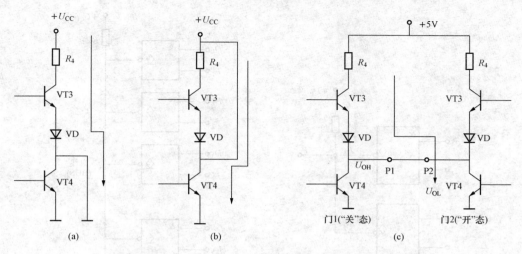

图 6 - 16　TTL 与非门输出端禁止连接状态

(a) 输出端接地；(b) 输出端与电源短接；(c) 输出端并联

此时 OC 门仍具有"全 1 得 0，有 0 得 1"的输入、输出电平关系，是一个正逻辑的与非门。

（2）OC 门的典型应用。OC 门在计算机中应用广泛，下面分别予以介绍。

1）实现线与逻辑。用导线将两个或更多个 OC 门输出端连接在一起，其总的输出为各个 OC 门输出的逻辑与，这种用"线"连接而实现的与逻辑的方式称为线与（Wire AND）。

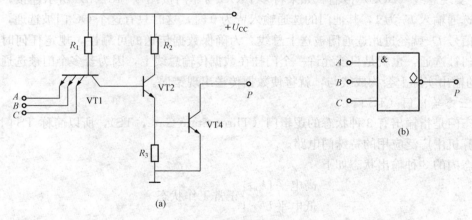

图 6 - 17　OC 与非门

(a) OC 与非门电路结构；(b) 电路符号

如图 6 - 18 所示为两个 OC 与非门用导线连接而实现线与逻辑的电路图。

在图 6 - 18（a）中，若 $A_1$、$A_2$ 输入为全 1，或者 $B_1$、$B_2$ 输入为全 1，OC 门 1 或 OC 门 2 输出端 $P_1$ 或 $P_2$ 就会为低电平，通过导线连接的总的输出端 $P$ 也为低电平；只有 $A_1$、$A_2$ 中有低电平，并且 $B_1$、$B_2$ 中有低电平时，也就是 $A_1A_2=0$、$B_1B_2=0$ 时，门 1、门 2 均输出高电平，总的输出才为高电平。

此逻辑为

$$P = \overline{A_1A_2 + B_1B_2} = \overline{A_1A_2} \cdot \overline{B_1B_2} = P_1P_2$$

即总的输出 $P$ 为两个 OC 门单独输出 $P_1$ 和 $P_2$ 的与逻辑，等效电路如图 6 - 18（b）所

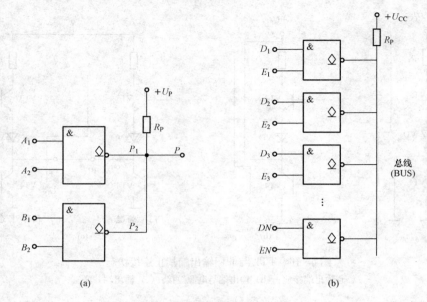

图 6 - 18　线与逻辑电路图

(a) OC 门实现线与；(b) 用 OC 门实现总线传输

示。可见，OC 与非门的线与可以用来实现与或非逻辑功能。

2) 实现总线（BUS）传输。如果将多个 OC 与非门按图 6 - 18（b）所示连接，当某一个门的选通输入 $E_i$ 为 1，其他门的选通输入皆为 0 时，这时只有这个 OC 门被选通，它的数据输入信号 $D_i$ 就经过此选通门被送上总线。为确保数据传送的可靠性，规定任何时候只允许一个门被选通，也就是只能允许一个门挂在数据传输总线上，因为若多个门被选通，这些 OC 门的输出实际上会构成线与，就将使数据传送出现错误。

2. 三态输出门（TS 门）

三态门是指输出有 3 种状态的逻辑门（Three State Gate，TS），所以简称 TS 门。它也是在计算机中广泛应用的特殊门电路。

三态门的 3 种输出状态如下

$$\left.\begin{array}{l}高电平\ U_{OH}\\低电平\ U_{OL}\end{array}\right\}正常工作状态$$

高阻状态——禁止态

（1）三态输出门与一般 TTL 门电路的不同点。

1) 输出端除了有高电平、低电平两种状态外，还增加了一个高阻态，或称禁止态。而禁止态不是一个逻辑值，它表示输出端悬浮，此时该门电路与其他门电路无电路联系，相当于断路状态。

2) 在输入极增加一个控制端 $\overline{EN}$，常称为使能端，用 $\overline{EN}$ 表示。

（2）三态门的电路结构及性能。最简单的三态与非门电路如图 6 - 19（a）所示，逻辑符号如图 6 - 19（b）所示。

当控制端 $\overline{EN}=0$ 时，VT6 截止，VT5、VT6、VD2 构成的电路对于基本的 TTL 与非门无影响，与非门处于正常工作状态，即输出 $P=\overline{AB}$。

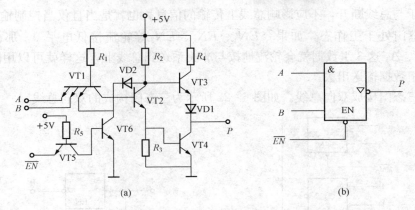

图 6 - 19　三态门结构及符号

(a) 三态门电路结构；(b) 三态门符号

当控制端 $\overline{EN}=1$ 时，VT6 饱和导通，VT6 集电极电压 $u_{C6}\approx0.3V$，相当于在基本与非门一个输入端加上低电平，因此 VT2、VT3 截止。同时，二极管 VD2 因 VT6 饱和而导通，使 VT2 集电极电位 $u_{C2}$ 钳位在 $u_{b4}=U_{CE6}+U_{VD2}=0.3+0.7=1$（V），这样 VT4 和 VD1 无导通的可能。此时的输出端 $P$ 处于高阻悬浮状态，说明三态门为禁止态。

可见，$\overline{EN}$ 为三态门的使能控制信号，当 $\overline{EN}=0$ 时，使能端有效，逻辑门处于正常工作状态，输出 $P=\overline{AB}$；$\overline{EN}=1$ 时，使能端无效，禁止工作，输出处于高阻态。这种三态门的逻辑功能真值表如表 6 - 10 所示。逻辑符号 $\overline{EN}$ 上的"－"符号和使能输入端的"0"均表示低电平有效。

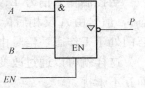

图 6 - 20 所示的三态门，逻辑功能与图 6 - 19 所示电路相同（与非逻辑），不同的是使能端 $EN$ 的控制方式不同。当 $EN=1$ 时，使能有效，逻辑门处于工作状态，输出 $P=\overline{AB}$；$EN=0$ 时，为禁止态，输出处于高阻态。其逻辑功能真值表如表 6 - 11 所示。

图 6 - 20　高电平使能的三态与非门

| 表 6 - 10 | 三态与非门的真值表 | | | 
|---|---|---|---|
| 控制端 | 输　入 | | 输　出 |
| $\overline{EN}$ | $A$ | $B$ | $P$ |
| 0 | 0 | 0 | 1 |
| 0 | 0 | 1 | 1 |
| 0 | 1 | 0 | 1 |
| 0 | 1 | 1 | 0 |
| 1 | × | × | 高阻态 |

| 表 6 - 11 | 高电平使能三态与非门真值表 | | |
|---|---|---|---|
| 控制端 | 输　入 | | 输　出 |
| $EN$ | $A$ | $B$ | $P$ |
| 1 | 0 | 0 | 1 |
| 1 | 0 | 1 | 1 |
| 1 | 1 | 0 | 1 |
| 1 | 1 | 1 | 0 |
| 0 | × | × | 高阻态 |

### 3. 三态门的典型应用

三态门主要应用于总线传送，它可以进行单向数据传送，也可进行双向数据传送。

（1）用三态门构成单向总线。如图 6 - 21 所示为三态门构成的单向数据总线。当多个门利用一条总线来传输信息时，在任何时刻，只允许一个门处于工作态，其余的门均应处于高阻态，相当于与总线断开，不应影响总线上传输的信息。也就是当且仅当控制输入端$\overline{EN_i}=$0的一个三态门处于工作态，如果令$\overline{EN_1}$、$\overline{EN_2}$、$\overline{EN_3}$等轮流接低电平0，那么$A_1$、$A_2$，$A_3$、$A_4$，$A_5$、$A_6$这3组数据就会轮流地按与非关系送到总线上，这样就可以用同一条总线轮流地把三组数据输送出去。

（2）用三态门构成双向总线。如图6-22所示为三态门构成的双向总线。

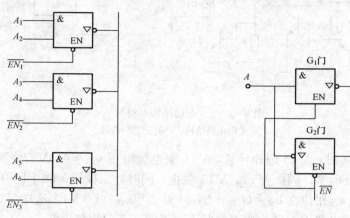

图6-21  用TS门实现单向数据传输        图6-22  用TS门实现数据的双向传输

当控制输入信号$EN=1$时，G1三态门处于工作态，G2三态门处于禁止态（即高阻态），信号由$A$反相后传输到$B$；当控制输入信号$EN=0$时，G1三态门处于禁止态，G2三态门处于工作态，信号由$B$传输到$A$。

这样就可以通过改变控制信号$EN$状态，分时实现数据在同一根导线上进行双向传送，而互不干扰。

### 6.3.4  CMOS 门电路

1. COMS 器件及其工作原理

在数字逻辑电路中，互补式MOS器件得到了大量应用。COMS集成电路是用增强型P沟道MOS管和增强型N沟道MOS管串联互补（构成反相器）和并联互补（构成传输门）为基本单元的组件，称为互补型MOS器件，简称CMOS器件。以CMOS为基本单元的集成器件，虽然工作速度较低，但由于工艺简单、电源电压范围宽、集成度和成品率高，非常适宜于制作大规模集成器件，如存储器、移位寄存器、微处理器及微型计算机中常用的接口器件等，而成为微电子器件中的重要部件。因此近年来CMOS器件发展迅速，广泛应用于各种数字电路中。

CMOS器件均采用增强型MOS管，增强型NMOS管和PMOS管的符号及其转移特性曲线如图6-23所示。

图6-23（c）中$U_T$为增强型管的开启电压。由转移特性曲线可知：

NMOS增强型管：当$u_{GS}>U_T$时，管子导通；当$u_{GS}<U_T$时，管子截止。

PMOS增强型管：当$u_{GS}>-U_T$时，管子截止；当$u_{GS}<-U_T$时，管子导通。

2. CMOS 反相器

CMOS反相器由一个P沟道增强型MOS管和一个N沟道增强型MOS管串联组成。通常以PMOS管作为负载管、NMOS管作为输入工作管，其跨导相等，如图6-24所示。两

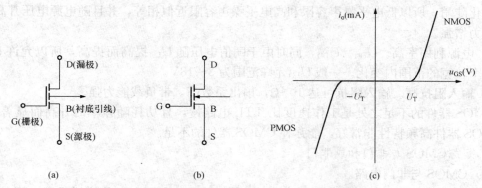

图 6 - 23　NMOS 和 PMOS 管及其转移特性曲线

(a) NMOS 符号（增强型）；(b) PMOS 符号（增强型）；(c) 转移特性曲线

只管子的栅极并接作为反相器的输入端，漏极串接起来作为输出端。

（1）CMOS 反相器的工作原理。

1）当输入 $u_i$ 为低电平，如 $u_i=0V$（为逻辑 0）时：因为 VT2 的 $u_{GS_2}=u_i=0V$，小于 NMOS 管的开启电压 $U_{TN}$，所以 VT2 截止；同时，负载管 VT1 的 $u_{GS_1}=u_i-U_{DD}=-U_{DD}$，小于 PMOS 管开启电压 $-U_{TP}$，所以负载管 VT1 导通，电路输出为高电平 $u_o\approx+U_{DD}$（$u_o$ 为逻辑 1），此时无电流流过，$i_D\approx0$，静态功耗很小。

2）当输入 $u_i$ 为高电平，如 $u_i=U_{DD}$（$u_i$ 为逻辑 1）时，因为输入 VT2 的 $u_{GS_2}=U_{DD}>U_{TN}$，则 VT2 导通；而 VT1 负载管的 $u_{GS_1}=u_i-U_{DD}=0V<-U_{TP}$，所以负载管 VT1 截止，电路输出为低电平，$u_o\approx0V$（$u_o$ 为逻辑 0）。同样 $i_D\approx0$，静态功耗很小。

3）当输入 $u_i$ 处于 $u_o-U_T\leqslant u_i<u_o+U_T$ 时，VT1 和 VT2 均处于饱和状态，此时，输出 $u_o$ 由高电平 $+U_{DD}$ 向低电平 0V 过渡，电路中有 $i_D$ 流过，且在 $u_i=\pm\dfrac{U_{DD}}{2}$ 处 $i_D$ 为最大值，其间动态功耗较大，该时段称为过渡区域。

由上述分析可知，当 $u_i$ 为高电平时，$u_o$ 为低电平；$u_i$ 为低电平时，$u_o$ 为高电平。$u_o$ 与 $u_i$ 反相，所以图 6 - 24（a）所示电路称为反相器，图 6 - 24（b）是其电压传输特性曲线。

（2）CMOS 反相器的特点。

1）静态功耗极低。由图 6 - 24 可知其传输特性比较陡峭，只有在急剧翻转的过渡区，才有较大的电流。而两管均导通的过渡期很短，表明 CMOS 反相器虽有动态功耗，但其平均功耗仍远低于其他任何一种逻辑电路。所以在低频工作时，CMOS 反相器的功耗极小，低功耗是 CMOS 的最大优点。

2）抗干扰能力强。开启电平 $U_T$ 越接近 $+\dfrac{1}{2}U_{DD}$，则其阈值电平也越近似为 $\dfrac{1}{2}U_{DD}$，在输入信号变化时，使其

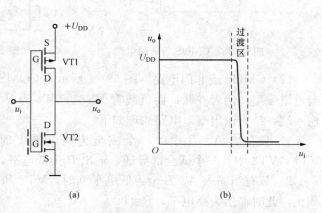

图 6 - 24　CMOS 反相器

(a) 逻辑电路；(b) 电压传输特性曲线

过渡变化陡峭，所以低电平噪声容限和高电平噪声容限近似相等，并且随电源电压升高，抗干扰能力增强。

3）电源利用率高。$U_{OH}=U_{DD}$，同时由于阈值电压随$U_{DD}$提高而提高，所以允许$U_{DD}$可以在一个较宽的范围内变化。一般$U_{DD}$允许范围为3~18V。

4）输入阻抗高。输入阻抗可达$10^{12}\Omega$，扇出系数高，带负载能力强。

CMOS器件的不足之处是工作速度比TTL电路慢，且功耗随频率的升高而显著增大。而VMOS器件高频特性非常好，能弥补CMOS器件的不足。

3. 集成CMOS与非门和或非门

（1）CMOS与非门电路。

图6-25所示为CMOS与非门电路。驱动管VT1和VT2为N沟道增强型，两者串联；负载管VT3和VT4为P沟道增强型，两者并联；$A$、$B$为两个输入端，$P$为输出端。

1）当$A$、$B$中的一个或全为低电平0时，VT1、VT2中有一个或全部截止，VT3、VT4中有一个或全部导通，输出$P$为高电平，$P=1$。

2）只有当输入$A$、$B$全为高电平1时，VT1和VT2才会都导通，VT3、VT4才会都截止，此时输出为低电平，$P=0$。

则该电路逻辑表达式为

$$P=\overline{AB}$$

集成CMOS与非门器件如图6-26所示。

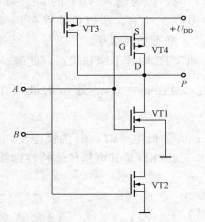

图6-25 CMOS与非门电路

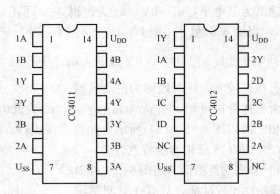

图6-26 集成CMOS与非门器件

（2）CMOS或非门电路。图6-27所示为COMS或非门电路。驱动管VT1、VT2为N沟道增强型，两者并联；而负载管VT3、VT4为P沟道增强型，两者串联；$A$、$B$为两个输入端，$P$为输出端。电路原理如下：

1）只有当$A$、$B$中的一个或全为高电平1时，VT3、VT4中有一个或全部截止，VT1、VT2中有一个或全部导通，输出$P$为低电平，$P=0$。

2）只有当输入$A$、$B$全为低电平0时，VT3和VT4才会都导通，VT1、VT2才会都截止，此时输出为高电平，$P=1$。

则该电路逻辑表达式为

$$P=\overline{A+B}$$

集成 CMOS 或非门器件如图 6-28 所示。

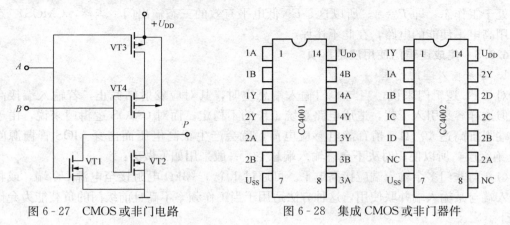

图 6-27 CMOS 或非门电路 　　　　图 6-28 集成 CMOS 或非门器件

**4. CMOS 传输门和三态门**

(1) CMOS 传输门 (Transmission Gate)。CMOS 传输门是由 PMOS 和 NMOS 管并联组成。图 6-29 所示为 CMOS 传输门的电路结构和逻辑符号。PMOS 管的源极与 NMOS 管的漏极相连作为输入端，PMOS 管的漏极与 NMOS 管的源极相连作为输出端，两个栅极受一对控制信号 $\overline{C}$ 和 $C$ 控制。由于 MOS 器件的源极和漏极对称的，所以信号可以双向传输。

1) 当 $C=0V$，$\overline{C}=+U_{DD}$ 时，则 $VT_N$ 和 $VT_P$ 都截止，输出和输入之间呈现高阻抗，其值一般大于 $10^9\Omega$，此时，$u_i$ 不能传输到输出端，相当于开关断开，所以传输门截止工作。

2) 当 $C=+U_{DD}$，$\overline{C}=0V$ 时，当 $0 \leqslant u_i \leqslant U_{DD}-U_T$ 时，则 $VT_N$ 管导通；如果 $|U_T| < u_i \leqslant U_{DD}$，则 $VT_P$ 导通。因此当 $u_i$ 在 0 到 $+U_{DD}$ 之间变化时，总有一个 MOS 管导通，使输出和输入之间呈低阻抗（$<10^3\Omega$），则 $u_o \approx u_i$，相当于开关闭合，即传输门导通。

(2) CMOS 三态门。CMOS 三态门的电路结构和符号如图 6-30 所示。三态门输出端除了有高电平、低电平两种状态外，还增加了一个禁止态，或称高阻态。它是在反相器的负载管和工作管上分别串接一个 PMOS 管 $VT'_P$ 和一个 NMOS 管 $VT'_N$ 构成的。

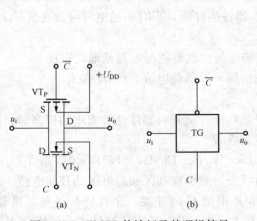 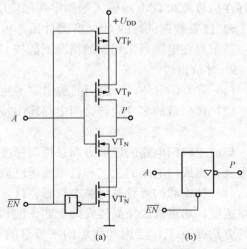

图 6-29 CMOS 传输门及其逻辑符号 　　　图 6-30 CMOS 三态门及其逻辑符号
　　(a) 电路结构；(b) 逻辑符号 　　　　　　(a) 电路结构；(b) 逻辑符号

当 $\overline{EN}=1$ 时，$VT_P'$，$VT_N'$ 均截止，输出处于高阻态。当 $\overline{EN}=0$ 时，$VT_P'$，$VT_N'$ 都导通，电路处于工作态，即 $P=\overline{A}$。所以这是 $\overline{EN}$ 低电平有效的三态输出门。当然，CMOS 三态门也有用高电平使能的电路，在此不述评。

### 6.3.5 集成逻辑门使用注意事项

1. 多余输入端的处理

对 TTL 逻辑门来说，当与非门输入端悬空时，其对应发射结截止，若输入端接高电平。但这样容易引入干扰，造成电路系统工作的不稳定。而对 CMOS 逻辑门来说，由于其输入端阻抗高达 $10^{12}\,\Omega$，稍有静电感应电荷，就会产生很高电压而击穿 MOS 管栅源间的 $SiO_2$ 绝缘层，所以使用时决不允许输入端悬空。一般采用如下做法：

（1）与非门多余输入端应接高电平。可通过 1 个 $1\sim3k\Omega$ 电阻接至电源 $U_{CC}$ 端，或将多余输入端与某输入端并联使用，这种方法适用于当工作频率不高且前级门的负载能力允许的情况下。

（2）或非门多余输入端应接低电平。在使用时可将 TTL 和 CMOS 或非门的多余输入端直接接地。

（3）CMOS 门防静电击穿的措施。在 MOS 管的栅极与衬底之间有一层很薄的 $SiO_2$ 绝缘层，其厚度约为 $0.1\mu m$，称为栅氧化层，会在 CMOS 的输入端形成一个容量很小的输入电容，又由于 MOS 管直流电阻高达 $10^{12}\,\Omega$，即可在栅氧化层上感应出强电场，造成栅氧化层的永久性击穿。因此，应采取一些特殊的预防措施加以保护。

1）在储存和运输 CMOS 器件时，一般用铝箔将器件包起来，或者放在铝饭盒内进行静电屏蔽。

2）安装调试 CMOS 器件时，电烙铁及示波器等工具、仪表均要可靠接地。焊接 CMOS 器件最好在铬铁断电时用余热进行。

3）MOS 器件不使用的输入端不悬空，必须进行适当处理（接高电平或低电平，或与其他输入端并联）。

4）当 CMOS 电路接低内阻信号源时，钳位二极管可能会过电流烧坏，在这种情况下，最好在信号源和 CMOS 输入端间串接限流电阻。

5）已安装调试好的 CMOS 器件插件板，最好不要频繁地从整机机架上拔下插上，尤其要注意不要在电源尚未切断的情况下插拔 CMOS 器件插件板，平时不通电时应放在机架上。

2. 对输出端的处理

（1）除 OC 门外，一般门的输出端不允许线与连接，也不能与电源或地线短接。

（2）带负载的多少应符合门电路输出特性的指标，即负载电流 $i_L \leqslant I_{OL}$ 或 $I_{OH}$。

3. 集成逻辑器件的特点及分类

集成逻辑门电路的发展方向是提高速度和降低功耗。随着对器件性能需求的提高和科技的发展，集成门电路的工艺和技术改进已取得显著成效。

（1）抗饱和的肖特基势垒二极管器件（Schottky Barrier Diode，SBD）。为提高 TTL 门电路速度，通常设法使晶体管处于非深饱和导通状态，减少在基区和集电区的存储电荷。采取的方法是在工作于饱和状态的三极管的基极和集电极 C 间并接一个肖特基势垒二极管，如图 6-31（a）所示。三极管 VT 的 B、C 极间接入一个 SBD，它的 PN 结由金属铝和 N 型半导体硅组成，其特点为：①正向压降小，$u_D \approx 0.3\sim0.4V$；②导电载体为多数载流子——

电子，这样不会产生附加的开关时间。

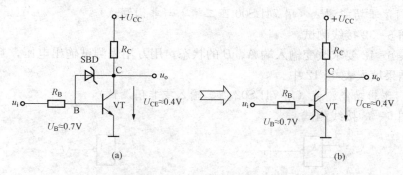

图 6 - 31 　肖特基势垒三极管 SBD
（a）加入 SBD；（b）加入 SBD 的三极管画法

当 SBD 导通钳位时，三极管基流被 SBD 分流，这就限制了三极管的饱和深度，使 $U_{CE} \approx 0.4V$，从而减少了由存储电荷引起的开关时间。对加有肖特基二极管的三极管，可画成如图 6 - 31（b）中三极管 VT 的形状。

加有肖特基二极管的 TTL 电路称作 STTL，将门电路中的三极管均用在集电极 C 和基极 B 间接有 SBD 的三极管代替，并在电路结构上加以改进就形成了 74LS××、74S××、74HLS××、74HS×× 等各种高速门电路系列。其中 74LS×× 是首选，它是高速、低功耗电路，门电路平均延迟时间 $t_{pd}$ 小于 5ns，功耗仅为 2mW，当电路工作在 1MHz 频率以内时，功耗比 CMOS 电路还低。

（2）TTL 与 CMOS 门电路性能比较。一般中速逻辑电路只在 TTL 和 CMOS 两大类型中挑选。

对于 TTL 电路，一般有有源泄放 TTL、STTL、LSTTL 门电路。有源泄放 TTL 电路已过时淘汰，最常采用的是 LSTTL 系列。

对于工作速度要求不高的逻辑电路，CMOS 门电路优先选用。因为其抗干扰能力随电源电压增加而提高，尤其适用于干扰大的工业环境下使用；而且 CMOS 电路对电源要求不高，电源电压适应范围宽、使用方便。

## 实操练习 12 　　TTL 集成门电路功能测试

**一、目的要求**

（1）熟悉 TTL 各种集成门电路的逻辑功能和测试方法。

（2）掌握用万用表的使用方法。

**二、工具、仪表和器材**

（1）工具：万用表 1 台或数字型万用表 1 台。

（2）元件：与非门集成块、或非门集成块、与或非门集成块、异或门集成块。

**三、实操练习内容与步骤**

（1）TTL 集成门电路是组成各种数字电路的基本单元，而门电路有多种形式，其中常用的有与非门、或非门、与或非门、异或门。

(2) 熟悉各种门电路输入与输出之间的逻辑关系,对学好数字电路课程十分重要。

1. 与非门逻辑功能测试(用 74LS00 四二输入与非门测试)

(1) 按图 6-32 接线测试。

(2) 按表 6-12 要求改变输入端 $A$、$B$ 的状态,用万用表测试输出电压,判断其逻辑状态,将测试结果填入表 6-12 中。

2. 或非门逻辑功能测试(用 74LS02 四二输入或非门测试)

(1) 按图 6-33 接线测试。

图 6-32　与非门测试电路 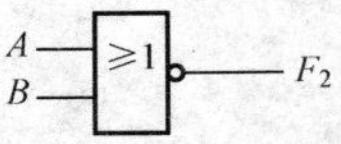　　　　图 6-33　或非门测试电路

(2) 按表 6-13 要求改变输入端 $A$、$B$ 的状态,用万用表测试输出端的电压,判断其逻辑状态,将测试的结果填入表 6-13 中。

表 6-12　　　　与非门功能测试表

| 输　　入 | | 输出电压 | 输出逻辑状态 |
|---|---|---|---|
| $A$ | $B$ | $u_o(V)$ | $F_1$ |
| 0 | 0 | | |
| 0 | 1 | | |
| 1 | 0 | | |
| 1 | 1 | | |

表 6-13　　　　或非门功能测试表

| 输　　入 | | 输出电压 | 输出逻辑状态 |
|---|---|---|---|
| $A$ | $B$ | $u_o(V)$ | $F_2$ |
| 0 | 0 | | |
| 0 | 1 | | |
| 1 | 0 | | |
| 1 | 1 | | |

3. 与或非门逻辑功能测试(用 74LS51 二三输入与或非门测试)

(1) 按图 6-34 接线测试。

(2) 按表 6-14 要求改变输入端 $A$、$B$、$C$、$D$ 的状态,用万用表测试输出端的电压,判断其逻辑状态,将测试结果填入表 6-14 中。

表 6-14　　　　　　　　与或非门功能测试表

| 输　　入 | | | | 输出电压 | 输出逻辑状态 |
|---|---|---|---|---|---|
| $A$ | $B$ | $C$ | $D$ | $u_o(V)$ | $F_3$ |
| 0 | 0 | 0 | 0 | | |
| 0 | 0 | 0 | 1 | | |
| 0 | 0 | 1 | 1 | | |
| 0 | 1 | 1 | 1 | | |
| 1 | 1 | 1 | 1 | | |

4. 异或门逻辑功能测试(用 74LS86 四二输入异或门测试)

(1) 按图 6-35 所示接线测试。

(2) 按表 6-15 要求改变输入端 $A$、$B$ 的状态,用万用表测试输出端的电压,判断其逻辑状态,将测试结果填入表 6-15 中。

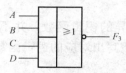
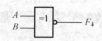

图 6-34　与或非门测试电路　　　　　　图 6-35　异或门测试电路

5. TTL 集成门电路的多余输入端的处理方法

将图 6-32、图 6-33 所示电路中的输入端 $A$ 分别接地和电源电压，观察当 $B$ 端输入信号分别为高、低电平时相应输出端的状态，并把测试结果记入表 6-16 中。

表 6-15　　　异或门功能测试表

| 输 | 入 | 输出电压 | 输出逻辑状态 |
|---|---|---|---|
| $A$ | $B$ | $u_o(V)$ | $F_4$ |
| 0 | 0 | | |
| 0 | 1 | | |
| 1 | 0 | | |
| 1 | 1 | | |

表 6-16　　　多余输入端的处理测试表

| 输 | 入 | 输 | 出 |
|---|---|---|---|
| $A$ | $B$ | $F_1$ | $F_2$ |
| 接地 | 0 | | |
| 接地 | 1 | | |
| 接电源 | 0 | | |
| 接电源 | 1 | | |

# 6.4　逻辑函数的化简

逻辑代数又叫布尔代数或开关代数，是分析和设计逻辑电路的数学工具，而利用逻辑代数可判定一个已知逻辑电路的功能或根据需要的逻辑研究和简化相应的逻辑电路。

## 6.4.1　逻辑化简的意义及公式化简法

由于逻辑函数的表达式不是唯一的，而运用逻辑代数的一些基本的运算定律对函数化简，可得到逻辑最简式。表达式越简单，则在实现时所需的元件越少，这样既可降低成本，又可减少故障源，这就是逻辑函数化简的意义。

【例 6-4】　化简 $AB+\overline{A}C+\overline{B}C$

**解**　$AB+\overline{A}C+\overline{B}C=AB+(\overline{A}+\overline{B})C=AB+\overline{AB}C=AB+C$

化简前、后的逻辑电路图如图 6-36 所示。显然，化简后所用逻辑门大大减少了。

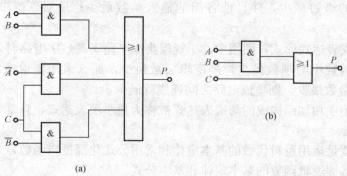

图 6-36　逻辑函数的化简
(a) 化简前；(b) 化简后

1. 真值表与逻辑函数

在实际电路中，往往遇到的是一些复杂程度各异的逻辑函数，并不是逻辑函数的最简式，要得到逻辑函数的最简式，一般先由逻辑真值表写出对应的逻辑函数，再进行化简得到最简式。

最简与或式，首先是与或表达式中乘积项的个数最少，其次是力求每一个乘积项中包含的变量数最少。下面以表6-17所对应的真值表为例，直接写出输出变量的函数表达式。

（1）与或表达式。

1）把输出变量中，每个 $P=1$ 相对应的一组输入变量的组合状态以逻辑乘形式表示：变量取值为1用原变量表示，变量取值为0用反变量表示。

2）再将所有 $P=1$ 的逻辑乘组合进行逻辑加，即能得到 $P$ 的完整逻辑函数表达式。

按照上述方法，就可写出表6-17的真值表对应的与或逻辑函数表达式为

$$P = A\overline{B} + \overline{A}B$$

（2）或与表达式。同样，运用逻辑反演律，则能得到另一种或与表达式。

1）将真值表中 $P=0$ 的一组输入变量组合状态以逻辑加形式表示：变量取值为0用原变量表示，变量取值为1用反变量表示。

2）再将所有 $P=0$ 的逻辑加组合进行逻辑乘，能得出 $P$ 的逻辑函数表达式。

表6-17　　　　　　　　　　　　异或逻辑真值表

| $A$ | $B$ | $P$ | $A$ | $B$ | $P$ |
|---|---|---|---|---|---|
| 0 | 0 | 0 | 1 | 0 | 1 |
| 0 | 1 | 1 | 1 | 1 | 0 |

按上述方法，可写出上述真值表对应的或与表达式为

$$P = (A+B) \cdot (\overline{A}+\overline{B})$$

由此可见，与或表达式和或与表达式是等价的，只是表达形式不同。

2. 逻辑函数化简的目标

逻辑设计中，为使设计出来的逻辑电路既经济又可靠，要将某一具体逻辑函数往往不是最简的逻辑表达式，而化简成最简逻辑表达式对逻辑函数的化简具有十分重要有意义。逻辑函数化简一般的原则是：首先，使设计逻辑电路所需的门数最少；其次，为提高逻辑电路工作速度，门电路的级数最少，并且使各门的输入端数最少；最后，逻辑电路应能可靠地工作。

如果采用与或表达式形式，则用中、小规模集成电路实现数字电路时，逻辑函数化简的目标是：①逻辑函数中与项数最少，则逻辑门数最少，那么采用集成电路的数量就最少；②每个与项中变量数最少，则集成电路之间连线就最少。

由若干个最小项相加而构成的与或表达式被称为最小项表达式，且其表达式是唯一的。

3. 公式化简法

公式化简法就是运用逻辑代数的基本定律和常用公式化简逻辑函数，是最常用的化简法之一，要求熟练掌握逻辑函数的基本定律和基本公式。

（1）并项法。利用公式 $A+\overline{A}=1$，将两项合并，并消去一个变量。例如：

$$A(BC + \overline{B}\,\overline{C}) + A(B\overline{C} + \overline{B}C) = ABC + A\overline{B}\,\overline{C} + AB\overline{C} + A\overline{B}C = AB + A\overline{B} = A$$

（2）吸收法。利用公式 $A+AB=A$，消去多余项（冗余项）。例如：

$$A\overline{B} + A\overline{B}CD(\overline{D}+E) = A\overline{B}$$

（3）消去法。利用公式 $A+\overline{A}B=A+B$，消去多余的变量。例如：

$$AB + \overline{A}C + \overline{B}C = AB + (\overline{A}+\overline{B})C = AB + \overline{AB}C = AB + C$$

（4）配项法。当不能直接利用基本定律化简时，可先利用定律配项后化简。例如下式先乘以 $(A+\overline{A})$ 后拆开，再重新组合化简。

$$AB + \overline{A}C + BC = AB + \overline{A}C + BC(A+\overline{A}) = AB + \overline{A}C$$

逻辑函数化简的途径并不是唯一的，上述方法可以任意组合或综合运用。

### 6.4.2 逻辑函数的卡诺图化简法

由于公式法不够直观，还需要背记大量公式，同时，化简得到的结果不便于确认是否为最简式，所以在实际化简时并不常用，最常用的是卡诺图化简法。

#### 6.4.2.1 逻辑函数的标准式——最小项表达式

1. 最小项

所谓最小项是这样一个乘积项：在该乘积项中含有输入逻辑变量的全部变量，每个变量以原变量或反变量的形式出现且仅出现一次。

对于包含 $n$ 个变量的函数来说，共有 $2^n$ 个不同取值组合，所以有 $2^n$ 个最小项。对于 3 变量 $A$、$B$、$C$ 来讲，有 $2^3=8$ 个最小项，分别为 $\overline{A}\,\overline{B}\,\overline{C}$，$\overline{A}\,\overline{B}C$，$\overline{A}B\overline{C}$，$\overline{A}BC$，$A\overline{B}\,\overline{C}$，$A\overline{B}C$，$AB\overline{C}$ 和 $ABC$。例如，$A$、$B$、$C$ 变量取 0、1、0 时，对应的最小为 $\overline{A}B\overline{C}$；$A$、$B$、$C$ 取 1、0、1 时，对应的最小项为 $A\overline{B}C$。如此，共 8 组最小项，见表 6 - 18。

<table>
<tr><td>表 6 - 18</td><td colspan="7" align="center">3 变量对应的最小项</td></tr>
<tr><td>$A$</td><td>$B$</td><td>$C$</td><td>对应最小项（$m_i$）</td><td>$A$</td><td>$B$</td><td>$C$</td><td>对应最小项（$m_i$）</td></tr>
<tr><td>0</td><td>0</td><td>0</td><td>$\overline{A}\,\overline{B}\,\overline{C}=m_0$</td><td>1</td><td>0</td><td>0</td><td>$A\overline{B}\,\overline{C}=m_5$</td></tr>
<tr><td>0</td><td>0</td><td>1</td><td>$\overline{A}\,\overline{B}C=m_1$</td><td>1</td><td>0</td><td>1</td><td>$A\overline{B}C=m_6$</td></tr>
<tr><td>0</td><td>1</td><td>0</td><td>$\overline{A}B\overline{C}=m_2$</td><td>1</td><td>1</td><td>0</td><td>$AB\overline{C}=m_7$</td></tr>
<tr><td>0</td><td>1</td><td>1</td><td>$\overline{A}BC=m_3$</td><td>1</td><td>1</td><td>1</td><td>$ABC=m_7$</td></tr>
</table>

为表达和书写方便，通常用 $m_i$ 表示最小项，并为每个变量赋予一个二进制的位权值 $2^i$，这样就可根据各个变量的位权值，很容易地由变量取值求出相应的十进制号码。若变量取值组合为 $A\overline{B}C=101$，则用 $1\times2^2 + 0\times2^1 + 1\times2^0 = 5$ 来表示对应的最小项 $A\overline{B}C$，记作 $m_5$。

2. 逻辑函数的最小项表达式

由最小项定义得知，只有按最小项对应的这组变量的取值才可能使该乘积项的值为 1，其余任何变量的取值组合都使该乘积项的值为 0。

由若干个最小项相加而构成的与或表达式被称为最小项表达式，也是与或表达式的标准形式，且其表达式是唯一的。

这样，一个逻辑函数的最小项表达式书写出就十分方便了。

例如 $$P = ABC + AB\overline{C} + \overline{A}BC + \overline{A}\,\overline{B}C$$

可以简写成 $$P(A,B,C) = m_7 + m_6 + m_3 + m_1 = \sum m(1,3,6,7)$$

逻辑函数展开成最小项表达式形式，其变换方法有两种。

（1）由逻辑函数列出最小项表达式。

**【例 6 - 5】**　将 $P = A\overline{B} + AB\overline{C}$ 展开成最小项表达式。

**解**　依题意，列出其真值表，如表 6 - 19 所示，再由真值写出最小项表达式为

$$P = A\overline{B}C + A\overline{B}\,\overline{C} + AB\overline{C} = m_4 + m_5 + m_6 = \sum m(4,5,6)$$

**表 6 - 19**　　　　　　　　　　　　　　　　　　　　　[例 6 - 5] 的真值表

| $A$ | $B$ | $C$ | $P$ | $A$ | $B$ | $C$ | $P$ |
|-----|-----|-----|-----|-----|-----|-----|-----|
| 0 | 0 | 0 | 0 | 1 | 0 | 0 | 1 |
| 0 | 0 | 1 | 0 | 1 | 0 | 1 | 1 |
| 0 | 1 | 0 | 0 | 1 | 1 | 0 | 1 |
| 0 | 1 | 1 | 0 | 1 | 1 | 1 | 0 |

（2）由逻辑函数利用公式法去反，脱括号，配项后写成最小表达式。

**【例 6 - 6】**　将逻辑函数 $P = \overline{(AB + \overline{A}\,\overline{B} + \overline{C})\,\overline{AB}}$ 展开成最小项表达式。

**解**　第一步去反，则

$$P = \overline{(AB + \overline{A}\,\overline{B} + \overline{C})} + AB$$
$$= AB\ \overline{\overline{A}\,\overline{B}\ \overline{C}} + AB$$
$$= (\overline{A} + \overline{B})(A + B)C + AB$$

第二步脱括号，则

$$P = (A\overline{B} + \overline{A}B)C + AB = A\overline{B}C + \overline{A}BC + AB$$

第三步配项，则

$$P = A\overline{B}C + \overline{A}BC + AB(C + \overline{C}) = A\overline{B}C + \overline{A}BC + ABC + AB\overline{C}$$
$$= m_5 + m_3 + m_7 + m_6 = \sum m(3,5,6,7)$$

### 6.4.2.2　卡诺图与逻辑函数的对应

**1. 卡诺图**

卡诺图是代表逻辑函数的所有最小项的小方块按相邻原则排列而成的方块图。

相邻原则：几何上相邻的小方格所代表的最小项，只有一个变量互为反变量，其他变量都相同。

制作卡诺图，只需将所有逻辑变量分成纵、横两组，且每一组变量取值组合按循环码排列，即相邻两组之间只有一个变量取值不同。例如，两变量的 4 种取值应按 00→01→11→10 排列。要特别注意的是：头、尾两组取值也是相邻的。

下面给出 2 变量、3 变量和 4 变量卡诺图，见图 6 - 37。

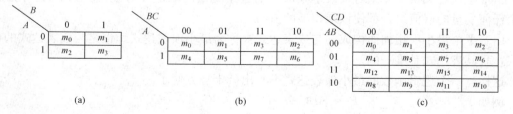

(a)　　　　　　　　　　　　　　　(b)　　　　　　　　　　　　　　　(c)

图 6 - 37　3 种变量的卡诺图

（a）2 变量卡诺图；（b）3 变量卡诺图；（c）4 变量卡诺图

2 变量卡诺图：设输入变量为 $A$、$B$（$A$ 是高位，$B$ 是低位），共有 $2^2=4$ 个最小项。有 4 个小方块分别表示 2 变量的全部 4 个最小项 $m_0 \sim m_3$。这 4 个最小项按逻辑相邻的原则排列。

3 变量卡诺图：$A$、$B$、$C$（高位→低位），共有 $2^3=8$ 个最小项，共有 8 个小方块分别表示 3 变量的全部 8 个最小项 $m_0 \sim m_7$。将 $A$ 作为纵轴，$BC$ 作为横轴，$BC$ 取值应符合循环码排列规则。

4 变量卡诺图：设输入变量为 $A$、$B$、$C$、$D$（高位→低位），共有 $2^4=16$ 个最小项。有 16 个小方块分别表示 4 变量的全部 16 个最小项 $m_0 \sim m_{15}$。将 $AB$ 作为纵轴，$CD$ 作为横轴，并且 $AB$、$CD$ 取值应符合循环码规律排列，可得到 4 变量卡诺图。

**2. 如何看卡诺图**

$n$ 个变量的卡诺图共有 $2^n$ 个小方块，分别表示 $2^n$ 个最小项。在卡诺图中，最小项是按循环码排列的，所以任意相邻的两方格所表示的最小项均仅有一个变量不同，即这两个最小项具有相邻性。

在寻找相邻项时要特别注意上、下、左、右的邻格也具有相邻性，因为卡诺图可以左、右卷起来看，也可以上、下折叠起来看，这样四角的四个小方块也是相邻项。

**3. 用卡诺图表示逻辑函数**

由于任意一个 $n$ 变量的逻辑函数都能变换成最小项表达式。而 $n$ 变量的卡诺图包含了 $n$ 个变量的所有最小项，所以卡诺图与逻辑函数存在一一对应的关系，$n$ 变量的卡诺图可以表示 $n$ 变量的任意一个逻辑函数。

例如，表示一个变量的逻辑函数 $P(A,B,C)=\sum m(2,4,5)$，可以在 3 变量卡诺图的 $m_2$、$m_4$、$m_5$ 的小方格中填写 1 来标记，其余各小方格填 0（或者什么也不填），如图 6-38 所示，填 1 的含义是当函数的变量取值与该小方格代表的最小项相同时，函数值为 1。

对于一个非标准的逻辑函数表达式（即不是最小项形式），通常是将逻辑函数变换成最小项表达式再填图。

**【例 6-7】**　将逻辑函数 $P=A\overline{B}C+\overline{A}BD+AD$ 填入卡诺图。

**解**　　$P = A\overline{B}C(D+\overline{D})+\overline{A}BD(C+\overline{C})+AD(B+\overline{B})$
$$= A\overline{B}CD+A\overline{B}C\overline{D}+\overline{A}BCD+\overline{A}B\overline{C}D+ABD(C+\overline{C})+A\overline{B}D(C+\overline{C})$$
$$= A\overline{B}CD+A\overline{B}C\overline{D}+\overline{A}BCD+\overline{A}B\overline{C}D+ABCD+AB\overline{C}D+A\overline{B}\,\overline{C}D$$
$$= \sum m(11,10,5,7,9,13,15)$$

将上述表达式填入卡诺图，如图 6-39 所示。

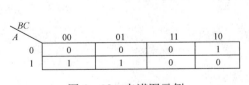

图 6-38　卡诺图示例　　　　　图 6-39　［例 6-7］卡诺图

**4. 卡诺图相邻项的合并**

在公式法化简逻辑函数时，常利用公式 $AB+A\overline{B}=A$ 将两个乘积项进行合并。该公式表明两个具有相邻性的乘积项，相同部分将保留，而不同部分被吸收。

由于卡诺图变量取值组合是按循环码的规律排列，使处在相邻位置的最小项都只有一个变量存在取值 0 和 1 的差别。因此，根据最小项在卡诺图中的位置，凡是处于相邻位置的最小项均可以合并。

卡诺图两个相邻项进行合并示例如图 6 - 40 所示。

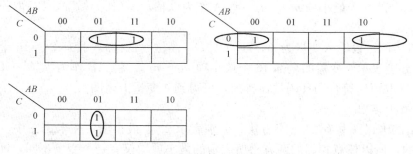

图 6 - 40  卡诺图相邻项的合并示例

### 6.4.2.3  利用卡诺图化简逻辑函数

由卡诺图相邻项的合并得知：两个相邻项合并，可以消去一个相异的变量。同理，4 个相邻项合并为一项时，可以消去两个相异变量。8 个相邻项合并为一项时，可消去 3 个相异变量。由此可得出合并最小项的规律是：$2^n$ 个相邻项（必须都含 1，不能空）合并为一项时，可以消去 $n$ 个相异变量，$n$ 可以取 1、2、3、4 等正整数。

具体的化简方法是圈画最大公因圈。

**1. 卡诺图化简的步骤**

必须指出：最大公因圈必须按 $2^n$ 个方格来圈画；最大公因圈必须均被"1"填满，否则，应按规定缩小公因圈圈画范围。下面以 3 变量、4 变量卡诺图为例，说明卡诺图化简的步骤。

**【例 6 - 8】**  试化简 $P(A,B,C,D) = \overline{B}CD + \overline{A}\,\overline{C}D + A\overline{B}C + A\overline{B}D + B\overline{C}$。

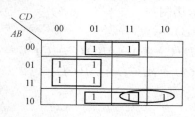

图 6 - 41  ［例 6 - 8］卡诺图化简

**解**  第一步：依题意画出 4 变量卡诺图，并将逻辑函数填入卡诺图，如图 6 - 41 所示。

第二步：正确圈画（合并）最小项，如图示可圈画 3 个公因圈，写出每一公因圈对应的与项（只保留相同的变量，相异变量合并消去）。

第三步：将每个公因圈所表示的与项逻辑加，就可得到逻辑函数的最简与或表达式。

得出化简结果为

$$P = \overline{B}D + B\overline{C} + A\overline{B}C$$

**2. 圈画公因圈的原则**

（1）公因圈必须要覆盖逻辑函数所有含 1 的最小项。

（2）要保证公因圈的圈数尽可能少，使与或表达式中的与项个数最少。

（3）要保证公因圈尽可能大，以消去更多的变量，使合并后的与项中变量数最少。

（4）每个公因圈至少有一个最小项是没有被其他公因圈圈画过的（保证每个公因圈都是独立的），避免产生冗余项。

（5）最后剩下没有公共项的孤立的 1 单独画圈。

### 6.4.3　含约束条件的逻辑函数的化简

简单地说，约束条件是用来说明逻辑函数中各逻辑变量之间存在的一种互相制约关系，即在这种约束条件下，逻辑函数值 $P$ 不存在。而约束条件所含的最小项称为约束项。

例如，用 $A$、$B$、$C$、$D$ 4 个变量实现的 8421BCD 编码，当 $ABCD$ 的取值为 1010～1111 时，对十进制数来说为溢出，没有意义，即 $ABCD$ 的这 6 组取值是不允许出现的。所以，这 6 组取值对应的最小项就是约束项。

由于约束项根本不会出现或不允许出现，所以在化简时就可以充分利用约束项取值的任意性，将约束项既可看做 1，也可以看做 0，而取 1 或取 0 都不会影响其函数值。这样，就能利用约束项来帮助化简逻辑函数。

**【例 6 - 9】**　设计一个四舍五入电路。

**解**　用变量 $A$、$B$、$C$、$D$ 来表示一位十进制数 $X$ 的二进制编码，当 $X \geqslant 5$ 时，输出 $P$ 为 1。依题意可列出函数 $P$ 的真值表，如表 6 - 20 所示。

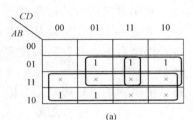
(a)

由真值表，得

$$P = \sum m(5,6,7,8,9) + \sum d(10,11,12,13,14,15)$$

画出函数 $P$ 的卡诺图，对图中的约束项，在相应的方格中画×。

（1）如果利用约束项（将需要的约束项看做 1），如图 6 - 42（a）中卡诺图所示，则函数化简结果为

$$P = A + BC + BD$$

（2）如果不考虑约束条件，如图 6 - 41（b）卡诺图所示，则函数化简结果为

$$P = \overline{A}BD + \overline{A}BC + A\overline{B}\,\overline{C}$$

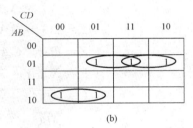
(b)

图 6 - 42　［例 6 - 9］卡诺图化简
(a) 考虑约束项的化简；
(b) 不考虑约束项的化简

显然，利用约束条件进行化简的表达式简单。

使用卡诺图化简逻辑函数，一般输入变量不能多于 4 个，否则，化简变得十分烦琐，手工化简难以进行，必须借助于计算机进行工作。

**表 6 - 20**　　　　　　　　　　［例 6 - 9］真 值 表

| $X$ | $A$ | $B$ | $C$ | $D$ | $P$ | $X$ | $A$ | $B$ | $C$ | $D$ | $P$ |
|---|---|---|---|---|---|---|---|---|---|---|---|
| 0 | 0 | 0 | 0 | 0 | 0 | 8 | 1 | 0 | 0 | 0 | 1 |
| 1 | 0 | 0 | 0 | 1 | 0 | 9 | 1 | 0 | 0 | 1 | 1 |
| 2 | 0 | 0 | 1 | 0 | 0 | 10 | 1 | 0 | 1 | 0 | × |
| 3 | 0 | 0 | 1 | 1 | 0 | 11 | 1 | 0 | 1 | 1 | × |
| 4 | 0 | 1 | 0 | 0 | 0 | 12 | 1 | 1 | 0 | 0 | × |
| 5 | 0 | 1 | 0 | 1 | 1 | 13 | 1 | 1 | 0 | 1 | × |
| 6 | 0 | 1 | 1 | 0 | 1 | 14 | 1 | 1 | 1 | 0 | × |
| 7 | 0 | 1 | 1 | 1 | 1 | 15 | 1 | 1 | 1 | 1 | × |

# 6.5　组合逻辑电路

数字电路按逻辑功能特点的不同可分为组合逻辑电路和时序逻辑电路两大类。本节主要讨论组合逻辑电路。组合逻辑电路，是不含有记忆元件或存储电路，而且不存在从输出到输入之间的反馈通路。因此，输出状态不会影响输入状态，电路任意时刻的输出仅取决于该时刻的输入信号的组合，而与信号作用前电路的状态无关。

### 6.5.1　组合逻辑电路的分析

由组合逻辑电路的逻辑图求出其逻辑功能的过程称为组合逻辑电路的分析，步骤如下：

（1）根据逻辑电路图逐级写出函数的表达式。

（2）利用逻辑代数的运算规则对逻辑函数表达式进行化简或变换。

（3）将输入输出变量及其所有可能的取值列出真值表。

（4）根据真值表和逻辑函数表达式确定电路的逻辑功能。

**【例 6 - 10】**　试分析图 6 - 43 所示电路的逻辑功能。

**解**　由逻辑图可逐级写出其输出端的逻辑表达式，并化简。

$$G = \overline{ABC}$$

$$X = AG = A\,\overline{ABC}$$

$$Y = BG = B\,\overline{ABC}$$

$$Z = CG = C\,\overline{ABC}$$

$$F = \overline{X + Y + Z}$$

$$F = \overline{\overline{ABC}A + \overline{ABC}B + \overline{ABC}C} = \overline{\overline{ABC}(A + B + C)}$$

$$= \overline{\overline{ABC}} + \overline{(A + B + C)}$$

$$= ABC + \overline{ABC}$$

列出真值表，如表 6 - 21 所示。

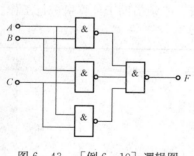

图 6 - 43　［例 6 - 10］逻辑图

表 6 - 21　　　　［例 6 - 10］真值表

| A | B | C | F |
|---|---|---|---|
| 0 | 0 | 0 | 0 |
| 0 | 0 | 1 | 0 |
| 0 | 1 | 0 | 0 |
| 0 | 1 | 1 | 1 |
| 1 | 0 | 0 | 0 |
| 1 | 0 | 1 | 1 |
| 1 | 1 | 0 | 1 |
| 1 | 1 | 1 | 1 |

**【例 6 - 11】**　一个双输入端、双输出端的组合逻辑电路如图 6 - 44 所示，分析该电路的功能。

**解**　第一步，由逻辑图写出逻辑表达式，并进行化简和变换。

$$Z_1 = \overline{AB}$$

$$Z_2 = \overline{A\,\overline{AB}}$$

$$Z_3 = \overline{B\,\overline{AB}}$$

$$S = \overline{Z_2 Z_3} = \overline{Z_2} + \overline{Z_3} = A\,\overline{AB} + B\,\overline{AB} = A(\overline{A} + \overline{B}) + B(\overline{A} + \overline{B})$$

$$= A\overline{B} + \overline{A}B = A \oplus B$$

$$C = \overline{Z_1} = AB$$

第二步，列出真值表，如表 6 - 22 所示。

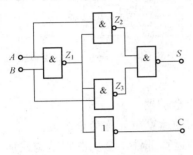

图 6 - 44　［例 6 - 11］电路图

表 6 - 22　　　　［例 6 - 11］真值表

| 输 | 入 | 输 | 出 |
|---|---|---|---|
| A | B | S | C |
| 0 | 0 | 0 | 0 |
| 0 | 1 | 1 | 0 |
| 1 | 0 | 1 | 0 |
| 1 | 1 | 0 | 1 |

第三步，分析真值表可知：$A$、$B$ 都是 0 时，$S$ 为 0，$C$ 也为 0；当 $A$、$B$ 有 1 个为 1 时，$S$ 为 1，$C$ 为 0；当 $A$、$B$ 都是 1 时，$S$ 为 0，$C$ 为 1。这符合两个 1 位二进制数相加的原则，即 $A$、$B$ 为两个加数，$S$ 是它们的和，$C$ 是向高位的进位。这种电路可用于实现两个 1 位二进制数的相加，实际上它是运算器中的基本单元电路，称为半加器。

### 6.5.2　组合逻辑电路的设计

组合逻辑电路设计的任务是根据给定的设计要求，求出实现该功能的最简逻辑电路图称为组合逻辑电路的设计，其步骤如下所示：

实际问题 → 真值表 → 逻辑函数 → 化简 → 逻辑图

（1）对实际的问题进行分析，确定输入、输出逻辑变量，并分析变量间的逻辑关系。

（2）列出逻辑状态表，即真值表。

（3）根据真值表写出逻辑函数最小项之和的表达式。

（4）将逻辑函数表达式进行化简或变换。

（5）按照化简后的逻辑函数表达式合理选择器件，构成逻辑电路。

【例 6 - 12】　设计一个三人表决电路，如两人或两人以上的多数同意，则决议通过。

**解**　（1）设三人为三个输入变量 $A$、$B$、$C$，决议是否通过由输出 $F$ 表示。

（2）输入变量同意为状态 1，不同意为状态 0；输出端 $F$ 通过为状态 1，不通过为状态 0。

（3）列出真值表，如表 6 - 23 所示。

（4）写出逻辑函数式

$$F = \overline{A}BC + A\overline{B}C + AB\overline{C} + ABC$$

若用与非门实现，经过函数化简后得

$$F = \overline{\overline{AB} \cdot \overline{BC} \cdot \overline{AC}}$$

（5）画出逻辑电路，如图 6 - 45 所示。

**表 6 - 23** [例 6 - 12] 真值表

| A | B | C | F |
|---|---|---|---|
| 0 | 0 | 0 | 0 |
| 0 | 0 | 1 | 0 |
| 0 | 1 | 0 | 0 |
| 0 | 1 | 1 | 1 |
| 1 | 0 | 0 | 0 |
| 1 | 0 | 1 | 1 |
| 1 | 1 | 0 | 1 |
| 1 | 1 | 1 | 1 |

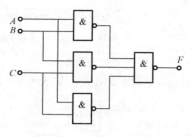

图 6 - 45 [例 6 - 12] 逻辑图

**【例 6 - 13】** 根据二进制加法运算规则，设计一个全加器。

同时考虑相邻低位的进位的两个同位二进制数相加的运算单元称为全加器。

在计算机的运算器中加法器是最重要而又最基本的运算部件，全加器则是构成加法器的基础。

**解** （1）设两个同位二进制数为 $A$、$B$，$C_I$ 为由低位送来的进位数，运算后本位和为 $S$，向高位的进位为 $C_O$。

（2）按照二进制数加法的运算规则，不难列出全加器的真值表，如表 6 - 24 所示。

**表 6 - 24** 全加器的真值表

| A | B | $C_I$ | S | $C_O$ |
|---|---|---|---|---|
| 0 | 0 | 0 | 0 | 0 |
| 0 | 0 | 1 | 1 | 0 |
| 0 | 1 | 0 | 1 | 0 |
| 0 | 1 | 1 | 0 | 1 |
| 1 | 0 | 0 | 1 | 0 |
| 1 | 0 | 1 | 0 | 1 |
| 1 | 1 | 0 | 0 | 1 |
| 1 | 1 | 1 | 1 | 1 |

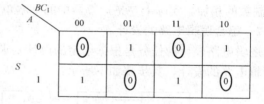

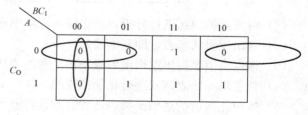

图 6 - 46 $S$、$C_O$ 的卡诺图

（3）由真值表可画出 $S$、$C_O$ 的卡诺图，如图 6 - 46 所示。为便于用与或非门实现电路，化简时先求 $S$、$C_O$ 的与或表达式。由图 6 - 46 不难得出

$$\overline{S} = \overline{A}\,\overline{B}\,\overline{C_I} + \overline{A}BC_I + A\overline{B}C_I + AB\,\overline{C_I}$$

$$= (\overline{A}\,\overline{B} + AB)\overline{C_I} + (\overline{A}B + A\,\overline{B})C_I$$

$$\overline{C_O} = \overline{A}\,\overline{B}\,\overline{C_I} + \overline{A}\,\overline{B}C_I + A\overline{B}\,\overline{C_I} + \overline{A}B\,\overline{C_I} = \overline{A}\,\overline{B} + \overline{A}\,\overline{C_I} + \overline{B}\,\overline{C_I}$$

求反后得

$$S = \overline{(\overline{A}\,\overline{B} + AB)\overline{C_I} + (\overline{A}B + A\,\overline{B})C_I}$$

$$= A \oplus B \oplus C_I$$

$$C_O = \overline{\overline{A}\,\overline{B} + \overline{B}\,\overline{C_1} + \overline{C_1}\,\overline{A}}$$
$$= \overline{A}BC_1 + A\overline{B}C_1 + AB$$
$$= (A \oplus B)C_1 + AB$$

（4）由上式可得图 6 - 47（a）所示的全加器的逻辑图，图 6 - 47（b）所示为全加器的逻辑符号。

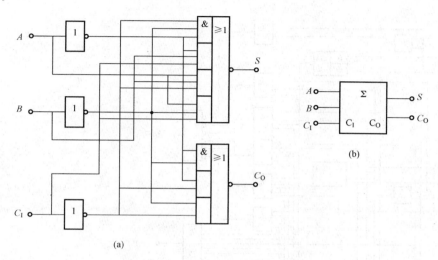

(a)

(b)

图 6 - 47　全加器的逻辑图及逻辑符号

（a）逻辑图；（b）逻辑符号

### 6.5.3　数值比较器

数值比较器就是将两个二进制数 $A$、$B$ 进行比较并判断出其大小的逻辑电路，比较最终的结果有 $A>B$、$A<B$ 和 $A=B$ 3 种情况。

1. 一位数值比较器

两个一位二进制数 $A$、$B$ 相比较，如表 6 - 25 所示，输出有 3 种可能：当 $A=1$，$B=0$ 时，$A>B$，用 $L_{A>B}$ 表示，$L_{A>B} = A\overline{B}$；当 $A=0$，$B=1$ 时，$A<B$，用 $L_{A<B}$ 表示，$L_{A<B} = \overline{A}B$；当 $A=B=0$ 或 $A=B=1$ 时，$A=B$，用 $L_{A=B} = AB + AB = A \odot B$。根据 $L_{A>B}$、$L_{A<B}$、$L_{A=B}$ 的表达式，可画出逻辑图，如图 6 - 48 所示。

表 6 - 25　一位数值比较器的真值表

| 输 | 入 | 输 | | 出 |
|---|---|---|---|---|
| $A$ | $B$ | $F_{A>B}$ | $F_{A<B}$ | $F_{A=B}$ |
| 0 | 0 | 0 | 0 | 1 |
| 0 | 1 | 0 | 1 | 0 |
| 1 | 0 | 1 | 0 | 0 |
| 1 | 1 | 0 | 0 | 1 |

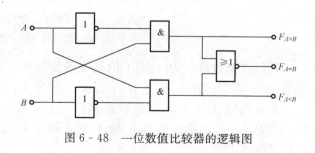

图 6 - 48　一位数值比较器的逻辑图

2. 多位数值比较器

多位数值比较，首先从最高位比起，再到最低位逐位进行比较。最高位大的数值一定大，最高位小的数值一定小；如果最高位相等，则需要比次高位，依次类推，直至最低位。只有当两数的所有相对应位相等时，两数才相等。下面以 4 位二进制数 $A_3$、$A_2$、$A_1$、$A_0$ 和 $B_3$、$B_2$、$B_1$、$B_0$ 为例，说明数值比较器 74LS85 的工作过程。

74LS85 的逻辑符号如图 6-49 所示，74LS4585 有 8 个数值输入端 $A_3$、$A_2$、$A_1$、$A_0$ 和 $B_3$、$B_2$、$B_1$、$B_0$，3 个输出端 $F_{A>B}$、$F_{A<B}$、$F_{A=B}$，3 个级联输入端。

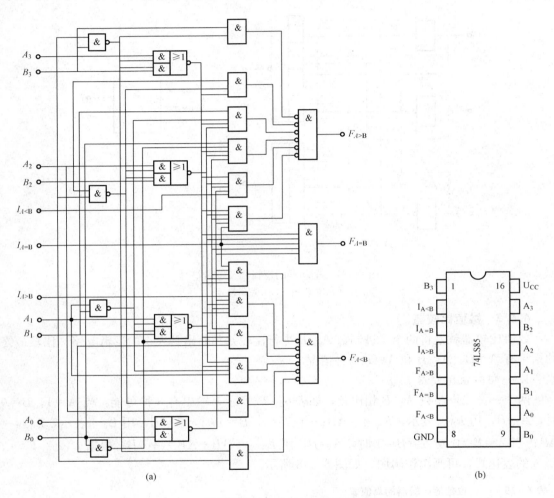

图 6-49　74LS85 的逻辑图和引线端子图

(a) 逻辑图；(b) 引线端子图

若最高位数 $A_3 > B_3$，则不论其他各位如何，一定有 $A > B$，则输出 $F_{A>B} = 1$，$F_{A<B} = F_{A=B} = 0$；若 $A_3 < B_3$，一定有 $A < B$，则输出 $F_{A>B} = 0$，$F_{A<B} = 1$，$F_{A=B} = 0$。

若最高位 $A_3 = B_3$，则比较次高位 $A_2$ 和 $B_2$。若 $A_2 > B_2$，则 $A > B$，输出 $F_{A>B} = 1$，$F_{A<B} = F_{A=B} = 0$；若 $A_2 < B_2$，则 $A < B$，输出 $F_{A>B} = 0$，$F_{A<B} = 1$，$F_{A=B} = 0$。其余位数值的比较可依次类推。

于是可得出真值表，如表 6-26 所示。

表 6 - 26　　　　　　　　　　　　　　**74LS85 逻辑真值表**

| 输　　入 | | | | 级联输入 | 输　　出 |
| --- | --- | --- | --- | --- | --- |
| $A_3$，$B_3$ | $A_2$，$B_2$ | $A_1$，$B_1$ | $A_0$，$B_0$ | $I_{A>B}$，$I_{A<B}$，$I_{A=B}$ | $F_{A>B}$，$F_{A<B}$，$F_{A=B}$ |
| 1　0 | × | × | × | ×　×　× | 1　0　0 |
| 0　1 | × | × | × | ×　×　× | 0　1　0 |
| $A_3=B_3$ | 1　0 | × | × | ×　×　× | 1　0　0 |
| $A_3=B_3$ | 0　1 | × | × | ×　×　× | 0　1　0 |
| $A_3=B_3$ | $A_2=B_2$ | 1　0 | × | ×　×　× | 1　0　0 |
| $A_3=B_3$ | $A_2=B_2$ | 0　1 | × | ×　×　× | 0　1　0 |
| $A_3=B_3$ | $A_2=B_2$ | $A_1=B_1$ | 1　0 | ×　×　× | 1　0　0 |
| $A_3=B_3$ | $A_2=B_2$ | $A_1=B_1$ | 0　1 | ×　×　× | 0　1　0 |
| $A_3=B_3$ | $A_2=B_2$ | $A_1=B_1$ | $A_0=B_0$ | 1　0　0 | 1　0　0 |
| $A_3=B_3$ | $A_2=B_2$ | $A_1=B_1$ | $A_0=B_0$ | 0　1　0 | 0　1　0 |
| $A_3=B_3$ | $A_2=B_2$ | $A_1=B_1$ | $A_0=B_0$ | 0　0　1 | 0　0　1 |
| $A_3=B_3$ | $A_2=B_2$ | $A_1=B_1$ | $A_0=B_0$ | ×　×　0 | 0　0　1 |

### 3. 数值比较器的扩展

当比较器的数位多于 4 位时，可以用多片 4 位数值比较器以级联的方式进行扩展。如图 6 - 50 所示，使用 2 片 4 位数值比较器组成一个 8 位数值比较器，两个 8 位数可同时加到比较器的输入端，将低 4 位的输出端 $F_{A>B}$、$F_{A<B}$、$F_{A=B}$ 分别联至高 4 位的级联输入端 $I_{A>B}$、$I_{A<B}$、$I_{A=B}$，并将低 4 位的级联输入 $I_{A=B}$ 端接高电平，$I_{A>B}$、$I_{A<B}$ 端接低电平，则高位三条输出线 $F_{A>B}$、$F_{A<B}$、$F_{A=B}$ 表示最终的比较结果。

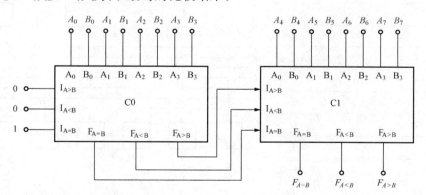

图 6 - 50　数值比较器的两片扩展

### 6.5.4　编码器

在数字系统中，都是用二进制数码来表示信号。所谓编码就是用若干位二进制代码来表示某种信息（输入—输出为一对多）的过程。能够实现编码功能的电路称为编码器。编码器的输入信号是若干个代表不同信息的变量，它的输出则是一组代码，用代码的不同组合来表示不同的输入变量。如输出有 $n$ 位代码，则它最多可以用来表示 $2^n$ 个输入变量。在某一时刻只有一个输入信号被转换为一组特定二进制码。

按照输出代码的类型，常用的编码器有二进制编码器和二—十进制编码器等。

1. 二进制编码器

二进制编码器是将某种输入信息编成一组特定二进制代码的电路。例如：把 $I_0$、$I_1$、$I_2$、$I_3$、$I_4$、$I_5$、$I_6$、$I_7$ 8 个输入信号编成对应的二进制代码输出。其编码过程如下：

（1）确定二进制代码的位数。二进制编码器可以用 $n$ 位二进制数表示 $2^n$ 个信号的编码电路。如果输入端为 $I_0 \sim I_7$ 8 个信号，而 $8 = 2^3$，所以应确定 3 位二进制代码输出，分别设为 $Y_2$、$Y_1$、$Y_0$，共有 $2^3 = 8$ 种组合，每种组合表示一种信号。因有 8 个输入端、3 个输出端，所以此编码器通常也称为 8 线—3 线编码器。

（2）列出真值表。以 3 线二进制代码来表示 8 个信号的方法很多，表 6 - 27 所列的是其中的一种。

（3）由真值表可列写出逻辑表达式，由于编码器的输入变量在任意时刻只允许其中的一个变量取值为 1，因此可以直接写出输出的逻辑表达式

$$Y_2 = I_4 + I_5 + I_6 + I_7 = \overline{\overline{I_4}\,\overline{I_5}\,\overline{I_6}\,\overline{I_7}}$$
$$Y_1 = I_2 + I_3 + I_6 + I_7 = \overline{\overline{I_2}\,\overline{I_3}\,\overline{I_6}\,\overline{I_7}}$$
$$Y_0 = I_1 + I_3 + I_5 + I_7 = \overline{\overline{I_1}\,\overline{I_3}\,\overline{I_5}\,\overline{I_7}}$$

（4）最后由表达式画出逻辑图，如图 6 - 51 所示。输入端不允许同时出现两个或两个以上的输入信号的有效，即 $I_0 \sim I_7$ 为 8 个互斥的输入信号端，仅当某一个输入信号为高电平时，电路对其进行编码。例如，当 $I_1 = 1$ 时，其余为 0 时，则输出为 001；当 $I_7 = 1$ 时，其余为 0 时，则输出为 111。即二进制代码 001、111 分别表示输入信号 $I_1$ 和 $I_7$。

表 6 - 27　3 位二进制编码器的真值表

| 输入 | 输　出 | | |
| --- | --- | --- | --- |
| | $Y_2$ | $Y_1$ | $Y_0$ |
| $I_0$ | 0 | 0 | 0 |
| $I_1$ | 0 | 0 | 1 |
| $I_2$ | 0 | 1 | 0 |
| $I_3$ | 0 | 1 | 1 |
| $I_4$ | 1 | 0 | 0 |
| $I_5$ | 1 | 0 | 1 |
| $I_6$ | 1 | 1 | 0 |
| $I_7$ | 1 | 1 | 1 |

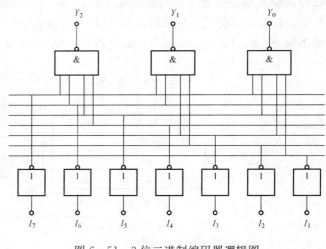

图 6 - 51　3 位二进制编码器逻辑图

2. 二—十进制编码器

由 $2^4 = 16$ 可知，4 位二进制代码共有 16 种状态，而任取 10 种状态表示十进制的 10 个数码称为二—十进制代码，简称 BCD 码，其中最常用的是 8421BCD 码，即在 4 位二进制代码的 16 种状态中取出前面 10 种状态，来表示 $0 \sim 9$ 这 10 个数码。

（1）由于输入有 10 个信号，所以输出应是 4 位（$2^4 > 10$，应取 $n = 4$）二进制代码。此编码器通常称为 10 线—4 线编器。

（2）根据要求，可列写出二—十进制编码器的真值表，如表 6 - 28 所示。

（3）由真值表写出逻辑表达式

$$Y_3 = I_8 + I_9 = \overline{\overline{I_8}\,\overline{I_9}}$$

$$Y_2 = I_4 + I_5 + I_6 + I_7 = \overline{\overline{I_4}\,\overline{I_5}\,\overline{I_6}\,\overline{I_7}}$$

$$Y_1 = I_2 + I_3 + I_6 + I_7 = \overline{\overline{I_2}\,\overline{I_3}\,\overline{I_6}\,\overline{I_7}}$$

$$Y_0 = I_1 + I_3 + I_5 + I_7 + I_9 = \overline{\overline{I_1}\,\overline{I_3}\,\overline{I_5}\,\overline{I_7}\,\overline{I_9}}$$

（4）由逻辑表达式画出逻辑电路图。如图 6 - 52 所示，是有 10 个按键的 8421 码编码器逻辑图。当按下某一按键时，输出相对应的一个 8421BCD 码。例如，按下 S0 健，则输出为 0000。同时，输入不能有两个端钮被同时按下。

表 6 - 28　　8421 码编码器的真值表

| 输入 | 输　　出 | | | |
|---|---|---|---|---|
| 十进制数 | $Y_3$ | $Y_2$ | $Y_1$ | $Y_0$ |
| $I_0$ | 0 | 0 | 0 | 0 |
| $I_1$ | 0 | 0 | 0 | 1 |
| $I_2$ | 0 | 0 | 1 | 0 |
| $I_3$ | 0 | 0 | 1 | 1 |
| $I_4$ | 0 | 1 | 0 | 0 |
| $I_5$ | 0 | 1 | 0 | 1 |
| $I_6$ | 0 | 1 | 1 | 0 |
| $I_7$ | 0 | 1 | 1 | 1 |
| $I_8$ | 1 | 0 | 0 | 0 |
| $I_9$ | 1 | 0 | 0 | 1 |

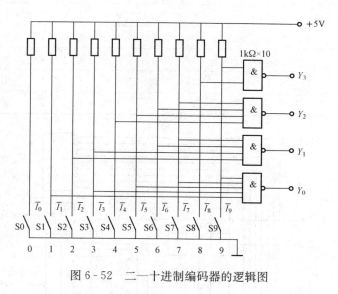

图 6 - 52　二—十进制编码器的逻辑图

### 3. 优先编码器

上述的编码器每次只允许一个输入信号有效，而实际应用中常出现多个输入信号端同时有效的情况。例如计算机有许多输入设备，可能多台设备同时向主机发出编码请求，为此需要避免同时出现两个以上的输入信号而发生的输出错误，这就要求采用优先编码，即编码器只对其中优先级别最高的输入信号进行编码，而对优先级别低的输入信号则不予响应，这种电路称为优先编码器。下面介绍 8 线—3 线优先编码器 74LS148。

（1）逻辑输入端 $\overline{I}_0 \sim \overline{I}_7$，编码器编码输入低电平有效。

（2）编码器输出端为 $\overline{Y}_2$、$\overline{Y}_1$、$\overline{Y}_0$。从表 6 - 29 可以看出，74LS148 编码器的编码输出的是反码。当有几个输入线上同时出现输入信号时，只对其中优先级最高的一个输入信号进行编码。$\overline{I}_7$ 为最高级别，$\overline{I}_0$ 为最低级别。只要 $\overline{I}_7 = 0$，不管其他输入端是 0 还是 1，输出只对 $\overline{I}_7$ 进行编码，且对应的输出为反码，即 $\overline{Y}_2\overline{Y}_1\overline{Y}_0 = 000$。

（3）$\overline{S}$ 为选通输入端。当 $\overline{S} = 0$ 为低电平时，编码器处于工作状态；而当 $\overline{S} = 1$ 时，编码器处于禁止状态，此时所有输出端均被封锁为高电平。$\overline{Y}_S$ 为选通输出端，$\overline{Y}_{EX}$ 为扩展输出端，可以用于扩展编码器功能。

8 线—3 线优先编码器逻辑图如图 6 - 53 所示。

**表 6 - 29　　　　　　　　　74LS148 逻辑真值表**

| 输入 | | | | | | | | | 输出 | | | 扩展 | |
|---|---|---|---|---|---|---|---|---|---|---|---|---|---|
| $\bar{S}$ | $\bar{I}_7$ | $\bar{I}_6$ | $\bar{I}_5$ | $\bar{I}_4$ | $\bar{I}_3$ | $\bar{I}_2$ | $\bar{I}_1$ | $\bar{I}_0$ | $\bar{Y}_2$ | $\bar{Y}_1$ | $\bar{Y}_0$ | $Y_S$ | $\bar{Y}_{EX}$ |
| 1 | × | × | × | × | × | × | × | × | 0 | 1 | 1 | 1 | 1 |
| 0 | 1 | 1 | 1 | 1 | 1 | 1 | 1 | 1 | 1 | 1 | 1 | 0 | 1 |
| 0 | × | × | × | × | × | × | × | 0 | 0 | 0 | 0 | 1 | 0 |
| 0 | × | × | × | × | × | × | 0 | 1 | 0 | 0 | 1 | 1 | 0 |
| 0 | × | × | × | × | × | 0 | 1 | 1 | 0 | 1 | 0 | 1 | 0 |
| 0 | × | × | × | × | 0 | 1 | 1 | 1 | 0 | 1 | 1 | 1 | 0 |
| 0 | × | × | × | 0 | 1 | 1 | 1 | 1 | 1 | 0 | 0 | 1 | 0 |
| 0 | × | × | 0 | 1 | 1 | 1 | 1 | 1 | 1 | 0 | 1 | 1 | 0 |
| 0 | × | 0 | 1 | 1 | 1 | 1 | 1 | 1 | 1 | 1 | 0 | 1 | 0 |
| 0 | 0 | 1 | 1 | 1 | 1 | 1 | 1 | 1 | 1 | 1 | 1 | 1 | 0 |

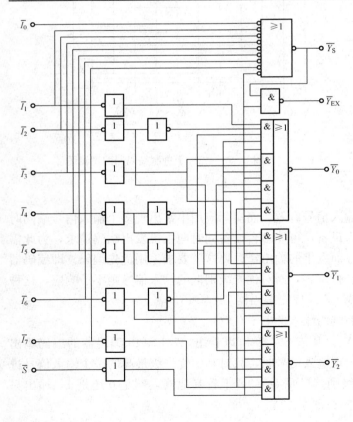

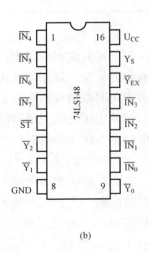

(a)

(b)

图 6 - 53　8 线—3 线优先编码器逻辑图

(a) 逻辑图；(b) 外引线端子图

### 6.5.5　译码器

译码是编码的逆过程，它是将输入的一组特定代码译成与之相对应的某一路信号输出（即输入—输出为多对一）。能够完成这种功能的逻辑电路称为译码器，若译码器有 $n$ 个输入信号，表示输入为 $2^n$ 种不同编码，输出线有 $M$ 条，则有 $M \leqslant 2^n$。当在输入端出现某种编码时，经译码后，相应的一条输出线为有效电平，而其余的输出线为无效电平。若 $M = 2^n$，则称为全译码；反之，$M < 2^n$，则称为部分译码。

译码器种类有很多，可归纳为二进制译码器、二—十进制译码器和显示译码器等。

1. 二进制译码器

二进制译码器有 2 线—4 线译码器、3 线—8 线译码器和 4 线—16 线译码器等。下面以 3 线—8 线二进制译码器为例，介绍其工作原理。

（1）列出译码器的真值表，其中输入 3 线代码 $A_2 A_1 A_0$，共有 $2^3 = 8$ 种组合，而每一种组合对应一个输出。根据输出与输入之间的逻辑关系，可列出二进制译码器的真值表，如表 6-30 所示。

表 6-30　　　　　　　　　　　3 线—8 线二进制译码器真值表

| 输 | 入 | | 输 | | | 出 | | | | |
|---|---|---|---|---|---|---|---|---|---|---|
| $A$ | $B$ | $C$ | $Y_0$ | $Y_1$ | $Y_2$ | $Y_3$ | $Y_4$ | $Y_5$ | $Y_6$ | $Y_7$ |
| 0 | 0 | 0 | 1 | 0 | 0 | 0 | 0 | 0 | 0 | 0 |
| 0 | 0 | 1 | 0 | 1 | 0 | 0 | 0 | 0 | 0 | 0 |
| 0 | 1 | 0 | 0 | 0 | 1 | 0 | 0 | 0 | 0 | 0 |
| 0 | 1 | 1 | 0 | 0 | 0 | 1 | 0 | 0 | 0 | 0 |
| 1 | 0 | 0 | 0 | 0 | 0 | 0 | 1 | 0 | 0 | 0 |
| 1 | 0 | 0 | 0 | 0 | 0 | 0 | 0 | 1 | 0 | 0 |
| 1 | 0 | 1 | 0 | 0 | 0 | 0 | 0 | 0 | 1 | 0 |
| 1 | 1 | 1 | 0 | 0 | 0 | 0 | 0 | 0 | 0 | 1 |

（2）此为全译码电路，输出共有 8 条线 $Y_7 \sim Y_0$，可根据真值表列写出各输出端的逻辑函数表达式，输出函数分别为

$$Y_0 = \overline{A}\,\overline{B}\,\overline{C} \qquad Y_4 = A\overline{B}\,\overline{C}$$
$$Y_1 = \overline{A}\,\overline{B}\,C \qquad Y_5 = A\overline{B}C$$
$$Y_2 = \overline{A}B\overline{C} \qquad Y_6 = AB\overline{C}$$
$$Y_3 = \overline{A}BC \qquad Y_7 = ABC$$

（3）根据逻辑表达式可画出逻辑电路图，如果要使输出端为低电平有效，可将上述各等式两边取反，由与非门来实现，如图 6-54 所示。若再增加使能端 $ST_A$、$ST_B$、$ST_C$，就可构成 74LS138 集成译码器的内部逻辑电路。其选通端 $EN = \overline{\overline{ST_A}\,(\overline{ST_B} + \overline{ST_C})}$。当 $\overline{ST_A} = 1$，$\overline{ST_B} = \overline{ST_C} = 0$ 时，$EN = 1$，此译码器才工作，允许译码。否则，禁止译码，即 $\overline{Y}_0 \sim \overline{Y}_7$ 全为高电平。此译码器输入端为 $A_2 A_1 A_0$，输出端为 $\overline{Y}_7 \sim \overline{Y}_0$，低电平有效。例如：$A_2 A_1 A_0 = 010$ 时，$\overline{Y}_2 = 0$（有效），而其余未被译中的输出线均为高电平。此外，其使能控制端可扩展其译码功能。74LS138 译码器真值表如表 6-31 所示。

表 6 - 31　　　　　　　　　　　**74LS138 译码器功能真值表**

| 输 | 入 | | | | 输 | 出 | | | | | | |
|---|---|---|---|---|---|---|---|---|---|---|---|---|
| $ST_A$ | $\overline{ST_B}+\overline{ST_C}$ | $A_2$ | $A_1$ | $A_0$ | $\overline{Y_0}$ | $\overline{Y_1}$ | $\overline{Y_2}$ | $\overline{Y_3}$ | $\overline{Y_4}$ | $\overline{Y_5}$ | $\overline{Y_6}$ | $\overline{Y_7}$ |
| 1 | 0 | 0 | 0 | 0 | 0 | 1 | 1 | 1 | 1 | 1 | 1 | 1 |
| 1 | 0 | 0 | 0 | 1 | 1 | 0 | 1 | 1 | 1 | 1 | 1 | 1 |
| 1 | 0 | 0 | 1 | 0 | 1 | 1 | 0 | 1 | 1 | 1 | 1 | 1 |
| 1 | 0 | 0 | 1 | 1 | 1 | 1 | 1 | 0 | 1 | 1 | 1 | 1 |
| 1 | 0 | 1 | 0 | 0 | 1 | 1 | 1 | 1 | 0 | 1 | 1 | 1 |
| 1 | 0 | 1 | 0 | 1 | 1 | 1 | 1 | 1 | 1 | 0 | 1 | 1 |
| 1 | 0 | 1 | 1 | 0 | 1 | 1 | 1 | 1 | 1 | 1 | 0 | 1 |
| 1 | 0 | 1 | 1 | 1 | 1 | 1 | 1 | 1 | 1 | 1 | 1 | 0 |
| 0 | × | × | × | × | 1 | 1 | 1 | 1 | 1 | 1 | 1 | 1 |
| × | 1 | × | × | × | 1 | 1 | 1 | 1 | 1 | 1 | 1 | 1 |

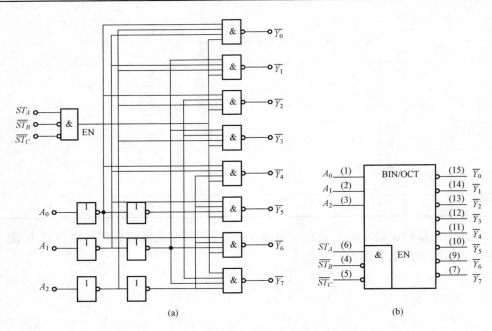

图 6 - 54　3 线—8 线译码器 74LS138 逻辑图和逻辑符号

(a) 逻辑图；(b) 逻辑符号

用 3 线—8 线译码器扩展成 4 线—16 线译码器，其 4 条输入线的 3 条 $A_2$、$A_1$、$A_0$ 接到 74LS138 的外输入端 $A_2$、$A_1$、$A_0$，而 $A_3$ 是由使能端扩展，如图 6 - 55 所示。当 $A_3=0$ 时，使芯片 IC1 工作；而当 $A_3=1$ 时，使芯片 IC2 工作。所以，$A_3$ 一方面应接到 IC1 的 $\overline{ST_B}$、$\overline{ST_C}$ 上（令 $ST_A=1$），同时还要接到 $ST_A$ 上（令 $\overline{ST_B}=\overline{ST_C}=0$）。

2. 二—十进制译码器

二—十进制译码器输入的是 4 位 8421BCD 码，用 4 位二进制数 $A_3A_2A_1A_0$ 表示，译成

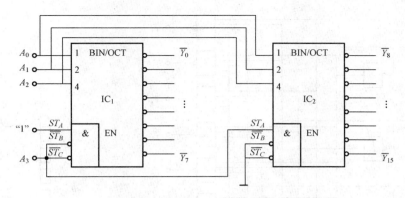

图 6 - 55　用 2 片 74LS138 扩展成 4 线—16 线译码器

10 个对应的输出信号，故称为二—十进制译码器或 4 线—10 线译码器。因为 $10 < 2^4$，所以这种码属于部分译码器。

(1) 根据二—十进制译码器的逻辑功能列出真值表，如表 6 - 32 所示。

(2) 再根据真值表可写出 10 个输出逻辑函数表达式

$Y_0 = \overline{A_3}\overline{A_2}\overline{A_1}\overline{A_0}$　$Y_1 = \overline{A_3}\overline{A_2}\overline{A_1}A_0$　$Y_2 = \overline{A_3}\overline{A_2}A_1\overline{A_0}$　$Y_3 = \overline{A_3}\overline{A_2}A_1A_0$　$Y_4 = \overline{A_3}A_2\overline{A_1}\overline{A_0}$

$Y_5 = \overline{A_3}A_2\overline{A_1}A_0$　$Y_6 = \overline{A_3}A_2A_1\overline{A_0}$　$Y_7 = \overline{A_3}A_2A_1A_0$　$Y_8 = A_3\overline{A_2}\overline{A_1}\overline{A_0}$　$Y_9 = A_3\overline{A_2}\overline{A_1}A_0$

(3) 根据上述 10 个逻辑函数表达式，可画出逻辑电路图，如图 6 - 56 所示。它实际上是 4 线—10 线集成译码器系列产品 7442/74LS42 的逻辑电路图。此电路为部分译码器电路，当输入出现 1010～1111 无效码时，输出恒为 1，不会出现乱码干扰。

另外，7443/74LS43、7444/74LS44、CC4028 等都可实现 4 线—10 线译码功能。

表 6 - 32　　　　　　　　　　　8421BCD 译码器的真值表

| 序号 | 输　入 | | | | 输　出 | | | | | | | | | |
|---|---|---|---|---|---|---|---|---|---|---|---|---|---|---|
| | $A_3$ | $A_2$ | $A_1$ | $A_0$ | $Y_0$ | $Y_1$ | $Y_2$ | $Y_3$ | $Y_4$ | $Y_5$ | $Y_6$ | $Y_7$ | $Y_8$ | $Y_9$ |
| 0 | 0 | 0 | 0 | 0 | 1 | 0 | 0 | 0 | 0 | 0 | 0 | 0 | 0 | 0 |
| 1 | 0 | 0 | 0 | 1 | 0 | 1 | 0 | 0 | 0 | 0 | 0 | 0 | 0 | 0 |
| 2 | 0 | 0 | 1 | 0 | 0 | 0 | 1 | 0 | 0 | 0 | 0 | 0 | 0 | 0 |
| 3 | 0 | 0 | 1 | 1 | 0 | 0 | 0 | 1 | 0 | 0 | 0 | 0 | 0 | 0 |
| 4 | 0 | 1 | 0 | 0 | 0 | 0 | 0 | 0 | 1 | 0 | 0 | 0 | 0 | 0 |
| 5 | 0 | 1 | 0 | 1 | 0 | 0 | 0 | 0 | 0 | 1 | 0 | 0 | 0 | 0 |
| 6 | 0 | 1 | 1 | 0 | 0 | 0 | 0 | 0 | 0 | 0 | 1 | 0 | 0 | 0 |
| 7 | 0 | 1 | 1 | 1 | 0 | 0 | 0 | 0 | 0 | 0 | 0 | 1 | 0 | 0 |
| 8 | 1 | 0 | 0 | 0 | 0 | 0 | 0 | 0 | 0 | 0 | 0 | 0 | 1 | 0 |
| 9 | 1 | 0 | 0 | 1 | 0 | 0 | 0 | 0 | 0 | 0 | 0 | 0 | 0 | 1 |

**3. 显示译码器**

在数字测量仪表和各种数字系统中，都需要将数字量直观地显示出来，一方面用以直接读取测量和运算结果，另一方面用于监视数字系统的工作情况。显示器件有半导体数码管

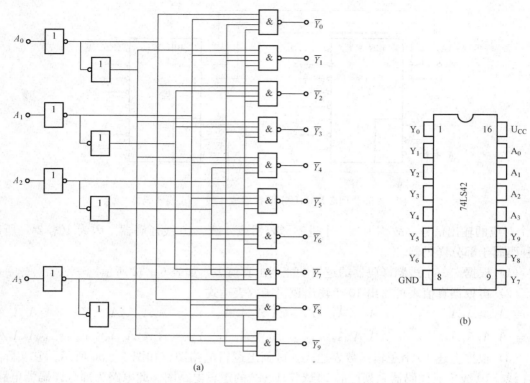

图 6-56　二—十进制译码器 74LS42 的逻辑图

(a) 逻辑图；(b) 外引线端子图

（LED）、液晶数码显示器（LCD）和荧光数码管等，目前以半导体数码管和液晶数码显示器用得比较多。

（1）半导体数码管。半导体数码管是用发光二极管组成的字形显示器件。发光二极管是用磷砷化镓等半导体材料制成，发光二极管的工作电压为 1.5～3V，工作电流为几毫安到几十毫安，颜色有红、绿、黄及双色，寿命较长。

数字显示电路由计数器、译码器、驱动器和显示器（数码管）等部分组成，如图 6-57所示。

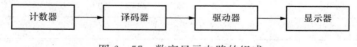

图 6-57　数字显示电路的组成

半导体数码管为 7 个条状发光二极管分段排列成 8 字而成。半导体数码管分成 7 个字段，每段为一发光二极管，用不同字段发光，可组合显示出不同字形，半导体数码管有共阴极和共阳极两种接法，如图 6-58所示。

采用图 6-58（a）所示共阴极接法，译码器需要输出高电平来驱动各显示段发光；采用图 6-58（b）所示共阳极接法，译码器输出低电平来驱动显示段发光。

此半导体数码管的每段发光二极管，既可用半导体三极管驱动，也可直接用 TTL 门电路驱动。

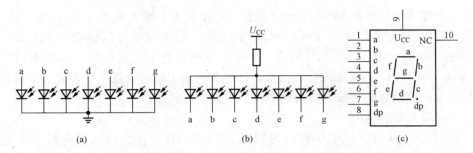

图 6-58　半导体 7 段数码管外形和接法

(a) 共阴极接法；(b) 共阳极接法；(c) 逻辑符号

（2）7 段字形译码器。7 段字形显示译码器的功能是将 8421BCD 代码译成对应于数码管的 7 个字段信号，以驱动数码管显示相应的十进制数码。如果采用共阴极数码管，则 7 段显示译码器的原理图、逻辑符号见图 6-58，功能如表 6-33 所示。当 $\overline{LT}$、$\overline{RBI}$、$\overline{BI/RBO}$ 均为 1 时，输出表达式为

$$Y_a = \overline{\overline{A_3 A_1}} \cdot \overline{\overline{A_2 A_0}} \cdot \overline{\overline{A_3 A_2 A_1 A_0}}$$

$$Y_b = \overline{\overline{A_3 A_1}} \cdot \overline{\overline{A_2 \overline{A_1} A_0}} \cdot \overline{\overline{A_2 A_1 \overline{A_0}}}$$

$$Y_c = \overline{\overline{A_3 A_2}} \cdot \overline{\overline{A_2 A_1 \overline{A_0}}}$$

$$Y_d = \overline{\overline{\overline{A_2} \overline{A_1} A_0}} \cdot \overline{\overline{A_2 \overline{A_1} \overline{A_0}}} \cdot \overline{\overline{A_2 A_1 A_0}}$$

$$Y_e = \overline{\overline{A_2 \overline{A_1}}} \cdot \overline{A_0}$$

$$Y_f = \overline{\overline{A_1 A_0}} \cdot \overline{\overline{A_2 A_1}} \cdot \overline{\overline{A_3 A_2 A_0}}$$

$$Y_g = \overline{\overline{A_3 \overline{A_2} \overline{A_1}}} \cdot \overline{\overline{A_2 A_1 A_0}}$$

表 6-33　　　　　　　　　　　　　　　74LS48 功 能 表

| 十进制数 | 输　入 | | | | | | $\overline{BI/RBO}$ | 输　入 | | | | | | | 字形 |
|---|---|---|---|---|---|---|---|---|---|---|---|---|---|---|---|
| | $\overline{LT}$ | $\overline{RBI}$ | $A_3$ | $A_2$ | $A_1$ | $A_0$ | | $a$ | $b$ | $c$ | $d$ | $e$ | $f$ | $g$ | |
| 0 | 1 | 1 | 0 | 0 | 0 | 0 | 1 | 1 | 1 | 1 | 1 | 1 | 1 | 0 | 0 |
| 1 | 1 | × | 0 | 0 | 0 | 1 | 1 | 0 | 1 | 1 | 0 | 0 | 0 | 0 | 1 |
| 2 | 1 | × | 0 | 0 | 1 | 0 | 1 | 1 | 1 | 0 | 1 | 1 | 0 | 1 | 2 |
| 3 | 1 | × | 0 | 0 | 1 | 1 | 1 | 1 | 1 | 1 | 1 | 0 | 0 | 1 | 3 |
| 4 | 1 | × | 0 | 1 | 0 | 0 | 1 | 0 | 1 | 1 | 0 | 0 | 1 | 1 | 4 |
| 5 | 1 | × | 0 | 1 | 0 | 1 | 1 | 1 | 0 | 1 | 1 | 0 | 1 | 1 | 5 |
| 6 | 1 | × | 0 | 1 | 1 | 0 | 1 | 0 | 0 | 1 | 1 | 1 | 1 | 1 | 6 |
| 7 | 1 | × | 0 | 1 | 1 | 1 | 1 | 1 | 1 | 1 | 0 | 0 | 0 | 0 | 7 |
| 8 | 1 | × | 1 | 0 | 0 | 0 | 1 | 1 | 1 | 1 | 1 | 1 | 1 | 1 | 8 |
| 9 | 1 | × | 1 | 0 | 0 | 1 | 1 | 1 | 1 | 1 | 1 | 0 | 1 | 1 | 9 |
| 灭灯 | × | × | × | × | × | × | 0 | 0 | 0 | 0 | 0 | 0 | 0 | 0 | |
| 动态灭零 | 1 | 0 | 0 | 0 | 0 | 0 | 0 | 0 | 0 | 0 | 0 | 0 | 0 | 0 | |
| 试灯 | 0 | × | × | × | × | × | 1 | 1 | 1 | 1 | 1 | 1 | 1 | 1 | 8 |

表 6-33 即为集成电路 74LS48 的功能表。电路有 4 个输入端 $A_0$、$A_1$、$A_2$、$A_3$ 和 7 个输出端 $Y_a \sim Y_g$（高电平有效），内含 $2\mathrm{k}\Omega$ 上拉电阻，输出端可直接驱动的共阴极 7 段显示 LED 数码管。灭灯控制端为 $\overline{LT}$，当 $\overline{LT}=1$ 时，译码器处于正常译码工作状态；当 $\overline{LT}=0$ 时，不管 $A_0$、$A_1$、$A_2$、$A_3$ 输入什么信号，译码器各输出端均为低电平，处于灭灯状态。利用 $LT$ 信号可以控制数码管按照要求处于显示或者灭灯状态。

（3）4 个输入控制端：

1）灭灯输入 $BI/RBO$。$BI/RBO$ 是特殊控制端，有时作为输入，有时作为输出。当 $BI/RBO$ 作为输入使用，且 $BI=0$ 时，无论其他输入端是什么电平，所有各段输出 a～g 均为 0，所以字形熄灭。

2）试灯输入 $LT$。当 $LT=0$ 时，$BI/RBO$ 是输出端，且为 1，此时无论其他输入端是什么状态，所有各段输出 a～g 均为 1，显示字形 8。该输入端常用于检查 74LS48 本身及显示器的好坏。

3）动态灭灯输入 $RBI$。当 $LT=1$，$RBI=0$ 且输入代码 $DCBA=0000$ 时，各段输出 a～g 均为低电平，与输入代码相应的字形 0 熄灭，故称灭零。利用 $LT=1$、$RBI=0$ 可以实现某一位的消隐。

4）动态灭灯输出 $RBO$。当输入满足灭零条件时，$BI/RBO$ 作为输出使用，且为 0，否则为 1。该端主要用于显示多位数字时，多个译码器之间的连接，消去高位的零。

### 6.5.6　数据分配器与数据选择器

#### 1. 数据分配器

在数据传送中，有时需要将某一路数据分配到不同的数据通道上，即多路输入、一路输出，但在同一时刻只能把输入的数据送到一个特定的输出端，而这个特定的输出端是由选择输入控制信号的不同组合所控制的。如图 6-59 所示，S 相当于一个由信号 $A_1 A_0$ 控制的单刀多掷输出开关，输入数据 $D$ 在地址输入 $A_1 A_0$ 控制下，传送到输出 $Y_0 \sim Y_3$ 不同数据通道上。例如，$A_1 A_0=01$，S 开关合向 $Y_1$，输入数据 $D$ 被传送到 $Y_1$ 通道上。它的功能也类似于一个单刀多掷开关。目前，市场上没有专用的数据分配器器件，实际使用中，用译码器来实现数据分配的功能。如有 3 个选择输入控制信号，则可控制 8 路输出，称为 8 路数据分配器。8 路数据分配器实际上就是一个 3 线—8 线译码器，译码器 74LS138 可用作 8 路数据分配器，实现 8 路数据分配的功能。74LS138 作 8 路数据分配器的逻辑电路如图 6-60 所示。

由图 6-60 可以看出，74LS138 的 3 个译码输入 $C$、$B$、$A$ 用作数据分配器的地址输入，8 个输出 $Y_0 \sim Y_7$ 用作 8 路数据输出，3 个输入控制端中的 $G_{2A}$ 用作数据输入端，$G_{2B}$ 接地，$G_1$ 为使能端。当 $G_1=1$ 时，允许数据分配，若需要将输入数据转送至输出端 $Y_2$，地址输入应当为 $CBA=010$，由其功能表（参见表 6-34）可得

$$Y_2 = \overline{(G_1 \overline{G_{2A}} \overline{G_{2B}}) \overline{C} B \overline{A}}$$
$$= G_{2A}$$

其余输出端均为高电平。因此，当地址 $CBA=010$ 时，只有输出端 $Y_2$ 得到与输入相同的数据波形。74LS138 译码器作为数据分配器的功能表如表 6-34 所示。

#### 2. 数据选择器

数据选择器又称多路开关，其功能是把多个通道的数据传送到唯一的公共数据通道上。它的作用相当于多个输入的单刀多掷开关，从多路数据中选择一路进行传输。也可以用它将

并行输入的代码转换为串行输出的代码，或作 $N$ 线—1 线选择器，常用的数据选择器有 2 选 1、4 选 1、8 选 1、16 选 1 等。4 选 1 数据选择器的功能示意图如图 6-61 所示，在选择控制变量 $A_1$、$A_0$ 的作用下，选择输入数据 $D_0 \sim D_3$ 中的某一个为输出数据 $Y$。

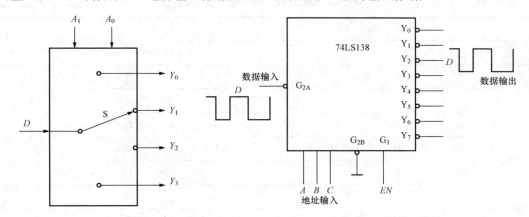

图 6-59　4 路数据分配器的
功能示意图

图 6-60　用 74LS138 作为数据分配器逻辑电路

表 6-34　　　　　　　　　　　74LS138 编码器作为数据分配器的功能表

| 输　　入 | | | | | | 输　　出 | | | | | | | |
|---|---|---|---|---|---|---|---|---|---|---|---|---|---|
| $G_1$ | $G_{2B}$ | $G_{2A}$ | $C$ | $B$ | $A$ | $Y_0$ | $Y_1$ | $Y_2$ | $Y_3$ | $Y_4$ | $Y_5$ | $Y_6$ | $Y_7$ |
| 0 | 0 | × | × | × | × | 1 | 1 | 1 | 1 | 1 | 1 | 1 | 1 |
| 1 | 0 | $D$ | 0 | 0 | 0 | $D$ | 1 | 1 | 1 | 1 | 1 | 1 | 1 |
| 1 | 0 | $D$ | 0 | 0 | 1 | 1 | $D$ | 1 | 1 | 1 | 1 | 1 | 1 |
| 1 | 0 | $D$ | 0 | 1 | 0 | 1 | 1 | $D$ | 1 | 1 | 1 | 1 | 1 |
| 1 | 0 | $D$ | 0 | 1 | 1 | 1 | 1 | 1 | $D$ | 1 | 1 | 1 | 1 |
| 1 | 0 | $D$ | 1 | 0 | 0 | 1 | 1 | 1 | 1 | $D$ | 1 | 1 | 1 |
| 1 | 0 | $D$ | 1 | 0 | 1 | 1 | 1 | 1 | 1 | 1 | $D$ | 1 | 1 |
| 1 | 0 | $D$ | 1 | 1 | 0 | 1 | 1 | 1 | 1 | 1 | 1 | $D$ | 1 |
| 1 | 0 | $D$ | 1 | 1 | 1 | 1 | 1 | 11 | 1 | 1 | 1 | 1 | $D$ |

（1）74LS151 集成电路数据选择器。74LS151 是常用的集成 8 选 1 数据选择器，它有 3 个地址输入端 $C$、$B$、$A$，可选择 $D_0 \sim D_7$ 8 个数据源，具有两个互补输出端，即同相输出端 $Y$ 和反相输出端 $W$。其逻辑引脚如图 6-62 所示，功能表如表 6-35 所示。由图 6-61 可知，该逻辑电路的基本结构为与或非形式。输入使能端 $G$ 为低电平有效。

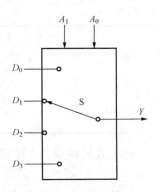

输出 $Y$ 的表达式为

$$Y = \sum_{i=0}^{7} m_i D_i$$

式中，$m_i$ 为 $CBA$ 的最小项，当 $m_i$ 为地址输入、$D_i$ 为数据输入时，从而可实现数据选择。例如，当 $CBA=011$ 时，根据最小项

图 6-61　4 选 1 数据
选择器功能示意图

性质，只有 $m_3=1$，其余都为 0，所以 $Y=D_3$，即 $D_3$ 传送到输出端。74LS151 的逻辑符号如图 6 - 62 所示。

表 6 - 35　　　　　　　　　　　　**74LS151 功 能 表**

| 输　入 | | | | 输　出 | |
|---|---|---|---|---|---|
| 使　能 | 选　择 | | | | |
| $G$ | $C$ | $B$ | $A$ | $Y$ | $W$ |
| 1 | × | × | × | 0 | 1 |
| 0 | 0 | 0 | 0 | $D_0$ | $\overline{D_0}$ |
| 0 | 0 | 0 | 1 | $D_1$ | $\overline{D_1}$ |
| 0 | 0 | 1 | 0 | $D_2$ | $\overline{D_2}$ |
| 0 | 0 | 1 | 1 | $D_3$ | $\overline{D_3}$ |
| 0 | 1 | 0 | 0 | $D_4$ | $\overline{D_4}$ |
| 0 | 1 | 0 | 1 | $D_5$ | $\overline{D_5}$ |
| 0 | 1 | 1 | 0 | $D_6$ | $\overline{D_6}$ |
| 0 | 1 | 1 | 1 | $D_7$ | $\overline{D_7}$ |

（2）数据选择器的应用。数据选择器除完成数据选择的功能外，由输出表达式可知，$D_i$ 为输入控制信号，$m_i$ 为输入变量组成的最小项，输出 $Y$ 可表示为期不远由 $m_i$ 组成的逻辑表达式。

**【例 6 - 14】**　试用 8 选 1 数据选择器 74LS151 实现表 6 - 36 所示逻辑函数。

**解**　根据 74LS151 选择器的功能，有 $Y=\sum\limits_{i=0}^{7}m_iD_i$，如果将函数中包含的最小项所对应的数据输入端接逻辑 1，其他数据输入端接逻辑 0，就可用数据选择器实现表 6 - 36 所列的逻辑函数。根据表 6 - 36，其逻辑函数的最小项表达式为

$$Y=\overline{A}BC+A\overline{B}\,\overline{C}+AB\overline{C}+ABC$$

表 6 - 36　　　　　　　　　　　　**［例 6 - 14］ 真 值 表**

| $A$ | $B$ | $C$ | $Y$ | $A$ | $B$ | $C$ | $Y$ |
|---|---|---|---|---|---|---|---|
| 0 | 0 | 0 | 0 | 1 | 0 | 0 | 1 |
| 0 | 0 | 1 | 0 | 1 | 0 | 1 | 0 |
| 0 | 1 | 0 | 0 | 1 | 1 | 0 | 1 |
| 0 | 1 | 1 | 1 | 1 | 1 | 1 | 1 |

将上式转换成与 74LS151 选择器对应的输出形式

$$Y=m_3D_3+m_4D_4+m_6D_6+m_7D_7$$

显然，$D_3$、$D_4$、$D_6$、$D_7$ 应接 1，式中没有出现的最小项为 $m_0$、$m_1$、$m_2$、$m_5$，其控制变量 $D_0$、$D_1$、$D_2$、$D_5$ 应接 0，由此可得出逻辑电路如图 6 - 63 所示。

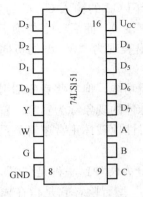

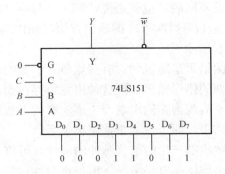

图 6 - 62　74LS151 逻辑引脚　　　　图 6 - 63　［例 6 - 14］逻辑电路

### 6.5.7　组合逻辑电路中的竞争冒险

前面对组合逻辑电路的分析和设计，把所有信号看成是理想脉冲，所有逻辑门都看成理想的开关器件，实际上信号都有上升和下降时间，门电路都存在传输延迟时间。若传输延迟时间过长，就可能信号尚未传输到输出端，输入信号的状态又发生了新的变化，使电路的逻辑功能遭到破坏。另外由于各门电路的延时不同，或输入信号状态变化的速度不同，也可能引起电路工作不可靠，甚至无法正常工作。这种在电路的状态变化过程中，由于传输延迟时间而使组合电路输出状态出现不应有的尖脉冲信号的现象称为组合逻辑电路中的竞争冒险。

1. 竞争冒险现象及其产生原因

以图 6 - 64 为例，来分析当变量 $AB=11$，仅当 $C$ 由 1 变 0 时，电路会发生什么情况。

如果不考虑门电路的传输延迟，并且信号的变化是立即的，那么在 $C$ 由 1 变为 0 时，图 6 - 64（a）所示电路中的输出为

$$F = AC + B\overline{C} = C + \overline{C} = 1$$

因为前一项 $AC$ 由 1 变 0，后一项 $B\overline{C}$ 也由 0 变 1。

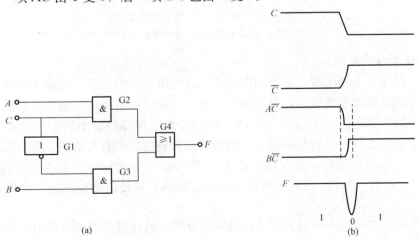

(a)

图 6 - 64　竞争产生 "0" 型冒险

(a) 逻辑电路；(b) 脉冲波形

　　但是由于门电路的传输延迟，门 G3 的输入 $\overline{C}$ 滞后于门 G2 的输入 $C$，$C$ 的变化到达 G4 的输入端是不同的。也就是说，前一个与项 $AC$ 已经由 1 变 0，而后一个与项 $B\overline{C}$ 还没有来得及由 0 变 1，这样，G4 的输出在短时间内为 0，即输出表现为"0"型的负向脉冲，如图 6 - 64（b）所示。

　　竞争的结果是随机的。有些竞争并不影响电路的逻辑功能，但有些竞争却引起输出信号出现非预期的错误输出，把这种由竞争存在而出现干扰脉冲的现象称为冒险。冒险是一种瞬态现象，它表现为在输出端产生不应有的干扰脉冲，暂时性地破坏正常逻辑关系。一旦这一瞬态过程结束，即可恢复正常逻辑关系。

　　根据输出端产生的干扰脉冲的极性，可将冒险现象分为两种：一种是"0"型冒险，它是指在输出维持高电平情况下出现负脉冲；另一种是"1"型冒险，它是指在输出应维持低电平时出现正脉冲。

　　根据逻辑的对偶性，在图 6 - 65 所示的电路中，当 $A=B=0$，且 $C$ 由 0 变 1 时，有

$$F = (A+C)(B+\overline{C}) = C\overline{C}$$

　　$F$ 本应为 0，但如果考虑 $C$ 的变化在前，$\overline{C}$ 的变化在后，则 $F$ 会出现短时间为 1，即出现"1"型冒险。

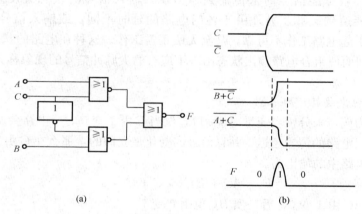

图 6 - 65　竞争产生"1"型冒险
(a) 逻辑电路；(b) 脉冲波形

　　2. 竞争现象的消除方法

　　当电路中存在竞争冒险时，必须加以消除，以免出现逻辑错误。消除竞争冒险的方法很多，常见的方法是修改逻辑设计，如增加冗余项。冗余项的选择可以通过在函数卡诺图上增加多余的卡诺圈来实现。在卡诺图上将两个相切的圈中相邻的最小项用一个多余的圈圈起来，则与这个多余的圈对应的与项就是要增加到函数表达式中的冗余项。例如图 6 - 66 所示电路，增加冗余项 $AB$ 项后，其逻辑表达式为 $F=AB+AC+B\overline{C}$，并不改变原逻辑关系。此时若 $A=B$，输出 $F$ 始终为 1，不再产生冒险。显然，这是以增加冗余项为代价换取冒险的消除的。

　　另外，也可通过在输入端引入选通边沿触发脉冲，或在输出端加滤波电容等办法来消除竞争冒险。

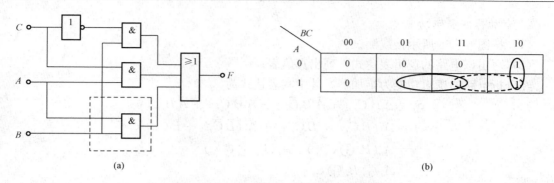

图 6 - 66　电路增加冗余项消除竞争冒险

(a) 逻辑图；(b) 卡诺图

## 实操练习 13　组合逻辑电路功能测试

**一、目的要求**

(1) 掌握组合逻辑电路的分析。

(2) 验证半加器、全加器的逻辑功能。

**二、工具、仪表和器材**

(1) 工具：万用表 1 台或数字型万用表 1 台。

(2) 元器件：74LS00、74LS20、74LS55、74LS86 各 1 块；导线若干。

**三、实操练习内容与步骤**

使用中、小规模集成门电路分析和设计组合逻辑电路是数字逻辑电路的任务之一。本实验中有半加器、全加器的逻辑功能的测试。通过实验要求熟练掌握组合逻辑电路的分析和设计方法。

1. 分析半加器的逻辑功能

(1) 按图 6 - 67 所示接线测试。

(2) 写出该电路的逻辑表达式，列出真值表。

经分析电路的逻辑功能为半加器，其中其表达式为

$$C = AB$$

$$S = \overline{A}B + A\overline{B} = A \oplus B$$

(3) 按表 6 - 37 的要求改变输入端 $A$、$B$ 的状态，测试输出端 $S$、$C$ 状态，将测试结果填入表中，验证半加器的逻辑功能。

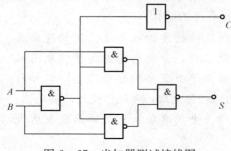

图 6 - 67　半加器测试接线图

表 6 - 37　　　　　半加器测试表格

| 输　　入 | | 输　　出 | |
| --- | --- | --- | --- |
| $A$ | $B$ | $S$ | $C$ |
| 0 | 0 | | |
| 0 | 1 | | |
| 1 | 0 | | |
| 1 | 1 | | |

**2. 全加器的逻辑功能**

(1) 按图 6-68 所示接线测试。

(2) 写出该电路的逻辑表达式，列出真值表。

经分析电路的逻辑功能为半加器，其中其表达式为

$$S_i = \overline{A_i}\,\overline{B_i}C_{i-1} + \overline{A_i}B_i\overline{C_{i-1}} + A_i\overline{B_i}\,\overline{C_{i-1}} + A_iB_iC_{i-1}$$

$$= \overline{A_i}(\overline{B_i}C_{i-1} + B_i\overline{C_{i-1}}) + A_i(\overline{B_i}\,\overline{C_{i-1}} + B_iC_{i-1})$$

$$= \overline{A_i}(B_i \oplus C_{i-1}) + A_i\overline{(B_i \oplus C_{i-1})}$$

$$= A_i \oplus B_i \oplus C_{i-1}$$

$$C_i = \overline{A_i}B_iC_{i-1} + A_i\overline{B_i}C_{i-1} + A_iB_i$$

$$= (\overline{A_i}B_i + A_i\overline{B_i})C_{i-1} + A_iB_i$$

$$= (A_i \oplus B_i)C_{i-1} + A_iB_i$$

(3) 按表 6-38 的要求改变输入端 $A_i$、$B_i$、$C_{i-1}$ 的状态，测试输出端 $S_i$、$C_i$ 状态，将测试结果填入表中，验证全加器的逻辑功能。

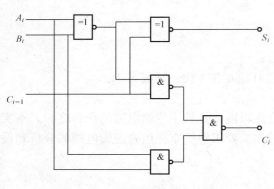

图 6-68　全加器测试接线图

**表 6-38　　　　全加器测试表格**

| 输入 | | | 输出 | |
|---|---|---|---|---|
| $A_i$ | $B_i$ | $C_{i-1}$ | $S_i$ | $C_i$ |
| 0 | 0 | 0 | | |
| 0 | 0 | 1 | | |
| 0 | 1 | 0 | | |
| 0 | 1 | 1 | | |
| 1 | 0 | 0 | | |
| 1 | 0 | 1 | | |
| 1 | 1 | 0 | | |
| 1 | 1 | 1 | | |

# 本 章 小 结

(1) 数字电路的工作信号是在数值上和时间上都不连续的数字信号。数字电路只需用高电平和低电平二值函数来表示。如果用 1 表示高电平，用 0 表示低电平，则称为正逻辑；反之，称为负逻辑。如不特加说明，一般采用正逻辑。

(2) 逻辑是研究事物间的因果规律。逻辑电路所反映的是输入与输出间的逻辑关系的电路。基本逻辑关系有与逻辑、或逻辑和非逻辑 3 种，分别由基本逻辑门电路与门、或门、非门电路来实现。由基本逻辑门可组合成简单或复杂的组合门电路，如与非门、或非门、与或非门、异或门、同或门等简单的组合门电路，系统中使用的编码器、译码器等则是较复杂的组合门电路。逻辑电路的逻辑关系用真值表、逻辑函数表达式和逻辑符号来表示。

（3）组合逻辑门电路在任何时刻电路的输出状态仅取决于该时刻的输入信号状态，而与电路原来的状态无关。分析组合逻辑电路的目的在于确定它的功能，即根据给定的逻辑电路，找出输入与输出间的逻辑关系。

（4）数字集成电路从器件结构来看可分为 TTL 和 CMOS 两大系列。TTL 电路工作速度快、负载能力较强，是目前使用最广泛的一种集成逻辑门。CMOS 电路属于单极型集成门电路，具有输入阻抗大、功耗低、扇出系数大、电源电压范围宽、抗干扰能力强、速度较快、集成度高等一系列特点，因而在数字集成电路中占主导地位的趋势日益明显，并被广泛应用。

（5）逻辑代数是研究和简化逻辑电路的数学工具，应能熟悉运用它的基本定律，并能使用它研究逻辑电路。

（6）常用的具有特定功能的组合逻辑电路有编码器、译码器、数据比较器和加法器等组合电路，熟悉它们的逻辑功能、真值表是分析和应用各种逻辑电路的的重要依据。

## 复习思考题

1. 数字集成电路器件可分为＿＿＿＿和＿＿＿＿两大类。

2. 在大幅度脉冲信号作用下，三极管仅工作于截止区和＿＿＿＿，并作为＿＿＿＿来使用。

3. 数字电路主要研究的对象是：电路的＿＿＿＿和输出之间的逻辑关系。

4. TTL 与非门空载时输出高电平为＿＿＿＿ V，输出低电平为＿＿＿＿ V，阈值电平 $U_{th}$ 约为＿＿＿＿ V。

5. CMOS 门电路中不用的输入端不允许＿＿＿＿。CMOS 电路中通过大电阻将输入端接地，相当于接＿＿＿＿；而通过电阻接 $U_{DD}$，相当于接＿＿＿＿。

6. TTL 与非门是＿＿＿＿极型集成电路，是由＿＿＿＿管组成，其电路工作在＿＿＿＿状态。

7. 数字电路中的最基本的逻辑运算有：＿＿＿＿，＿＿＿＿，＿＿＿＿。

8. 如图 6-69 所示，$A$、$B$ 分别为某种门电路的两个输入信号波形，试分别画出当该门电路为与门、或门、与非门、异或门时电路的输出波形。

9. 利用逻辑函数的基本定律和公式证明下列恒等式：

（1）$\overline{A + BC + D} = A(B+C)D$；

（2）$AB + AB + AB + AB = 1$；

（3）$ABCD + ABCD = \overline{\overline{AB} + \overline{BC} + \overline{CD} + \overline{AD}}$；

（4）$ABC + \overline{A} + \overline{B} + \overline{C} = 1$。

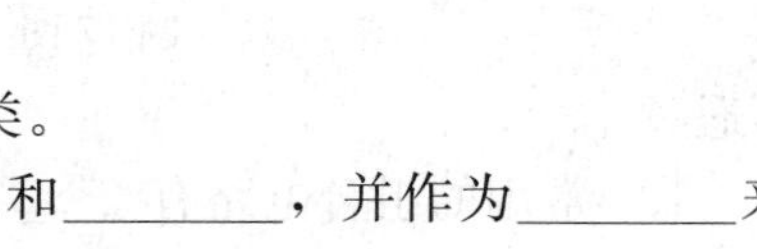

图 6-69　题 8 图

10. 逻辑真值表是表示数字电路＿＿＿＿之间逻辑关系的表格。

11. 正逻辑的与门等效于负逻辑的＿＿＿＿门。

12. 在真值表、表达式和逻辑图 3 种表示方法中，具有唯一形式的是＿＿＿＿。

13. 画出下列逻辑函数式的逻辑图，并列出真值表：

(1) $Y = \overline{\overline{A}B + A\overline{B}}$；

(2) $Y = AB + BC + ABC$；

(3) $Y = AB(A + B)$。

14. 将下列逻辑函数式化为最简与或式：

$Y = ABC + AB + \overline{B}C$；

$Y = \overline{(A \oplus B)(B \oplus \overline{C})}$；

$Y = \overline{\overline{AC} + B \cdot \overline{CD} + CD}$；

$Y = \overline{\overline{ABD} + \overline{A}\,\overline{C} + \overline{BCD} + \overline{BD} + AC}$。

15. 与最小项 $A\overline{B}C$ 相邻的最小项有_____，_____，_____。

16. 组合逻辑电路中不包含存储信号的_____元件，它一般是由各种_____组合而成。

17. 分析图 6 - 70 所示电路的逻辑功能。

18. 用与非门设计一个 4 人表决电路，当输入 3 个或 3 个以上的人同意时，指示灯亮，表决通过，否则，指示灯灭，表决不通过。

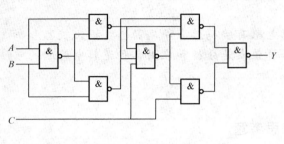

图 6 - 70　题 17 图

19. 常用的组合电路有_____、_____、_____、_____、_____等。

20. 数据选择器又称_____，它是一种_____输入端、_____输出端的逻辑构件。控制信号端实现对_____的选择。

21. 数据分配器的结构与_____相反，它是一种_____输入端、_____输出端的逻辑构件。从哪一路输出取决于_____端输出。

22. 译码器的逻辑功能是将某一时刻的_____输入信号译成_____输出信号，是多选一。

23. 编码器的逻辑功能是对处理的输入信号赋予_____，它实现_____的译码，是一选多。

24. 试画出用 4 片 8 线—3 线优先编码器 74LS148 组成 32 线—5 线优先编码器的逻辑图，允许附加必要的门电路。

25. 试利用 3 线—8 线译码器 74LS138 和适当的门电路实现下列组合逻辑函数：

$Y = \overline{A}B + BC + AC$；

$Y = BC + ABC$；

$Y = \overline{A}C + BC + A\overline{C}$。

26. 试用双 4 选 1 数据选择器 74LS153 接成 8 选 1 数据选择器。

27. 电路如图 6 - 71 所示，写出输出 $Z$ 的逻辑函数式。

28. 什么叫竞争冒险？当门电路的两个输入端同时向相反的逻辑状态转换（即一个从 0 变成 1，另一个从 1 变成 0）时，输出端是否一定有干扰脉冲产生？

29. 消除竞争冒险的常用方法有：①电路输出端加_____；②输入端加_____；③修改_____。

30. 根据表 6-39 写出函数 $T_1$ 和 $T_2$ 的最小项表达式，然后化简为最简与或表达式。

31. 用卡诺图化简下列函数，并求出最简与或式：

(1) $Y(A,B,C) = \sum m(0,1,2,4,7)$；

(2) $Y(A,B,C,D) = \sum m(3,4,5,7,9,13,14,15)$；

(3) $Y(A,B,C,D) = \sum m(0,1,2,3,4,6,8,9,10,11,12,14)$；

(4) $Y(A,B,C,D) = \sum m(0,1,3,4,6,7,9,10,11,13,14,15)$。

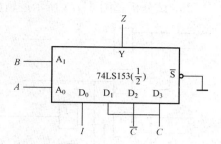

图 6-71　题 27 图

**表 6-39**　　　　　　　　　　**题 30 真 值 表**

| 输入变量 | | | 输出变量 | |
| --- | --- | --- | --- | --- |
| $A$ | $B$ | $C$ | $T_1$ | $T_2$ |
| 0 | 0 | 0 | 1 | 0 |
| 0 | 0 | 1 | 1 | 0 |
| 0 | 1 | 0 | 1 | 0 |
| 0 | 1 | 1 | 0 | 0 |
| 1 | 0 | 0 | 0 | 1 |
| 1 | 1 | 0 | 0 | 1 |
| 1 | 1 | 1 | 0 | 1 |

32. 用卡诺图化简下列函数，并求出最简与或式：

(1) $F = XY + \overline{X}\,\overline{Y}\,\overline{Z} + \overline{X}Y\overline{Z}$

(2) $F = \overline{A}B + B\overline{C} + \overline{B}C$

(3) $F = \overline{AB} + BC + \overline{AB}\,\overline{C}$

(4) $F = X\overline{Y}Z + XY\overline{Z} + \overline{X}YZ + XYZ$

(5) $F = D(\overline{A} + B) + \overline{B}(C + AD)$

(6) $F = ABD + \overline{ACD} + \overline{AB} + \overline{AC}\,\overline{D} + A\,\overline{BD}$

33. 试分析图 6-72 所示逻辑电路的功能。

34. 试分析图 6-73 所示逻辑电路的功能。

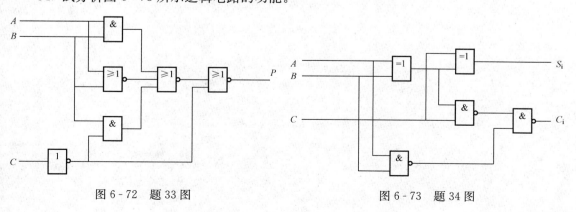

图 6-72　题 33 图　　　　　　　　图 6-73　题 34 图

35. 试分析题图 6-74 所示逻辑电路的功能。

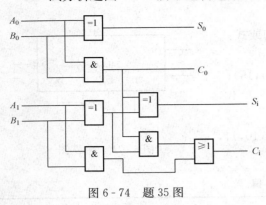

图 6-74　题 35 图

36. 试设计组合电路，输入为 2 个两位的二进制数，输出为两数的乘积，画出逻辑电路图。

37. 某选煤厂由煤仓到洗煤楼用 3 条传送带（A、B、C）运煤，煤流方向为 C→B→A。为了避免在停车时出现煤的堆积现象，要求 3 台电动机要顺煤流方向依次停车，即 A 停则 B 必须停，B 停则 C 必须停。如果不满足应立即发出报警信号，试写出报警信号的逻辑表达式，并用与非门实现。设输出报警为 1，输入开机为 1。

38. 某安全监控设备分别对 4 个设备 A1、A2、A3、A4 的运行状态进行监控，优先级依次降低，试设计一个符合上述要求的监控报警电路。

39. 一编码器的真值表如表 6-40 所示，试用或非门和非门设计出该编码器的逻辑电路。

表 6-40　　　　　　　　　　题 39 真值表

| $I_3$ | $I_2$ | $I_1$ | $I_0$ | $D_7$ | $D_6$ | $D_5$ | $D_4$ | $D_3$ | $D_2$ | $D_1$ | $D_0$ |
|---|---|---|---|---|---|---|---|---|---|---|---|
| 1 | 0 | 0 | 0 | 1 | 0 | 1 | 1 | 0 | 0 | 1 | 1 |
| 0 | 1 | 0 | 0 | 1 | 1 | 0 | 1 | 0 | 1 | 0 | 1 |
| 0 | 0 | 1 | 0 | 0 | 1 | 1 | 1 | 1 | 0 | 1 | 0 |
| 0 | 0 | 0 | 1 | 1 | 1 | 0 | 0 | 1 | 1 | 0 | 1 |

# 第7章　时序逻辑电路

🖊️ **学习目标**

　　时序逻辑电路任一时刻的输出状态不仅与该时刻的输入状态有关，还与电路原来所处的状态有关。

　　**本章的学习目标是：**

　　1. 掌握最基本 RS 触发器的结构、逻辑功能及其工作原理。

　　2. 掌握集成 JK 触发器、D 触发器的逻辑功能及实际应用。

　　3. 掌握时序逻辑电路（如寄存器、计数器）的构成、逻辑功能及常用集成电路的应用。

　　时序逻辑电路（简称时序电路）任意时刻电路的输出状态不仅取决于当时的输入信号状态，而且还与电路原来的状态有关。也就是说，它是具有记忆功能的逻辑电路。从电路结构上讲，时序电路有两个特点：①时序电路一般包含组合电路和具有记忆功能的存储电路，且存储电路是必不可少的；②存储电路的输出状态反馈到输入端，与输入信号共同决定组合电路的输出。

　　本章将学习时序逻辑电路的基本分析方法、各种常用触发器器件和时序逻辑部件，如计数器、寄存器等器件的工作原理及其应用。

　　数字电路中，将能够存储一位二进制信息的逻辑电路称为触发器，每个触发器都有两个互补的输出端 $Q$ 和 $\overline{Q}$。它是构成时序逻辑电路的基本逻辑单元，是具有记忆功能的逻辑器件。

　　时序逻辑电路应用十分广泛。电路具体形式也多种多样，典型电路有寄存器、计数器等。下面将结合典型电路介绍时序逻辑电路及其电路分析方法。

## 7.1　触　发　器

　　触发器是构成时序逻辑电路的基本逻辑部件。所谓触发器，就是它有两个稳定的状态，即 0 状态和 1 状态，在不同的输入情况下可以被置成 0 状态或 1 状态，当输入信号消失后，所置成的状态能够保持不变。所以，触发器是一种具有记忆功能的元件，一个触发器可以记忆 1 位二值信号。触发器，根据逻辑功能不同，可分为 RS 触发器、D 触发器、JK 触发器、T 触发器和 $T'$ 触发器；按照结构形式的不同，又可分为基本 RS 触发器、同步触发器、主从触发器和边沿触发器。

### 7.1.1　基本 RS 触发器

　　基本 RS 触发器也称为 RS 锁存器，是各种触发器中最简单但却是最基本的组成部分。

1. 电路组成

　　图 7-1 所示是由两个与非门交叉连接组成的基本 RS 触发器，$\overline{R}$、$\overline{S}$ 是两个输入端，两

者的逻辑状态在正常条件下保持相反，$Q$ 和 $\overline{Q}$ 是两个互补的输出端：一个是 $Q=1$，$\overline{Q}=0$，称为置位状态（1 状态）；另一个是 $Q=0$，$\overline{Q}=1$，亦为复位状态（0 状态）。

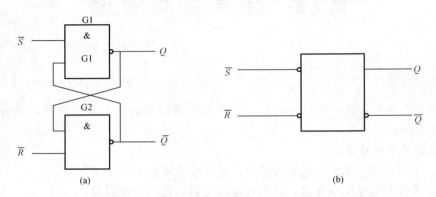

图 7 - 1　基本 $RS$ 触发器
(a) 逻辑图；(b) 逻辑符号

2. 基本 $RS$ 触发器电路的逻辑功能

在基本 $RS$ 触发器中，触发器的输出不仅由触发信号来决定，而且当触发信号消失后，电路能依靠自身的正反馈作用将输出状态保持下去，即具有记忆功能。如图 7 - 1 所示，触发器有两个互补输出端 $Q$、$\overline{Q}$，通常把输出端 $Q$、$\overline{Q}$ 的状态规定为触发器的状态。图 7 - 1 中 $R$、$S$ 符号上的"非号"和输入端上的"小圆圈"均表示这种触发器的触发信号是低电平有效。

(1) 当 $\overline{R}=0$、$\overline{S}=1$ 时，由于 $\overline{R}=0$，不论原来 $Q$ 为 0 还是 1，都有 $\overline{Q}=1$。再由 $\overline{S}=1$、$\overline{Q}=1$ 可得 $Q=0$。即不论触发器原来处于什么状态都将使 $Q=0$，称这种状态为触发器置 0 或复位，$\overline{R}$ 端称为触发器的置 0 端或复位端。

(2) 当 $\overline{R}=1$、$\overline{S}=0$ 时，由于 $\overline{S}=0$，不论原来 $\overline{Q}$ 为 0 还是 1，都有 $Q=1$。再由 $\overline{R}=1$、$Q=1$ 可得 $\overline{Q}=0$。即不论触发器原来处于什么状态都将使 $Q=1$，称这种状态为触发器置 1 或置位，$\overline{S}$ 端称为触发器的置 1 端或置位端。

(3) 当 $\overline{R}=1$、$\overline{S}=1$ 时，根据与非门的逻辑功能不难推知，触发器保持原有状态不变，即原来的状态被触发器存储起来，这体现了触发器具有记忆能力。

(4) 当 $\overline{R}=0$、$\overline{S}=0$ 时，则 $Q=\overline{Q}=1$，破坏了 $Q$ 与 $\overline{Q}$ 的互补关系，不符合触发器的逻辑关系，并且由于与非门延迟时间不可能完全相等，在两个输入端的 0 同时撤除后，将不能确定触发器是处于 1 状态还是 0 状态，所以触发器不允许出现这种情况，这就是基本 $RS$ 触发器的约束条件。

综上所述，当 $\overline{S}=1$ 时，可使触发器的状态变为 1 态，因此 $\overline{S}$ 被称为置 1 端或置位端（set）；当 $\overline{R}=0$ 时，可使触发器的状态变为 0 态，因此 $\overline{R}$ 被称为置 0 端或复位端（reset）。其状态表如表 7 - 1 所示。

3. 基本 $RS$ 触发器时序图

时序图是以波形图的方式来描述触发器的逻辑功能的。在图 7 - 1 所示的电路中，假设触发器的初态为 $Q=0$、$\overline{Q}=1$，触发器信号 $\overline{R}$、$\overline{S}$ 的波形已知，则根据上述逻辑关系不难画出 $Q$、$\overline{Q}$ 的波形，如图 7 - 2 所示。

**表 7 - 1　用与非门组成的 $RS$ 触发器的状态表**

| 输入信号 | | 输出状态 | 逻辑功能说明 |
|---|---|---|---|
| $\overline{S}$ | $\overline{R}$ | $Q^{n+1}$ | |
| 1 | 1 | 状态不变 | 维持原态 |
| 1 | 0 | 0 | 置 0 |
| 0 | 1 | 1 | 置 1 |
| 0 | 0 | 状态不定 | 禁止状态 |

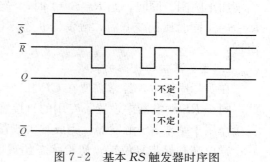

图 7 - 2　基本 $RS$ 触发器时序图

4. 基本 $RS$ 触发器的特点

（1）触发器的状态取决于输入信号状态并与触发器现状态有关。

（2）电路具有两个稳定状态，当无外来触发信号作用时，电路保持原状态不变。

（3）在外加触发信号有效时，电路可实现触发翻转，置 0 或 1。

（4）在稳定状态下两个输出端的状态必须是互补关系，即有约束关系。

在数字电路中，凡能根据输入信号 $R$、$S$ 情况的不同，具有置 0、置 1 和保持功能的电路都称为 $RS$ 触发器。

### 7.1.2　同步 $RS$ 触发器

实际应用中，通常要求触发器的状态翻转在统一的时间节拍控制下完成，为此，需要在输入端设置一个控制端。控制端引入的信号称为同步信号也称为时间脉冲信号，简称为时钟信号，用 $CP$（Clock Pulse）表示。

1. 同步 $RS$ 触发器电路的逻辑功能

图 7 - 3 所示为同步 $RS$ 触发器的逻辑电路和逻辑符号。由 G1、G2 门组成基本 $RS$ 触发器，G3、G4 门组成输入控制门电路。

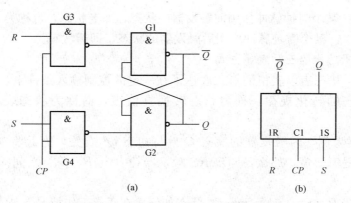

图 7 - 3　由与非门组成的同步 $RS$ 触发器

(a) 电路结构；(b) 逻辑符号

当 $CP=0$ 时，G3、G4 门被封锁，无论 $R$、$S$ 端信号如何变化，输出均为 1，触发器保持原态不变。当 $CP=1$ 时，G3、G4 门被解除封锁，触发器接收输入端信号 $R$、$S$，并按 $R$、$S$ 端电平变化决定触发器的输出。因此可看出：同步 $RS$ 触发器是将 $R$、$S$ 信号经 G3、G4 门倒相后控制基本 $RS$ 触发器工作，因此同步 $RS$ 触发器是高电平触发翻转，故其逻辑符号中不加小圆圈。同时，当 $R=S=1$ 时，导致 $Q=\overline{Q}=0$，破坏了触发器互补输出关系；且当 $R=S=1$ 同时撤销变 0 后，触发器状态不能预先确定，因此，$R=S=1$ 的输入情况不允许出现。

2. 触发器初始状态的预置

在实际应用中，经常需要在 $CP$ 脉冲到来之前，预先将触发器预置成某一初始状态。为此，同步 $RS$ 触发器中设置了专用的直接置位端 $\overline{S}$ 和直接复位端 $\overline{R}$，通示在 $\overline{S}$ 或 $\overline{R}$ 端加低电平直接作用于基本 $RS$ 触发器，完成置 1 或置 0 的工作，而不受 $CP$ 脉冲的限制，故称它们为异步置位端和异步复位端。初始状态预置后，应使 $\overline{R}$ 和 $\overline{S}$ 处于高电平，触发器即可进入正常工作状态。

3. 同步触发器的空翻问题

时序逻辑电路增加时钟脉冲的目的是为了统一电路动作的节拍。对触发器而言，在一个时钟脉冲作用下，要求触发器的状态只能翻转一次。而同步型触发器在一个时钟作用下（即 $CP=1$ 期间），如果 $R$、$S$ 输入信号多次发生变化，可能引起输出端 $Q$ 状态翻转两次或两次以上，时钟失去控制作用，这种现象称为空翻现象。要避免空翻现象，则要求在时钟脉冲作用期间，不允许输入信号（$R$、$S$）发生变化。另外，必须要求 $CP$ 的脉宽不能太大，显然，这种要求是较为苛刻的。

由于同步触发器存在空翻问题，限制了其在实际工作中的作用。为此，对触发器电路作进一步改进，进而产生了主从型、边沿型等各类触发器。

### 7.1.3 触发器逻辑功能的表述方法

1. 术语和符号

（1）时钟脉冲 $CP$：同步脉冲信号。

（2）数据输入端：又称控制输入端，$RS$ 触发器的数据输入端是 $R$ 和 $S$；$D$ 触发器的数据输入端是 $D$ 等等。

（3）初态 $Q^n$：某个时钟脉冲作用前触发器的状态，即老状态，也称为现态。

（4）次态 $Q^{n+1}$：某个时钟脉冲作用后触发器的状态，即新状态。

2. 触发器逻辑功能的五种表述方式

（1）状态表。状态表以表格的形式表达了在一定的控制输入条件下，在时钟脉冲作用前后，初态向次态的转化规律，称为状态转换真值表，简称为状态表，也称为功能真值表。

以 $RS$ 触发器为例，因触发器的次态 $Q^{n+1}$ 与初态 $Q^n$ 有关，因此将初态 $Q^n$ 作为次态 $Q^{n+1}$ 的一个输入逻辑变量，那么，同步 $RS$ 触发器 $Q^{n+1}$ 与 $R$、$S$、$Q^n$ 间的逻辑关系可用表 7-2 表示。

表 7-2 中，当 $R=S=1$ 时，无论 $Q^n$ 状态如何，在正常工作情况下是不允许出现的，所以在对应输出 $Q^{n+1}$ 处打"×"，化简时作为约束项处理。

（2）特性方程。特性方程以方程的形式表达了在时钟脉冲作用下，次态 $Q^{n+1}$ 与初态及控制输入信号之间的逻辑函数关系。

由状态表并通过化简，可以得同步 $RS$ 触发器的特性方程为

$$Q^{n+1} = S + \overline{R}Q^n$$

$$RS = 0 \text{（约束条件）}$$

**表 7 - 2** 同步 *RS* 触发器的状态表

| 输入信号 | | 初始状态 | 输出状态 | 逻辑功能说明 |
|---|---|---|---|---|
| $S$ | $R$ | $Q^n$ | $Q^{n+1}$ | |
| 0 | 0 | 0 | 0 | $Q^n$（维持原态） |
| 0 | 0 | 1 | 1 | |
| 0 | 1 | 0 | 0 | （置 0） |
| 0 | 1 | 1 | 0 | |
| 1 | 0 | 0 | 1 | （置 1） |
| 1 | 0 | 1 | 1 | |
| 1 | 1 | 0 | $\times$ | 禁止状态 |
| 1 | 1 | 1 | | |

（3）状态图。状态图以图形的形式表示在时钟脉冲作用下，状态变化与控制输入间的变化关系，又叫做状态转换图。图 7 - 4 所示为同步 *RS* 触发器的状态转换图。

（4）时序图。反映时钟脉冲 *CP*、控制输入及触发器状态 *Q* 对应关系的工作波形图称为时序图。时序图能清晰地表明时钟信号及控制输入信号间的即时控制关系。图 7 - 5 所示时序图反映了在已知 *CP*、*R*、*S* 波形情况下，触发器 *Q* 端的输出波形。

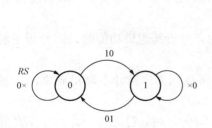

图 7 - 4 同步 *RS* 触发器的状态转换图

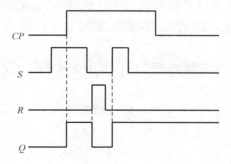

图 7 - 5 同步 *RS* 触发器时序图

### 7. 1. 4 *JK* 触发器

同步 *RS* 触发器可使数字系统具有同步控制功能，但它的输入信号有约束，应不允许有 $S=R=1$。*JK* 触发器则可解决这个问题，它对输入信号没有约束。*JK* 触发器可以用不同的电路结构来实现，如同步 *JK* 触发器、主从 *JK* 触发器和边沿 *JK* 触发器。

下面介绍主从 *JK* 触发器。

（1）电路结构。图 7 - 6 所示为主从 *JK* 触发器的逻辑电路和逻辑符号。它由两个同步 *RS* 触发器组成，即主触发器和从触发器。主触发器的 $S_1$ 端是 *Q* 端信号和 *J* 端信号的逻辑与运算：$S_1=\overline{Q}J$。而 $R_1$ 端是 *Q* 端信号和 *K* 端信号的与运算：$R_1=QK$。$S_D$、$R_D$ 分别是异步置位端和异步复位端，用来预置触发器的初始状态，当触发器正常工作时，应使 $S_D=R_D=1$。应有互补的时钟脉冲信号分别作用于主触发器和从触发器。

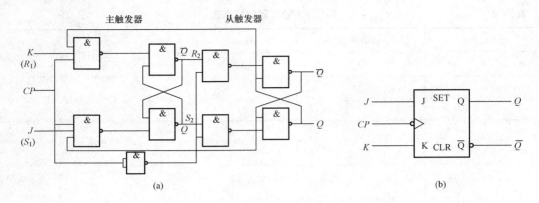

图 7-6 主从 $JK$ 触发器

(a) 逻辑电路；(b) 逻辑符号

（2）工作过程。当 $CP=1$ 时，从触发器 $CP=0$，从触发器被封锁，则触发器的输出状态保持不变，此时主触发器被打开，主触发器的状态随 $J$、$K$ 端的控制输入而改变。

当 $CP=0$ 时，从触发器 $CP=1$，主触发器被封锁，不接收 $J$、$K$ 输入信号，主触发器状态不变，而从触发器解除封锁。由于 $S_2=Q_1$，$R_2=\overline{Q_1}$，所以当主触发器输出 $Q_1=1$ 时，$S_2=1$，$R_2=0$，从触发器置 1，当主触发器 $Q=0$ 时，$S_2=0$，$R_2=1$，从触发器置 0。也就是说从触发器的状态由主触发器决定。

主从 $JK$ 触发器在 $CP$ 脉冲为高电平时接收输入信号，$CP$ 脉冲下降沿时使输出发生变化，即主从 $JK$ 触发器是在 $CP$ 脉冲的下降沿触发动作，克服了 $RS$ 触发器的空翻现象。

（3）逻辑功能分析。基于主从 $JK$ 触发器的结构，分析其逻辑功能时只需分析主触发器的功能即可。

当 $J=K=0$ 时，因主触发器保持原状态不变，所以当 $CP$ 脉冲下降沿到来时，触发器将保持原态不变，即 $Q^{n+1}=Q^n$。

当 $J=1$，$K=0$ 时，设初态 $Q^n=0$，$\overline{Q^n}=1$，当 $CP=1$ 时，$Q_1=1$，$\overline{Q_1}=0$，$CP$ 脉冲下降沿到来后，从触发器置 1，即 $Q^{n+1}=1$。若初态 $Q^n=1$ 时，也有相同的结论。

当 $J=0$，$K=1$ 时，设初态 $Q^n=1$，$\overline{Q^n}=0$，当 $CP=1$ 时，$Q_1=0$，$\overline{Q_1}=1$，$CP$ 脉冲下降沿到来后，从触发器置 0，即 $Q^{n+1}=0$。若初态 $Q^n=0$ 时，也有相同的结论。

当 $J=K=1$ 时，设初态 $Q^n=0$，$\overline{Q^n}=1$，当 $CP=1$ 时，$Q_1=1$，$\overline{Q_1}=0$，$CP$ 脉冲下降沿到来后，从触发器翻转为 1。设初态 $Q^n=1$，$\overline{Q^n}=0$，当 $CP=1$ 时，$Q_1=0$，$\overline{Q_1}=1$，$CP$ 脉冲下降沿到来后，从触发器翻转为 0。即次态与初态相反，即 $Q^{n+1}=\overline{Q^n}$。

由此可见，主从 $JK$ 触发器是一种具有保持、翻转、置 1、置 0 功能的触发器，它克服了 $RS$ 触发器的禁用状态问题，是一种使用灵活、功能强、性能好的触发器。表 7-3 为主从 $JK$ 触发器的状态功能表，主从 $JK$ 触发器状态转换图如图 7-7 所示，时序图如图 7-8 所示。

将主从 $JK$ 触发器的状态转换真值表填入卡诺图化简，可得到其特性方程

$$Q^{n+1}=\overline{J}Q^n+\overline{K}Q^n$$

表 7 - 3                             **主从 *JK* 触发器状态表**

| 输入信号 | | 初始状态 | 输出状态 | *CP* | 逻辑功能说明 |
|---|---|---|---|---|---|
| *J* | *K* | $Q^n$ | $Q^{n+1}$ | | |
| 0 | 0 | 0 | 0 | ↓ | |
| 0 | 0 | 1 | 1 | ↓ | $Q^{n+1}=Q^n$ （维持原态） |
| 0 | 1 | 0 | 0 | ↓ | |
| 0 | 1 | 1 | 0 | ↓ | $Q^{n+1}=J_n$ （输出同 *J*） |
| 1 | 0 | 0 | 1 | ↓ | |
| 1 | 0 | 1 | 1 | ↓ | $Q^{n+1}=J_n$ （输出同 *J*） |
| 1 | 1 | 0 | 1 | ↓ | |
| 1 | 1 | 1 | 0 | ↓ | $Q^{n+1}=\overline{Q^n}$ （输出翻转） |

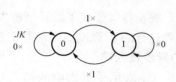

图 7 - 7 　主从 *JK* 触发器状态图

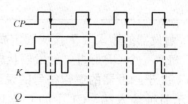

图 7 - 8 　主从 *JK* 触发器时序图

### 7.1.5 *D* 锁存器、*T* 触发器

1. *D* 锁存器

同步 *D* 触发器又称 *D* 锁存器，其逻辑符号和状态图如图 7 - 9 所示。同步 *D* 触发器有一个控制输入端，一个时钟输入端 *CP*，也可以设直接置位端（$\overline{S}_D$）和直接复位端（$\overline{R}_D$）。由图 7 - 9 中可以看出，当 *CP*＝0 时，触发器状态保持不变。当 *CP*＝1 时：若 *D*＝0，则触发器被置 0；若 *D*＝1，则触发器被置 1。直接置位端和直接复位端的作用是不受 *CP* 脉冲控制。*D* 触发器的特性方程为

$$Q^{n+1} = D$$

可见，*D* 触发器在 *CP* 脉冲作用下，具有置 0、置 1 逻辑功能。

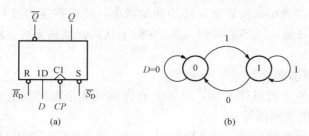

图 7 - 9 　同步 *D* 触发器的逻辑符号和状态图

（a）逻辑符号；（b）状态图

**2. $T$ 触发器**

把 $JK$ 触发器的 $J$、$K$ 端连接起来作为 $T$ 端输入，则构成 $T$ 触发器。$T$ 触发器的逻辑功能是：当 $T=1$ 时，时钟脉冲 $CP$ 作用后，触发器输出状态翻转一次，为计数工作状态；$T=0$ 时，时钟脉冲 $CP$ 作用后，保持原状态不变。即每来一个 $CP$ 脉冲的有效沿时触发器就要翻转一次，具有计数功能。

$T$ 触发器的特性方程是

$$Q^{n+1} = \overline{T}Q^n + T\overline{Q}^n$$

表 7-4 为 $T$ 触发器的状态表。

**表 7-4**                       **$T$ 触发器状态表**

| 输入 $T$ | 初态 $Q^n$ | 输出 $Q^{n+1}$ | 逻辑功能说明 |
|:---:|:---:|:---:|:---:|
| 0 | 0 | 0 | 维持原态 |
| 0 | 1 | 1 | 维持原态 |
| 1 | 0 | 1 | 翻转 |
| 1 | 1 | 0 | 翻转 |

若将 $T$ 触发器的输入端 $T$ 接成固定高电平 1，则 $T$ 触发器就变成了翻转型触发器或计数型触发器，每来一个 $CP$ 脉冲，触发器状态就改变一次，这样的 $T$ 触发器称其为 $T'$ 触发器。

### 7.1.6 关于触发器的逻辑符号的说明和触发器的异步输入端

C1 表示时钟输入端，C1 中的 C 是控制关联标记，C1 表示受其影响的输入是以数字 1 标记的数据输入，如 1R、1S、1D、1J、1K 等。C1 编加动态符号 "∧" 是表示边沿触发。在集成触发器符号中，CP 端有 "∧"、无 "°" 表示触发器采用上升沿边沿触发，CP 端既有 "∧"、又有 "°" 表示触发器采用下降沿边沿触发。而对于上一节讲的电平控制触发器来说，其 CP 端无 "∧"。

前面介绍的几种时钟控制触发器中，所有的输入信号都受时钟脉冲的控制。只有时钟脉冲到来它们才能起作用，否则对触发器没有作用。相当于这些信号的作用和时钟脉冲是同步的，因此称之为同步输入端。相对于同步输入端，时钟控制触发器还有另外一种输入信号，其作用与时钟脉冲无关，因此称为异步输入端，一般的集成触发器都设有异步输入端。例如在图 7-9 所示的 $D$ 触发器逻辑符号中，$\overline{R}_D$ 和 $\overline{S}_D$ 就是异步输入端，均为低电平有效。当 $\overline{R}_D=0$ 时，不论时钟脉冲和同步输入信号如何，触发器的状态一定为 0；当 $\overline{S}_D=0$ 时，不论时钟脉冲和同步输入信号如何，触发器的状态一定为 1。也就是说，$\overline{R}_D$ 和 $\overline{S}_D$ 有着最高的优先级。异步输入端通常被用来预置触发器的初始状态，或者在工作过程中强行置 1 或置 0。要注意的是，两个异步输入端不能同时为 0。实际上从内部结构来看，$\overline{R}_D$ 和 $\overline{S}_D$ 正是基本 RS 触发器的输入端。

### 7.1.7 集成触发器简介

伴随集成电路制造业的迅速发展，市场上有许多性能全面的集成触发器可供选用，表 7-5 列出了几种常见的集成触发器。

应用最多的是边沿型触发器。以常用的双 $D$ 触发器 74LS74 和双 $JK$ 触发器 74LS112 为例，分别见图 7-10 和图 7-11。74LS74 是双 $D$ 触发器，上升沿触发。74LS112 为双 $JK$ 触发器，下降沿触发。$\overline{S}_D$ 是直接置 1 端，$\overline{R}_D$ 是直接复位端。

**表 7 - 5**　　　　　　　　　常用的集成触发器

| 类型 | 型号 | 电路结构 | 开关器件 | 触发方式 |
|---|---|---|---|---|
| RS - FF | 74LS297 | 基本 | TTL | 电平直接触发 |
| | 4044 | 基本 | CMOS | 电平直接触发 |
| JK - FF | 74LS72 | 主从 | TTL | 下降沿 |
| | 74LS112 | 边沿 | TTL | 下降沿 |
| | 74LS70 | 边沿 | TTL | 上升沿 |
| | 4027 | 边沿 | CMOS | 上升沿 |
| D - FF | 74LS375 | 同步 | TTL | 高电平 |
| | 4042 | 同步 | CMOS | 受控 |
| | 74LS74 | 边沿 | TTL | 上升沿 |
| | 4013 | 边沿 | CMOS | 上升沿 |

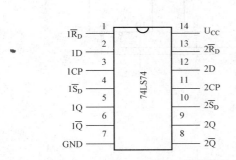

图 7 - 10　双 $D$ 触发器 74LS74

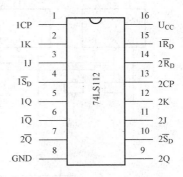

图 7 - 11　双 $JK$ 触发器 74LS112

## 7.2　数码寄存器和移位寄存器

　　数字电路中用来存放二进制数据或代码的电路称为寄存器。由于寄存器具有清除数码、接收数码、存放数码和传送数码的功能，因此，它是由触发器组合起来构成的。一个触发器可以存储一位二进制代码，要存放 $n$ 位二进制代码，需用 $n$ 个触发器来构成。常用的有 4 位、8 位、16 位寄存器。寄存器是数字仪表和计算机硬件系统中最基本的逻辑器件之一，几乎在所有的数字系统中都要用到它。

　　寄存器存放数码的方式有并行和串行两种。并行方式就是数码各位从各对应位输入端同时输入到寄存器中；串行方式就是数码从一个输入端逐位输入到寄存器中。

　　从寄存器取出数码的方式也有并行和串行两种。在并行方式中，被取出的数码各位在对应于各位的输出端上同时出现；而在串行方式中，被取出的数码在一个输出端逐位出现。

　　按照功能的不同，可将寄存器分为数码寄存器和移位寄存器两种。数码寄存器数据只能并行输入。移位寄存器中的数据可以在移位脉冲作用下依次逐位右移或左移，其数据既可以并行输入、并行输出，也可以串行输入、串行输出，还可以并行输入、串行输出，串行输出、并行输入，十分灵活，用途十分广泛。

### 7.2.1 数码寄存器

图 7-12（a）所示是由 $D$ 触发器组成的 4 位集成寄存器 74LS175 的逻辑电路图，其引脚图如图 7-12（b）所示。其中，$D_0 \sim D_3$ 是并行数据输入端，$CP$ 为时钟脉冲端，$Q_0 \sim Q_3$ 是并行数据输出端，$\overline{Q_0} \sim \overline{Q_3}$ 是反码数据输出端，$R_D$ 是异步清零控制端。

该电路结构简单，各触发器的次态方程为

$$Q_3^{n+1} Q_2^{n+1} Q_1^{n+1} Q_0^{n+1} = D_3 D_2 D_1 D_0$$

该电路的数码接收过程为：将需要存储的 4 位二进制数码送到数据输入端 $D_0 \sim D_3$，在 $CP$ 端送一个时钟脉冲，脉冲上升沿作用后，4 位数码并行地出现在 4 个触发器 $Q$ 端。设输入的二进制数为 1011，$CP$ 过后，$D_0 \sim D_3$ 进入触发器组，$Q_0 \sim Q_3$ 将变为 1011。在往寄存器中寄存数据或代码之前，必须先将寄存器清零。

74LS175 的功能表见表 7-6。

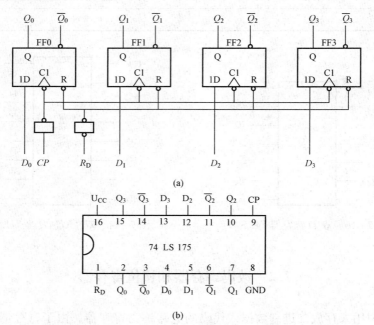

(a)

(b)

图 7-12 4 位集成寄存器 74LS175

（a）逻辑图；（b）引脚排列

表 7-6             **74LS175 的功能表**

| 清零 | 时钟 | 输入 | 输出 | 工作状态 |
|------|------|------|------|----------|
| $R_D$ | $CP$ | $D_0 D_1 D_2 D_3$ | $Q_0 Q_1 Q_2 Q_3$ | |
| 0 | × | ×××× | 0 0 0 0 | 异步清零 |
| 1 | ↑ | $D_0 D_1 D_2 D_3$ | $D_0 D_1 D_2 D_3$ | 数码寄存 |
| 1 | 1 | ×××× | 保持 | 数据保持 |
| 1 | 0 | ×××× | 保持 | 数据保持 |

### 7.2.2 移位寄存器

移位寄存器不仅有存放数码的功能而且有移位的功能。所谓移位,就是每当来一个移位正脉冲(时钟脉冲),触发器的状态便向右或向左移一位,也就是指寄存的数码可以在移位脉冲的控制下依次进行移位。移位寄存器在计算机中应用广泛。

根据数码的移位方向可分为左移寄存器和右移寄存器。按功能又分为单向移位和双向移位。移位寄存器的每一位也是由触发器组成的,但由于它需要有移位功能,所以每位触发器的输出端与下一位触发器的数据输入端相连接,所有触发器共用一个时钟脉冲 $CP$,使它们同步工作。一般规定右移是向由低位向高位移,左移是由高位向低位移,而不管看上去的方向如何。

1. 单向移位(左移或右移)寄存器

图 7 - 13 所示为 $D$ 触发器组成的 4 位右移寄存器的逻辑图。图中 $D_1$ 是串行输入端,$D_0$ 是串行输出端,$Q_0$、$Q_1$、$Q_2$、$Q_3$ 是并行输出端。

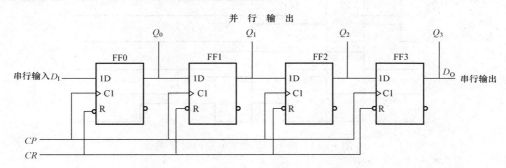

图 7 - 13  $D$ 触发器组成的 4 位右移寄存器

由图 7 - 13 可以得出如下方程:

时钟方程 $$CP_0 = CP_1 = CP_2 = CP_3 = CP$$
驱动方程 $$D_0 = D_i, \quad D_1 = Q_0^n, \quad D_2 = Q_1^n, \quad D_3 = Q_2^n$$
状态方程 $$Q_0^{n+1} = D_i, \quad Q_1^{n+1} = Q_0^n, \quad Q_2^{n+1} = Q_1^n, \quad Q_3^{n+1} = Q_2^n$$

下面依据状态方程进行工作分析。设移位寄存器的初始状态为 0000,串行输入数码 $D_1 = D_3 D_2 D_1 D_0 = 1011$,从高位($D_3$)到低位依次输入。由于从 $CP$ 上升沿开始到输出新状态的建立需要经过一段传输延迟时间,所以当 $CP$ 上升沿同时作用于所有触发器时,它们输入端的状态都未改变。于是,FF1 按 $Q_0$ 原来的状态翻转,FF2 按 $Q_1$ 原来的状态翻转,FF3 按 $Q_2$ 原来的状态翻转,同时,输入端的串行代码 $D_1$ 存入 FF0,总的效果是寄存器的代码依次右移一位。在 4 个移位脉冲作用后,输入的 4 位串行数码 1011 全部存入了寄存器中。右移寄存器的状态表如表 7 - 7 所示,时序图如图 7 - 14 所示。

图 7 - 15 是由 $JK$ 触发器组成的串行输入、串/并行输出左移 4 位移位寄存器。FF0 接成了 $D$ 触发器形式,数码由 $D$ 端输入。设寄存的二进制数 $D_1$ 为 $D_3 D_2 D_1 D_0 = (1011)$,此数据按时钟脉冲的工作节拍从高位到低位依次串行送到 $D$ 端。工作之初先清零。移位一次,存入一个新数码,直到第 4 个脉冲的下降沿来到时,存数结束,这时,可以从 4 个触发器的 $Q$ 端得到并行的数码输出。如果再经过 4 个移位脉冲,则所存的 1011 将逐位从 $Q_0$ 端串行输出。

**表 7 - 7** 右移寄存器的状态表

| 移位脉冲 | 输入数码 | 输出 | | | |
|---|---|---|---|---|---|
| $CP$ | $D_I$ | $Q_0$ | $Q_1$ | $Q_2$ | $Q_3$ |
| 0 | | 0 | 0 | 0 | 0 |
| 1 | 1 | 1 | 0 | 0 | 0 |
| 2 | 0 | 0 | 1 | 0 | 0 |
| 3 | 1 | 1 | 0 | 1 | 0 |
| 4 | 1 | 1 | 1 | 0 | 1 |

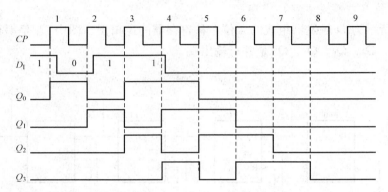

图 7 - 14 图 7 - 13 所示电路的时序图

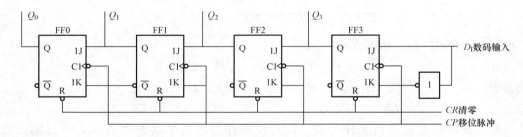

图 7 - 15 $JK$ 触发器组成的 4 位左移寄存器

### 2. 双向移位寄存器

既能左移，又能右移，加上移位方向控制信号的移位寄存器称为双向移位寄存器。在实际应用中一般采用集成寄存器。集成寄存器的种类很多，在这里介绍一种具有多种功能的中规模集成电路 74LS194。其逻辑功能状态表见表 7 - 8，外引线排列如图 7 - 16 所示。$D_{SL}$ 和 $D_{SR}$ 分别是左移和右移串行输入；$D_0$、$D_1$、$D_2$ 和 $D_3$ 是并行输入端；$Q_0$ 和 $Q_3$ 分别是左移和右移时的串行输出端，$Q_0$、$Q_1$、$Q_2$ 和 $Q_3$ 为并行输出端。

由功能表可看出 74LS194 有如下功能：

（1）异步清零。当 $R_D=0$ 时即刻清零，与其他输入状态及 $CP$ 无关。

（2）$M_1$、$M_0$ 是控制输入。当 $R_D=1$ 时 74LS194 有如下 4 种工作方式：

1）保持功能。当 $M_1M_0=00$ 时，不论有无 $CP$ 到来，各触发器状态不变，为保持工作状态。

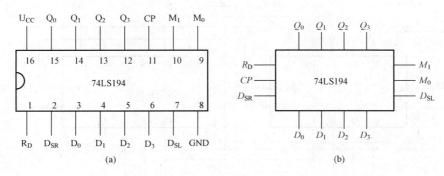

图 7 - 16 集成移位寄存器 74LS194

(a) 引脚图；(b) 逻辑功能示意图

表 7 - 8               **74LS194 的功能表**

| 输　入 | | | | | | | | | 输　出 | | | | 工作模式 |
| --- | --- | --- | --- | --- | --- | --- | --- | --- | --- | --- | --- | --- | --- |
| 清零 | 控制 | 串行输入 | | 时钟 | 并行输入 | | | | | | | | |
| $R_D$ | $M_1 M_0$ | $D_{SL}$ | $D_{SR}$ | $CP$ | $D_0$ | $D_1$ | $D_2$ | $D_3$ | $Q_0$ | $Q_1$ | $Q_2$ | $Q_3$ | |
| 0 | ×× | × | × | × | × | × | × | × | 0 | 0 | 0 | 0 | 异步清零 |
| 1 | 0　0 | × | × | × | × | × | × | × | $Q_0^n$ | $Q_1^n$ | $Q_2^n$ | $Q_3^n$ | 保持 |
| 1 | 0　1 | × | 1 | ↑ | × | × | × | × | 1 | $Q_0^n$ | $Q_1^n$ | $Q_2^n$ | 右 移，$D_{SR}$ 为串行输入，$Q_3$ 为串行输出 |
| 1 | 0　1 | × | 0 | ↑ | × | × | × | × | 0 | $Q_0^n$ | $Q_1^n$ | $Q_2^n$ | |
| 1 | 1　0 | 1 | × | ↑ | × | × | × | × | $Q_1^n$ | $Q_2^n$ | $Q_3^n$ | 1 | 左 移，$D_{SL}$ 为串行输入，$Q_0$ 为串行输出 |
| 1 | 1　0 | 0 | × | ↑ | × | × | × | × | $Q_1^n$ | $Q_2^n$ | $Q_3^n$ | 0 | |
| 1 | 1　1 | × | × | ↑ | $D_0$ | $D_1$ | $D_2$ | $D_3$ | $D_0$ | $D_1$ | $D_2$ | $D_3$ | 并行置数 |

2）右移串行送数功能。当 $M_1 M_0 = 01$ 时，在 $CP$ 的上升沿作用下，实现右移（上移）操作，流向是 $D_{SR} \rightarrow Q_0 \rightarrow Q_1 \rightarrow Q_2 \rightarrow Q_3$。

3）左移串行送数功能。当 $M_1 M_0 = 10$ 时，在 $CP$ 的上升沿作用下，实现左移（下移）操作，流向是 $D_{SL} \rightarrow Q_3 \rightarrow Q_2 \rightarrow Q_1 \rightarrow Q_0$。

4）并行送数功能。当 $M_1 M_0 = 11$ 时，在 $CP$ 的上升沿作用下，实现置数操作：$D_0 \rightarrow Q_0$，$D_1 \rightarrow Q_1$，$D_2 \rightarrow Q_2$，$D_3 \rightarrow Q_3$。

【例 7 - 1】 试用 2 片双向移位寄存器 74LS194 构成 8 位双向移位寄存器。

**解** 将 2 片 74LS194 进行级联，则扩展为 8 位双向移位寄存器，如图 7 - 17 所示。其中，第 1 片的 $D_{SR}$ 端是 8 位双向移位寄存器的右移串行输入端，第 2 片的 $D_{SL}$ 端是 8 位双向移位寄存器的左移串行输入端，$D_0 \sim D_7$ 为并行输入端，$Q_0 \sim Q_7$ 为并行输出端。

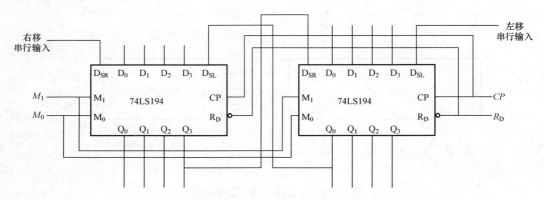

图 7 - 17　74LS194 扩展为 8 位双向移位寄存器

# 7.3　计　数　器

计数器是完成统计输入脉冲个数的电路。

计数器是数字系统中应用的最广泛的一种具有记忆功能的时序逻辑电路。计数器不仅可以计数，而且也常用于数字系统的定时、分频、产生序列信号和执行数字运算等。

计数器可以进行加法计数，也可以进行减法计数，或者可以进行两者兼有的可逆计数。若从进位制来分，有二进制计数器、十进制计数器（也称二—十进制计数器）等多种。

### 7.3.1　二进制计数器

二进制只有 0 和 1 两个数码。所谓二进制加法就是逢二进一，即 $0+1=1$，$1+1=10$。也就是每当本位是 1，再加 1 时，本位便变为 0，同时向高位进位。由于双稳态触发器有 1 和 0 两个状态，所以一个触发器可以表示一位二进制数。如果要表示 $n$ 位二进制数，就得用 $n$ 个触发器。

根据二进制数的递增规律，先列出 4 位二进制加法计数器的状态表（表 7 - 9），表中还列出对应的十进制数。

要实现表 7 - 9 所列的 4 位二进制加法计数，必须用 4 个触发器，它们具有计数功能。采用不同的触发器可有不同的逻辑电路，即使用同种触发器也可得出不同的逻辑电路。下面介绍典型的二进制加法计数器。

表 7 - 9　　　　　　　　　　　**4 位二进制加法计数器的状态表**

| 计数脉冲序号 | 计数器状态 | | | | 对应十进制数 |
| --- | --- | --- | --- | --- | --- |
| | $Q_3$ | $Q_2$ | $Q_1$ | $Q_0$ | |
| 0 | 0 | 0 | 0 | 0 | 0 |
| 1 | 0 | 0 | 0 | 1 | 1 |
| 2 | 0 | 0 | 1 | 0 | 2 |
| 3 | 0 | 0 | 1 | 1 | 3 |
| 4 | 0 | 1 | 0 | 0 | 4 |
| 5 | 0 | 1 | 0 | 1 | 5 |

续表

| 计数脉冲序号 | 计数器状态 | | | | 对应十进制数 |
| --- | --- | --- | --- | --- | --- |
| | $Q_3$ | $Q_2$ | $Q_1$ | $Q_0$ | |
| 6 | 0 | 1 | 1 | 0 | 6 |
| 7 | 0 | 1 | 1 | 1 | 7 |
| 8 | 1 | 0 | 0 | 0 | 8 |
| 9 | 1 | 0 | 0 | 1 | 9 |
| 10 | 1 | 0 | 1 | 0 | 10 |
| 11 | 1 | 0 | 1 | 1 | 11 |
| 12 | 1 | 1 | 0 | 0 | 12 |
| 13 | 1 | 1 | 0 | 1 | 13 |
| 14 | 1 | 1 | 1 | 0 | 14 |
| 15 | 1 | 1 | 1 | 1 | 15 |
| 16 | 0 | 0 | 0 | 0 | 0 |

**1. 异步二进制计数器**

根据表 7 - 9 所示 4 位二进制加法计数的规律，最低位 $Q_0$（即第 1 位）是每来 1 个 $CP$ 脉冲变化一次（翻转一次）；次低位 $Q_1$（亦即第 2 位）是每来 2 个脉冲翻转一次，且当 $Q_0$ 从 1 跳 0 时，FF1 翻转；高位 $Q_2$（亦即第 3 位）是每来 4 个脉冲翻转一次，且当 $Q_1$ 从 1 跳 0 时，FF2 才翻转。以此类推，高位的触发器 FF3 也是在邻近的低位触发器 FF2 从 1 变为 0 进位时翻转。

基于以上分析，采用异步方式构成二进制加法计数器是很容易的。图 7 - 18 所示是由 $JK$ 触发器组成的 4 位异步二进制加法计数器，其中的 $JK$ 触发器均接成 $T'$ 触发器，即 $J$、$K$ 输入端都接至 1，或悬空。

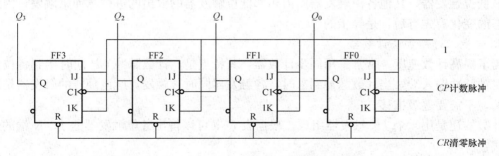

图 7 - 18 4 位异步二进制加法计数器的逻辑图

设电路的初始状态为 0000，当输入第 1 个计数脉冲时，FF0 的状态翻转为 1，$Q_0$ 从 0 跳变为 1，这对于 FF1 来说，出现的时钟信号为脉冲的上升沿，故 FF1 状态不变，FF2 和 FF3 的状态也不会变化，故计数器的状态变为 0001。当输入第 2 个计数脉冲后，FF0 的状态翻转为 0，$Q_0$ 从 1 跳变为 0，这时对于 FF1 来说，出现的时钟信号为脉冲的下降沿，故 FF1 状态翻转为 1，FF2、FF3 的状态不变，计数器的状态为 0010。输入第 3 个计数脉冲后，FF0 照翻为 1，$Q_0$ 从 0 跳变为 1，FF2、FF3 不变，计数器的状态变为 0011。以此类推，电路将以二进制的规律工作下去。当计数器状态为 1111 时，当出现第 16 个计数脉冲时，FF3～FF0 的状态为 0000，同时高端输出一进位信号。该计数器状态图如图 7-19 所示，时序波形图如图 7-20 所示。

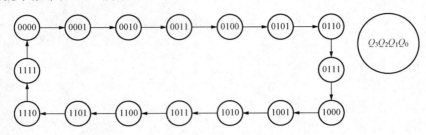

图 7-19　异步二进制加法计数器的状态图

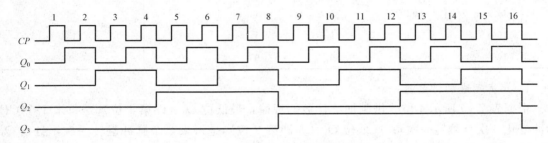

图 7-20　异步二进制加法计数器的时序波形图

从时序图可以看出，该计数器具有分频器的功能，输出信号 $Q_0$、$Q_1$、$Q_2$、$Q_3$ 的频率分别是输入脉冲频率的 1/2、1/4、1/8、1/16，也即可以实现 2、4、8、16 分频。又因为该计数器有 0000～1111 共 16 个状态，所以也称 16 进制加法计数器或模 16（$M=16$）加法计数器。

之所以称为异步加法计数器，是由于计数脉冲不是同时加到各位触发器的 $CP$ 端、而只加到最低位触发器，其他各位触发器则由相邻低位触发器的输出的进位脉冲来触发，因此它们状态的变化有先有后，是异步的。

2. 同步二进制加法计数器

为了提高计数速度，常常采用同步计数器，其特点是，计数脉冲 $CP$ 同时接到各位触发器的时钟脉冲输入端，当计数脉冲到来时，各触发器同时被触发，应该翻转的触发器是同时翻转的，不需要逐级推移。

计数器还是用 4 个 $JK$ 触发器组成，根据表 7-9 可以得出各位触发器的 $J$、$K$ 端的逻辑关系式：

（1）FF0 每当输入一个计数脉冲时，状态翻转一次，所以，应使其 $J=K=1$。

（2）FF1 每当输入一个计数脉冲时，只有前一时刻 $Q_0^n$ 为 1 时，它的状态才会翻转一次，所以其 $J=K=Q_0^n$。

（3）FF2 每当输入一个计数脉冲时，只有前一时刻 $Q_0^n$、$Q_1^n$ 同时为 1 时，它的状态才会翻转一次，所以 $J=K=Q_1^n Q_0^n$。同理，FF3 的翻转前提是 $J=K=Q_2^n Q_1^n Q_0^n=1$。

（4）代表进位的输出方程为 $CO=Q_3^n Q_2^n Q_1^n Q_0^n$。

由上述逻辑关系式可以得出图 7-21 所示的 4 位同步二进制加法计数器的逻辑电路。

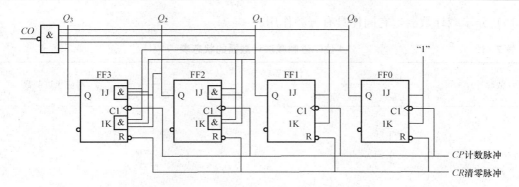

图 7 - 21    4 位同步二进制加法计数器逻辑电路

由于计数脉冲要同时加到各级触发器的 $CP$ 输入端，就要求给出计数脉冲的电路具有较大的驱动能力。对于 4 位计数器来说，由于输入第 16 个脉冲时，计数器返回初始状态，同时产生进位信号 $C$。因此 $n$ 位二进制计数器所计的最大数目是 $2^n - 1$。

同步二进制加法计数器的状态图如图 7 - 22 所示，工作波形时序图与异步二进制加法计数器相同。

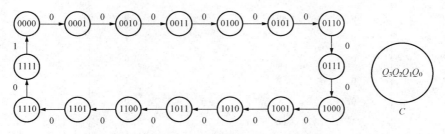

图 7 - 22    同步二进制加法计数器的状态图

【例 7 - 2】    分析图 7 - 23 所示电路的逻辑功能。设初始状态为 0000。

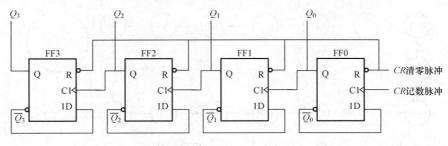

图 7 - 23    [例 7 - 2] 图

**解**    (1) 计数状态分析。从初态 0000 开始，在第一个计数脉冲作用后，触发器 FF0 由 0 翻转为 1（$Q_0$ 的借位信号），此上升沿使 FF1 也由 0 翻转为 1（$Q_1$ 的借位信号），这个上升沿又使 FF2 由 0 翻转为 1，同理 FF3 由 0 翻转为 1，即计数器由 0000 变成了 1111 状态。在这一过程中，$Q_0$ 向 $Q_1$ 进行了借位，$Q_1$ 向 $Q_2$ 进行了借位。此后，每输入 1 个计数脉冲，计数器的状态按二进制递减（减 1）。输入第 16 个计数脉冲后，计数器又回到 0000 状态，完成一次循环。

(2) 根据技术状态分析，列状态表。由表 7 - 10 所示状态表可见，该计数器是 $2^4$ 进制

（模 16）异步减计数器，它同样具有分频作用。

**表 7 - 10**　　　　　　　　　**4 位二进制减法计数器的状态表**

| 计数脉冲序号 | 计数器状态 | | | | 对应十进制数 |
|:---:|:---:|:---:|:---:|:---:|:---:|
| | $Q_3$ | $Q_2$ | $Q_1$ | $Q_0$ | |
| 0 | 0 | 0 | 0 | 0 | 0 |
| 1 | 1 | 1 | 1 | 1 | 15 |
| 2 | 1 | 1 | 1 | 0 | 14 |
| 3 | 1 | 1 | 0 | 1 | 13 |
| 4 | 1 | 1 | 0 | 0 | 12 |
| 5 | 1 | 0 | 1 | 1 | 11 |
| 6 | 1 | 0 | 1 | 0 | 10 |
| 7 | 1 | 0 | 0 | 1 | 9 |
| 8 | 1 | 0 | 0 | 0 | 8 |
| 9 | 0 | 1 | 1 | 1 | 7 |
| 10 | 0 | 1 | 1 | 0 | 6 |
| 11 | 0 | 1 | 0 | 1 | 5 |
| 12 | 0 | 1 | 0 | 0 | 4 |
| 13 | 0 | 0 | 1 | 1 | 3 |
| 14 | 0 | 0 | 1 | 0 | 2 |
| 15 | 0 | 0 | 0 | 1 | 1 |
| 16 | 0 | 0 | 0 | 0 | 0 |

（3）得出计数器状态图与时序图，分别如图 7 - 24 和图 7 - 25 所示。

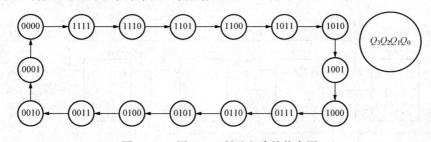

图 7 - 24　图 7 - 21 所示电路的状态图

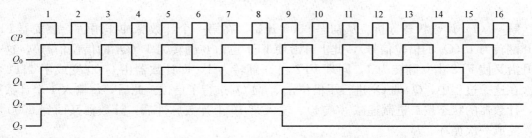

图 7 - 25　图 7 - 21 所示电路的时序图

### 7.3.2 十进制加法计数器

二进制计数器结构简单，但是读数不习惯，所以在有些场合采用十进制计数器较为方便。十进制计数器是在二进制计数器的基础上得出的，用4位二进制数来代表十进制数的每一位数，所以也称为二—十进制计数器。

前面已经讲过最常用的8421BCD编码方式，是取4位二进制数前面的0000～1001来表示十进制的0～9共10个数码，而去掉后面的1010～1111这6个数。也就是计数器计到第9个脉冲时再来一个脉冲，即由1001变为0000。经过10个脉冲循环一次。

**1. 同步十进制加法计数器**

图7-26所示为由4个下降沿触发的$JK$触发器组成的8421BCD码同步十进制加法计数器的逻辑电路。

(1) 4个$JK$触发器$J$和$K$端的逻辑关系式应为

$$J_0 = 1 \qquad\qquad K_0 = 1$$
$$J_1 = \overline{Q_3^n} Q_0^n \qquad\qquad K_1 = Q_0^n$$
$$J_2 = Q_1^n Q_0^n \qquad\qquad K_2 = Q_1^n Q_0^n$$
$$J_3 = Q_2^n Q_1^n Q_0^n \qquad\qquad K_3 = Q_0^n$$

(2) $JK$触发器的特性方程为$Q^{n+1} = J\overline{Q^n} + \overline{K}Q^n$，得各触发器的次态方程

$$Q_0^{n+1} = J_0 \overline{Q_0^n} + \overline{K_0} Q_0^n = \overline{Q_0^n}$$
$$Q_1^{n+1} = J_1 \overline{Q_1^n} + \overline{K_1} Q_1^n = \overline{Q_3^n} Q_0^n \overline{Q_1^n} + \overline{Q_0^n} Q_1^n$$
$$Q_2^{n+1} = J_2 \overline{Q_2^n} + \overline{K_2} Q_2^n = Q_1^n Q_0^n \overline{Q_2^n} + \overline{Q_1^n Q_0^n} Q_2^n$$
$$Q_3^{n+1} = J_3 \overline{Q_3^n} + \overline{K_3} Q_3^n = Q_2^n Q_1^n Q_0^n \overline{Q_3^n} + \overline{Q_0^n} Q_3^n$$

输出端为进位 $C_0 = Q_3^n Q_0^n$

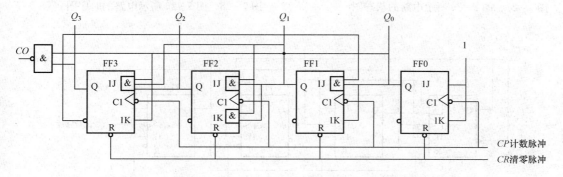

图7-26 8421BCD码同步十进制加法计数器的逻辑电路

(3) 根据状态方程列出状态表（见表7-11），状态图如图7-27所示，时序图如图7-28所示。

**2. 异步十进制加法计数器**

用主从$JK$触发器组成的异步十进制加法计数器如图7-29所示。电路由4个$JK$主从触发器组成，其中FF0和FF2始终处于计数状态。$Q_0$同时触发FF1和FF3，$Q_3$反馈到$J_1$，$Q_2 Q_1$作为$J_3$端信号。

下面对该电路进行分析：

表 7 - 11                     图 7 - 26 所示电路的状态表

| 计数脉冲序号 | 现态 | | | | 次态 | | | | 输出 |
| --- | --- | --- | --- | --- | --- | --- | --- | --- | --- |
| | $Q_3^n$ | $Q_2^n$ | $Q_1^n$ | $Q_0^n$ | $Q_3^{n+1}$ | $Q_2^{n+1}$ | $Q_1^{n+1}$ | $Q_0^{n+1}$ | $CO$ |
| 0 | 0 | 0 | 0 | 0 | 0 | 0 | 0 | 1 | 0 |
| 1 | 0 | 0 | 0 | 1 | 0 | 0 | 1 | 0 | 0 |
| 2 | 0 | 0 | 1 | 0 | 0 | 0 | 1 | 1 | 0 |
| 3 | 0 | 0 | 1 | 1 | 0 | 1 | 0 | 0 | 0 |
| 4 | 0 | 1 | 0 | 0 | 0 | 1 | 0 | 1 | 0 |
| 5 | 0 | 1 | 0 | 1 | 0 | 1 | 1 | 0 | 0 |
| 6 | 0 | 1 | 1 | 0 | 0 | 1 | 1 | 1 | 0 |
| 7 | 0 | 1 | 1 | 1 | 1 | 0 | 0 | 0 | 0 |
| 8 | 1 | 0 | 0 | 0 | 1 | 0 | 0 | 1 | 0 |
| 9 | 1 | 0 | 0 | 1 | 0 | 0 | 0 | 0 | 1 |

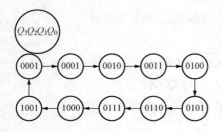

图 7 - 27  图 7 - 26 所示电路的状态图

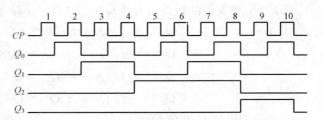

图 7 - 28  图 7 - 26 所示电路的时序图

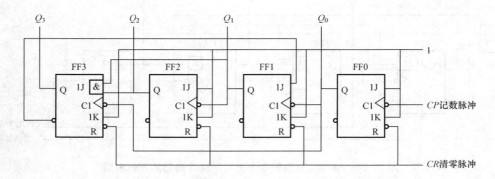

图 7 - 29  异步十进制加法计数器逻辑电路

（1）时钟方程为

$CP_0 = CP$（时钟脉冲源的上升沿触发）

$CP_1 = Q_0$（当 FF0 的 $Q_0$ 由 1→0 时，$Q_1$ 才可能改变状态，否则 $Q_1$ 将保持原状态）

$CP_2 = Q_1$（当 FF1 的 $Q_1$ 由 1→0 时，$Q_2$ 才可能改变状态，否则 $Q_2$ 将保持原状态）

$CP_3 = Q_0$（当 FF0 的 $Q_0$ 由 1→0 时，$Q_3$ 才可能改变状态，否则 $Q_3$ 将保持原状态）

（2）4 个 $JK$ 触发器 $J$ 和 $K$ 端的逻辑关系式应为

$$J_0 = 1 \qquad\qquad K_0 = 1$$
$$J_1 = \overline{Q_3^n} \qquad\qquad K_1 = 1$$
$$J_2 = 1 \qquad\qquad K_2 = 1$$
$$J_3 = Q_2^n Q_1^n \qquad\qquad K_3 = 1$$

（3）将各驱动方程代入 $JK$ 触发器的特性方程 $Q^{n+1} = J\overline{Q^n} + \overline{K}Q^n$，得各触发器的次态方程

$$Q_0^{n+1} = J_0\overline{Q_0^n} + \overline{K_0}Q_0^n = \overline{Q_0^n}（CP \text{ 由 } 1 \rightarrow 0 \text{ 时成立}）$$

$$Q_1^{n+1} = J_1\overline{Q_1^n} + \overline{K_1}Q_1^n = \overline{Q_3^n}\,\overline{Q_1^n}（Q_0 \text{ 由 } 1 \rightarrow 0 \text{ 时成立}）$$

$$Q_2^{n+1} = J_2\overline{Q_2^n} + \overline{K_2}Q_2^n = \overline{Q_2^n}（Q_1 \text{ 由 } 1 \rightarrow 0 \text{ 时成立}）$$

$$Q_3^{n+1} = J_3\overline{Q_3^n} + \overline{K_3}Q_3^n = Q_2^n Q_1^n\,\overline{Q_3^n}（Q_0 \text{ 由 } 1 \rightarrow 0 \text{ 时成立}）$$

（3）作状态转换表和时序图。设初态为 $Q_3 Q_2 Q_1 Q_0 = 0000$，代入次态方程进行计算，以次推出次态，可得状态表、状态图和状态图，同步十进制加法计数器一样。

### 7.3.3 集成计数器及其应用

1. 集成同步二进制计数器电路

74161 是中规模集成同步二进制计数器。74161 是可预置、可保持同步的 4 位二进制加法计数器。74161 有 TTL 系列中的 54/74161、54/74LS161 和 54/74F161 以及 CMOS 系列中的 54/74HC161、54/74HCT161 等。74161 电路除了具有二进制加法计数功能外，还具有预置数、保持和异步置零等附加功能。74161 的逻辑符号和引脚如图 7-30 所示，功能表如表 7-12 所示。

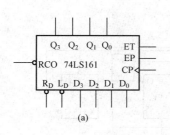
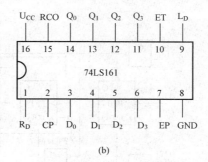

图 7-30　74161 的逻辑符号和引脚图

（a）逻辑符号；（b）引脚排列

表 7-12　74161 的功能表

| 清零 | 预置 | 使能 | | 时钟 | 预置数据输入 | | | | 输出 | | | | 工作模式 |
|---|---|---|---|---|---|---|---|---|---|---|---|---|---|
| $R_D$ | $L_D$ | $EP$ | $ET$ | $CP$ | $D_3$ | $D_2$ | $D_1$ | $D_0$ | $Q_3$ | $Q_2$ | $Q_1$ | $Q_0$ | |
| 0 | × | × | × | × | × | × | × | × | 0 | 0 | 0 | 0 | 异步清零 |
| 1 | 0 | × | × | ↑ | $D_3$ | $D_2$ | $D_1$ | $D_0$ | $D_3$ | $D_2$ | $D_1$ | $D_0$ | 同步置数 |
| 1 | 1 | 0 | × | × | × | × | × | × | 保 | | 持 | | 数据保持 |
| 1 | 1 | × | 0 | × | × | × | × | × | 保 | | 持 | | 数据保持 |
| 1 | 1 | 1 | 1 | ↑ | × | × | × | × | 计 | | 数 | | 加法计数 |

由功能表可知，74161 具有以下功能：

(1) 异步清零。当 $R_D=0$ 时，不管其他输入端的状态如何，不论有无时钟脉冲 $CP$，计数器输出将被直接置零（$Q_3Q_2Q_1Q_0=0000$），称为异步清零。

(2) 同步并行预置数。当 $R_D=1$、$L_D=0$ 时，在输入时钟脉冲 $CP$ 上升沿的作用下，并行输入端的数据 $D_3D_2D_1D_0$ 被置入计数器的输出端，即 $Q_3Q_2Q_1Q_0=D_3D_2D_1D_0$。由于这个操作要与 $CP$ 上升沿同步，所以称为同步预置数。

(3) 计数。当 $R_D=L_D=EP=ET=1$ 时，在 $CP$ 端输入计数脉冲，计数器进行二进制加法计数。

(4) 保持。当 $R_D=L_D=1$，且 $EP \cdot ET=0$，即两个使能端中有 0 时，则计数器保持原来的状态不变。这时，如 $EP=0$、$ET=1$，则进位输出信号 $RCO$ 保持不变；如 $ET=0$ 则不管 $EP$ 状态如何，进位输出信号 $RCO$ 为低电平 0。

常用的同步 4 位二进制加法计数器还有 74LS163，功能与 74161 类似，其特点是采用同步清零，这个操作要与 $CP$ 上升沿同步，所以称为同步清零。

2. 集成异步计数器 74LS290

74LS290 是异步十进制计数器，内部结构如图 7 - 31 （a）所示，逻辑符号如图 7 - 31（b）所示，外引脚排列如图 7 - 31 （c）所示。它包含一个独立的 1 位二进制计数器和一个独立的异步五进制计数器。二进制计数器的时钟输入端为 $CP_1$，输出端为 $Q_0$；五进制计数器的时钟输入端为 $CP_2$，输出端为 $Q_1$、$Q_2$、$Q_3$。如果将 $Q_0$ 与 $CP_2$ 相连，$CP_1$ 作时钟脉冲输入端，$Q_0 \sim Q_3$ 作输出端，则为 8421BCD 码十进制计数器。因此，又称此电路为二—五—十进制计数器。

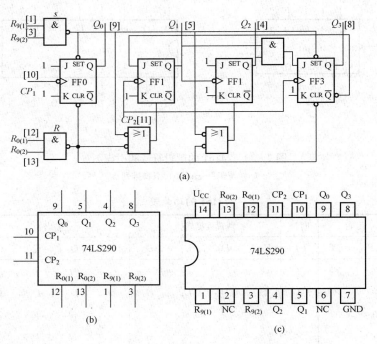

图 7 - 31　异步集成计数器 74LS290

(a) 74LS290 的内部电路图；(b) 74LS290 的逻辑符号；(c) 74LS290 的引脚排列

表 7 - 13 是 74LS290 的功能表。由表可知，74LS290 具有以下功能：

（1）异步清零。当复位输入端 $R_{0(1)} = R_{0(2)} = 1$，且置位输入 $R_{9(1)} \cdot R_{9(2)} = 0$ 时，不论有无时钟脉冲 $CP$，计数器输出将被直接置零。

（2）异步置数。当置位输入 $R_{9(1)} = R_{9(2)} = 1$ 时，无论其他输入端状态如何，计数器输出将被直接置 9（即 $Q_3 Q_2 Q_1 Q_0 = 1001$）。

（3）计数。当 $R_{0(1)} \cdot R_{0(2)} = 0$，且 $R_{9(1)} \cdot R_{9(2)} = 0$ 时，在计数脉冲（下降沿）作用下，进行二—五—十进制加法计数。

表 7 - 13                                   74LS290 的功能表

| 复位输入 | | 置位输入 | | 时钟 | 输出 | | | | 工作模式 |
|---|---|---|---|---|---|---|---|---|---|
| $R_{0(1)}$ | $R_{0(2)}$ | $R_{9(1)}$ | $R_{9(2)}$ | $CP$ | $Q_3$ | $Q_2$ | $Q_1$ | $Q_0$ | |
| 1 | 1 | 0 | $\times$ | $\times$ | 0 | 0 | 0 | 0 | 异步清零 |
| 1 | 1 | $\times$ | 0 | $\times$ | 0 | 0 | 0 | 0 | |
| $\times$ | $\times$ | 1 | 1 | $\times$ | 1 | 0 | 0 | 1 | 异步置 9 |
| 0 | $\times$ | 0 | $\times$ | $\downarrow$ | | 计 | 数 | | 加法计数 |
| 0 | $\times$ | $\times$ | 0 | $\downarrow$ | | 计 | 数 | | |
| $\times$ | 0 | 0 | $\times$ | $\downarrow$ | | 计 | 数 | | |
| $\times$ | 0 | | | $\downarrow$ | | 计 | 数 | | |

74LS290 为二—五—十进制计数器，从上面仅能看到其内部有一个二进制计数器和一个五进制计数器，其没有十进制计数器的功能，欲实现十进制计数器，将二进制计数器和五进制计数器进行串接就可以实现其功能。下面说明 3 种计数过程：

（1）从 $C_1$ 端输入计数脉冲，由 $Q_0$ 输出，FF1～FF3 三位触发器不用，这时为二进制计数器。

（2）从 $C_2$ 端输入计数脉冲，由 $Q_3$、$Q_2$、$Q_1$ 端输出，这时为五进制计数器。

（3）将 $Q_0$ 端与 $C_2$ 端连接，输入计数脉冲至 $C_1$。而后逐步由现状态分析下一状态（从初始状态 0000 开始），一直分析到恢复 0000 为让。

列出状态表，可知这种连接为 8421BCD 码十进制计数器。

【例 7 - 3】试用 74161 设计十二进制计数器。

**解**  74161 为 4 位二进制同步加法计数器，具有异步清零端。

（1）写出状态 $S_n$ 的二进制代码

$$S_n = S_{12} = 1100$$

（2）求出清零函数 $R_D$。

由题意知，当 $Q_3 Q_2 Q_1 Q_0 = 1100$ 时，用于实现反馈的与非门将输出低电平，计数器清 0。所以，1100 这个状态并不能持久，即当 $Q_3 Q_2 Q_1 Q_0 = 1100$ 时，$R_D = 0$。所以有 $R_D = \overline{Q_3 Q_2}$。这里 $R_D$ 端是异步清零端，它的优先级高，与非门输出的低电平即刻产生清零，然后进入 0000 状态。

（3）画出计数器电路，如图 7 - 32 所示。

按照同样的方法，可以用集成计数器 74LS290 和与门构成七进制计数器，如图 7 - 33 所示。当第 7 个脉冲到来时，反馈清零，0111 只是短暂的过渡状态。

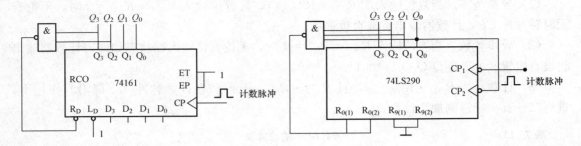

图 7 - 32 异步清零法构成十二进制计数器       图 7 - 33 异步清零法组成七进制计数器

【例 7 - 4】 试利用 74160 的置数控制端设计一个六进制计数器。

解 74160 是十进制计数器，其功能表如表 7 - 14 所示。

表 7 - 14                      **74160 的功能表**

| 清零 | 预置 | 使能 | | 时钟 | 预置数据输入 | | | | 输出 | | | | 工作模式 |
|---|---|---|---|---|---|---|---|---|---|---|---|---|---|
| $R_D$ | $L_D$ | $EP$ | $ET$ | $CP$ | $D_3$ | $D_2$ | $D_1$ | $D_0$ | $Q_3$ | $Q_2$ | $Q_1$ | $Q_0$ | |
| 0 | × | × | × | × | × | × | × | × | 0 | 0 | 0 | 0 | 异步清零 |
| 1 | 0 | × | × | ↑ | $D_3$ | $D_2$ | $D_1$ | $D_0$ | $D_3$ | $D_2$ | $D_1$ | $D_0$ | 同步置数 |
| 1 | 1 | 0 | × | × | × | × | × | × | 保 | | 持 | | 数据保持 |
| 1 | 1 | × | 0 | × | × | × | × | × | 保 | | 持 | | 数据保持 |
| 1 | 1 | 1 | 1 | ↑ | × | × | × | × | 十进制计数 | | | | 加法计数 |

（1）采用同步置数法。令状态 $S_0 = 0000$，$D_3 \sim D_0$ 均接 0。

（2）写出状态 $S_{n-1}$ 的二进制代码

$$S_{n-1} = S_{6-1} = S_5 = 0101$$

（3）求出清零函数

$$L_D = \overline{Q_2 Q_0}$$

（4）画出电路，如图 7 - 34 （a）所示，其状态图如图 7 - 34 （b）所示。

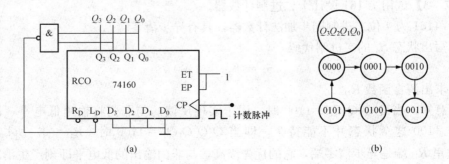

(a)                     (b)

图 7 - 34 同步置数法构成六进制计数器

（a）逻辑电路；（b）状态图

## 实操练习 14 触发器逻辑功能测试及简单应用

### 一、目的要求

（1）熟悉常用触发器的逻辑功能，掌握触发器逻辑功能的测试方法。

（2）熟悉触发器间逻辑功能的转换方法。

（3）了解触发器的一些简单应用。

### 二、工具、仪表和器材

数字逻辑实验仪 1 台，数字万用表 1 块，逻辑笔 1 支，74LS00 计数器 1 片，74LS76 计数器 1 片，74LS74 计数器 1 片。

### 三、实操练习内容与步骤

（1）基本 RS 触发逻辑功能测试。用与非门构成基本 RS 触发器，如图 7 - 35（a）所示，分别使 RS 为 00、01、10、11，用 0—1 显示器观察对应的输出端 $Q$ 和 $\bar{Q}$ 的状态，画表格记录测试结果。

（2）集成 D 触发器 74LS74 逻辑功能测试。

1）测试直接置 0（$\bar{R}_D$）和置 1（$\bar{S}_D$）功能，测试方法同基本 RS 触发器。

2）静态测试。$CP$ 接单次脉冲，$\bar{R}_D = \bar{S}_D = 1$，分别使 $D$ 为 0、1，用 0—1 显示观察对应的输出端 $Q$ 和 $\bar{Q}$ 的状态，记录测试结果。

3）动态测试。按照图 7 - 35（a）接好电路，$CP$ 接 1kHz 连续脉冲，$\bar{R}_D = \bar{S}_D = 1$，用示波器观察 $Q$ 与 $CP$ 的波形，注意它们的对应关系。

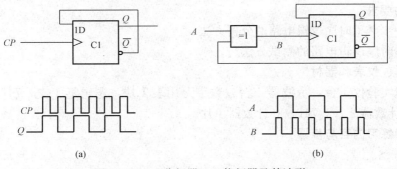

图 7 - 35 二分频器、二倍频器及其波形
(a) 二分频器及其波形；(b) 二倍频器及其波形

（3）集成 JK 触发器 74LS76 逻辑功能测试。

1）测试直接置 0（$\bar{R}_D$）和置 1（$\bar{S}_D$）功能，测试方法同基本 RS 触发器。

2）静态测试。$CP$ 接单次脉冲，$\bar{R}_D = \bar{S}_D = 1$，分别使 $J$、$K$ 为 0、1，用 0—1 显示观察对应的输出端 $Q$ 和 $\bar{Q}$ 的状态，将其测试结果填入表 7 - 15 中。

3）动态测试。$CP$ 接 1kHz 连续脉冲，$\bar{R}_D = \bar{S}_D = 1$，$J = K = 1$，用示波器观察 $Q$ 与 $CP$ 的波形，注意它们的对应关系。

（4）二分频器功能测试。按照图 7 - 35（b）接好电路，$A$ 接 1kHz 连续脉冲，$\bar{R}_D = \bar{S}_D = 1$，用示波器观察 $B$ 与 $A$ 的波形，注意它们的对应关系。

表 7-15　　　　　　　　　　　**$JK$ 触发器逻辑功能测试表**

| $CP$ | 0 | ↓ | ↓ | 0 | ↓ | ↓ | 0 | ↓ | ↓ | 0 | ↓ | ↓ |
|---|---|---|---|---|---|---|---|---|---|---|---|---|
| $J$ | | 0 | 0 | 0 | 0 | 0 | 1 | 1 | 1 | 1 | 1 | 1 |
| $K$ | 0 | 0 | 0 | 1 | 1 | 1 | 0 | 0 | 0 | 1 | 1 | 1 |
| $Q^{n+1}$（$Q^n=1$ 时） | | | | | | | | | | | | |
| $Q^{n+1}$（$Q^n=0$ 时） | | | | | | | | | | | | |

（5）触发器逻辑功能转换。参照图 7-36，将 $JK$ 触发器分别转换为 $D$ 触发器、$T$ 触发器和 $T'$ 触发器，并检验逻辑功能。

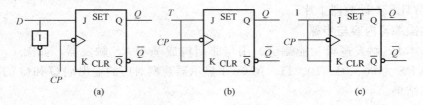

图 7-36　$JK$ 触发器的转换

（a）由 $JK$ 触发器转换为 $D$ 触发器；（b）由 $JK$ 触发器转换为 $T$ 触发器；
（c）由 $JK$ 触发器转换为 $T'$ 触发器

## 实操练习 15　　时序逻辑电路的测试

**一、目的要求**

（1）进一步熟悉时序逻辑电路的分析方法。

（2）掌握时序逻辑电路的测试方法。

**二、工具、仪表和器材**

数字逻辑实验仪 1 台，示波器 1 台，数字万用表 1 块，逻辑笔 1 支，74LS76 计数器 2 片，74LS74 计数器 2 片，74LS00 计数器 1 片。

**三、实操练习内容与步骤**

1. 测试方法

对时序逻辑电路的测试，可在 $CP$ 端加入合适的脉冲信号，然后观察各单元部件之间的配合是否满足要求。根据图 7-37 接好电路，此电路是 3 位二进制异步加法计数器的测试。可以采用以下几种方法对电路进行测试，并记录电路的工作波形，状态表以及显示脉冲数的字形。

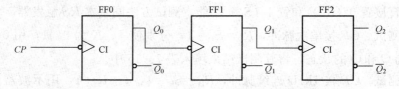

图 7-37　3 位二进制异步加法计数器

（1）用示波器观察波形。在计数器的 $CP$ 端加入 1Hz 的脉冲信号，然后用示波器分别测

试脉冲信号 $CP$ 的波形及计数器的输出端 $Q_0$、$Q_1$、$Q_2$ 的波形。

（2）用 0—1 显示器显示二进制数。在计数器的 $CP$ 端加入 1Hz 的脉冲信号，然后用 0—1 显示器观察计数器的输出端 $Q_0$、$Q_1$、$Q_2$ 状态的变化。

（3）用数码管显示。在计数器的 $CP$ 端加入 1Hz 的脉冲信号，将计数器的输出端接至字符译码器，译码器的输出端接至数码管，由数码管可以显示出计数器 $CP$ 端输入脉冲的个数。

然后分别用上述 3 种方法对该电路进行测试，并记录电路的工作波形、状态表以及显示脉冲数的字型。

2．电路测试

（1）根据图 7 - 38 接好电路，用 3 种方法对该电路进行测试，并记录电路的工作波形、状态表以及显示脉冲数的字型。如果将此电路改为同步工作方式，但不改变电路的逻辑功能，试画出电路图。

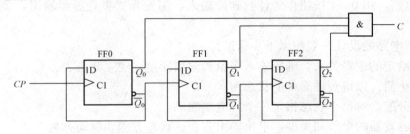

图 7 - 38　实验电路 1

（2）根据图 7 - 39 接好电路，分别用 3 种方法对该电路进行测试，并记录电路的工作波形、状态表以及显示脉冲数的字型。如果将此电路改为异步工作方式，但不改变电路的逻辑功能，试画出电路图。

（3）根据图 7 - 40 接好电路，分别用 3 种方法对该电路进行测试，并记录电路的工作波形、状态表以及显示脉冲数的字型。

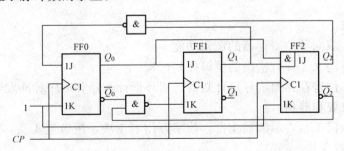

图 7 - 39　实验电路 2

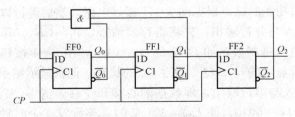

图 7 - 40　实验电路 3

## 实操练习 16 时序逻辑电路的设计与测试

**一、目的要求**

（1）熟悉脉冲型同步时序电路的设计与测试方法。

（2）熟悉脉冲型异步时序电路的设计与测试方法。

**二、工具、仪表和器材**

数字逻辑试验仪 1 台，示波器 1 台，数字万用表 1 块，逻辑笔 1 支，74LS76 计数器 2 片，74LS74 计数器 2 片，74LS20 计数器 2 片，74LS00 计数器 2 片。

**三、实操练习内容与步骤**

（1）用 $D$ 触发器设计一个具有清零功能的同步六进制加法计数器，画出电路图，根据电路图接好电路，用 0—1 按钮作为计数脉冲输入，用发光二极管显示输出，验证是否符合设计要求。

时序逻辑电路的设计一般按以下步骤进行：

1）分析给定的逻辑关系，确定输入变量和输出变量，建立状态表。

2）状态化简，以得到最简单的状态图。

3）状态分配，对每个状态指定一个二进制编码。

4）确定触发器的个数和类型，求出输出方程、状态方程和驱动方程。

5）根据方程式画出逻辑图。

（2）用 $JK$ 触发器设计一个具有清零功能的异步六进制加法计数器，具体步骤同上。

（3）用 $D$ 触发器设计一个能自启动的 4 位环形计数器，具体步骤同上，并画出该计数器的状态图。

## 实操练习 17 移位寄存器的测试

**一、目的要求**

（1）熟悉 4 位双向移位寄存器的逻辑功能。

（2）熟悉串行输入、并行输出的逻辑控制过程。

（3）熟悉用移位寄存器组成环形计数器、扭环形计数器和顺序脉冲发生器的方法。

**二、工具、仪表和器材**

数字逻辑试验仪 1 台，示波器 1 台，数字万用表 1 块，逻辑笔 1 支，74LS194 计数器 1 片，74LS00 计数器 5 片。

**三、实操练习内容与步骤**

（1）74LS194 逻辑功能测试。根据图 7-41 接好电路，然后进行以下项功能测试。

1）数据的并行输入与并行输出。先将寄存器清零，再将 $\overline{CR}$、$M_1$、$M_0$ 都置 1，用逻辑开关任意输入一个 4 位二进制数，如 $D_3D_2D_1D_0 = 0111$，用 0—1 按钮发 1 个时钟脉冲，观察发光二极管和数码管显示的 $Q_3$、$Q_2$、$Q_1$、$Q_0$ 的状态，记录显示结果。

2）数据的串行输入与串行输出，即数据的右移和左移。清零，置 $M_1M_0 = 01$，并行输入一个数，如 $D_3D_2D_1D_0 = 0010$，使 $D_{SR} = 1$（或 0），连续发 4 个时钟脉冲，观察发光二极管和数码管显示的变化，将显示变化情况记录下来。再清零，置 $M_1M_0 = 10$，并行输入一个

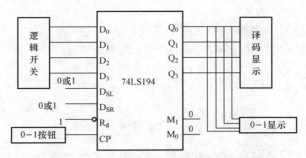

图 7 - 41　74LS194 逻辑功能测试

数，如 $D_3D_2D_1D_0 = 1010$，使 $D_{SL} = 1$（或 0），连续发 4 个时钟脉冲，观察发光二极管和数码管显示的变化，将显示变化情况记录下来。

3）数据的串行输入与并行输出。输入两个最低位在前、最高位在后的 4 位二进制数码，如 $D_3D_2D_1D_0 = 0101$ 和 1001，记录试验结果，写出数码的变化过程。再输入两个最低位在前、最高位在后的 4 位二进制数码，如 $D_3D_2D_1D_0 = 1101$ 和 0011，记录试验结果，写出数码的变化过程。

4）数据的保持。清零，置 $M_1M_0 = 00$，任意输入一个 4 位二进制数，然后连续发 4 个时钟脉冲，观察并记录显示结果。

（2）用 74LS194 构成环形计数器，并测试电路功能。其状态图如图 7 - 42 所示。

（3）用 74LS194 构成扭环形计数器，并测试电路功能。其状态图如图 7 - 43 所示。

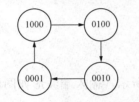

图 7 - 42　环形计数器的状态图

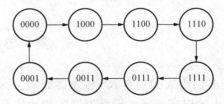

图 7 - 43　扭环形计数器的状态图

# 本 章 小 结

（1）触发器有两个基本性质：①在一定条件下，触发器可维持在两种稳定状态（0或 1 状态）之一而保持不变；②在一定的外加信号作用下，触发器可从一个稳定状态转变到另一个稳定状态。这就使得触发器能够记忆二进制信息 0 和 1，常被用作二进制存储单元。

（2）按照结构不同，触发器可分为：

1）基本 RS 触发器，为电平触发方式。基本 RS 触发器是构成各种触发器的基础。它的输出受输入信号直接控制，不能定时控制，常用作集成触发器的辅助输入端，用于直接置 0 或直接置 1。

2）同步触发器，为脉冲触发方式。

3）边沿触发器，为边沿触发方式。

4）主从触发器，为脉冲触发方式。

（3）根据逻辑功能的不同，触发器可分为：

1）RS 触发器：$Q^{n+1}=S+\overline{R}Q^n$；$RS=0$（约束条件）。

2）JK 触发器：$Q^{n+1}=J\overline{Q^n}+\overline{K}Q^n$。

3）D 触发器：$Q^{n+1}=D$。

4）T 触发器：$Q^{n+1}=T\overline{Q^n}+\overline{T}Q^n$。

5）$T'$ 触发器：$Q^{n+1}=\overline{Q^n}$。

（4）时序逻辑电路在任何一个时刻的输出状态不仅取决于当时的输入信号，还与电路的原状态有关。因此时序电路中必须含有具有记忆能力的存储器件，触发器是最常用的存储器件。

（5）寄存器也是一种常用的时序逻辑器件。寄存器分为数码寄存器和移位寄存器两种，移位寄存器又分为单向移位寄存器和双向移位寄存器。集成移位寄存器使用方便、功能全、输出方式灵活。

（6）计数器是一种简单而又最常用的时序逻辑器件。它在计算机和其他数字系统中起着非常重要的作用。计数器不仅能用于统计输入时钟脉冲的个数，还能用于分频、定时、产生节拍脉冲等。用已有的 $M$ 进制集成计数器产品可以构成 $N$（任意）进制的计数器。采用的方法有异步清零法、同步清零法、异步置数法和同步置数法，根据集成计数器的清零方式和置数方式来选择。当 $M>N$ 时，用 1 片 $M$ 进制计数器即可；当 $M<N$ 时，要用多片 $M$ 进制计数器组合级联起来，才能构成 $N$ 进制计数器。

## ▌复习思考题

1. 由与非门组成的基本 RS 触发器如图 7 - 44（a）所示，输入端波形如图题 7 - 44（b）所示，试画出输出端波形，设触发器的初始状态为 0 态。

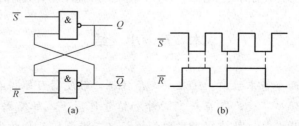

图 7 - 44　题 1 图

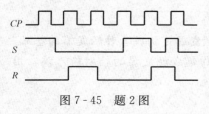

图 7 - 45　题 2 图

2. 同步 RS 触发器的输入 $R$、$S$ 的波形如图 7 - 45 所示。假设触发器的初态为 0，试画出输出 $Q$ 的波形。

3. 下降沿触发边沿 JK 触发器，其输入 $J$、$K$ 及异步输入 $\overline{R}_D$ 和 $\overline{S}_D$ 的波形如图 7 - 46 所示。假设触发器的初态为 0，试画出输出 $Q$ 的波形。

4. 上升沿触发的 D 触发器，其输入 $D$ 信号如图 7 - 47 所示。假设触发器的初态为 0，试画出输出 $Q$ 的波形。

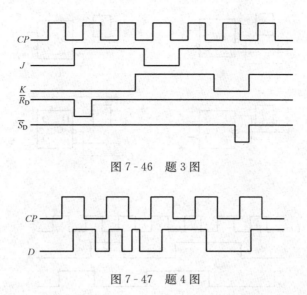

图 7 - 46　题 3 图

图 7 - 47　题 4 图

5. 主从 $JK$ 触发器的输入波形如图 7 - 48 所示，试分别画出输出端波形，设触发器初始状态为 0 态。

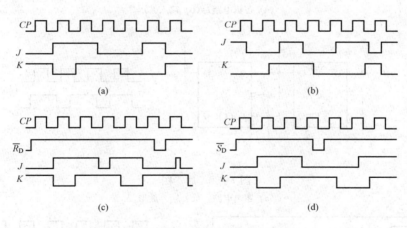

图 7 - 48　题 5 图

(a) 波形 1；(b) 波形 2；(c) 波形 3；(d) 波形 4

6. 若图 7 - 49 (a) 中所示均为边沿 $JK$ 触发器，而输入信号波形如图 7 - 49 (b) 所示，试分别画出输出端的波形，设触发器的初始状态为 0 态。

7. 由两个边沿触发器组成的逻辑电路如图 7 - 50 所示，试画出 $Q_1$、$Q_2$ 的波形。

8. 时序逻辑电路和输入信号波形如图 7 - 51 所示，试画出输出端 $Q_1$ 和 $Q_2$ 的波形，设各触发器的初始状态为 0 态。

9. 一个触发器的特性方程为 $Q^{n+1} = X \oplus Y \oplus Q^n$，试用下列两种触发器实现这种触发器的功能。

(1) $JK$ 触发器；

(2) $D$ 触发器。

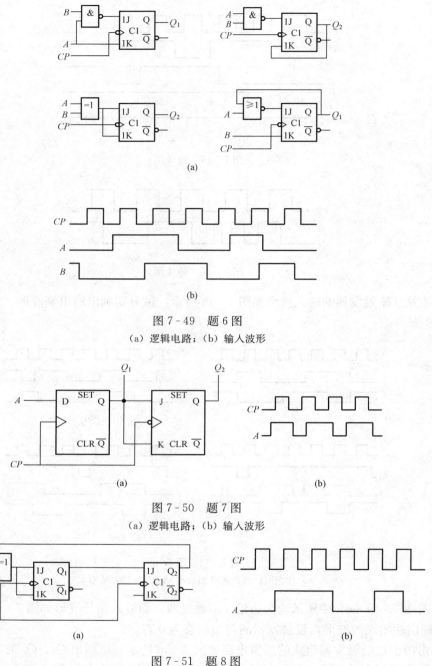

图 7 - 49　题 6 图

(a) 逻辑电路;(b) 输入波形

图 7 - 50　题 7 图

(a) 逻辑电路;(b) 输入波形

图 7 - 51　题 8 图

(a) 逻辑电路;(b) 输入波形

10. 图 7 - 52 所示移位寄存器初始状态为 1111,在 $CP$ 脉冲作用下,第 2 个 $CP$ 到来后,寄存器存放的数码是什么?

11. 某电视机水平—垂直扫描发生器需要一个分频器将 31500Hz 的脉冲转换为 60Hz 的脉冲,欲构成此分频器至少需要多少个触发器?

12. 试分析图 7 - 53 所示电路。列出状态转换表。画出状态转换图,说明电路功能。

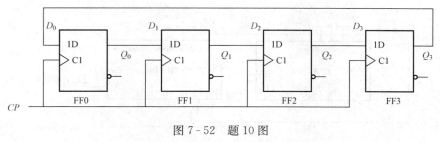

图 7 - 52 题 10 图

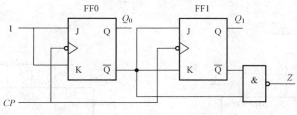

图 7 - 53 题 12 图

13. 试分析图 7-54 所示电路的逻辑功能，写出电路驱动方程、状态方程、输出方程，画出电路状态转换图，说明该电路能否自启动。

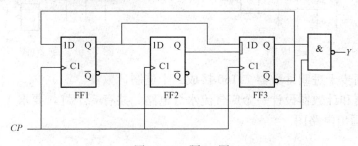

图 7 - 54 题 13 图

14. 试分析图 7-55 所示的电路，画出它的状态图，说明它是几进制计数器。

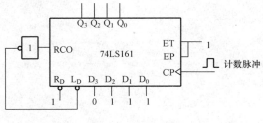

图 7 - 55 题 14 图

15. 试分析图 7-56 所示电路，说明它是几进制计数器，画出它的状态图。

16. 用集成计数器 74LS290 的异步清零功能组成六进制计数器。

17. 试分别用 74161 的复位功能和预置数功能组成十三进制计数器。

18. 试用同步十进制计数器 74LS160 设计一个同步五进制计数器。

19. 试分析图 7-57 所示计数器电路，在 $M=1$ 和 $M=0$ 时，各为几进制计数器。

20. 试分析图 7-58 所示计数器电路，分析它是多少进制的计数器。

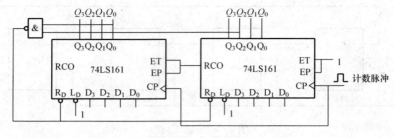

图 7-56　题 15 图

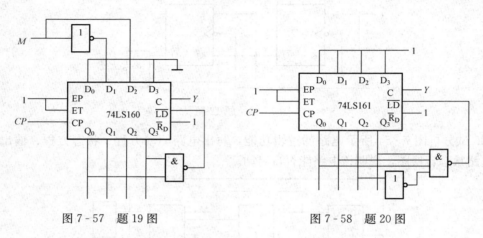

图 7-57　题 19 图　　　　　　　　　　图 7-58　题 20 图

21. 用 2 片同步十进制计数器 74160 接成二十进制计数器。

22. 用译码器和计数器设计一个广告流水灯电路。共有 8 个灯，要求 1 亮 7 暗，且亮灯始终循环右移，画出电路图。

# 第8章 半导体存储器

半导体存储器是数字系统的重要组成部件，在计算机或者数字系统中用来存储大量的二进制信息。

**本章的学习目标是：**

1. 掌握 ROM 电路的工作原理与应用，以及存储器容量的扩展。

2. 理解固定 ROM、PROM、EPROM 的电路结构、工作原理及特点。

3. 了解 RAM 存储单元的工作原理，以及 RAM 和 ROM 集成芯片的功能。

半导体存储器是一种能存储大量二进制信息的半导体器件。在电子计算机以及其他一些数字系统的工作过程中，都需要对大量的数据进行存储。因此，存储器也就成了这些数字系统不可缺少的组成部分。

半导体存储器的种类很多，从存、取功能上可以分为只读存储器（Read-Only Memory，ROM）和随机存储器（Random Access Memory，RAM）两大类。

## 8.1 只读存储器

ROM 在正常工作状态下只能从中读取数据，不能快速地随时修改或重新写入数据。ROM 的优点是电路结构简单，而且断电后其所存数据不会丢失。它的缺点是只适用于存储那些固定数据的场合。根据存入数据方式的不同，只读存储器可分为掩模 ROM、可编程 ROM（Programmable Read-Only Memory，PROM）和可擦除的可编程 ROM（Erasable Programmable Read-Only Memory，EPROM）。

### 8.1.1 掩模只读存储器

掩模 ROM 又称为固定 ROM。这种 ROM 在制造时，厂家利用掩模技术直接把数据写入存储器中，ROM 制成后，其存储的数据也就固定不变了，用户对这类芯片无法进行任何修改。

1. ROM 的内部结构

ROM 的内部结构如图 8-1 所示，主要由地址译码器、存储矩阵和输出缓冲器 3 个部分组成。

存储矩阵由若干存储单元排列成矩阵形式，每个存储单元能存放 1 位二进制信息（1 或 0），每一个或一组存储单元有一个对应的地址代码。存储单元可

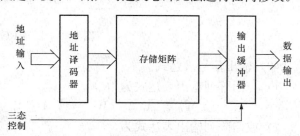

图 8-1 ROM 的内部结构示意图

由二极管、双极性三极管或 MOS 管等构成。地址译码器的作用是将输入的地址代码译成相

应的控制信号，利用这个控制信号从存储矩阵中把指定的单元选出，并把其中的数据送到输出缓冲器。输出缓冲器的作用是提高存储器的带负载能力，并实现对输出状态的三态控制，以便与系统的总线连接。

2. ROM 的工作原理

下面以一个 $4\times 4$ ROM 电路为例，来说明 ROM 电路的工作原理。

（1）电路组成。图 8 - 2 所示是一个 $4\times 4$ ROM 电路。地址译码器是二极管与门阵列构成的二线—四线译码器，输入信号为 2 位地址码 $A_1A_0$，输出信号是 4 根字线 $W_0W_1W_2W_3$，由地址输入 $A_1A_0$ 可选中一根字线输出为高电平。存储矩阵由二极管或门阵列构成，输入信号为 4 根字线 $W_0W_1W_2W_3$，输出信号是 4 根位线 $D'_0D'_1D'_2D'_3$，某一字线被选中为高电平时，挂在此字线上的二极管就会导通，使相应位线输出"1"，而没有二极管挂在此字线上的位线就输出"0"。输出缓冲器由三态门组成，用于增加带负载能力，同时提供三态控制，以便于和系统总线的连接。当 $\overline{EN}=0$ 时，$D_i=D'_i$。

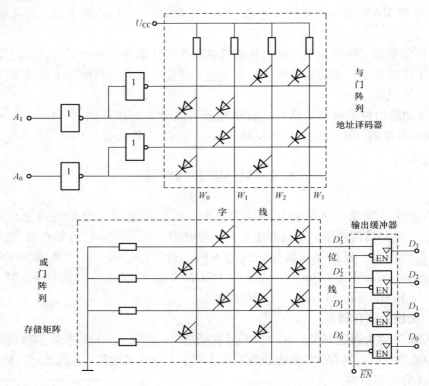

图 8 - 2　$4\times 4$ ROM 电路

（2）输出信号表达式。

1）与门阵列输出表达式为

$$W_0=\overline{A_1}\,\overline{A_0}\quad W_1=\overline{A_1}A_0\quad W_2=A_1\overline{A_0}\quad W_3=A_1A_0$$

2）或门阵列输出表达式为

$$D'_0=W_0+W_2$$
$$D'_1=W_1+W_2+W_3$$

$$D_2' = W_0 + W_2 + W_3$$

$$D_3' = W_1 + W_3$$

3）输出缓冲器输出信号表达式：当 $\overline{EN} = 0$ 时，$D_i = D_i'$，即

$$D_0 = W_0 + W_2$$

$$D_1 = W_1 + W_2 + W_3$$

$$D_2 = W_0 + W_2 + W_3$$

$$D_3 = W_1 + W_3$$

（3）ROM 输出信号的真值表（见表 8-1）。

表 8-1                        **ROM 输出信号真值表**

| 地址 | | 字线 | | | | 存储内容 | | | |
| --- | --- | --- | --- | --- | --- | --- | --- | --- | --- |
| $A_1$ | $A_0$ | $W_3$ | $W_2$ | $W_1$ | $W_0$ | $D_3$ | $D_2$ | $D_1$ | $D_0$ |
| 0 | 0 | 0 | 0 | 0 | 1 | 0 | 1 | 0 | 1 |
| 0 | 1 | 0 | 0 | 1 | 0 | 1 | 0 | 1 | 0 |
| 1 | 0 | 0 | 1 | 0 | 0 | 0 | 1 | 1 | 1 |
| 1 | 1 | 1 | 0 | 0 | 0 | 1 | 1 | 1 | 0 |

（4）功能说明。从存储器角度看，$A_1 A_0$ 是地址码，$D_3 D_2 D_1 D_0$ 是数据。表 8-1 说明：在 00 地址中存放的数据是 0101；01 地址中存放的数据是 1010；10 地址中存放的是 0111；11 地址中存放的是 1110。对于 2 位地址输入，4 根位线输出的存储器，有 $2^2$ 根字线，可以构成 $2^2$ 个存储单元，每个存储单元可以存储 4 位二进制数据，则存储二进制数据的总位数是 $4 \times 4$ 位，刚好是字线数和位线数的乘积，因此通常用"字线数×位线数"表示一个 ROM 电路的容量。如果是 $n$ 位地址输入，$M$ 根位线输出，则此存储器的容量为 $2^n \times M$。

从函数发生器角度看，$A_1$、$A_0$ 是两个输入变量，$D_3$、$D_2$、$D_1$、$D_0$ 是 4 个输出函数。它们的关系如下

$$D_0 = W_0 + W_2 = \overline{A_1 \, A_0} + A_1 \, \overline{A_0}$$

$$D_1 = W_1 + W_2 + W_3 = \overline{A_1} A_0 + A_1 \, \overline{A_0} + A_1 A_0$$

$$D_2 = W_0 + W_2 + W_3 = \overline{A_1 \, A_0} + A_1 \, \overline{A_0} + A_1 A_0$$

$$D_3 = W_1 + W_3 = \overline{A_1} A_0 + A_1 A_0$$

因此 ROM 电路也具有多输出函数发生器的功能。表 8-1 说明：

当变量 $A_1$、$A_0$ 取值为 00 时，函数 $D_3 = 0$、$D_2 = 1$、$D_1 = 0$、$D_0 = 1$；

当变量 $A_1$、$A_0$ 取值为 01 时，函数 $D_3 = 1$、$D_2 = 0$、$D_1 = 1$、$D_0 = 0$；

当变量 $A_1$、$A_0$ 取值为 10 时，函数 $D_3 = 0$、$D_2 = 1$、$D_1 = 1$、$D_0 = 1$；

当变量 $A_1$、$A_0$ 取值为 11 时，函数 $D_3 = 1$、$D_2 = 1$、$D_1 = 1$、$D_0 = 0$。

从译码编码角度看，与门阵列先对输入的二进制代码 $A_1 A_0$ 进行译码，得到 4 个输出信号 $W_0$、$W_1$、$W_2$、$W_3$，再由或门阵列对 $W_0 \sim W_3$ 4 个信号进行编码。表 8-1 说明：$W_0$ 的编码是 0101；$W_1$ 的编码是 1010；$W_2$ 的编码是 0111；$W_3$ 的编码是 1110。

ROM 电路的与门矩阵和或门矩阵除了用二极管构成外，也可以用三极管或者 MOS 管构成。图 8-2 所示的 $4 \times 4$ ROM 电路中，存储矩阵中的存储元件二极管若用 MOS 管代替，

则存储矩阵的电路如图 8-3 所示。

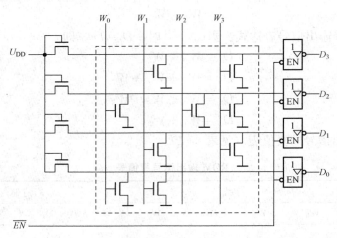

图 8-3　用 MOS 工艺制造的 ROM 的存储矩阵

3. ROM 电路的简化画法

为了简化 ROM 电路，可以将图 8-2 和图 8-3 所示电路改画成图 8-4 所示的简化形式。在图 8-4 中，不再画出电源、电阻、二极管（或三极管、MOS 管），只在与门矩阵和或门矩阵的交叉线处加黑点表示有存储元件（在真值表中表示为 1），不加黑点表示无存储元件（在真值表中表示为 0）。这种简化图又称 ROM 阵列逻辑图，它与 ROM 电路真值表具有一一对应的关系。

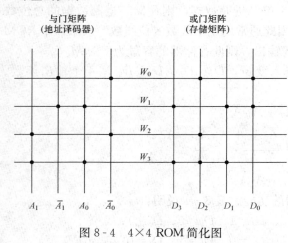

图 8-4　4×4 ROM 简化图

【例 8-1】　设某个只读存储器由 16 位地址构成，地址范围为 0000H ～ FFFFH。现将它分为 RAM、I/O、ROM1 和 ROM2 共 4 段，且各段地址分配为：RAM 段，0000～DFFF；I/O 段，E000～E7FF；ROM1 段，F000～F7FF；ROM2 段，F800～FFFF。

（1）设 16 位地址标号为 $A_{15}A_{14}A_{13}A_{12}A_{11}A_{10}\cdots A_1A_0$，则各存储段内部仅有哪几位地址值保持不变？

（2）根据高位地址信号设计一个选择存储段的地址译码器。

**解**　（1）RAM 存储段地址为 0000000000000000 ～ 1101111111111111，所有的地址都变；

I/O 存储段地址为 1110000000000000 ～ 1110011111111111，保持不变的地址位是 $A_{15}A_{14}A_{13}A_{12}A_{11}=11100$；

ROM1 存储段地址为 1111000000000000 ～ 1111011111111111，保持不变的地址位是 $A_{15}A_{14}A_{13}A_{12}A_{11}=11110$；

ROM2 存储段地址为 1111100000000000 ～ 1111111111111111，保持不变的地址位是 $A_{15}$

$A_{14}A_{13}A_{12}A_{11} = 11111$。

（2）因此，可根据高位地址信号 $A_{15}A_{14}A_{13}A_{12}A_{11}$ 控制选择存储段。4 个存储段的地址译码输出方程分别为

$RAM = \overline{A_{15}A_{14}A_{13}}$

$I/O = \overline{RAMA_{12}A_{11}}$

$ROM1 = A_{15}A_{14}A_{13}A_{12}\,\overline{A_{11}} = \overline{RAM}A_{12}\,\overline{A_{11}}$

$ROM2 = A_{15}A_{14}A_{13}A_{12}A_{11} = \overline{RAM}A_{12}A_{11}$

相应的电路如图 8-5 所示。

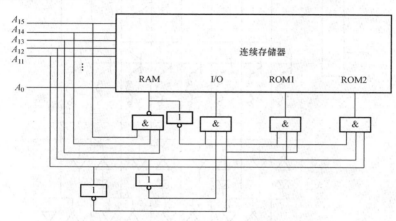

图 8-5　高位地址信号控制的选择存储段的地址译码器

### 8.1.2　可编程只读存储器

由于掩模 ROM 出厂时，存储数据已经固化在内部了，因此不能满足不同需求的用户。可编程只读存储器（PROM）的存储内容可根据用户需求写入，但一经写入后就不能再改变了，也就是说它只能被写一次，所以也被称为一次可编程只读存储器。PROM 的总体结构与掩模 ROM 一样，同样由存储矩阵、地址译码器和输出缓冲器组成。不过 PROM 在出厂时，已经在存储矩阵的所有交叉点上全部制作了存储元件，相当于所有存储单元的存储内容全为 1，用户可以根据需要将其中的某些单元写入数据 0（部分的 PROM 在出厂时，存储数据全为 0，则用户可以将其中的部分单元写入数据 1），以实现对其编程的目的。PROM 可实现一次编程，若编程结束，存储器中存储信息就已固化，不可能再对存储信息进行修改。

PROM 的典型存储单元是双极性熔丝结构，如图 8-6 所示。电路的存储矩阵的各个交叉点上均有串接熔丝的存储元件，熔丝用很细的低熔点合金丝或多晶硅导线制成。在写入数据时，只需将需要存入 0 的那些单元的 $U_{CC}$ 和字线电压提高，在熔丝上通入较大的电流，将熔丝熔断，使串接的存储元件不再起作用，这样就达到了存入数据 0 的效果。

图 8-7 是一个 16×8 的 PROM 电路实例。编程时，首先输入地址代码，找到要写入 0 的单元地址。然后使 $U_{CC}$ 和选中的字线提高到编程电平，同时在编程单元的位线上加入

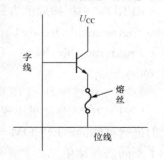

图 8-6　PROM 典型存储单元

编程脉冲（幅度约 20V，持续时间约十几微秒），使写入放大器 $A_W$ 工作，且输出低电平，因此有较大的脉冲电流流过熔丝，将其熔断。正常工作的读出放大器 $A_R$ 输出的高电平不足以使 VDZ 导通，$A_W$ 不工作。

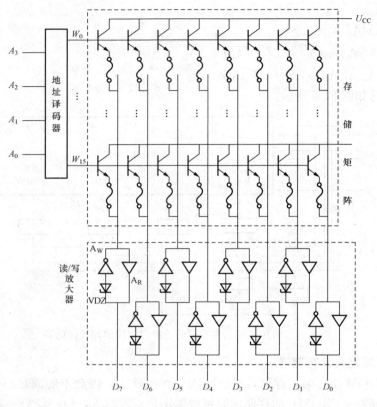

图 8-7    16×8 PROM 电路

### 8.1.3 可擦除的可编程只读存储器

由于 PROM 的内容一经写入，就不能再修改，即只能写入一次。因此，PROM 不能满足需要经常修改存储内容的场合。可擦除的可编程只读存储器（EPROM）的特点是具有可擦除功能，擦除后即可进行再编程。因而在需要经常修改存储内容的场合，EPROM 是一种理想器件。

EPROM 根据擦除的方式不同，可以分为紫外线擦除的 EPROM（Ultra - Violet Erasable Programmable Read - Only Memory，UVEPROM）、电擦除 EPROM（Electrically Erasable Programmable Read - Only Memory，EEPROM 或 $E^2$PROM）、快闪存储器（Flash Memory）等。

1. 紫外线擦除的 EPROM（UVEPROM）

UVEPROM 是最早出现的 EPROM，通常说的 EPROM 就是指这种，它是利用紫外线照射进行擦除的。EPROM 与前面讲过的 PROM 在总体结构形式上没有多大区别，只是采用了不同的存储单元。

早期 UVEPROM 的存储单元中使用了浮栅雪崩注入 MOS 管（Floating - gate Avalanche - Injection Metal - Oxide - Semiconductor，FAMOS 管），它的结构和符号如图 8 - 8 所

示。它的栅极完全被二氧化硅绝缘层包围，因无导线外引而呈悬浮状态，故称为浮栅。如果在它的漏源极之间加上高电压（通常为 25V 左右），则可使漏源极间产生雪崩击穿，电子穿过 $SiO_2$ 层到达浮置栅，被浮置栅俘获而形成栅极存储电荷，这个过程叫做雪崩注入。在栅极获得足够的电荷以后，漏源间便形成导电沟道，使 FAMOS 管导通。漏源极之间的高电压去掉后，由于注入栅极的电荷没有放电通路，所以能长久保存。

图 8-9 是该 UVEPROM 的基本存储单元电路。图中 VT2 为 FAMOS 管，它与一只普通的 MOS 管 VT1 串联，VT1 的栅极受字线控制。出厂时，所有 FAMOS 管的浮栅都不带电荷，FAMOS 管 VT2 是截止的。位线由于通过 VT3 接正电源 $U_{DD}$，故全部内存都呈现 1 状态。若 FAMOS 管漏极 D 接高于正常工作电压（5V）的正电压（+25V），则漏源极间瞬时产生雪崩击穿，浮栅极内将累积正电荷，使 FAMOS 管导通。高压撤销后，由于浮栅中的正电荷被二氧化硅包围而无处泄漏，故 VT2 管总处于导通接地状态。这时若字线为 1，使 VT1 管饱和导通，则把 FAMOS 管接地的零电平送入位线，即相当于该单元中存入了信息 0。

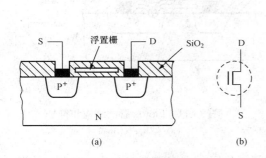

图 8-8 FAMOS 管的结构和符号
（a）结构；（b）符号

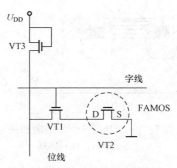

图 8-9 UVEPROM 基本存储单元电路

若用紫外线或 X 射线照射 UVEPROM 芯片上的玻璃窗口 20min 左右，则 FAMOS 管在光的作用下，浮栅上电荷会形成光电流而泄漏掉，使 EPROM 恢复到出厂时的全"1"状态，又可再次写入新的内容，因此 UVEPROM 常用于实验性开发和少批量生产中，一旦 UVEPROM 写好内容后，其玻璃窗要用黑色胶带贴上，以免紫外线透入，这样通常可使数据保持十年以上。

采用 FAMOS 管的存储单元需要 2 只 MOS 管且编程电压偏高，因而，目前多改用叠栅注入 MOS 管（Stacked-gate Injection Metal-Oxide-Semiconductor，SIMOS 管）。SIMOS 管的结构和符号如图 8-10 所示，它有两个重叠的栅极——控制栅 $G_c$ 和浮置栅 $G_f$，控制栅 $G_c$ 用于控制读出和写入，浮置栅 $G_f$ 用于长期保存注入电荷。

浮置栅上未注入电荷以前，在控制栅上加入正常的高电平能使漏源间产生导电沟道，SIMOS 管导通。但是在浮置栅上注入负电荷以后，必须在控制栅上加入更高的电压才能抵消注入电荷的影响而形成导电沟道，使 SIMOS 管导通。

当漏源极间加以较高的电压（+20～+25V）时，将发生雪崩击穿现象。如果同时在控制栅上加以高压脉冲（+25V，50ms），则在栅极电场的作用下，一些速度较高的电子穿过 $SiO_2$ 层到达浮置栅，被浮置栅俘获而形成注入电荷。浮置栅上注入了电荷的 SIMOS 管相当于写入了 1，未注入电荷的相当于写入了 0。

2. 电擦除 EPROM（EEPROM 或 E²PROM）

虽然 UVEPROM 具备了可擦除重写的功能，但擦除操作复杂，擦除速度很慢。为克服这些缺点，又研制成了可以用电信号擦除的 EPROM——EEPROM。

EEPROM 的最大优点是可直接用电信号擦除，也可用电信号写入。EEPROM 的存储单元中采用了一种浮栅隧道氧化层 MOS 管（Floating-gate Tunnel Oxide，Flotox 管），它的结构如图 8-11 所示。

Flotox 管与 SIMOS 管相似，也有两个栅极——控制栅 $G_c$ 和浮置栅 $G_f$，不同的是 Flotox 管的浮栅与漏区间有一氧化层极薄（20nm 以下）的区域，称为隧道区。当隧道区电场大于 $10^7$V/cm 时，便在漏区和浮置栅之间出现导电隧道，电子可以双向通过，形成电流。这种现象称为隧道效应。

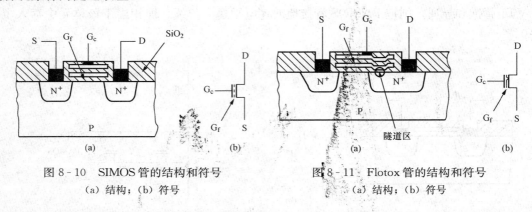

图 8-10　SIMOS 管的结构和符号　　　　　图 8-11　Flotox 管的结构和符号
　　　(a) 结构；(b) 符号　　　　　　　　　　　　(a) 结构；(b) 符号

为了提高擦写的可靠性，并保护隧道区超薄氧化层，在 EEPROM 的存储单元中除 Flotox 管外还附加了一个选通管，如图 8-12 所示，图中 VT1 为 Flotox 管，VT2 为普通的 MOS 管（选通管）。根据浮置栅上是否充有负电荷来区分单元的 1 或 0 状态。

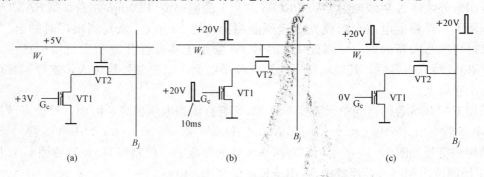

图 8-12　EEPROM 工作过程
(a) 读出；(b) 擦除（写 1）；(c) 写入（写 0）

图 8-12 给出了 EEPROM 存储单元在三种不同工作状态下各个电极所加电压的情况。

(1) 在读出状态下，$G_c$ 加 +3V 电压，字线 $W_i$ 给出 +5V 的正常高电平。这时选通管 VT2 导通，如果 Flotox 管的浮置栅上没充有负电荷，则 VT1 导通，在位线 $B_j$ 上读出 0，如果 Flotox 管的浮置栅上充有负电荷，则 VT1 截止，在位线 $B_j$ 上读出 1。这样就免除了每次读出时都要在栅极上施加脉冲电压，延长隧道区超薄氧化层的寿命。

（2）在擦除状态下，Flotox 管的 $G_c$ 和字线 $W_i$ 加＋20V、10ms 的脉冲电压，漏区接 0 电平。这时经 $G_c$—$G_f$ 间电容和 $G_f$—漏区电容分压在隧道区产生强电场，吸引漏区的电子通过隧道区到达浮置栅，形成存储电荷，使 Flotox 管的开启电压提高到＋7V 以上。读出时 $G_c$ 上电压只有＋3V，Flotox 管不会导通。一个字节擦除以后，所有的存储单元均为 1 状态。

（3）在写入状态下，应使写入 0 的那些存储单元的 Flotox 管浮置栅放电。因此，在写入 0 时令 $G_c$ 为 0 电平，同时在字线 $W_i$ 和位线 $B_j$ 上加＋20V、10ms 的脉冲电压。这时浮置栅上的存储电荷将通过隧道区放电，使 Flotox 管的开启电压降到 0V 左右。读出时 $G_c$ 上加＋3V 电压，Flotox 管为导通状态。

3. 快闪存储器（Flash Memory）

虽然 EEPROM 采用电压信号擦除，但是擦除和写入时需要高电压脉冲，而且擦写时间仍较长，存储单元需两只 MOS 管，限制了 EEPROM 集成度的进一步提高。

Flash Memory 是近年来较为流行的一种新型半导体存储器件，可以在线进行擦除和改写，属于 EEPROM 的改进产品。快闪存储器既吸收了 EPROM 结构简单、编程可靠的优点，又保留了 EEPROM 用隧道效应擦除的快捷特性，而且集成度可以做的很高。其编程方法与 EEPROM 类似，但 Flash Memory 不能按字节擦除，必须按块（block）擦除（每个区块的大小不定，不同厂家的产品有不同的规格）。

Flash Memory 的存储元件采用新型隧道氧化层叠栅 MOS 管，其结构如图 8 - 13 所示。这种 MOS 管隧道层在源区，而且隧道层更薄（10～15nm），在控制栅和源极间加 12V 电压即可使隧道导通。

Flash Memory 的基本存储单元电路如图 8 - 14 所示。其工作过程如下：

（1）读出。源极接地，字线为 5V 逻辑高电平。如果浮置栅上没有充电，则叠栅 MOS 导通，位线上输出低电平，如果浮置栅上充有负电荷，则叠栅 MOS 管截止，位线上输出高电平。

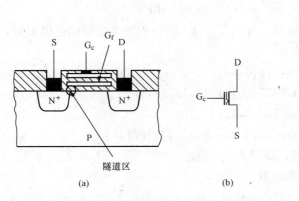
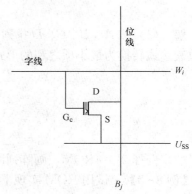

图 8 - 13　新型隧道氧化层叠栅 MOS 管结构和符号
（a）结构；（b）符号

图 8 - 14　Flash Memory 存储单元

（2）擦除。利用隧道效应，控制栅接地，源极接 12V、100ms 脉冲。这时在浮置栅与源区间极小的重叠部分产生隧道效应，使浮置栅上的电荷经隧道区释放。浮置栅放电后，叠栅

MOS 管的开启电压在 2V 以下，在它的控制栅上加 5V 电压时一定会导通。因为片内所有叠栅 MOS 管的源极都连在一起，所以一个脉冲就可擦除全部单元。

（3）写入信息。利用雪崩注入法，源极接地，漏极接 6V，控制栅加 12V、$10\mu s$ 脉冲。这时，漏源间将发生雪崩击穿，一部分速度较高的电子穿过氧化层到达浮置栅，形成浮置栅充电电荷。浮置栅充电后，叠栅 MOS 管的开启电压为 7V 以上，字线为正常的逻辑高电平时它不会导通。

快闪存储器不仅具有 ROM 非易失性的优点，而且存取速度快，可读可写，集成度高，成本低，容量大，耗电低，使用方便，已有 64 兆位产品问世，很有发展前途。目前其被广泛用在 PC 机的主板上，用来保存 BIOS 程序，便于进行程序的升级，其另外一大应用领域是用来作为硬盘的替代品。

### 8.1.4  ROM 应用举例

由于 ROM 在掉电时，信息不会丢失，所以常用来存储固定的数据和专用程序。另外，还可以利用 ROM 实现逻辑函数，产生脉冲信号，进行算术运算，完成数制转换及查表等功能。

1. 用 ROM 实现任意组合逻辑函数

若把 ROM 的 $n$ 位地址输入端作为逻辑函数的输入变量，则 ROM 的 $n$ 位地址译码器的输出字线就是由输入变量组成的 $2^n$ 个最小项，则存储矩阵把有关的最小项进行或逻辑运算后，经位线输出就可以构成多输出逻辑函数。

从 ROM 的电路结构可知，ROM 的基本部分是与门阵列和或门阵列，与门阵列实现对输入变量的译码，产生输入变量的全部最小项，或门阵列实现有关最小项的或运算。因此，从理论上讲，ROM 可以实现任何组合逻辑函数。

【例 8 - 2】  试用 ROM 实现下列组合逻辑函数：

$$\begin{cases} Y_1 = A \oplus B \oplus C \\ Y_2 = AB + AC + BC \\ Y_3 = AB\overline{D} + BCD + \overline{B}CD \\ Y_4 = \overline{AC} + B\overline{C} + \overline{B}D + A\overline{B}C \end{cases}$$

**解**  （1）按 $A$、$B$、$C$、$D$ 排列变量，并将 $Y_1$、$Y_2$ 扩展成为 4 变量的逻辑函数，将逻辑函数表达式转换为最小项之和的形式。

$$\begin{cases} Y_1 = \sum m(1,4,8,13) \\ Y_2 = \sum m(6,7,10,11,12,13,14,15) \\ Y_3 = \sum m(1,7,9,12,14,15) \\ Y_4 = \sum m(0,1,3,4,5,9,10,11,12,13) \end{cases}$$

（2）选择 $2^4 \times 4$ROM，画阵列图，如图 8 - 15 所示。

【例 8 - 3】  试用 ROM 实现下列函数：

$$Y_1 = \overline{A}\,\overline{B}C + \overline{A}B\,\overline{C} + A\,\overline{B}\,\overline{C} + ABC$$

$$Y_2 = BC + CA$$

$$Y_3 = \overline{A}\,\overline{B}\,\overline{C}\,\overline{D} + \overline{A}\,\overline{B}CD + \overline{A}BC\,\overline{D} + A\,\overline{B}\,\overline{C}D + AB\,\overline{C}\,\overline{D} + ABCD$$

$$Y_4 = ABC + ABD + ACD + BCD$$

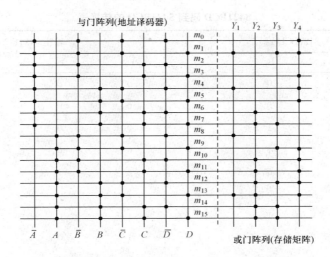

图 8 - 15　组合逻辑函数的 ROM 简化阵列图

**解**　（1）写出各函数的标准与或表达式。

按 $A$、$B$、$C$、$D$ 顺序排列变量，将 $Y_1$、$Y_2$ 扩展成为 4 变量逻辑函数。

$$\begin{cases} Y_1 = \sum m(2,3,4,5,8,9,14,15) \\ Y_2 = \sum m(6,7,10,11,14,15) \\ Y_3 = \sum m(0,3,6,9,12,15) \\ Y_4 = \sum m(7,11,13,14,15) \end{cases}$$

（2）选用 $16 \times 4$ 的 ROM，画存储矩阵连线图，如图 8 - 16 所示。

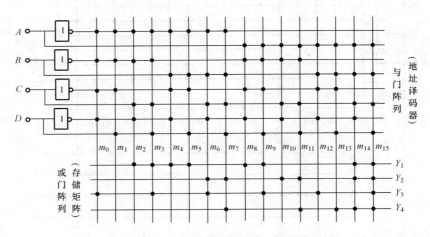

图 8 - 16　组合逻辑函数的 ROM 简化阵列图

**【例 8 - 4】**　试用 ROM 构成将 8421BCD 码转换成 5421BCD 码的码制变换器。

**解**　（1）列出代码转换真值表，见表 8 - 2。

**表 8 - 2**　　　　　　　　　　　　**8421BCD 码到 5421BCD 的转换表**

| 输入 8421BCD 码 | | | | 输出 5421BCD 码 | | | |
|---|---|---|---|---|---|---|---|
| $B_3$ | $B_2$ | $B_1$ | $B_0$ | $Y_3$ | $Y_2$ | $Y_1$ | $Y_0$ |
| 0 | 0 | 0 | 0 | 0 | 0 | 0 | 0 |
| 0 | 0 | 0 | 1 | 0 | 0 | 0 | 1 |
| 0 | 0 | 1 | 0 | 0 | 0 | 1 | 0 |
| 0 | 0 | 1 | 1 | 0 | 0 | 1 | 1 |
| 0 | 1 | 0 | 0 | 0 | 1 | 0 | 0 |
| 0 | 1 | 0 | 1 | 1 | 0 | 0 | 0 |
| 0 | 1 | 1 | 0 | 1 | 0 | 0 | 1 |
| 0 | 1 | 1 | 1 | 1 | 0 | 1 | 0 |
| 1 | 0 | 0 | 0 | 1 | 0 | 1 | 1 |
| 1 | 0 | 0 | 1 | 1 | 1 | 0 | 0 |

（2）根据真值表，写出输出函数的最小项表达式，如下所示

$$\begin{cases} Y_0 = m_1 + m_3 + m_6 + m_8 \\ Y_1 = m_2 + m_3 + m_7 + m_8 \\ Y_2 = m_4 + m_9 \\ Y_3 = m_5 + m_6 + m_7 + m_8 + m_9 \end{cases}$$

（3）画出简化的阵列图，如图 8 - 17 所示。

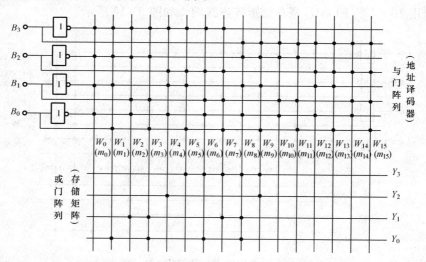

图 8 - 17　码制变换器的 ROM 简化阵列图

2. 用 ROM 函数运算表

**【例 8 - 5】**　用 ROM 构成能实现函数 $y = x^2$ 的运算表电路。

**解**　设 $x$ 的取值范围为 $0 \sim 15$ 的正整数，则对应的是 4 位二进制正整数，用 $B = B_3 B_2 B_1 B_0$ 表示。根据 $y = x^2$ 可算出 $y$ 的最大值是 $15^2 = 225$，可以用 8 位二进制数 $Y =$

$Y_7Y_6Y_5Y_4Y_3Y_2Y_1Y_0$ 表示。由此可列出 $Y=B^2$ 即 $y=x^2$ 的真值表。

（1）写出真值表，见表 8 - 3。

表 8 - 3 $\qquad\qquad Y=B^2$ 的 真 值 表

| 输 入 | | | | 输 出 | | | | | | | | 注 |
|---|---|---|---|---|---|---|---|---|---|---|---|---|
| $B_3$ | $B_2$ | $B_1$ | $B_0$ | $Y_7$ | $Y_6$ | $Y_5$ | $Y_4$ | $Y_3$ | $Y_2$ | $Y_1$ | $Y_0$ | 十进制数 |
| 0 | 0 | 0 | 0 | 0 | 0 | 0 | 0 | 0 | 0 | 0 | 0 | 0 |
| 0 | 0 | 0 | 1 | 0 | 0 | 0 | 0 | 0 | 0 | 0 | 1 | 1 |
| 0 | 0 | 1 | 0 | 0 | 0 | 0 | 0 | 0 | 1 | 0 | 0 | 4 |
| 0 | 0 | 1 | 1 | 0 | 0 | 0 | 0 | 1 | 0 | 0 | 1 | 9 |
| 0 | 1 | 0 | 0 | 0 | 0 | 0 | 1 | 0 | 0 | 0 | 0 | 16 |
| 0 | 1 | 0 | 1 | 0 | 0 | 0 | 1 | 1 | 0 | 0 | 1 | 25 |
| 0 | 1 | 1 | 0 | 0 | 0 | 1 | 0 | 0 | 1 | 0 | 0 | 36 |
| 0 | 1 | 1 | 1 | 0 | 0 | 1 | 1 | 0 | 0 | 0 | 1 | 49 |
| 1 | 0 | 0 | 0 | 0 | 1 | 0 | 0 | 0 | 0 | 0 | 0 | 64 |
| 1 | 0 | 0 | 1 | 0 | 1 | 0 | 1 | 0 | 0 | 0 | 1 | 81 |
| 1 | 0 | 1 | 0 | 0 | 1 | 1 | 0 | 0 | 1 | 0 | 0 | 100 |
| 1 | 0 | 1 | 1 | 0 | 1 | 1 | 1 | 1 | 0 | 0 | 1 | 121 |
| 1 | 1 | 0 | 0 | 1 | 0 | 0 | 1 | 0 | 0 | 0 | 0 | 144 |
| 1 | 1 | 0 | 1 | 1 | 0 | 1 | 0 | 1 | 0 | 0 | 1 | 169 |
| 1 | 1 | 1 | 0 | 1 | 1 | 0 | 0 | 0 | 1 | 0 | 0 | 196 |
| 1 | 1 | 1 | 1 | 1 | 1 | 1 | 0 | 0 | 0 | 0 | 1 | 225 |

（2）按 $B_3$、$B_2$、$B_1$、$B_0$ 排列变量，写出逻辑函数表达式的最小项之和形式，如下所示

$$\begin{cases} Y_7 = \sum m(12,13,14,15) \\ Y_6 = \sum m(8,9,10,11,14,15) \\ Y_5 = \sum m(6,7,10,11,13,15) \\ Y_4 = \sum m(4,5,7,9,11,12) \\ Y_3 = \sum m(3,5,11,13) \\ Y_2 = \sum m(2,6,10,14) \\ Y_1 = 0 \\ Y_0 = \sum m(1,3,5,7,9,11,13,15) \end{cases}$$

（3）选择 $2^4 \times 8$ROM，画阵列图，如图 8 - 18 所示。

在图 8 - 18 所示电路中，字线 $W_0 \sim W_{15}$ 分别与最小项 $m_0 \sim m_{15}$ 一一对应。作为地址译码器的与门阵列，其连接是固定的，它的任务是完成对输入地址码（变量）的译码工作，产生一个个具体的地址——地址码（变量）的全部最小项；而作为存储矩阵的或门阵列是可编程的，各个交叉点——可编程点的状态，也就是存储矩阵中的内容，可由用户编程决定。

3. 用 ROM 作字符发生器电路

用 ROM 存储字符 Z，电路结构如图 8 - 19 所示。

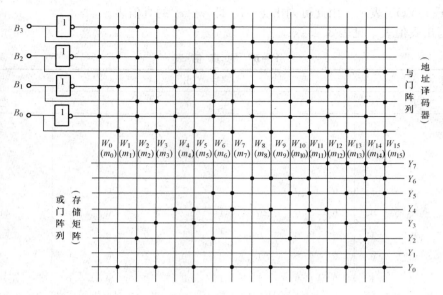

图 8-18 ROM 构成函数运算表电路

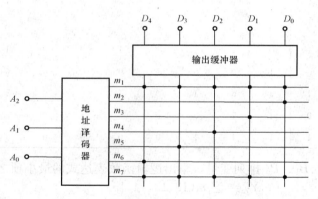

图 8-19 ROM 作字符 "Z" 发生器电路

## 8.2 随 机 存 储 器

随机存储器（RAM）在工作时既能从中读出（取出）信息，又能随时写入（存入）信息，即可随时对任意指定单元进行读或写操作，也称为读写存储器。RAM 读、写方便、使用灵活，但它存在数据易失性的缺点（即一旦断电以后所存储的数据将随之丢失）。RAM 分为静态随机存储器（Static Random Access Memory，SRAM）和动态随机存储器（Dynamic Random Access Memory，DRAM）两种。

SRAM 是一种具有静止存取功能的内存，速度快，不需要刷新电路即能保存它内部存储的数据。但是 SRAM 的集成度较低，功耗较大，相同的容量体积较大，而且价格较高。

DRAM 只能将数据保持很短的时间。为了保持数据，DRAM 使用电容存储，所以，必须隔一段时间刷新一次，如果存储单元没有被刷新，存储的信息就会丢失。

### 8.2.1　RAM 的结构、原理和存储容量

1. RAM 的电路结构和工作原理

RAM 的电路结构如图 8-20 所示，主要由存储矩阵、地址译码器（行、列双译码）、读写控制电路组成。

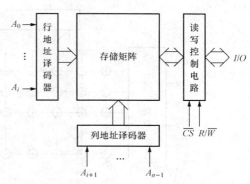

存储矩阵由许多存储单元排列而成，每个存储单元能存储 1 位二进制数据（1 或 0），在译码器和读写电路的控制下，既可以写入数据，又可以将存储的数据读出。

地址译码器分行地址译码器和列地址译码器两部分。行地址译码器将输入地址代码的若干位译成某一条字线的输出高、低电平信号，从存储矩阵中选中一行存储单元。列地址译码器将输入地址代码的其余几位译成某一根列输出线上的高、低电平信号，从字线选中的一行存储单元中再选中一字列。使这些被选中的单元与读/写控

图 8-20　RAM 的电路结构

制电路与输入/输出端接通，以便对这些单元进行读/写操作。

读/写控制电路用于对电路的工作状态进行控制。当读/写控制信号 $R/\overline{W}=1$ 时，执行读操作，将存储单元里的数据送到输入/输出端上。当 $R/\overline{W}=0$ 时，执行写操作，加到输入/输出端上的数据被写入存储单元中。图中的双向箭头表示一组可双向传输数据的导线，它所包含的导线数目等于并行输入/输出数据的位数。

在读/写控制电路上另设有片选输入端 $\overline{CS}$。当 $\overline{CS}=0$ 时，RAM 为正常工作状态；当 $\overline{CS}=1$ 时，所有的输入/输出端均为高阻态，不能对 RAM 进行读/写操作。

容量为 $256\times 4$ RAM 的存储矩阵如图 8-21 所示。1024 个存储单元排成 32 行×32 列的矩阵。有 32 根行选择线，8 根列选择线，每根行选择线选择一行，每根列选择线选择一个字列，例如 $Y_1=1$，$X_2=1$ 时，将选中位于 $X_2$ 和 $Y_1$ 交叉处的 4 位字单元，该字单元可以进行读出或写入操作，而其余任何字单元都不会被选中。

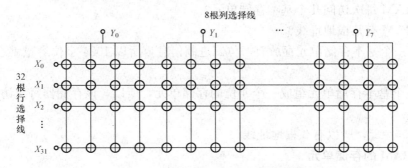

图 8-21　$256\times 4$ RAM 的存储矩阵

行、列选择线的选择通过地址译码器来实现。地址译码器由行译码器和列译码器组成。行、列译码器的输出即为行、列选择线，由它们共同确定欲选择的地址单元。$256\times 4$ RAM 存储矩阵中，256 个字需要 8 位地址码 $A_7\sim A_0$，其地址译码器如图 8-22 所示。其高 3 位

$A_7 \sim A_5$ 用于列译码输入，输出即为列选择线 $Y_0 \sim Y_7$。低 5 位 $A_4 \sim A_0$ 用于行译码输入，输出即为行选择线 $X_0 \sim X_{31}$。例如，$A_7 \sim A_0 = 00100010$ 时，$Y_1 = 1$、$X_2 = 1$，选中 $X_2$ 和 $Y_1$ 交叉的 4 位字单元。

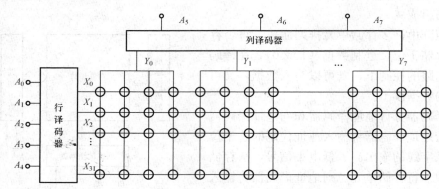

图 8-22 256×4 RAM 的地址译码器和存储矩阵

### 2. RAM 的存储容量

图 8-20 为 RAM 的一般结构形式，有 3 大类总线，即地址总线、数据总线和控制总线。其中地址输入线有 $n$ 条，经过地址译码器译码输出的线称为字线，因为每条字线对应一个 $n$ 输入地址变量的一个最小项，所以共有 $2^n$ 条字线。每条字线只能选通存储矩阵中的一个存储单元，故存储矩阵中共有 $2^n$ 个存储单元。每个存储单元也叫一个字，它由若干个可以存放一位二进制信息（0 或 1）的基本存储单元组成。一个存储单元所含有的基本存储单元的个数，也即能存放的二进制数的位数称为存储器的字长。

对于有 $n$ 位地址和 $M$ 位字长的存储器来说，其存储容量可以表示为 $2^n \times M$，即存储容量为 $2^n \times M$ 位二进制数位。$n$ 位地址经译码后，每次将选中存储矩阵中的一个 $M$ 位存储单元（一个字），将通过 $M$ 位数据总线对该存储单元进行读出或写入数据的操作。

**【例 8-6】** RAM 的容量为 256×4 字位，问：

（1）该 RAM 有多少个基本存储单元？

（2）该 RAM 每次访问几个基本存储单元？

（3）该 RAM 有几根地址线？

**解** （1）一个基本存储单元存放有一位二进制信息，所以 1024 字位容量就有 1024 个基本存储单元；

（2）由 4 个基本存储单元组成一个 4 位的存储单元，所以，该存储器每次访问 4 个基本存储单元；

（3）因 $256 = 2^8$，所以有 8 根地址线。

### 8.2.2 RAM 的存储单元

RAM 的存储单元有两种，一种是 SRAM 的静态存储单元，一种是 DRAM 的动态存储单元。静态存储单元是在静态触发器的基础上附加门控管而构成的，它是靠触发器的自保功能存储数据的。动态存储单元是利用 MOS 管栅极电容可以存储电荷的原理制成的。下面分别以六管静态 MOS 存储单元和单管动态 MOS 存储单元为例，介绍其电路结构和工作原理。

### 1. 六管静态 MOS 存储单元

采用对地址分别进行列译码和行译码大大减少了字线数。把行译码器的输出线称为行选线 $X$，把列译码器的输出线称为列选线 $Y$，把数据输出线称为位线，与之配合的六管静态 MOS 存储单元的基本电路如图 8 - 23 所示。

图 8 - 23 中虚线框内为六管存储器电路，只能存一位数，以图中 $Q$ 点为准，若 $Q=1$，则该存储器中存的数为 1，若 $Q=0$，则该存储器中存的数就是 0。

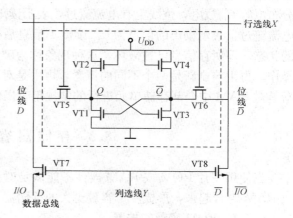

VT2、VT4 可看作电阻，即可认为 VT2、VT4 分别为 VT1、VT3 的负载电阻，这样 VT1 与 VT2 构成一个反相器，VT3 与 VT4 构成另一个反相器，两个反相器的输入与输出交叉连接，构成基本 RS 触发器，作为数据存储单元。

VT5、VT6 为行选通管，当行选线 $X=$ 1 时，VT5、VT6 导通，将 $Q$ 经 VT5 送往

图 8 - 23　六管静态 MOS 存储单元电路

位线 $D$，将 $\overline{Q}$ 经 VT6 送往位线 $\overline{D}$。这时能否把存储的数据 $Q$ 送到数据总线 $D$ 上，或者把数据总线 $D$ 的数据写入 $Q$，就取决于列选线 $Y$ 是否有效。若 $Y=1$，即列选线也选中了该存储器，使 VT7、VT8 管导通，就能把存储的数据 $Q$ 读出到数据总线 $D$ 上，或者把数据总线 $D$ 上的数据写入 $Q$。

现以写入数据为例，来说明该电路的工作过程。若地址译码器的行、列译码都选中了该存储器，即行选线 $X=1$、列选线 $Y=1$，则 VT5、VT6、VT7、VT8 都导通，可以把它们看作导线。此时，若数据总线上的 $D=1$，则将通过 VT7、VT5 将 1 送往 $Q$，使 VT3 栅极为高电平 1，因而 $\overline{Q}=0$，将 $\overline{Q}=0$ 反馈到 VT1 栅极，经 VT1 倒相输出后使得 $Q=1$，即相当于把 1 写入了该存储器。若 $D=0$，经 VT7、VT5 将使 VT3 栅极为 0，反相后 $\overline{Q}=1$，$\overline{Q}$ 又与 VT1 栅极相连，经 VT1 反相后将使 $Q=0$，即相当于把 0 写入了该存储器，信息一旦写入后，只要不断电，触发器状态便能保持不变。

如果要读出该数据，只要地址译码器选中了该存储器，即 $X=1$、$Y=1$，则 $Q$ 的状态将经过 VT5、VT7 送往数据总线 $D$，而本身的值仍然保持为原数据不变。

### 2. 单管动态 MOS 存储单元

动态 MOS 存储单元是利用 MOS 管栅—源间电容对电荷的暂存效应来实现信息存储的，该电容中存储的电荷，在栅源间处于高阻抗的情况下，能保持数毫秒至数百毫秒的短暂时间，为了避免所存信息的丢失，必须定时给电容补充漏掉的电荷，通常把这种操作称作刷新。常见的动态 MOS 存储电路有单管、三管和四管电路，为了提高存储器的集成度，目前大容量的动态 RAM 大多采用单管动态 MOS 存储电路，其结构如图 8 - 24 所示。

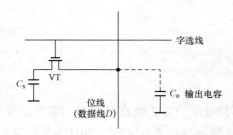

图 8 - 24　单管动态 MOS 存储单元电路

写入数据时，字线为 1，选中该管，使 VT 导

通，来自数据线 $D$ 的待写入信息经由位线和 VT 存入电容 $C_s$。写入 1 时，位线 $D$ 为 1，电容 $C_s$ 充电为 1；写入 0 时，位线为 0，电容 $C_s$ 通过 VT 向位线 $D$ 放电，从而使 $C_s$ 上的值为 0。

读出数据时，也使字线为 1，VT 导通，若电容 $C_s$ 上有电荷，即有 1，便会通过位线向分布电容 $C_o$ 放电，位线上有电流流过，表示读出了信息 1；若 $C_s$ 上无电荷，位线上便没有电流流过，表示读出的信息为 0。读出 1 信息后，$C_s$ 上的电荷因转移到 $C_o$ 上而无法维持 1 的状态，即所存信息已被破坏，这种现象称为破坏性读出，所以读出 1 信息后必须进行再生操作。再生与刷新是两个不同的概念，再生是对某一位存储单元读出 1 后进行的操作，而刷新是对 RAM 中全部存储单元进行的常规定时操作。

## 8.3　存储器容量的扩展

当使用一片 ROM 或 RAM 器件不能满足对存储容量的要求时，就需要将若干片 ROM 或 RAM 组合起来，形成一个容量更大的存储器。

### 8.3.1　ROM 容量的扩展

在实际应用中，经常需要大容量的 ROM。在单片 ROM 芯片容量不能满足要求时，可以把若干片 ROM 联在一起，以扩展存储容量。扩展的方法有字长（位数）扩展和字数扩展两种，常将两种方法相互结合来达到预期要求。

1. 字长（位数）的扩展

现有型号的 EPROM，输出多为 8 位。如果想获得更多位的 EPROM，可以通过多片 EPROM 级联，实现字长的扩展（即位数的扩展）。需要芯片的片数 $N=$ 目标存储器容量/已有存储器容量。

图 8 - 25 所示是将 2 片 2764（8KB×8 容量）扩展成 8KB×16 容量 EPROM 的连线图。

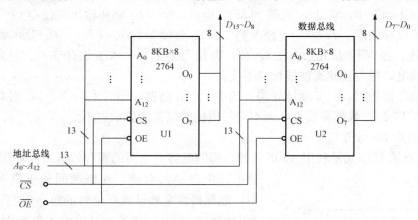

图 8 - 25　ROM 字长的扩展

2. 字数的扩展

单片 ROM 芯片字数不能满足要求时，可以通过多片级联的方式实现字扩展。需要芯片的片数 $N=$ 目标存储器容量/已有存储器容量。图 8 - 26 所示是用 8 片 2764（8KB×8 容量）扩展成 64KB×8 容量的 EPROM 的连接图。

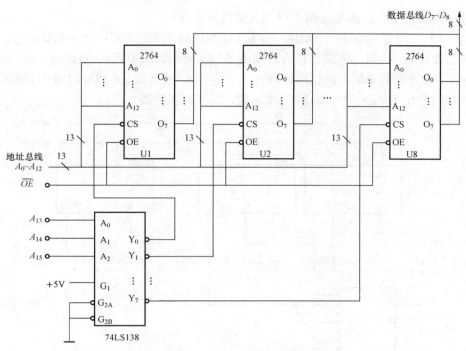

图 8 - 26　ROM 字数的扩展

### 8.3.2　RAM 容量的扩展

在实际应用中，经常需要大容量的 RAM。在单片 RAM 芯片容量不能满足要求时，可以把若干片 RAM 联在一起，以扩展存储容量。扩展的方法有字长（位数）扩展和字数扩展两种，常将两种方法相互结合来达到预期要求。

1. 字长（位数）的扩展

需要片数 $N=$ 目标存储器容量/已有存储器容量。方法是将所有输入信号（地址信号、片选信号和读写信号）都并联，将输出信号并列。

【例 8 - 7】　用 $1024 \times 1$ 容量 RAM 构成 $1024 \times 8$ 容量 RAM。

**解**　需要片数 $N=8$。电路连接方式如图 8 - 27 所示。

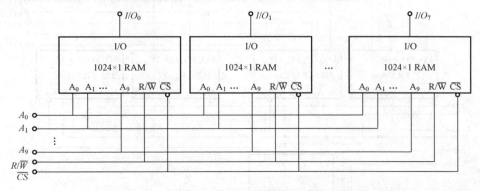

图 8 - 27　$1024 \times 1$ 容量 RAM 扩展成 $1024 \times 8$ 容量 RAM

2. 字数的扩展

需要片数 $N=$ 目标存储器容量/已有存储器容量。方法是将片内地址信号并联，多余地址端通过译码器接至各片的片选端 $I/O$ 同名输出端并联。

【例 8 - 8】 用 8 片 1024（1KB）×8 RAM 构成的 8192（8KB）×8 RAM。

解 需要片数 $N=8$。电路连接方式如图 8 - 28 所示，图中输入/输出线，读/写线和地址线 $A_0 \sim A_9$ 是并联起来的，高位地址码 $A_{10}$、$A_{11}$ 和 $A_{12}$ 经 3 线—8 线译码器 74138 的 8 个输出端分别控制 8 片 1024×8 位 RAM 的片选端，以实现字扩展。

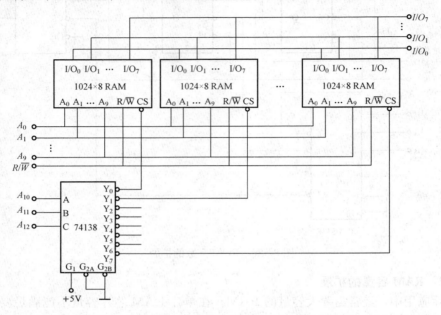

图 8 - 28 1KB×8 RAM 扩展成 8KB×8 RAM

【例 8 - 9】 用 512×4 的 RAM 扩展组成一个 2KB×8 的存储器，需要几片 RAM，试画出它们的连接图。

解 需要 8 片 RAM，同时做字扩展和位扩展。电路连接方式如图 8 - 29 所示。

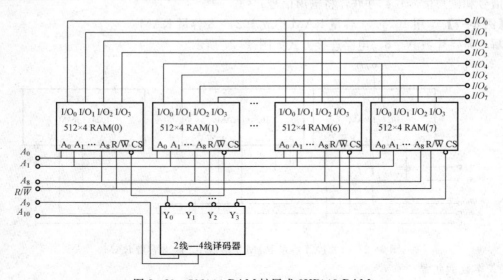

图 8 - 29 512×4 RAM 扩展成 2KB×8 RAM

## 实操练习 18　随机存取存储器 2114A 及其应用

### 一、目的要求

（1）了解集成随机存取存储器 2114A 的工作原理。

（2）熟悉 2114A 的工作特性、使用方法及其应用。

### 二、工具、仪表和器材

+5V 直流电源、连续脉冲源、单次脉冲源、逻辑电平显示器、逻辑电平开关、译码显示器、2114A、74LS161、74LS148、74LS244、74LS00、74LS04。

### 三、实操练习内容与步骤

1. 用 2114A 实现静态随机存取

2114A 是一种 $1024 \times 4$ 的静态随机存取存储器，采用 HMOS 工艺制作，它的逻辑符号及引脚排列如图 8-30 所示，其引脚功能说明见表 8-4，其逻辑功能见表 8-5。

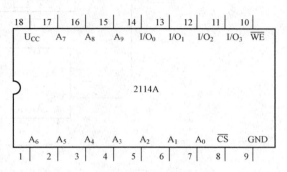

图 8-30　2114A 的逻辑符号及引脚排列

表 8-4　　2114A 引脚功能说明

| 端　　名 | 功　　能 |
| --- | --- |
| $A_0 \sim A_9$ | 地址输入端 |
| $\overline{WE}$ | 写选通端 |
| $\overline{CS}$ | 片选端 |
| $I/O_0 \sim I/O_3$ | 数据输入/输出端 |
| $U_{CC}$ | +5V 电源 |

表 8-5　　2114A 逻辑功能表

| 地址输入信号 $A_0 \sim A_9$ | $\overline{CS}$ | $\overline{WE}$ | $I/O_0 \sim I/O_3$ |
| --- | --- | --- | --- |
| 有效 | 1 | × | 高阻态 |
| 有效 | 0 | 1 | 读出数据 |
| 有效 | 0 | 0 | 写入数据 |

按图 8-31 接线，为实验接线方便，又不影响实验效果，2114A 中地址输入端保留前 4 位（$A_0 \sim A_3$），其余输入端（$A_4 \sim A_9$）均接地。电路由 3 部分组成：①由与非门组成的基本 RS 触发器与反相器，控制电路的读写操作；②由 2114A 组成的静态 RAM；③由 74LS244 三态门缓冲器组成的数据输入输出缓冲和锁存电路。

（1）写入。输入要写入单元的地址码（$A_0 \sim A_3$），操作基本 RS 触发器控制端 S 接高电平，触发器置 0，$Q = 0$，$\overline{EN_4} = 0$，打开了输入三态门缓冲器 74LS244，要写入的数据（$abcd$）经缓冲器送至 2114A 的数据输入端（$I/O_0 \sim I/O_3$）。由于此时 $\overline{CS} = 0$，$\overline{WE} = 0$，使 2114A 处于写入状态，因此便将数据写入了 2114A 中（为了确保数据能可靠的写入，写脉冲宽度 $t_{WP}$ 必须大于或等于手册所规定的时间区间）。选取 4 组地址码及 4 组数据，记入表 8-6 中。

（2）读出。输入要读出单元的地址码（保持写操作时的地址码），操作基本 RS 触发器 S 端接低电平，触发器置 1，$Q = 1$，$\overline{EN_B} = 0$，打开了输出三态门缓冲器 74LS244。由于此时 $\overline{CS} = 0$，$\overline{WE} = 1$，使 2114A 处于读出状态，要读出的数据（$abcd$）便由 2114A 的数据输出

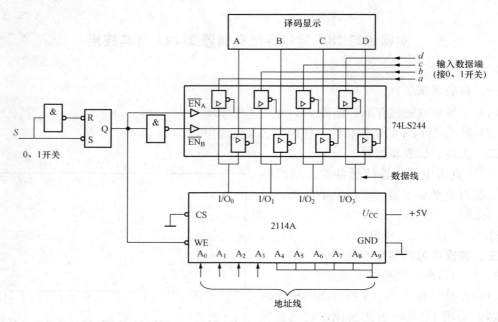

图 8 - 31　2114A 实现静态随机存取实验接线

端（$I/O_0 \sim I/O_3$）经缓冲器送至 $ABCD$，并在译码器上显示出来。将 4 组地址码及对应的 4 组数据记入表 8 - 7 中，并与表 8 - 6 中数据进行比较。

| 表 8 - 6 | 2114A 写入数据记录 | |
|---|---|---|
| $\overline{WE}$ | 地址码<br>（$A_0 \sim A_3$） | 输入数据<br>（$abcd$） |
| 0 | | |
| 0 | | |
| 0 | | |
| 0 | | |

| 表 8 - 7 | 2114A 读出数据记录 | |
|---|---|---|
| $\overline{WE}$ | 地址码<br>（$A_0 \sim A_3$） | 从 2114A 中<br>读出数据 |
| 1 | | |
| 1 | | |
| 1 | | |
| 1 | | |

如果是随机存取，可不必关注 $A_0 \sim A_3$（或 $A_0 \sim A_9$）地址端的状态，$A_0 \sim A_3$（或 $A_0 \sim A_9$）可以是随机的，但在读写操作中要保持一致性。

2. 用 2114A 实现静态顺序存取

按图 8 - 32 接线。电路由 3 部分组成：①由 74LS148 组成的 8 线—3 线优先编码电路，主要是将 8 位（$IN_0 \sim IN_7$）的二进制指令进行编码形成 8421 码（$D_0 \sim D_3$）输出。由于 74LS148 的输出是以反码的形式出现的，因此输出端加了非门求反。②由 74LS161 二进制同步加法计数器完成取址、地址累加等功能。③由基本 RS 触发器、2114A、74LS244 组成的随机存取电路。

（1）顺序写入数据。假设 74LS148 的 8 位输入指令中，$IN_4 = 0$、$IN_0 \sim IN_3 = 1$、$IN_5 \sim IN_7 = 1$，经过编码得 $D_0D_1D_2D_3 = 0010$，这个值送至 74LS161 输入端。令二进制计数器 74LS161 $\overline{CLR} = 0$，则该计数器清零，清零后置 $\overline{CLR} = 1$。令 $\overline{LOAD} = 0$，加 CP 脉冲，通过并

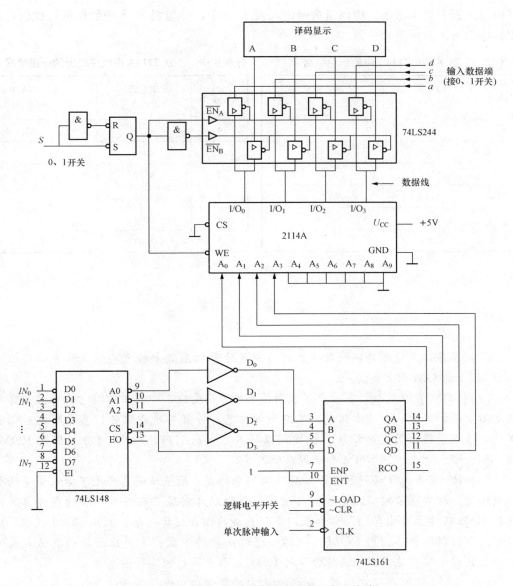

图 8-32　2114A 实现静态顺序存取实验线路

行送数法将 $D_0D_1D_2D_3=0010$ 赋值给 $A_0A_1A_2A_3=0010$，作为地址初始值。送数完成后，置 $\overline{LOAD}=1$，并操作随机存取电路使之处于写入状态。74LS161 为二进制加法计数器，随着每来一个 CP 脉冲，计数器输出将加 1，也即地址码将加 1，逐次输入 CP 脉冲，地址会依次累计形成一组单元地址。改变数据输入端的数据 $abcd$，便可按 CP 脉冲所给地址依次将一组数据顺序写入 2114A 中。将该组数据记入表 8-8 中。

　　（2）顺序读出数据。令二进制计数器 74LS161 $\overline{CLR}=0$，将计数器清零，清零后置 $\overline{CLR}=1$。令 $\overline{LOAD}=0$，加 CP 脉冲，通过并行送数法将原 $D_0D_1D_2D_3=0010$ 赋值给 $A_0A_1A_2A_3=0010$，作为地址初始值。操作随机存取电路使之处于读出状态，连续输入几个单次脉冲，地址码累计形成一组单元地址，则依据 CP 脉冲所给地址从 2114A 中顺序读出一组数据，并在译码显示器上显示出来。将该组数据记入表 8-9 中，并与表 8-8 中数据进行比较，比较读出数据与写入数据是否一致。

表 8-8　顺序写入 2114A 中的一组数据

| CP 脉冲 | 地址码 $(A_0 \sim A_3)$ | 输入数据 $(abcd)$ |
|---|---|---|
| ↑ | 0010 | |
| ↑ | 1010 | |
| ↑ | 0110 | |
| ↑ | 1110 | |
| ↑ | 0001 | |
| ↑ | 1001 | |

表 8-9　从 2114A 中顺序读出的一组数据

| CP 脉冲 | 地址码 $(A_0 \sim A_3)$ | 从 2114A 中读出数据 |
|---|---|---|
| ↑ | 0010 | |
| ↑ | 1010 | |
| ↑ | 0110 | |
| ↑ | 1110 | |
| ↑ | 0001 | |
| ↑ | 1001 | |

# 本　章　小　结

（1）半导体存储器是现代数字系统特别是计算机系统中的重要组成部件，可以分为 RAM 和 ROM 两大类。

（2）ROM 在存入数据以后，不能用简单的方法更改，即在工作时它的存储内容是固定不变的，只能从中读出信息，不能写入信息，并且其所存储的信息在断电后仍能保持，常用于存放固定的信息。根据数据写入方式的不同，ROM 可分为固定 ROM、PROM、EPROM、$E^2$PROM 和快闪存储器等。

（3）ROM 由地址译码器和存储矩阵两部分构成。地址译码器产生了输入变量的全部最小项，即实现了对输入变量的与运算；存储矩阵实现了有关最小项的或运算。因此，ROM 实际上是由与门阵列和或门阵列构成的组合逻辑电路，利用 ROM 可以实现任何组合逻辑函数。利用 ROM 实现组合逻辑函数的步骤：①列出函数的真值表或写出函数的最小项表达式；②选择合适的 ROM，画出函数的阵列图。

（4）RAM 可以在任意时刻、对任意选中的存储单元进行信息的存入（写入）或取出（读出）操作。与 ROM 相比，RAM 最大的优点是存取方便，使用灵活，既能不破坏地读出所存信息，又能随时写入新的内容。其缺点是一旦停电，所存内容便全部丢失。RAM 包含 SRAM 和 DRAM 两类，在不停电的情况下，SRAM 的数据可以长久保持，而 DRAM 则必须定期刷新。

## 复习思考题

1. 半导体存储器有哪些类型？各有什么特点？
2. ROM 的基本结构是怎样的？通常用什么来表示 ROM 电路的容量？

3. 有一存储器，其地址线有 12 根为 $A_{11} \sim A_0$，数据线有 8 根为 $D_7 \sim D_0$，它的存储容量为多大？

4. 按照编程工艺不同，只读存储器大致可分为哪几类？各有什么特点？

5. ROM 和 RAM 的主要区别是什么？它们各适用于什么场合？

6. ROM 和 RAM 在电路结构和工作原理上有何不同？

7. 试用半导体存储器 ROM 实现以下逻辑函数，并画出相应的电路。

$Y_1(A,B,C,D) = AB + BD + ACD + BCD$

$Y_2(A,B,C,D) = AD + BCD + ABCD$

$Y_3(A,B,C,D) = ABC + ACD + ACD + ABC$

$Y_4(A,B,C,D) = AC + \overline{A}C + \overline{B} + \overline{D}$

8. 图 8-33 所示是一个 16×4 的 ROM，$D$、$C$、$B$、$A$ 为地址输入，$X$、$Y$、$Z$、$W$ 为数据输出，若将 $X$、$Y$、$Z$、$W$ 看作是 $D$、$C$、$B$、$A$ 的逻辑函数，试写出 $X$、$Y$、$Z$、$W$ 的逻辑函数式。

图 8-33 题 8 图

9. 存储容量为 1024×8 的 RAM 有多少根地址线？多少根位线？

10. RAM 存储器的功能和结构有何特点？常用的 RAM 存储单元有哪几种？动态 MOS 管组成的 RAM 为何要刷新？

11. 静态 RAM 与动态 RAM 相比，各有什么特点？

12. 将包含有 32768 个基本存储单元的存储电路连接成 4096 字节的 RAM，问：

(1) 该 RAM 有几根数据线？

(2) 该 RAM 有几根地址线？

13. 指出下列容量的存储器各具有多少个基本存储单元？至少需要多少条地址线和数据线？

(1) 64KB×8；

(2) 128KB×4。

14. 若存储器的容量为 1KB×4，其起始地址为全 0，试计算其最高地址是多少？

15. 现有容量为 512×8 的 RAM 一片，试问：

(1) 该片 RAM 共有多少个基本存储单元？

(2) RAM 共有多少个字？字长是多少位？

(3) 该片 RAM 共有多少根地址线？

(4) 访问该片 RAM 时，每次会选中多少个基本存储单元？

16. 试用 ROM 实现下列逻辑函数：

$$\begin{cases} Y_0 = BCD + A\overline{B}\overline{C}\overline{D} \\ Y_1 = \overline{A}CD + ABC\overline{D} \\ Y_2 = \overline{A}\overline{B}CD + \overline{A}B\overline{C}\overline{D} + ABCD \\ Y_3 = \overline{A}C\overline{D} + \overline{A}B\overline{C}\overline{D} + \overline{A}\overline{B}CD \end{cases}$$

17. 用 ROM 构成 1 位的全加器，输入变量为二进制数 $A_i$ 和 $B_i$，低位进位信号 $C_{i-1}$，输出变量为本位和 $S_i$，本位进位信号 $C_i$。写出 $S_i$ 和 $C_i$ 的最小项表达式，画出 $ROM$ 构成的简化阵列图。

18. 用 ROM 构成一个三输入的多数表决器，画出简化的 ROM 阵列图。

19. 用 ROM 构成将余 3BCD 码转换为 5421BCD 码的码制变换器，画出简化的 ROM 阵列图。

20. 已知 ROM 的阵列图如图 8-34 所示，请写出该图的逻辑函数表达式，并说明其逻辑功能。

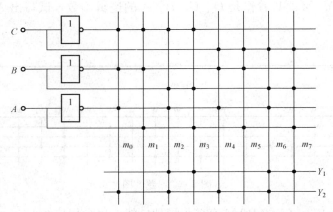

图 8-34 ROM 构成逻辑函数的阵列图

21. 利用数据选择器和数据分配器的原理，将 2 个 64×8 容量的 ROM 分别变换成一个 512×1 容量的 ROM 和一个 256×2 容量的 ROM。

22. 有 2 片 16KB（2048×8）的 ROM，试用它们构成：

(1) 32KB（4096×8）的 ROM；

(2) 32KB（2048×16）的 ROM。

23. 试用 256×4 容量的 RAM，用位扩展的方法组成一个 256×8 容量的 RAM，请画出电路图。

24. 试用 128×1 容量的 RAM，扩展成一个 512×4 容量的 RAM，请画出相应的电路图。

25. 试用 2 片 1024×4 的 RAM，扩展成 1024×8 的 RAM，并画出接线图。

26. 试用 4 片 1024×4 RAM 组成 4096×4 的 RAM，并画出接线图。

27. 试用 4 片 1024×4 RAM 和 3 线—8 线译码器组成 1024×16 的 RAM，并画出接线图。

28. 试用 16 片 1024×4 的 RAM 和 3 线—8 线译码器组成 8KB×8 的 RAM，并画出接线图。

# 第9章 数模与模数转换器

📖 学习目标

    A/D 和 D/A 转换器是现代数字系统的重要部件，是数字系统的重要接口电路。

**本章的学习目标是：**

1. 掌握 A/D 和 D/A 转换器基本工作原理。
2. 理解权电阻和倒 T 型电阻网络 D/A 转换器的工作原理。
3. 理解逐次逼近型和双积分型 A/D 转换器的工作原理。
4. 了解 A/D 和 D/A 转换器的主要技术指标。

    随着数字技术，特别是信息技术的飞速发展与普及，在现代控制、通信及检测等领域，为了提高系统的性能指标，对信号的处理广泛采用了数字计算机技术。由于系统的实际对象往往都是一些模拟量（如温度、压力、位移、图像等），要使计算机或数字仪表能识别、处理这些信号，必须首先将这些模拟信号转换成数字信号。而经计算机分析、处理后输出的数字量也往往需要将其转换为相应模拟信号才能为执行机构所接受。这样，就需要一种能在模拟信号与数字信号之间起桥梁作用的电路——模数和数模转换器。将模拟信号转换成数字信号的电路，称为模数转换器（简称 A/D 转换器或 ADC，Analog to Digital Converter）；将数字信号转换为模拟信号的电路称为数模转换器（简称 D/A 转换器或 DAC，Digital to Analog Converter）。A/D 转换器和 D/A 转换器已成为信息系统中不可缺少的接口电路。为确保系统处理结果的精确度，A/D 转换器和 D/A 转换器必须具有足够的转换精度。如果要实现快速变化信号的实时控制与检测，A/D 与 D/A 转换器还要求具有较高的转换速度。转换精度与转换速度是衡量 A/D 与 D/A 转换器的重要技术指标。

## 9.1 D/A 转换器

### 9.1.1 权电阻网络 D/A 转换器

**1. 电路形式**

    4 位权电阻网络 D/A 转换器电路结构如图 9 - 1 所示，它由权电阻网络、4 个模拟开关和 1 个运算放大器组成。$S_0 \sim S_3$ 为模拟开关，$S_i$ 的状态受输入代码 $d_i$ 的取值控制。当 $d_i = 1$ 时，开关接运算放大器的反相端，相应的电流 $I_i$ 流入求和电路；当 $d_i = 0$ 时，开关接运算放大器的同相端，即接地。

**2. 工作原理**

    为了简化分析计算，可以把运算放大器近似地看成理想放大器，即它的输入电流为零，$I_+ = I_- = 0$，反相端与同相端电位相同 $U_+ = U_-$。根据运算放大器线性运用时虚地的概念可

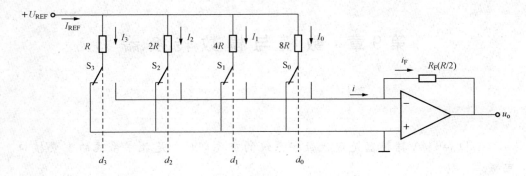

图 9-1　4 位权电阻网络 D/A 转换器电路结构

知，无论模拟开关 $S_i$ 处于何种位置，与 $S_i$ 相连的电阻均将连地（地或虚地）。这样，不论模拟开关接到运算放大器的反相端还是同相端，也就是不论输入数字信号 $d_i$ 是 1 还是 0，各支路的电流与开关位置无关，为确定值。各支路的电流表示为

$$I_0 = \frac{U_{REF}}{8R} \quad I_1 = \frac{U_{REF}}{4R} \quad I_2 = \frac{U_{REF}}{2R} \quad I_3 = \frac{U_{REF}}{R} \tag{9-1}$$

对 $d_i = 1$ 的各支路上的电流求和，得

$$i = I_0 d_0 + I_1 d_1 + I_2 d_2 + I_3 d_3$$

$$= \frac{U_{REF}}{8R} d_0 + \frac{U_{REF}}{4R} d_1 + \frac{U_{REF}}{2R} d_2 + \frac{U_{REF}}{R} d_3$$

$$= \frac{U_{REF}}{2^3 R}(d_3 \cdot 2^3 + d_2 \cdot 2^2 + d_1 \cdot 2^1 + d_0 \cdot 2^0) \tag{9-2}$$

$$u_o = -R_F i_F = -\frac{U_{REF} R_F}{2^3 R}(d_3 \cdot 2^3 + d_2 \cdot 2^2 + d_1 \cdot 2^1 + d_0 \cdot 2^0)$$

$$= -\frac{U_{REF} R_F}{2^3 R}(D_4)_{10} = -\frac{U_{REF}}{2^4}(D_4)_{10} \tag{9-3}$$

式（9-3）中的 $(D_4)_{10}$ 表示 4 位二进制数的十进制数，利用式（9-3）可以很方便地确定 D/A 转换器的输出电压。

例如，电路的参考电压 $U_{REF} = 10V$，当输入的 4 位二进制数为 1000 时，电路的输出电压为

$$u_o = -\frac{U_{REF}}{2^4}(d_3 \cdot 2^3 + d_2 \cdot 2^2 + d_1 \cdot 2^1 + d_0 \cdot 2^0)$$

$$= -\frac{U_{REF}}{2^4}(D_4)_{10} = -\frac{10}{16} \times 8 = -5(V)$$

同理可推得，输入为 $n$ 位二进制数的权电阻网络 D/A 转换器，输出电压的表达式为

$$u_o = -\frac{U_{REF} R_F}{2^{n-1} R}(d_{n-1} \cdot 2^{n-1} + d_{n-2} \cdot 2^{n-2} + \cdots + d_1 \cdot 2^1 + d_0 \cdot 2^0)$$

$$= -\frac{U_{REF} R_F}{2^{n-1} R}(D_n)_{10} \tag{9-4}$$

式（9-4）表明，输出的模拟电压正比于输入的数字量 $D_n$，从而实现了从数字量到模

拟量的转换。当 $D_n$ 取全 0 值时，$u_o = 0$；当 $D_n$ 取全 1 值时，$u_o = -\dfrac{2^n-1}{2^n}U_{REF}$。所以 $u_o$ 的最大变化范围是 $0 \sim -\dfrac{2^n-1}{2^n}U_{REF}$。由以上分析可见，在参考电压 $U_{REF}$ 为正时，输出电压 $u_o$ 始终为负值，要想得到正的输出电压，可以将 $U_{REF}$ 取负值。

**【例 9 - 1】**　3 位权电阻网络 D/A 转换器如图 9 - 2 所示。

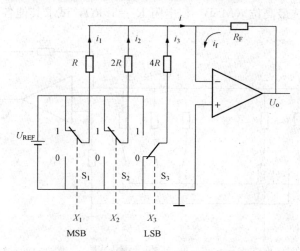

图 9 - 2　3 位权电阻网络 D/A 转换器电路结构

（1）试推导输出电压 $U_o$ 与输入数字量 $X_1$、$X_2$、$X_3$ 的关系式；

（2）如 $U_{REF} = -10V$，当 $R_F = \dfrac{1}{8}R$ 时，如输入数码为 $X_1X_2X_3 = 101$，试求输出电压值。

**解**　（1）当 $X_i = 1$ 时，电子开关 $S_i$ 打到上边，权电阻 $R_i$ 上加上电压 $U_{REF}$，流过电流 $I_i$；当 $X_i = 0$ 时，电子开关 $S_i$ 打到下边，权电阻 $R_i$ 两端电压为 0V，无电流流过。

当 $X_i = 1$ 时，流过各支路的电流分别为

$$i_1 = \frac{U_{REF}}{R} \quad i_2 = \frac{U_{REF}}{2R} \quad i_3 = \frac{U_{REF}}{4R}$$

则权电阻网络流到运算放大器虚地（"－"端）的电流 $i$ 为各支路电流之和，因此

$$i = i_1 X_1 + i_2 X_2 + i_3 X_3 = \frac{U_{REF}}{R}X_1 + \frac{U_{REF}}{2R}X_2 + \frac{U_{REF}}{4R}X_3$$

$$= \frac{U_{REF}}{4R}(4X_1 + 2X_2 + 1X_3)$$

由于运算放大器虚地输入阻抗很大，流入运算放大器的电流基本上为 0，根据节点电流定律，有

$$i_F = -i = -\frac{U_{REF}}{4R}(4X_1 + 2X_2 + 1X_3)$$

$$U_o = i_F R_F = -i R_F = -\frac{U_{REF}}{4R}R_F(4X_1 + 2X_2 + 1X_3)$$

（2）将已知数据代入公式可得

$$U_{\mathrm{o}} = i_{\mathrm{F}}R_{\mathrm{F}} = -iR_{\mathrm{F}} = -\frac{U_{\mathrm{REF}}}{4R}R_{\mathrm{F}}(4X_1 + 2X_2 + 1X_3)$$

$$= -\frac{-10}{4R} \times \frac{1}{8}R(4 + 0 + 1) = \frac{25}{16}(\mathrm{V})$$

【例 9-2】 图 9-3 是权电阻网络 D/A 转换器电路。

(1) 试求输出模拟电压 $u_{\mathrm{o}}$ 和输入数字量的关系式;

(2) 若 $n=8$,并选最高位(MSB)权电阻 $R_7=10\mathrm{k}\Omega$,试求其他各位权电阻的阻值。

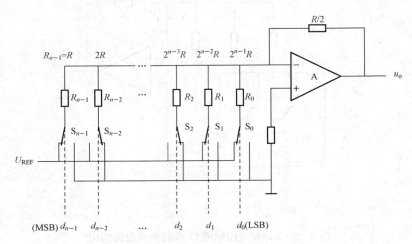

图 9-3 权电阻网络 D/A 转换器电路结构

**解** (1) 写出输出模拟电压 $u_{\mathrm{o}}$ 和输入数字量的关系式。

因为

$$i = \frac{U_{\mathrm{REF}}}{R}d_{n-1} + \frac{U_{\mathrm{REF}}}{2R}d_{n-2} + \cdots + \frac{U_{\mathrm{REF}}}{2^{n-1}R}d_0 = \frac{U_{\mathrm{REF}}}{R} \cdot \frac{1}{2^{n-1}}\sum_{i=0}^{n-1}d_i \cdot 2^i$$

所以

$$v_{\mathrm{o}} = -i\frac{R}{2} = -\frac{U_{\mathrm{REF}}}{2^n}\sum_{i=0}^{n-1}d_i \cdot 2^i = -\frac{U_{\mathrm{REF}}}{2^n} \cdot (D_n)_{10}$$

(2) 因为 $R_7 = 10\mathrm{k}\Omega$

所以 $R_6 = 2R_7 = 20\mathrm{k}\Omega$

$R_5 = 4R_7 = 40\mathrm{k}\Omega$

$R_4 = 8R_7 = 80\mathrm{k}\Omega$

$R_3 = 16R_7 = 160\mathrm{k}\Omega$

$R_2 = 32R_7 = 320\mathrm{k}\Omega$

$R_1 = 64R_7 = 640\mathrm{k}\Omega$

$R_0 = 128R_7 = 1280\mathrm{k}\Omega$

3. 电路性能特点

(1) 优点:结构比较简单,所用的电阻元件数很少。

(2) 缺点:各个电阻阻值相差较大,尤其在输入信号的位数较多时,这个问题更加突出。例如,输入信号为 8 位的二进制数,权电阻网络中,最小的电阻为 $R$,最大的电阻为 $2^7R$。要想在极为宽广的阻值范围内保证每个电阻都有很高的精度是十分困难的,尤其对制作集成电路更加不利。为了克服这个缺点,可以采用双级权电阻网络,或者采取其他形式

D/A 转换器。

### 9.1.2 倒 T 型电阻网络 D/A 转换器

1. 电路形式

4 位倒 T 型电阻网络 D/A 转换器电路结构如图 9-4 所示，图中 $S_0 \sim S_3$ 为模拟开关，R—2R 电路解码网络呈倒 T 型，运算放大器 A 组成求和电路。模拟开关 $S_i$ 由输入数码 $d_i$ 控制，当 $d_i = 1$ 时，$S_i$ 接运算放大器反相端，相应的电流 $I_i$ 流入求和电路；当 $d_i = 0$ 时，$S_i$ 接运算放大器同相端，即接地。

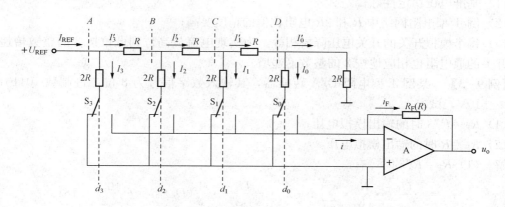

图 9-4  4 位倒 T 型电阻网络 D/A 转换器电路结构

2. 工作原理

根据运算放大器线性运用时虚地的概念可知，无论模拟开关 $S_i$ 处于何种位置，与 $S_i$ 相连的 2R 电阻均将连地（地或虚地）。这样，流经 2R 电阻的电流与开关位置无关，为确定值。分析 R—2R 电阻网络可以发现，从每个节点向右看的二端网络等效电阻均为 R，流入每个 2R 电阻的电流从高位到低位按 2 的整数倍递减。设由基准电压源提供的总电流为 $I_{REF} = U_{REF}/R$，则流入各开关支路的电流分别为

$$I_3 = I_{REF}/2 \quad I_2 = I_{REF}/4 \quad I_1 = I_{REF}/8 \quad I_0 = I_{REF}/16 \tag{9-5}$$

对 $d_i = 1$ 的各支路上的电流求和，得

$$i = I_0 d_0 + I_1 d_1 + I_2 d_2 + I_3 d_3$$

$$= \frac{I_{REF}}{16} d_0 + \frac{I_{REF}}{8} d_1 + \frac{I_{REF}}{4} d_2 + \frac{I_{REF}}{2} d_3$$

$$= \frac{U_{REF}}{16R} d_0 + \frac{U_{REF}}{8R} d_1 + \frac{U_{REF}}{4R} d_2 + \frac{U_{REF}}{2R} d_3$$

$$= \frac{U_{REF}}{2^4 R} (d_3 \cdot 2^3 + d_2 \cdot 2^2 + d_1 \cdot 2^1 + d_0 \cdot 2^0) \tag{9-6}$$

$$u_o = -R_F i_F = -R_F i = -\frac{U_{REF} R_F}{2^4 R} (d_3 \cdot 2^3 + d_2 \cdot 2^2 + d_1 \cdot 2^1 + d_0 \cdot 2^0)$$

$$= -\frac{U_{REF} R_F}{2^4 R} (D_4)_{10} = -\frac{U_{REF}}{2^4} (D_4)_{10} \tag{9-7}$$

同理可推得，输入为 $n$ 位二进制数的倒 T 型电阻网络 D/A 转换器，输出电压的表达式为

$$u_o = -\frac{U_{REF}R_F}{2^nR}(d_{n-1} \cdot 2^{n-1} + d_{n-2} \cdot 2^{n-2} + \cdots + d_1 \cdot 2^1 + d_0 \cdot 2^0)$$

$$= -\frac{U_{REF}R_F}{2^nR}(D_n)_{10} \tag{9-8}$$

式（9-8）和式（9-4）完全相同，说明倒 T 型电阻网络 D/A 转换器同样可以实现从数字量到模拟量的转换。

通过以上分析看到，要使 D/A 转换器具有较高的精度，对电路中的参数有以下要求：

(1) 基准电压稳定性好；

(2) 倒 T 型电阻网络中 $R$ 和 $2R$ 电阻比值的精度要高；

(3) 每个模拟开关的开关电压降要相等。为实现电流从高位到低位按 2 的整数倍递减，模拟开关的通电阻也相应地按 2 的整数倍递增。

**【例 9-3】**　某倒 T 型电阻 D/A 转换器，其输入数字信号为 8 位二进制数 10110101，$U_{REF} = -10V$，试求：

(1) $R_F = R/3$ 时的输出模拟电压；

(2) $R_F = R$ 时的输出模拟电压。

**解**　(1) $R_F = R/3$ 时，有

$$u_o = -\frac{U_{REF}}{2^n} \cdot \frac{R_F}{R} \cdot \sum_{i=0}^{n-1} d_i \cdot 2^i = -\frac{U_{REF}}{2^n} \cdot \frac{1}{3}(D_n)_{10} = \frac{10}{3 \times 2^8} \times 181$$

$$= 2.357(V)$$

(2) $R_F = R$ 时，有

$$u_o = -\frac{U_{REF}}{2^n} \cdot \frac{R_F}{R} \cdot \sum_{i=0}^{n-1} d_i \cdot 2^i = -\frac{U_{REF}}{2^n} \cdot (D_n)_{10} = \frac{10}{2^8} \times 181 = 7.07(V)$$

3. 电路性能特点

(1) 优点：倒 T 型电阻网络 D/A 转换器内部只有 $R$ 和 $2R$ 两种阻值的电阻，有效地解决了权电阻网络 D/A 转换器电阻阻值相差很大的缺点。由于在倒 T 型电阻网络 D/A 转换器中，各支路电流直接流入运算放大器的输入端，它们之间不存在传输上的时间差。电路的这一特点不仅提高了转换速度，而且减小了动态过程中输出端可能出现的尖脉冲。它是目前广泛使用的 D/A 转换器速度较快的一种。

(2) 缺点：尽管倒 T 型电阻网络 D/A 转换器具有较高的转换速度，但由于电路中存在模拟开关电压降，当流过各支路的电流稍有变化时，就会产生转换误差。

### 9.1.3　权电流型 D/A 转换器

1. 电路形式

4 位权电流型 D/A 转换器电路结构如图 9-5 所示。电路中用一组恒流源代替了图 9-4 中倒 T 型电阻网络。这组恒流源从高位到低位电流的大小依次为 $I/2$，$I/4$，$I/8$，$I/16$。

2. 工作原理

当输入数字量的某一位代码 $d_i = 1$ 时，开关 $S_i$ 接运算放大器的反相端，相应的权电流流入求和电路；当 $d_i = 0$ 时，开关 $S_i$ 接运算放大器的同相端，即接地。分析该电路可得出

$$i_\Sigma = \frac{I}{2}d_3 + \frac{I}{4}d_2 + \frac{I}{8}d_1 + \frac{I}{16}d_0 \tag{9-9}$$

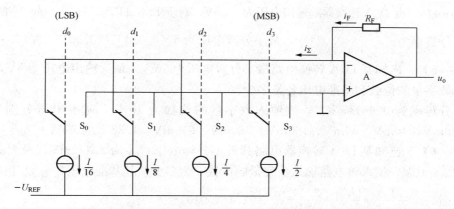

图 9-5 4 位权电流型 D/A 转换器电路结构

$$u_o = i_F R_F = i_\Sigma R_F = \left(\frac{I}{2}d_3 + \frac{I}{4}d_2 + \frac{I}{8}d_1 + \frac{I}{16}d_0\right)R_F$$

$$= \frac{I}{2^4}R_F(d_3 \cdot 2^3 + d_2 \cdot 2^2 + d_1 \cdot 2^1 + d_0 \cdot 2^0)$$

$$= \frac{I}{2^4}R_F(D_4)_{10} \tag{9-10}$$

同理可推得，输入为 $n$ 位二进制数的权电流型 D/A 转换器输出电压的表达式为

$$u_o = \frac{I}{2^n}R_F(d_{n-1} \cdot 2^{n-1} + d_{n-2} \cdot 2^{n-2} + \cdots + d_1 \cdot 2^1 + d_0 \cdot 2^0)$$

$$= \frac{I}{2^n}R_F(D_n)_{10} \tag{9-11}$$

式（9-11）表明，输出的模拟电压 $u_o$ 正比于输入的数字量 $D_n$，从而实现了从数字量到模拟量的转换。

3. 电路性能特点

采用了恒流源电路之后，各支路权电流的大小均不受开关导通电阻和压降的影响，这就降低了对开关电路的要求，提高了转换精度。

## 9.2 D/A 转换器的转换精度和转换速度

### 9.2.1 D/A 转换器的转换精度

D/A 转换器的转换精度通常用分辨率和转换误差来描述。

1. 分辨率

分辨率用于表征 D/A 转换器对输出微小量变化敏感程度的。其定义为 D/A 转换器模拟输出电压可能被分离的等级数。输入数字量位数越多，输出电压可分离的等级越多，即分辨率越高。在实际应用中，往往用输入数字量的位数表示 D/A 转换器的分辨率。此外，D/A 转换器也可以用能分辨的最小输出电压（此时输入的数字代码只有最低有效位为 1，其余各位都是 0）与最大输出电压（此时输入的数字代码各有效位全为 1）之比给出。$n$ 位 D/A 转换器的分辨率可表示为 $1/(2^n-1)$。它表示 D/A 转换器在理论上可以达到的精度。

**【例 9 - 4】** 设 D/A 转换器的输出电压为 0～5V，对于 12 位 D/A 转换器，试求它的分辨率。

**解** 分辨率为 $\dfrac{1}{2^{12}-1} \approx 0.024\%$，最小分辨电压为 $5 \times 0.024\% = 0.0012$ （V）。

**【例 9 - 5】** 已知某 D/A 转换电路最小分辨电压为 5mV，最大输出电压为 5V，试求该电路输入数字量的位数和基准电压各是多少？

**解** 分辨率为 $0.001 \approx 2^{-10}$，故输入数字量的位数为 10 位，基准电压分别为 5mV、10mV、20mV、40mV、80mV、160mV、320mV、640mV、1.28V、2.56V。

**【例 9 - 6】** 已知某 D/A 转换器电路其最小分辨电压 $U_{LSB}$ 为 2.442mV，最大满刻度输出电压 $U_{om} = 10V$，试求该电路输入数字量的位数 $n$ 为多少？其基准电压 $U_{REF}$ 是几伏？

**解** 因为 $\quad \dfrac{1}{2^n-1} = \dfrac{U_{LSB}}{U_{om}} = \dfrac{2.442mV}{10V} = 2.442 \times 10^{-2}$

所以 $\quad n = 12$

又因为 $\quad U_{om} = -U_{REF} \dfrac{2^n-1}{2^n}$

则 $\quad U_{REF} = -10.002\,442V$

**2. 转换误差**

转换误差的来源很多，例如转换器中各元件参数值的误差、基准电源不够稳定和运算放大器的零漂的影响等。转换误差包括比例系数误差、失调误差和非线性误差等。

（1）比例系数误差。比例系数误差是指实际转换特性曲线的斜率与理想特性曲线斜率的偏差。如在 $n$ 位倒 T 型电阻网络 D/A 转换器中，当 $U_{REF}$ 偏离标准值 $\Delta U_{REF}$ 时，就会在输出端产生误差电压 $\Delta u_o$。由倒 T 型电阻网络 D/A 转换器输出模拟量与输入数字量之间的一般关系式［式（9-8）］可知

$$\Delta u_o = -\frac{\Delta U_{REF}}{2^n}(D_n)_{10}$$

由 $\Delta U_{REF}$ 引起的误差属于比例系数误差。

（2）失调误差。失调误差由运算放大器的零点漂移引起，其大小与输入数字量无关，该误差使输出电压的转移特性曲线发生平移。

（3）非线性误差。非线性误差是指一种没有一定变化规律的误差，一般用在满刻度范围内偏离理想的转移特性的最大值来表示。引起非线性误差的原因较多，如电路中的各模拟开关不仅存在不同的导通电压和导通电阻，而且每个开关处于不同位置时，其开关压降和电阻也不一定相等。又如，在电阻网络中，每个支路上电阻误差不相同，不同位置上的电阻的误差对输出电压的影响也不相同等，这些都会导致非线性误差。

D/A 转换器的绝对误差（或绝对精度）是指输入端加入最大数字量（全 1）时，D/A 转换器的理论值与实际值之差。该误差值应低于 $LSB/2$。

例如：一个 8 位的 D/A 转换器，对应最大数字量（11111111B）的模拟理论输出值为 $\dfrac{255}{256}U_{REF}$，$\dfrac{1}{2}LSB = \dfrac{1}{512}U_{REF}$，所以实际值应在 $\left(\dfrac{255}{256} - \dfrac{1}{512}\right)U_{REF} \sim \left(\dfrac{255}{256} + \dfrac{1}{512}\right)U_{REF}$ 范围内。

综上所述，为获得高精度的 D/A 转换器，不仅应该选择位数较多的高分辨率的 D/A 转换器，而且还需要选用高稳定度的 $U_{REF}$ 和低零漂的运算放大器等器件与之配合才能达到要求。

### 9.2.2 D/A 转换器的转换速度

当 D/A 转换器输入的数字量发生变化时，输出的模拟量并不能立即达到所对应的量值，而是需要一段时间。通常用建立时间和转换速率两个参数来描述 D/A 转换器的转换速度。

（1）建立时间（$t_{set}$）：输入数字量变化时，输出电压变化到相应稳定电压值所需时间。一般用 D/A 转换器输入的数字量 $D_n$ 从 0 变为全 1 时，输出电压达到规定的误差范围（$\pm LSB/2$）时所需时间表示。D/A 转换器的建立时间较快，单片集成 D/A 转换器建立时间最短可达 $0.1\mu s$ 以内。

（2）转换速率（$S_R$）：用大信号工作状态下，模拟电压的变化率表示。一般集成 D/A 转换器在不包含外接参考电压源和运算放大器时，转换速率比较高。实际应用中，要实现快速 D/A 转换不仅要求 D/A 转换器有较高的转换速率，而且还应选用转换速率较高的集成运算放大器与之配合使用才行。

## 9.3 集成 D/A 转换器应用举例

### 9.3.1 D/A 转换器的输出方式

常用的 D/A 转换器绝大部分是数字电流转换器，输出量是电流。如要实现电压输出，在实际应用时还需增加输出电路将电流转换成电压。使用 D/A 转换器，正确选择和设计输出电路是非常重要的，下面来讨论这方面的内容。

在前面介绍的 D/A 转换器中，输入的数字均视为正数，即二进制数的所有位都为数值位。根据电路形式或参考电压的极性不同，输出电压或为 0V 到正满度值，或为 0V 到负满度值，D/A 转换器处于单极性输出方式。采用单极性输出方式时，数字输入量采用自然二进制码，8 位 D/A 转换器单极性输出时，输入数字量与输出模拟量之间的关系见表 9-1。

**表 9-1　　　　　　　　8 位 D/A 转换器在单极性输出时的输入/输出关系**

| 数字量 | | | | | | | | 模拟量 |
|---|---|---|---|---|---|---|---|---|
| MSB | | | | | | | LSB | |
| 1 | 1 | 1 | 1 | 1 | 1 | 1 | 1 | $\pm U_{REF}\left(\dfrac{255}{256}\right)$ |
| ⋮ | | | | | | | | ⋮ |
| 1 | 0 | 0 | 0 | 0 | 0 | 0 | 1 | $\pm U_{REF}\left(\dfrac{129}{256}\right)$ |
| 1 | 0 | 0 | 0 | 0 | 0 | 0 | 0 | $\pm U_{REF}\left(\dfrac{128}{256}\right)$ |
| 0 | 1 | 1 | 1 | 1 | 1 | 1 | 1 | $\pm U_{REF}\left(\dfrac{127}{256}\right)$ |
| ⋮ | | | | | | | | ⋮ |
| 0 | 0 | 0 | 0 | 0 | 0 | 0 | 1 | $\pm U_{REF}\left(\dfrac{1}{256}\right)$ |
| 0 | 0 | 0 | 0 | 0 | 0 | 0 | 0 | $\pm U_{REF}\left(\dfrac{0}{256}\right)$ |

倒 T 型电阻网络 D/A 转换器单极性电压输出的电路如图 9-6 所示。其中图 9-6（a）为反相电压输出电路，$u_o = -i_\Sigma R_F$；图 9-6（b）为同相电压输出电路，$u_o = i_\Sigma R \left(1 + R_2/R_1\right)$。

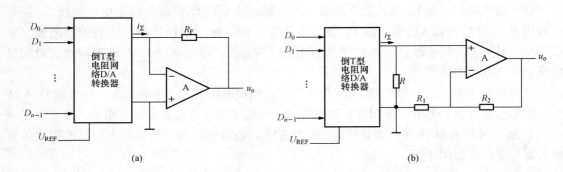

图 9-6　倒 T 型电阻网络 D/A 转换器单极性电压输出电路

(a) 反相电压输出电路；(b) 同相电压输出电路

在实际应用中，D/A 转换器输入的数字量有正极性也有负极性。这就要求 D/A 转换器能将不同极性的数字量对应转换为正、负极性的模拟电压，工作于双极性方式。

双极性 D/A 转换常用的编码有：2 的补码、偏移二进制码及符号—数值码（符号位加数值码）等。表 9-2 列出了 8 位 2 的补码、偏移二进制码及模拟量之间的对应关系，表中 $U_{LSB} = \dfrac{U_{REF}}{256}$。

**表 9-2                    8 位 2 的补码、偏移二进制码及模拟量之间的对应关系**

| 十进制数 | 2 的补码 | | | | | | | | 偏移二进制码 | | | | | | | | 模拟量 |
|---|---|---|---|---|---|---|---|---|---|---|---|---|---|---|---|---|---|
| | $D_7$ | $D_6$ | $D_5$ | $D_4$ | $D_3$ | $D_2$ | $D_1$ | $D_0$ | $D_7$ | $D_6$ | $D_5$ | $D_4$ | $D_3$ | $D_2$ | $D_1$ | $D_0$ | $u_o/U_{LSB}$ |
| 127 | 0 | 1 | 1 | 1 | 1 | 1 | 1 | 1 | 1 | 1 | 1 | 1 | 1 | 1 | 1 | 1 | 127 |
| 126 | 0 | 1 | 1 | 1 | 1 | 1 | 1 | 0 | 1 | 1 | 1 | 1 | 1 | 1 | 1 | 0 | 126 |
| ⋮ | | | | ⋮ | | | | | | | | ⋮ | | | | | ⋮ |
| 1 | 0 | 0 | 0 | 0 | 0 | 0 | 0 | 1 | 1 | 0 | 0 | 0 | 0 | 0 | 0 | 1 | 1 |
| 0 | 0 | 0 | 0 | 0 | 0 | 0 | 0 | 0 | 1 | 0 | 0 | 0 | 0 | 0 | 0 | 0 | 0 |
| −1 | 1 | 1 | 1 | 1 | 1 | 1 | 1 | 1 | 0 | 1 | 1 | 1 | 1 | 1 | 1 | 1 | −1 |
| ⋮ | | | | ⋮ | | | | | | | | ⋮ | | | | | ⋮ |
| −127 | 1 | 0 | 0 | 0 | 0 | 0 | 0 | 1 | 0 | 0 | 0 | 0 | 0 | 0 | 0 | 1 | −127 |
| −128 | 1 | 0 | 0 | 0 | 0 | 0 | 0 | 0 | 0 | 0 | 0 | 0 | 0 | 0 | 0 | 0 | −128 |

由表 9-2 可见，偏移二进制码与无符号二进制码形式相同，它实际上是将二进制码对应的模拟量的零值偏移至 80H，使偏移后的数中，只有大于 128 的才是正数，而小于 128 的则为负数。所以，若将单极性 8 位 D/A 转换器的输出电压减去 $U_{REF}/2$（80H 所对应的模拟量），就可得到极性正确的偏移二进制码输出电压。

若 D/A 转换器输入数字量是 2 的补码，那么，需先将它转换为偏移二进制码，然后输入到上述 D/A 转换器电路中就可实现其双极性输出。比较表 9 - 2 中 2 的补码与偏移二进制码可以发现，若将 8 位 2 的补码加 80H，并舍弃进位就可得偏移二进制码。实现 2 的补码加 80H，只需将高位求反即可。这样，可得到采用 2 的补码输入的 8 位双极性输出 D/A 转换器电路，如图 9 - 7 所示。

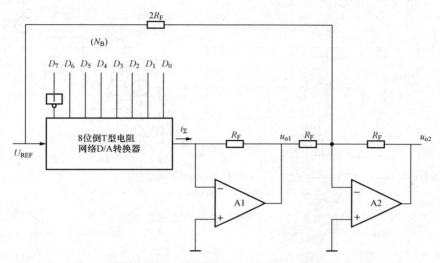

图 9 - 7  8 位倒 T 型电阻网络 D/A 转换器双极性电压输出电路

输入 $N_B = D_7 D_6 D_5 D_4 D_3 D_2 D_1 D_0$ 是原码的 2 的补码，最高位取反（加 80H），变为偏移二进制码后，进入 D/A 转换器，由 D/A 转换器输出的模拟量 $u_{o1}$ 经 $A_2$ 组成的第二个求和放大器减去 $U_{REF}/2$ 后，得到极性正确的输出电压 $u_{o2}$，即

$$u_{o2} = -u_{o1} - \frac{U_{REF}}{2} = -\left(-\frac{N_B U_{REF}}{2^8} - \frac{U_{REF}}{2}\right) - \frac{U_{REF}}{2} = U_{REF} \times \frac{N_B}{256} \qquad (9-12)$$

电路输入 2 的补码 $N_B$ 满足表 9 - 2 所示的对应关系。

### 9.3.2  D/A 转换器的应用举例

单片集成 D/A 转换器产品的种类繁多，性能指标各异，按其内部电路结构不同一般分为两类：一类集成芯片内部只集成了电阻网络（或恒流源网络）和模拟电子开关；另一类则集成了组成 D/A 转换器的全部电路。集成 D/A 转换器 AD7520 属于前一类，下面以它为例介绍集成 D/A 转换器结构及其应用。

**1. 集成 D/A 转换器 AD7520 电路结构**

AD7520 是 10 位 CMOS 电流开关型 D/A 转换器，其结构简单，通用性好。AD7520 芯片片内只含有倒 T 型电阻网络、CMOS 电流开关和反馈电阻（$R = 10\text{k}\Omega$）。该集成 D/A 转换器在应用时必须外接参考电压源和运算放大器。由 AD7520 采用内部反馈电阻组成的 D/A 转换电路如图 9 - 8 所示，图中虚线内部分为 AD7520 内部电路。AD7520 芯片引脚图如图 9 - 9 所示。图 9 - 8 中每个电子开关的实际电路如图 9 - 10 所示，电路由 9 个 MOS 管组成。其中 VT1～VT3 组成电平转移电路，使输入信号能与 TTL 电平兼容。VT4～VT7 组成两个反相器，分别作为模拟开关 VT8、VT9 的驱动电路，VT8、VT9 构成单刀双掷开关。当 $D_i = 1$ 时，VT1 导通，VT4、VT5 为高电平，VT6、VT7 为低电平，VT8 截止，VT9 导通，$I_i$ 流向 $I_{o1}$。当 $D_i=0$ 时，VT9 截止，VT8 导通，$I_i$ 流向 $I_{o2}$，起到电流模拟开关作用。CMOS 模拟开关导通电阻很大，通过工艺设计可控制其大小并计入电阻网络。该电路具备使用简便，功耗低，转换速度快，温度系数小，通用性强等优点。

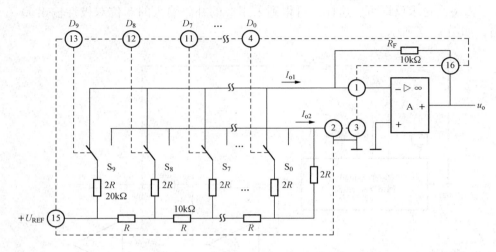

图 9 - 8    AD7520 组成的 D/A 转换电路

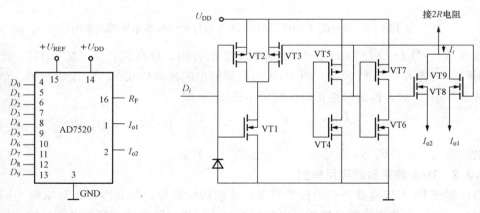

图 9 - 9    AD7520 芯片引脚图          图 9 - 10    CMOS 电流开关

当 $R=10\text{k}\Omega$，$R_F=10\text{k}\Omega$，根据公式 $u_o=-\dfrac{U_{REF}}{2^n}(D_n)_{10}$，则转换后的输出电压为

$$u_o=-\frac{U_{REF}}{2^{10}}(D_{10})_{10} \tag{9-13}$$

**2. 集成 D/A 转换器 AD7520 应用电路**

D/A 转换器在实际电路中应用很广，它常作为接口电路用于微机系统，而且还可利用其电路结构特征和输入、输出电量之间的关系构成数控电流源、电压源，数字式可编程增益控制电路和波形产生电路等。

（1）AD7520 用作单极性电压输出电路。AD7520 用作单极性电压输出电路如图 9 - 11 所示。根据式（9 - 13），可得 AD7520 单极性输入与输出关系如表 9 - 3 所示。

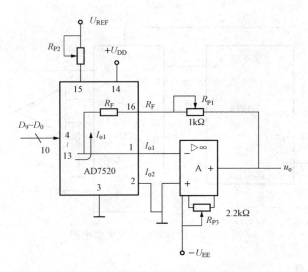

图 9 - 11 AD7520 单极性电压输出电路

**表 9 - 3** AD7520 单极性输入与输出关系

| 数 码 输 入 | | | | | | | | | | 模拟电压输出 |
|---|---|---|---|---|---|---|---|---|---|---|
| $D_9$ | $D_8$ | $D_7$ | $D_6$ | $D_5$ | $D_4$ | $D_3$ | $D_2$ | $D_1$ | $D_0$ | $u_o$ |
| 1 | 1 | 1 | 1 | 1 | 1 | 1 | 1 | 1 | 1 | $\pm\,(1023/1024 U_{REF})$ |
| ⋮ | ⋮ | ⋮ | ⋮ | ⋮ | ⋮ | ⋮ | ⋮ | ⋮ | ⋮ | ⋮ |
| 1 | 0 | 0 | 0 | 0 | 0 | 0 | 0 | 0 | 1 | $\pm\,(513/1024 U_{REF})$ |
| 1 | 0 | 0 | 0 | 0 | 0 | 0 | 0 | 0 | 0 | $\pm\,(512/1024 U_{REF})$ |
| 0 | 1 | 1 | 1 | 1 | 1 | 1 | 1 | 1 | 1 | $\pm\,(511/1024 U_{REF})$ |
| ⋮ | ⋮ | ⋮ | ⋮ | ⋮ | ⋮ | ⋮ | ⋮ | ⋮ | ⋮ | ⋮ |
| 0 | 0 | 0 | 0 | 0 | 0 | 0 | 0 | 0 | 1 | $\pm\,(1/1024 U_{REF})$ |
| 0 | 0 | 0 | 0 | 0 | 0 | 0 | 0 | 0 | 0 | 0 |

**【例 9 - 7】** AD7520 组成的 D/A 转换电路中,已知 $U_{REF} = 10\mathrm{V}$,求当输入数码为 37CH 时,转换成单极性输出电压为多大?

**解** 求出 37CH 对应的十进制数

$$37CH = 001101111100B = 892D$$

故

$$u_o = -\frac{U_{REF}}{2^{10}} \cdot (D_{10})_{10} = -\frac{10}{1024} \times 892 = -8.71(\mathrm{V})$$

(2) AD7520 用作波形产生电路。

图 9 - 12 是由 D/A 转换器 AD7520 与计数器 74160 组成的阶梯波信号发生器。

AD7520 芯片是 D/A 转换器,该集成电路可将输入的 10 位二进制数代码转换成模拟信号输出。在该电路中,若参考电压 $U_{REF} = -10.24\mathrm{V}$,在 $CP$ 信号驱动下,电路的输出波形如图 9 - 13 所示,利用式 (9 - 13) 可标出输出阶梯波的信号幅度。

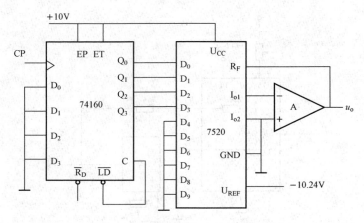

图 9 - 12 阶梯波信号发生器电路

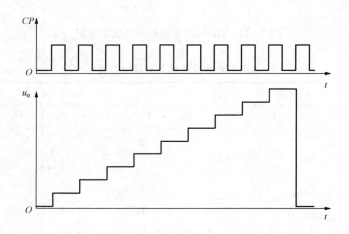

图 9 - 13 阶梯波信号发生器电路的输出波形

# 9.4 A/D 转换器

A/D 转换器的功能是把模拟量变换成数字量。由于实现这种转换的工作原理和采用工艺技术不同，因此生产出种类繁多的 A/D 转换芯片。A/D 转换器按分辨率分为 4、6、8、10、14、16 位和 BCD 码的 $3\frac{1}{2}$、$5\frac{1}{2}$ 位等。按照转换速度可分为超高速（转换时间小于等于 330ns），次超高速（330ns～3.3$\mu$s），高速（转换时间 3.3～333$\mu$s），低速（转换时间大于 330$\mu$s）等。A/D 转换器按照转换原理可分为直接 A/D 转换器和间接 A/D 转换器。

### 9.4.1 A/D 转换器的基本工作原理

模拟信号转换为数字信号，一般分取样、保持、量化和编码 4 个步骤进行，如图 9 - 14 所示。

模拟电子开关 S 在采样脉冲 $CP_S$ 的控制下重复接通、断开的过程。S 接通时，$u_i(t)$ 对 C 充电，为采样过程；S 断开时，C 上的电压保持不变，为保持过程。在保持过程中，采样的模拟电压经数字化编码电路转换成一组 $n$ 位的二进制数输出。

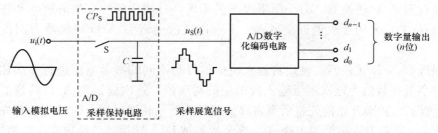

图 9-14 模拟量到数字量的转换过程

### 9.4.2 采样保持电路

对随时间作连续变化的模拟量采样，也就是将输入模拟量 $u_i(t)$ 转换成在时间上离散的模拟量 $u_S(t)$，图 9-15（a）所示是采样保持电路。

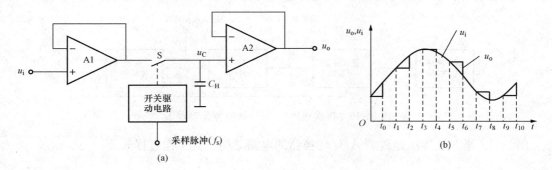

图 9-15 采样保持电路

（a）电路图；（b）波形图

$t_0$ 时刻 S 闭合，$C_H$ 被迅速充电，电路处于采样阶段。由于两个放大器的增益都为 1，因此这一阶段 $u_o$ 跟随 $u_i$ 变化，即 $u_o = u_i$。$t_1$ 时刻采样阶段结束，S 断开，电路处于保持阶段。若 A2 的输入阻抗为无穷大，S 为理想开关，则 $C_H$ 没有放电回路，两端保持充电时的最终电压值不变，从而保证电路输出端的电压 $u_o$ 维持不变。$t_2$ 时刻，S 又闭合，电路又处于采样阶段。$t_3$ 时刻，S 又断开，电路又处于保持阶段。如此，将得到图 9-15（b）所示的采样保持前后的信号波形。

采样保持电路按采样控制信号 $CP_S$ 的频率 $f_S$ 动作，根据采样定理，$f_S$ 必须满足 $f_S \geqslant 2f_{imax}$（$f_{imax}$ 为输入信号频谱中最高频率），采样保持后的信号 $u_S(t)$ 才能较真实地反映输入信号的状态，并不失真地恢复输入信号 $u_i(t)$。

### 9.4.3 量化编码电路

采样保持电路的输出信号 $u_S(t)$ 已是在时间上离散的阶梯状样值展宽信号，但其阶梯幅值仍是连续的，且有无限个取值，无法与 $n$ 位二进制数码所能表示的 $2^n$ 个不同数字量相对应。因此，必须将采样值限定在某些规定个数的离散电平上，凡介于两个离散电平之间的采样值，就用某种方式整理归并到这两个离散电平之一上，这种将采样值取整归并的方式及过程称为量化。量化后有限个离散幅值可用 $n$ 位二进制数码来对应描述，这种用二进制数码来表示量化幅值的过程称为编码。

### 9.4.4 直接 A/D 转换器

直接 A/D 转换器是把模拟信号直接转换成数字信号，如逐次逼近型、并联比较型等。

其中逐次逼近型 A/D 转换器, 易于用集成工艺实现, 且能达到较高的分辨率和速度, 故目前集成化 A/D 芯片采用逐次逼近型者多。下面以逐次逼近型 A/D 转换器为例说明其工作原理。

逐次逼近型 A/D 转换器, 就是将输入模拟信号与不同的参考电压进行多次比较, 使转换所得的数字量在数值上逐次逼近输入模拟量的对应值。逐次逼近型 A/D 转换器原理框图如图 9-16 所示。转换开始前先将所有寄存器清零。开始转换以后, 时钟脉冲首先将寄存器最高位置成 1, 使输出数字量为 $100\cdots0$。这个数码被 D/A 转换器转换成相应的模拟电压 $u_o$, 送到比较器中与 $u_i$ 进行比较。若 $u_i < u_o$, 说明数字过大了, 故将最高位的 1 清除; 若 $u_i \geq u_o$, 说明数字还不够大, 应将这一位 1 保留。然后, 再按同样的方式将次高位置成 1, 并且经过比较以后确定这个 1 是否应该保留。这样逐位比较下去, 一直到最低位为止。比较完毕, 寄存器中的状态就是所要求的数字量输出。

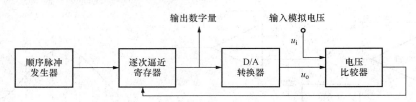

图 9-16  逐次逼近型 A/D 转换器原理框图

图 9-17 是 3 位逐次逼近型 A/D 转换器的电路结构。其工作过程如下:

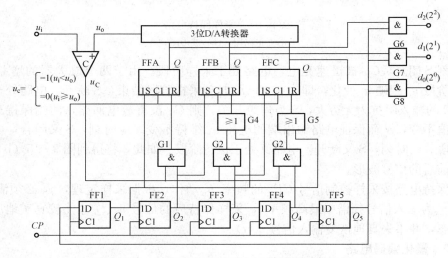

图 9-17  3 位逐次逼近型 A/D 转换器电路结构

转换开始前, 先使 $Q_1 = Q_2 = Q_3 = Q_4 = 0$, $Q_5 = 1$, 第一个 $CP$ 到来后, $Q_1 = 1$, $Q_2 = Q_3 = Q_4 = Q_5 = 0$, 于是 FFA 被置 1, FFB 和 FFC 被置 0。这时加到 D/A 转换器输入端的代码为 100, 并在 D/A 转换器的输出端得到相应的模拟电压输出 $u_o$。$u_o$ 和 $u_i$ 在比较器中比较, 当 $u_i < u_o$ 时, 比较器输出 $u_C = 1$; 当 $u_i \geq u_o$ 时, $u_C = 0$。

第 2 个 $CP$ 到来后, 环形计数器右移一位, 变成 $Q_2 = 1$, $Q_1 = Q_3 = Q_4 = Q_5 = 0$, 这时门 G1 打开, 若原来 $u_C = 1$, 则 FFA 被置 0, 若原来 $u_C = 0$, 则 FFA 的 1 状态保留。与此同时,

$Q_2$ 的高电平将 FFB 置 1。

第 3 个 $CP$ 到来后，环形计数器又右移一位，一方面将 FFC 置 1，同时将门 G2 打开，并根据比较器的输出决定 FFB 的 1 状态是否应该保留。

第 4 个 $CP$ 到来后，环形计数器 $Q_4=1$，$Q_1=Q_2=Q_3=Q_5=0$，门 G3 打开，根据比较器的输出决定 FFC 的 1 状态是否应该保留。

第 5 个 $CP$ 到来后，环形计数器 $Q_5=1$，$Q_1=Q_2=Q_3=Q_4=0$，FFA、FFB、FFC 的状态作为转换结果，通过门 G6、G7、G8 送出。

**【例 9 - 8】**　8 位 A/D 转换器输入满量程为 10V，当输入 3.5V 电压时，数字量的输出为多少？

**解**　第一步，当 $U_N=\dfrac{1}{2}U_{REF}=\dfrac{10V}{2}=5V$ 时，因为 $U_N>U_i$，所以取 $d_7=0$，存储。

第二步，当 $U_N=\left(\dfrac{0}{2}+\dfrac{1}{4}\right)U_{REF}=2.5V$ 时，因为 $U_N<U_i$，所以取 $d_6=1$，存储。

第三步，当 $U_N=\left(\dfrac{0}{2}+\dfrac{1}{4}+\dfrac{1}{8}\right)U_{REF}=3.75V$ 时，因为 $U_N>U_i$，所以取 $d_5=0$，存储。

……

如此重复比较下去，最后得到 A/D 转换器的转换结果 $d_7\sim d_0=01011001$，则该数字所对应的模拟输出电压为

$$U_N=\left(\frac{0}{2}+\frac{1}{4}+\frac{0}{8}+\frac{1}{16}+\cdots+\frac{1}{2^7}\right)U_{REF}=3.476\ 562\ 5V$$

**【例 9 - 9】**　根据逐次逼近型 A/D 转换器的工作原理，一个 8 位的 A/D 转换器完成一次转换需要几个时钟脉冲？如时钟脉冲频率 $f_{CP}=1MHz$，则完成一次转换需要多少时间？

**解**　需要 $n+2=8+2=10$ 个脉冲。

完成一次转换需要的时间为

$$T=10T_{CP}=\frac{10}{f_{CP}}=\frac{10}{1MHz}=10\mu s$$

### 9.4.5　间接 A/D 转换器

间接 A/D 转换器是先把模拟量转换成中间量，然后再转换成数字量，如电压/时间转换型（积分型）、电压/频率转换型、电压/脉宽转换型等。其中积分型 A/D 转换器电路简单，抗干扰能力强，且能做到高分辨率，但转换速度较慢。有些转换器还将多路开关、基准电压源、时钟电路、译码器和转换电路集成在一个芯片内，已超出了单纯 A/D 转换功能，使用十分方便。下面以电压/时间转换型（积分型）A/D 转换器为例说明其工作原理。

电压/时间双积分型 A/D 转换器的基本原理是对输入模拟电压 $u_i$ 和基准电压进行两次积分，先对输入模拟电压 $u_i$ 进行积分，将其变换成与之成正比的时间间隔 $T_1$，再利用计数器测出此时间间隔，则计数器所计的数字量就正比于输入的模拟电压 $u_i$，接着对基准电压进行同样的处理。图 9 - 18 所示是电压/时间双积分型 A/D 转换器的原理电路，它由积分器、过零比较器、时钟输入控制门（G）和定时器/计数器等组成。

下面以输入正极性的直流电压 $u_i$ 为例，说明电路将模拟电压转换为数字量的过程，可以分为以下几个阶段：

（1）准备阶段。A/D 转换前，控制电路对计数器清零，并将 S2 闭合使 C 放电后，S2

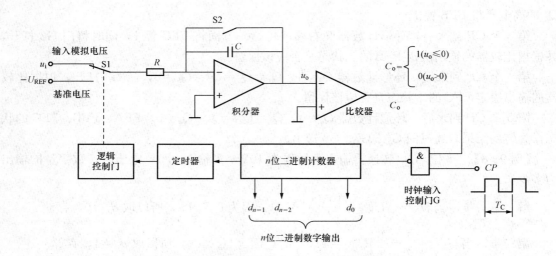

图 9-18　电压/时间双积分型 A/D 转换器原理电路

再断开。

（2）第一次积分阶段。$t=0$ 时刻，S1 在逻辑控制门作用下接通输入模拟电压 $u_\mathrm{i}$，积分器对 $u_\mathrm{i}$ 积分，积分器输出为

$$u_\mathrm{o}(t) = -\frac{1}{C}\int_0^t \frac{u_\mathrm{i}}{R}\mathrm{d}t = -\frac{1}{RC}\int_0^t u_\mathrm{i}\mathrm{d}t \tag{9-14}$$

由于 $u_\mathrm{i}>0$，所以 $u_\mathrm{o}(t)<0$，比较器输出 $C_\mathrm{o}=1$。控制门 G 开放，时钟信号 $CP$ 进入计数器，计数器开始计数。直到 $n$ 位二进制计数器溢出，使定时器置 1，此时逻辑控制门使 S1 接通基准电压 $-U_\mathrm{REF}$，第一次积分阶段结束。

第一次积分时间为

$$T_1 = N_1 T_\mathrm{C} = 2^n T_\mathrm{C} \tag{9-15}$$

第一次积分结束时，积分器的输出为

$$u_\mathrm{o}(T_1) = -\frac{1}{RC}\int_0^{T_1} u_\mathrm{i}\mathrm{d}t = -\frac{T_1}{RC}\overline{u_\mathrm{i}} = -\frac{2^n T_\mathrm{C}}{RC}\overline{u_\mathrm{i}} \tag{9-16}$$

式中：$\overline{u_\mathrm{i}}$ 为 $0\sim T_1$ 时间内，输入模拟电压 $u_\mathrm{i}$ 的平均值。

（3）第二次积分阶段。在 $T_1$ 之后，与 $u_\mathrm{i}$ 极性相反的基准电压 $-U_\mathrm{REF}$ 送入积分器输入端，积分器开始反向积分，积分器输出为

$$u_\mathrm{o}(t) = -\frac{1}{C}\int_{T_1}^t \frac{-U_\mathrm{REF}}{R}\mathrm{d}t + u_\mathrm{o}(T_1) = u_\mathrm{o}(T_1) + \frac{1}{RC}\int_{T_1}^t U_\mathrm{REF}\mathrm{d}t \tag{9-17}$$

开始时，$u_\mathrm{o}(t)<0$，比较器输出 $C_0=1$，控制门 G 开放，计数器又从 0 开始计数。

由于反向积分，$u_\mathrm{o}(t)$ 由 $u_\mathrm{o}(T_1)$ 开始逐渐上升，当上升到 $u_\mathrm{o}(t)\geqslant 0$ 时，比较器输出 $C_\mathrm{o}$ 产生从 1 到 0 的跳变，$C_\mathrm{o}=0$，封锁了控制门 G，计数器停止计数，第二次积分阶段结束。若第二次积分时间为 $T_2$，则

$$u_\mathrm{o}(T_1+T_2) = \frac{1}{CR}\int_{T_1}^{T_1+T_2} U_\mathrm{REF}\mathrm{d}t + u_\mathrm{o}(T_1) = 0 \tag{9-18}$$

即

$$\frac{T_2}{RC}U_{REF} - \frac{2^n T_C}{RC}\overline{u_i} = 0 \qquad (9-19)$$

则

$$T_2 = \frac{2^n T_C}{U_{REF}}\overline{u_i} = \frac{T_1}{U_{REF}}\overline{u_i} \qquad (9-20)$$

可见第二次积分时间与第一次积分时间内$\overline{u_i}$成正比，$T_2$是此双积分型 D/A 转换器的中间转换变量。设第二次积分阶段计数器中计数值为 $N_2$，则

$$T_2 = N_2 T_C$$

则

$$N_2 = \frac{2^n}{U_{REF}}\overline{u_i} \qquad (9-21)$$

即是说第二次积分后，计数器中记下的计数值与第一次积分阶段输入模拟电压的平均值 $\overline{u_i}$ 成正比，从而完成了输入模拟电压到输出数字量的转换。

### 9.4.6 A/D 转换器的主要技术指标

1. 分辨率

分辨率表明了 A/D 转换器对输入信号的分辨能力，常以 $LSB$ 所对应的电压值来表示，有时也以输出二进制数的位数表示。位数越多，误差越小，转换精度越高。

从理论上讲，$n$ 位输出的 A/D 转换器能区分 $2^n$ 个不同等级的输入模拟电压，能区分输入电压的最小值为满量程输入的 $1/2^n$。在最大输入电压一定时，输出位数越多，量化单位越小，分辨率越高。

例如，输入模拟电压的变化范围为 $0\sim5V$，输出 8 位二进制数可以分辨的最小模拟电压为 $5V \times 2^{-8} = 20mV$，而输出 12 位二进制数可以分辨的最小模拟电压为 $5V \times 2^{-12} \approx 1.22mV$。

【例 9-10】 如 A/D 转换器输入的模拟电压不超过 10V，问基准电压 $U_{REF}$ 应取多大？如转换成 8 位二进制数时，它能分辨的最小模拟电压是多少？如转换成 16 位二进制数时，它能分辨的最小模拟电压又是多少？

**解** 基准电压 $U_{REF}$ 应取 10V。

若转换为 8 位二进制数，能分辨的最小模拟电压为

$$u_{1min} = \frac{U_{REF}}{2^n} = \frac{10V}{2^8} = 39.06mV$$

若转换成 16 位二进制数时，能分辨的最小模拟电压为

$$u_{2min} = \frac{U_{REF}}{2^n} = \frac{10V}{2^{16}} = 0.1526mV$$

2. 转换误差

转换误差表示 A/D 转换器实际输出的数字量与理论上的输出数字量之间的差别，常用最低有效位的倍数表示。例如给出相对误差小于等于 $\pm LSB/2$，这就表明实际输出的数字量与理论上应得到的输出数字量之间的误差小于最低位的半个字。

3. 转换时间

转换时间指 A/D 转换器从转换控制信号到来开始，到输出端得到稳定的数字信号所经过的时间。

不同类型的转换器转换速度相差甚远。其中并行比较 A/D 转换器转换速度最高，8 位

二进制输出的单片集成 A/D 转换器转换时间可达 50ns 以内。逐次比较型 A/D 转换器次之，多数转换时间在 $10 \sim 50 \mu s$ 之间，也有的达几百纳秒。间接 A/D 转换器的速度最慢，如双积分 A/D 转换器的转换时间大都在几十至几百毫秒之间。

## 本 章 小 结

（1）倒 T 型电阻网络 D/A 转换器内部只有 $R$ 和 $2R$ 两种阻值的电阻，有效地解决了权电阻网络 D/A 转换器电阻阻值相差很大的缺点。由于在倒 T 型电阻网络 D/A 转换器中，各支路电流直接流入运算放大器的输入端，它们之间不存在传输上的时间差。电路的这一特点不仅提高了转换速度，而且也减小了动态过程中输出端可能出现的尖脉冲。它是目前广泛使用的 D/A 转换器速度较快的一种。

（2）尽管倒 T 型电阻网络 D/A 转换器具有较高的转换速度，但由于电路中存在模拟开关电压降，当流过各支路的电流稍有变化时，就会产生转换误差。权电流型 D/A 转换器采用了恒流源电路之后，各支路权电流的大小均不受开关导通电阻和压降的影响，这就降低了对开关电路的要求，提高了转换精度。

（3）不同 A/D 转换方式具有各自的特点。在要求转换速度高的场合，选用并联比较型；在要求精度高的场合，可采用双积分型。由于逐次逼近型在一定程度上兼有以上两种转换器的优点，因此得到普遍应用。

（4）D/A 和 A/D 转换器的主要技术参数是转换精度和转换速度，在与系统连接后，这两项指标决定了系统的精度与速度。目前 D/A 和 A/D 转换器的主要发展趋势是高速度、高分辨率和易于与计算机接口，用以满足各个应用领域对信号处理的要求。

### 复习思考题

1. 电阻网络 D/A 转换器实现 D/A 转换的原理是什么？

2. D/A 转换器的位数有什么意义？它与分辨率、转换精度有什么关系？

3. 简述 A/D 转换的过程。

4. 逐次逼近型 A/D 转换中有哪些优点？

5. 在权电阻网络 D/A 转换器中，若 $n=6$，并选最高数位 MSB 的权电阻 $R=10\mathrm{k}\Omega$，试求其余各位权电阻的阻值。

6. 在图 9-4 所示的 4 位倒 T 型电阻网络 D/A 转换器中，已知 $U_{\mathrm{REF}}=-8\mathrm{V}$，试计算输入数字量分别为 1000、0100、0010、0001 时在输出端所产生的模拟电压值。

7. 一个 8 位的倒 T 型电阻网络 D/A 转换器，已知基准电压为 $U_{\mathrm{REF}}$，试列出其单极性输出的电压与输入数码关系式。

8. 一个 8 位的倒 T 型电阻网络 D/A 转换器，若 $R_{\mathrm{F}}=2R$，$U_{\mathrm{REF}}=8\mathrm{V}$，试求输入数字量为 00000001、10000000 和 01111111 时的输出模拟电压值。

9. 一个 8 位的 $R-2R$ 倒 T 型电阻网络 D/A 转换器，若 $R_{\mathrm{F}}=3R$，若输入数字量为 00000001 时，输出模拟电压值为 $-0.04\mathrm{V}$，试计算当输入数字量为 00010110 和 11111111 时

的输出模拟电压值。

10. 在 10 位倒 T 型电阻网络 D/A 转换器中，若 $R_F = R$。

(1) 若 $U_{REF} = 0.5V$，计算输出电压的取值范围；

(2) 若要求当输入数字量为 200H 时，输出电压 $u_o = 5V$，$U_{REF}$ 应取何值？

11. 倒 T 型电阻网络 D/A 转换器中，若 $U_{REF} = 10V$，$R_F = R = 10k\Omega$，输入十位二进制数字量为 1011010101B，试求其输出电压 $u_o$ 的值。

12. 图 9-1 所示 4 位权电阻网络 D/A 转换器中，若 $U_{REF} = -10V$，$R = 8k\Omega$，$R_F = 1k\Omega$，试求：

(1) 在输入 4 位二进制数 $D_4 = 1001$ 时，网络输出电流 $i = ?$ 运放输出电压 $u_o = ?$。

(2) 若输出电压 $u_o = 1.25V$，则可以判断输入的 4 位二进制数 $D_4 = ?$

13. 设 D/A 转换器的最大满刻度输出电压为 5V，对于 12 位的 D/A 转换器，试求它的分辨率。

14. 已知某 D/A 转换器的最小分辨电压 $U_{LSB} = 40mV$，最大满刻度输出电压 $U_m = 10.2V$，试求该 D/A 转换器的位数。

15. 一个 10 位 D/A 转换器在输入为全 1 时输出电压为 5V，试求当输入二进制数为 1010101101 时的输出模拟电压值。

16. 已知某 D/A 转换器输入二进制数字量的位数 $n = 9$，最大满刻度输出电压 $U_m = 5V$，试求该电路的最小分辨电压 $U_{LSB}$ 以及分辨率。

17. (1) 若要求将数字量转换成模拟量，分辨率 $LSB = 1$ 时的电压为 5mV，最大满刻度输出电压为 10V，试求该电路输入数字量的位数 $n$ 为多少？基准电压 $U_{REF}$ 用多大？

(2) 现有 D/A 转换电路 $n = 8$，最大输出电压为 5V，试求分辨率对应输出电压和基准电压 $U_{REF}$。

(3) 若 D/A 转换器精度要求为 0.2%，不考虑其他因素引起的误差，从分辨率考虑，则数码至少选多少位？

18. 试比较逐次逼近型 A/D 转换器和双积分型 A/D 转换器的优缺点。

19. 根据逐次逼近型 A/D 转换器的工作原理，一个 8 位 A/D 转换器，它完成一次转换需几个时钟脉冲？如时钟脉冲频率为 1MHz，则完成一次转换需多少时间？

20. 8 位 A/D 转换器输入满量程为 10V，当输入 7.08V 电压时，数字量的输出为多少？

21. 若 A/D 转换器输入的模拟电压不超过 10V，则基准电压 $U_{REF}$ 应为多少？若转换成 8 位二进制数，它能分辨的最小模拟电压是多少？若转换成 16 位二进制数，它能分辨的最小模拟电压是多少？

22. 对于满刻度为 10V 的 A/D 转换器，若要达到 1mV 的分辨率，其位数应是多少？当输入模拟电压为 6.5V 时，输出数字量是多少？

23. 一个 10 位逐次逼近型 A/D 转换器，满量程输入电压为 10V，时钟频率约为 2.5MHz，试求：

(1) 转换时间；

(2) $u_i = 8.5V$，输出数字量；

(3) $u_i = 2.4V$，输出数字量。

24. 在逐次逼近型 4 位 A/D 转换器中，若 $U_{REF} = 5V$，输入电压 $u_i = 3.75V$，试问其输

出 $D_3 \sim D_0$ 应为多少?

25. 根据逐次逼近型 A/D 转换器的工作原理,一个 8 位的 A/D 转换器完成一次转换需要几个时钟脉冲? 如果时钟脉冲频率为 1MHz,则完成一次转换需要多长时间?

26. 一个 10 位逐次逼近型 A/D 转换器,当时钟频率为 1MHz 时,其转换时间是多少? 如果要求完成一次转换的时间小于 $10\mu s$,那么时钟频率应选多大?

27. 根据双积分型 A/D 转换器的工作原理,如果内部的二进制计数器是 12 位,外部时钟脉冲的频率为 1MHz,则完成一次转换的最长时间是多少?

28. 在双积分型 A/D 转换电路中,当计数器为十进制时,其最大计数值为 $N = (3000)_{10}$ 时钟频率 $f_{CP} = 20\text{kHz}$,$U_{REF} = -10\text{V}$。

(1) 完成一次转换最长需要多少时间?

(2) 当计数器的计数值 $D = (750)_{10}$ 时,试问其输入电压 $u_i$ 为多少?

29. 在图 9-18 所示双积分型 A/D 转换器中,如果计数器为 $n = 10$,时钟信号频率为 2MHz。

(1) 进行一次 A/D 转换,最长时间需要多少?

(2) 若基准电压 $U_{REF} = -10\text{V}$,最大输入模拟电压为 $+10\text{V}$,积分电容 $C = 0.1\mu\text{F}$,计数器值达 $2^n$,试确定积分器的电阻 $R$ 值。(设此时运放输出达 $u_{om} = -10\text{V}$)

(3) 在上述电路基础上,当输入模拟电压分别为 4V 和 1.5V 时,试求转换后相应输出二进制数为多大?

30. 某双积分型 A/D 转换器,其计数器由 4 片十进制集成计数器 T210 组成,最大计数值为 $N = (6000)_{10}$,计数脉冲的频率 $f_{CP} = 30\text{kHz}$,积分电容 $C = 1\mu\text{F}$,$U_{REF} = -5\text{V}$,积分器的最大输出电压 $U_{om} = -10\text{V}$,试求:

(1) 积分电阻 $R$ 的阻值;

(2) 为计数器的计数值 $N_2 = (2345)_{10}$ 时,其输入电压 $u_i$ 为多少?

# 第 10 章　脉冲信号的产生与整形

📖 学习目标

　　脉冲信号的产生与变换电路是数字电路中很重要的核心电路。**本章的学习目标是：**

　　1. 掌握 555 定时器的工作原理。

　　2. 掌握用 555 定时器组成的施密特触发器、单稳态触发器和多谐振荡器及其工作原理。

　　3. 理解集成单稳态触发器的功能和门电路组成的多谐振荡器的工作原理。

　　4. 了解门电路组成的施密特触发器和单稳态触发器的电路结构。

　　5. 了解集成单稳态触发器和石英晶体多谐振荡器的应用。

　　在数字电路系统中，作为时钟信号的矩形脉冲控制和协调着整个系统的工作。获取矩形脉冲波形的途径有两种：①利用各种形式的多谐振荡器电路直接产生所需的矩形脉冲；②通过各种整形电路把已有的周期性变化波形变换为符合要求的矩形脉冲。脉冲波形的产生和整形电路是数字电路中的一个重要组成部分。

## 10.1　555 定时器及其应用

　　555 定时器是一种多用途的模拟、数字混合集成电路，只要外接少量电阻、电容等元件就可以很方便地构成施密特触发器、单稳态触发器和多谐振荡器等各种脉冲产生与变换电路。因其使用灵活、方便，在波形的产生与整形、测量与控制、家用电器、电子玩具等方面得到广泛应用。本节将主要介绍 555 定时器的电路结构、工作原理及其应用。

### 10.1.1　555 定时器的电路结构与工作原理

1. 555 定时器的电路结构

　　555 定时器由电压比较器 C1 和 C2、基本 $RS$ 触发器、集电极开路的放电三极管 VT 和输出缓冲器等基本单元组成，如图 10 - 1 所示。

　　TH 是比较器 C1 的反相输入端，称为高电平触发端；TL 是比较器 C2 的同相输入端，称为低电平触发端。比较器 C1 和 C2 的参考电压 $U_{REF1}$ 和 $U_{REF2}$ 由 $U_{CC}$ 经 3 个阻值 $R=5k\Omega$ 的电阻串联起来进行分压。比较器 C1 的参考电压 $U_{REF1}=\dfrac{2}{3}U_{CC}$，比较器 C2 的参考电压 $U_{REF2}=\dfrac{1}{3}U_{CC}$。若要改变两个比较器

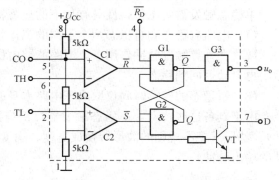

图 10 - 1　555 定时器电路结构

的参考电压，可在控制端（CO 端）外加一个控制电压 $U_{CO}$，则 $U_{REF1} = U_{CO}$，$U_{REF2} = \frac{1}{2} U_{CO}$。

$\overline{RD}$ 是外部直接复位端，也称置零端，当 $\overline{RD}$ 外加低电平信号时，基本 $RS$ 触发器的 $Q$ 端及定时器的输出端立即被置为低电平，不受 TH、TL 输入端状态的影响。定时器正常工作时，必须使 $\overline{RD}$ 处于高电平。

为了提高电路的带负载能力，在输出端设置了缓冲器 G3，同时，其还具有隔离负载对定时器影响的作用。如果将放电三极管的输出端 D 外接上拉电阻和电源，那么只要上拉电阻的阻值足够大，就可以保证输出端 D 和 $u_o$ 的输出电平一致。

2. 555 定时器的工作原理

555 定时器正常工作时，有 3 种状态（见表 10 - 1）：

(1) 置 0。当 $U_{TH} > \frac{2}{3} U_{CC}$，$U_{TL} > \frac{1}{3} U_{CC}$ 时，比较器 C1 输出 $U_{C1} = 0$，比较器 C2 输出 $U_{C2} = 1$，基本 $RS$ 触发器被置 0，放电管 VT 饱和导通，$u_o$ 输出低电平，即定时器处于置 0 状态。

(2) 置 1。当 $U_{TH} < \frac{2}{3} U_{CC}$，$U_{TL} < \frac{1}{3} U_{CC}$ 时，比较器 C1 输出 $U_{C1} = 1$，比较器 C2 输出 $U_{C2} = 0$，基本 $RS$ 触发器被置 1，放电管 VT 截止，$u_o$ 输出高电平，即定时器处于置 1 状态。

(3) 保持。当 $U_{TH} < \frac{2}{3} U_{CC}$，$U_{TL} > \frac{1}{3} U_{CC}$ 时，比较器 C1 输出 $U_{C1} = 1$，比较器 C2 输出 $U_{C2} = 1$，基本 $RS$ 触发器输出状态保持不变，放电管 VT 的状态也不变，$u_o$ 输出状态不变，即定时器仍维持原状态。

表 10 - 1　　　　　　　　　　　　　555 定时器功能表

| 输　　入 | | | 输　　出 | |
| --- | --- | --- | --- | --- |
| $U_{TH}$ | $U_{TL}$ | $\overline{R_D}$ | $u_o$ | T 状态 |
| $\times$ | $\times$ | 0 | 0 | 导通 |
| $> \frac{2}{3} U_{CC}$ | $> \frac{1}{3} U_{CC}$ | 1 | 0 | 导通 |
| $< \frac{2}{3} U_{CC}$ | $< \frac{1}{3} U_{CC}$ | 1 | 1 | 截止 |
| $< \frac{2}{3} U_{CC}$ | $> \frac{1}{3} U_{CC}$ | 1 | 保持不变 | 保持不变 |

### 10. 1. 2　用 555 定时器组成单稳态触发器电路

单稳态触发器的工作特性具有如下的显著特点：

(1) 电路有稳态和暂稳态两个不同的工作状态。

(2) 在外界触发脉冲作用下，电路能够由稳态翻转到暂稳态，在暂稳态维持一段时间以后，再自动返回到稳态。

(3) 暂稳态的持续时间仅取决于电路本身的参数，与触发脉冲的宽度和幅度无关。

由于具备这些特点，单稳态触发器广泛应用于脉冲定时（产生固定时间宽度的矩形脉冲）、整形（把不规则的波形转换成宽度、幅度都相等的波形）及延时（产生滞后于触发脉冲的输出脉冲）等。

1. 电路形式

若从 555 定时器的低电平触发端 TL（即 2 脚）输入触发信号 $u_i$，并外接电阻 $R$ 和定时器内部放电管 VT 构成反相器，并将反相器的输出（放电管 VT 的输出端 D，即 7 脚）接至高电平触发端 TH（即 6 脚），同时在 TH 端对地接入电容 $C$，就构成了单稳态触发器，如图 10 - 2 (a) 所示。

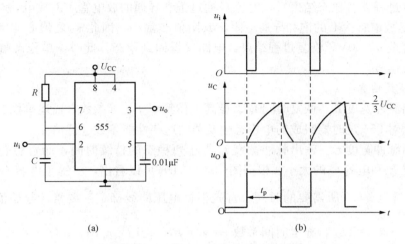

图 10 - 2 555 定时器构成的单稳态触发器及工作波形
(a) 电路；(b) 工作波形

2. 工作原理

该单稳态触发器的工作波形如图 10 - 2 (b) 所示，其工作过程可以分为以下 5 个阶段：

（1）无触发信号输入时，电路处于稳态。当电路没有触发信号时，$u_i$ 处于高电平。假定接通电源时，$RS$ 触发器处于 $Q=0$ 状态，则 $\overline{Q}=1$，定时器内放电管 VT 饱和导通，电容 $C$ 上电压 $u_C \approx 0V$，则始终保持 $U_{C1}=U_{C2}=1$，$Q=0$，即输出状态 $u_o=0$ 稳定地维持不变。如果接通电源时，$RS$ 触发器处于 $Q=1$ 状态，则 $\overline{Q}=0$，定时器内放电管 VT 截止，$U_{CC}$ 经 $R$ 对 $C$ 充电。当充电到 $u_C = \frac{2}{3}U_{CC}$ 时，$U_{C1}=0$，$U_{C2}=1$，$RS$ 触发器被置 0。因此，$Q=0$，$\overline{Q}=1$，放电管 VT 导通，电容 $C$ 经放电管 VT 迅速放电，使 $u_C \approx 0V$。此后，$U_{C1}=U_{C2}=1$，触发器状态 $Q=0$ 维持不变，输出状态 $u_o=0$ 也稳定不变。因此，当电路接通后，没有触发信号时，便自动停在 $u_o=0$ 的稳态。

（2）$u_i$ 下降沿触发翻转。当触发脉冲 $u_i$ 下降沿到达时，定时器内 TL 端由 1 变为 0，$U_{TL} < \frac{1}{3}U_{CC}$，因为电容 $C$ 上电压不会突变，$u_C=0V$，因此，$U_{TH} < \frac{2}{3}U_{CC}$，$RS$ 触发器被置 1，$u_o$ 跳变为高电平，电路由稳态转入暂稳态。

（3）暂稳态的维持时间。电路进入暂稳态后，由于此时 $Q=1$，放电管 VT 截止，$U_{CC}$ 经 $R$ 对 $C$ 充电，时间常数 $\tau_1=RC$。随着充电进行，$u_C$ 开始增大，当 $u_C$ 上升到 $\frac{2}{3}U_{CC}$ 之前，$U_{TH} < \frac{2}{3}U_{CC}$，电路将保持暂稳态不变。

（4）自动返回。当 $u_C$ 上升到 $\frac{2}{3}U_{CC}$ 时，C1 比较器输出 $U_{C1}=0$，即 $\overline{R}=0$，此时触发脉冲应该已消失，即 $u_i$ 应该已经变为高电平（触发信号的低电平宽度应小于暂稳态的持续时间），即 $U_{TL} > \dfrac{1}{3} U_{CC}$，C2 比较器输出 $U_{C2} = 1$，即 $\overline{S} = 1$，则 $RS$ 触发器被置 0，输出 $u_o$ 又跳转回低电平，定时器内放电管 VT 又转为导通状态，暂稳态结束。

（5）恢复过程。暂稳态结束后，电容 $C$ 通过饱和导通的放电管 VT 放电，时间常数 $\tau_2 = R_{CES}C$，$R_{CES}$ 是放电管 VT 的饱和导通电阻，其阻值非常小，因此 $\tau_2$ 之值亦非常小，电容 $C$ 迅速放电，直至 $u_C = 0V$，恢复过程结束，电路又返回到稳态。此时，单稳态触发器又可以接收新的触发信号。

**3. 性能参数估算**

常用输出脉冲宽度 $t_p$、恢复时间 $t_{re}$、最高工作频率 $f_{max}$ 等参数来描述单稳态触发器的电路性能。下面对 555 定时器组成的单稳态触发器的这些性能参数进行估算。

（1）输出脉冲宽度 $t_p$。输出脉冲宽度 $t_p$ 等于暂稳态的持续时间，而暂稳态持续时间取决于外接电阻 $R$ 和电容 $C$ 的大小。根据图 10 - 2（b）可以看出，$t_p$ 等于电容 $C$ 充电过程中电压从 0V 上升至 $\dfrac{2}{3} U_{CC}$ 所需要的时间。首先根据电压曲线确定三要素，起始值 $u_C(0) = 0V$，终值 $u_C(\infty) = U_{CC}$，充电时间常数 $\tau = \tau_1 = RC$。当 $t = t_p$ 时，$u_C(t_p) = \dfrac{2}{3} U_{CC}$，代入电容充放电公式得

$$u_C(t_p) = u_C(\infty) + [u_C(0) - u_C(\infty)] e^{\frac{t_p}{\tau}}$$

因此，得到

$$t_p = \tau \ln \frac{u_C(0) - u_C(\infty)}{u_C(t_p) - u_C(\infty)} = RC \ln \frac{0 - U_{CC}}{\frac{2}{3} U_{CC} - U_{CC}} = RC \ln 3 \approx 1.1 RC$$

上式说明，单稳态触发器输出脉冲宽度 $t_p$ 仅取决于定时元件 $R$、$C$ 的取值，与输入触发信号和电源电压无关，调节 $R$、$C$ 的取值，即可方便地调节 $t_p$。通常电阻 $R$ 的取值范围为几百欧姆到几兆欧姆之间，电容 $C$ 的取值范围为几百皮法到几百微法之间，脉冲宽度 $t_p$ 的范围在几微秒到几分钟之间。但随着 $t_p$ 的宽度增加，它的精度和稳定度也将下降。

（2）恢复时间 $t_{re}$。一般 $t_{re} \approx (3 \sim 5) \tau_2$，$\tau_2 = R_{CES}C$，$R_{CES}$ 是放电管 VT 的饱和导通电阻，其阻值非常小，因此 $\tau_2$ 值亦非常小，即 555 定时器构成的单稳态触发器恢复时间 $t_{re}$ 很小，$u_C$ 下降很快。

（3）最高工作频率 $f_{max}$。若输入触发信号 $u_i$ 是周期为 $T$ 的连续脉冲，为保证单稳态触发器能够正常工作，应满足条件 $T > t_p + t_{re}$，即 $T_{min} = t_p + t_{re}$，则单稳态触发器的最高工作频率 $f_{max} = \dfrac{1}{T_{min}} = \dfrac{1}{t_p + t_{re}}$。

这里有两点需要注意：①输入触发信号的逻辑电平，在无触发时是高电平，必须大于 $\dfrac{2}{3} U_{CC}$，低电平必须小于 $\dfrac{1}{3} U_{CC}$，否则触发无效；②触发信号的低电平宽度应小于输出脉冲宽度（即暂稳态的持续时间），否则电路不能正常工作。

**10.1.3　用 555 定时器组成多谐振荡器**

多谐振荡器是一种自激振荡器，在接通电源后，不需外加触发信号，就能自动产生矩形脉冲。由于矩形波中含有丰富的高次谐波分量，所以习惯上把矩形波振荡器称为多谐振荡

器。多谐振荡器一旦振荡起来后，电路没有稳态，只是在两个暂稳态之间作交替变化，所以又称为无稳电路。在数字电路及系统中，多谐振荡器常被用作信号源，产生矩形脉冲信号，控制和协调整个系统正常工作。

**1. 电路形式**

将 555 定时器的 TH 端和 TL 端连在一起作为信号输入端，并将放电管 VT 和 $R_1$ 构成的反相器的输出端经电阻 $R_2$ 和电容 $C$ 组成的积分电路接回到输入端，就构成了多谐振荡器，如图 10 - 3 所示。

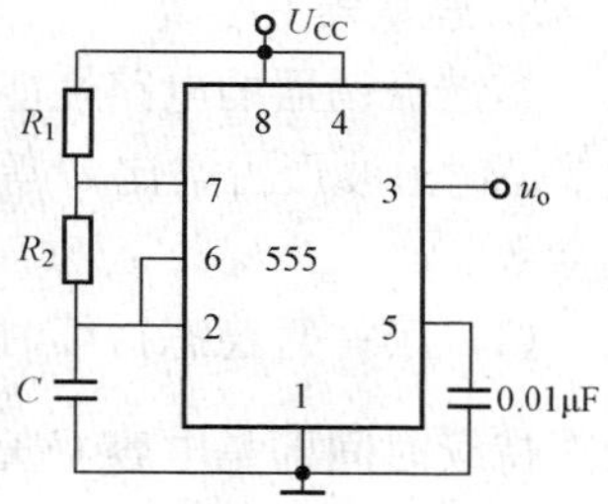

**2. 工作原理**

与单稳态触发器比较，多谐振荡器是利用电容器的充放电来代替外加触发信号，所以，电容器上的电压信号应该在两个阈值电压之间按指数规律转换。

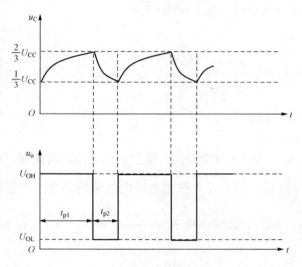

图 10 - 3　555 定时器构成的多谐振荡器

图 10 - 4　555 定时器构成的多谐振荡器的工作波形

555 定时器构成的多谐振荡器的工作波形如图 10 - 4 所示，其工作过程分为以下 4 个阶段：

电源接通瞬间，电容 $C$ 来不及充电，$u_C = 0$V，此时，定时器内 $U_{TH} < \frac{2}{3}U_{CC}$，$U_{TL} < \frac{1}{3}U_{CC}$，$RS$ 触发器被置 1，$u_o$ 输出高电平，电路进入第一个暂稳态。

（1）第一暂稳态。电路进入第一个暂稳态后，放电管 VT 截止，$U_{CC}$ 经 $R_1$、$R_2$ 对电容 $C$ 充电，时间常数 $\tau_1 = (R_1 + R_2)C$，$u_C$ 按指数规律上升，当 $u_C$ 上升到 $\frac{2}{3}U_{CC}$ 之前，输出电压 $u_o$ 维持在高电平，电路处于第一暂稳态。

（2）第一次翻转。当 $u_C$ 上升到 $\frac{2}{3}U_{CC}$ 时，C1 比较器输出 0，$\overline{R} = 0$，$U_{TL} > \frac{1}{3}U_{CC}$，C2 比较器输出 1，$\overline{S} = 1$，$RS$ 触发器被置 0，输出电压 $u_o$ 由高电平跳转为低电平，电容 $C$ 充电结束，电路转入第二个暂稳态。

（3）第二暂稳态。电路转入第二个暂稳态后，放电管 VT 饱和导通，电容 $C$ 经 $R_2$ 和放电管 VT 放电，时间常数 $\tau_2 = R_2C$（放电管 VT 饱和导通电阻 $R_{CES}$ 很小，忽略不计），$u_C$ 按指数规律下降，当 $u_C$ 下降到 $\frac{1}{3}U_{CC}$ 之前，输出电压 $u_o$ 维持在低电平，电路处于第二暂稳态。

（4）第二次翻转。当 $u_C$ 下降到 $\frac{1}{3}U_{CC}$ 时，$U_{TH} < \frac{2}{3}U_{CC}$，C1 比较器输出 1，$\overline{R} = 1$，C2 比较器输出 0，$\overline{S} = 0$，$RS$ 触发器被置 1，输出电压 $u_o$ 由低电平跳转为高电平，电容 $C$ 放电结束，电路又转入第一个暂稳态。

此后，电路将在第一暂稳态和第二暂稳态之间交替变化，从而输出矩形脉冲信号。

3. 性能参数估算

多谐振荡器的电路性能常用两个暂稳态的持续时间 $t_{p1}$ 和 $t_{p2}$、电路振荡周期 $T$ 和振荡频率 $f$、输出波形占空比 $D$ 等参数来描述。下面来估算 555 定时器组成的多谐振荡器的这些性能参数。

（1）第一暂稳态持续时间 $t_{p1}$。由图 10-4 所示多谐振荡器的工作波形可以看出，第一暂稳态持续时间即是电容 $C$ 充电过程中电压从 $\frac{1}{3}U_{CC}$ 上升到 $\frac{2}{3}U_{CC}$ 所需时间。首先根据电压曲线确定三要素，起始值 $u_C(0) = \frac{1}{3}U_{CC}$，终值 $u_C(\infty) = U_{CC}$，电容充电时间常数 $\tau = \tau_1 = (R_1 + R_2)C$。当 $t = t_{p1}$ 时，$u_C(t_{p1}) = \frac{2}{3}U_{CC}$，代入电容充放电公式，有

$$u_C(t_{p1}) = u_C(\infty) + [u_C(0) - u_C(\infty)]e^{\frac{t_{p1}}{\tau}}$$

计算得

$$t_{p1} = (R_1 + R_2)C\ln\frac{\frac{1}{3}U_{CC} - U_{CC}}{\frac{2}{3}U_{CC} - U_{CC}}$$

$$= (R_1 + R_2)C\ln2$$

$$\approx 0.7(R_1 + R_2)C$$

（2）第二暂稳态持续时间 $t_{p2}$。同理，由图 10-4 可以看出，第二暂稳态持续时间即是电容 $C$ 放电过程中电压从 $\frac{2}{3}U_{CC}$ 下降到 $\frac{1}{3}U_{CC}$ 所需时间。首先根据电压曲线确定三要素，起始值 $u_C(0) = \frac{2}{3}U_{CC}$，终值 $u_C(\infty) = 0V$，电容放电时间常数 $\tau = \tau_2 = R_2C$。当 $t = t_{p2}$ 时，$u_C(t_{p2}) = \frac{1}{3}U_{CC}$，代入电容充放电公式，有

$$u_C(t_{p2}) = u_C(\infty) + [u_C(0) - u_C(\infty)]e^{\frac{t_{p2}}{\tau}}$$

计算得

$$t_{p2} = R_2C\ln\frac{\frac{2}{3}U_{CC} - 0}{\frac{1}{3}U_{CC} - 0}$$

$$= R_2C\ln2$$

$$\approx 0.7R_2C$$

（3）电路振荡周期 $T$ 为

$$T = t_{p1} + t_{p2}$$

$$= 0.7(R_1 + 2R_2)C$$

（4）电路振荡频率 $f$ 为

$$f = \frac{1}{T} = \frac{1}{t_{p1} + t_{p2}}$$

$$= \frac{1}{0.7(R_1 + 2R_2)C}$$

$$\approx \frac{1.43}{(R_1 + 2R_2)C}$$

（5）输出波形占空比 $D$ 为

$$D = \frac{t_{p1}}{t_{p1} + t_{p2}}$$

$$= \frac{R_1 + R_2}{R_1 + 2R_2}$$

**【例 10 - 1】**　　555 定时器构成的多谐振荡器如图 10 - 5 所示，已知 $U_{CC} = 10V$，$C = 0.1\mu F$，$R_A = 10k\Omega$，$R_B = 20k\Omega$。

（1）求多谐振荡器的振荡频率。

（2）画出 $u_C$ 和 $u_o$ 的波形。

（3）在 4 脚加什么电平时多谐振荡器停止振荡？

**解**　（1）计算振荡频率。

$$f = \frac{1}{T} = \frac{1}{t_{p1} + t_{p2}}$$

$$t_{p1} = (R_A + R_B)C\ln2$$

$$\approx 0.7 \times (10k\Omega + 20k\Omega) \times 0.1\mu F \approx 2.1ms$$

$$t_{p2} = R_B C\ln2$$

$$\approx 0.7 \times 20k\Omega \times 0.1\mu F \approx 1.4ms$$

$$f = \frac{1}{t_{p1} + t_{p2}}$$

$$= \frac{1}{(2.1 + 1.4)ms} \approx 285.7Hz$$

（2）$u_C$ 和 $u_o$ 的波形如图 10 - 6 所示。

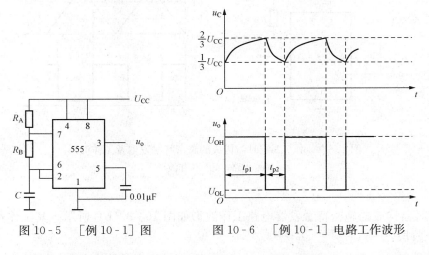

图 10 - 5　［例 10 - 1］图　　　　图 10 - 6　［例 10 - 1］电路工作波形

（3）在 4 脚置 0 端 $\overline{R}_D$ 端加上低电平时，555 定时器被强制置 0，因此，多谐振荡器被强制停止振荡。

### 10. 1. 4　用 555 定时器组成施密特触发器

施密特触发器是脉冲波形变换中经常使用的一种电路，其性能上有两个重要的特点：

(1) 有两个稳定状态。一个稳态输出为高电平 $U_{OH}$，另一个稳态输出为低电平 $U_{OL}$。这两个稳态之间要靠输入信号电平触发来实现转换，因此施密特触发器又称为电平触发的双稳态触发器。

(2) 具有滞回电压传输特性。当输入信号从低电平上升过程中，上升到高于 $U_{T+}$ 时，电路状态发生转换，此时，$U_{T+}$ 称作上触发电平或正向阈值电压；当输入信号从高电平下降过程中，下降到低于 $U_{T-}$ 时，电路状态发生转换，此时，$U_{T-}$ 称作下触发电平或负向阈值电压。而且两个阈值电压 $U_{T+}$ 和 $U_{T-}$ 取值不相等。而当输入信号处于两触发电平之间时，其输出保持原状态不变。

施密特触发器的电压传输特性如图 10-7 所示，逻辑符号如图 10-8 所示。

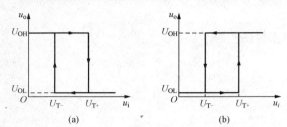

图 10-7　施密特触发器的电压传输特性　　　　图 10-8　施密特触发器的逻辑符号
（a）输出与输入反相；（b）输出与输入同相　　（a）输出与输入反相；（b）输出与输入同相

#### 1. 电路形式

将 555 定时器的 TH 端（引脚 6）与 TL 端（引脚 2）连在一起作为信号输入端，即可构成施密特触发器，如图 10-9（a）所示。

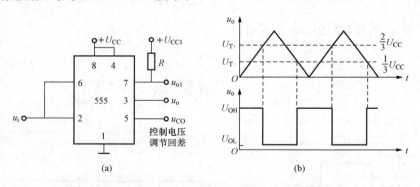

图 10-9　由 555 定时器构成的施密特触发器及工作波形
（a）电路；（b）工作波形

#### 2. 工作原理

555 定时器构成的施密特触发器电路工作波形如图 10-9（b）所示。其工作过程可以分为以下 2 个阶段：

(1) 当输入电压正向变化时（即输入电压 $u_i$ 由 0V 逐渐升高到 $U_{CC}$）。当 $u_i < \frac{1}{3} U_{CC}$ 时，C1

比较器输出 $U_{C1}=1$，C2 比较器输出 $U_{C2}=0$，则 $\overline{R}=1$，$\overline{S}=0$，$RS$ 触发器被置 1，故 $u_o=U_{OH}$；当 $\frac{1}{3}U_{CC}<u_i<\frac{2}{3}U_{CC}$ 时，C1 比较器输出 $U_{C1}=1$，C2 比较器输出 $U_{C2}=1$，则 $\overline{R}=1$，$\overline{S}=1$，故 $u_o=U_{OH}$ 不变；当 $u_i>\frac{2}{3}U_{CC}$ 时，C1 比较器输出 $U_{C1}=0$，C2 比较器输出 $U_{C2}=1$，则 $\overline{R}=0$，$\overline{S}=1$，$RS$ 触发器被置 0，故 $u_o=U_{OL}$。

（2）当输入电压负向变化时（即输入电压 $u_i$ 由 $U_{CC}$ 逐渐下降到 0V）。当 $u_i>\frac{2}{3}U_{CC}$ 时，C1 比较器输出 $U_{C1}=0$，C2 比较器输出 $U_{C2}=1$，则 $\overline{R}=0$，$\overline{S}=1$，$RS$ 触发器被置 0，故 $u_o=U_{OL}$；当 $\frac{1}{3}U_{CC}<u_i<\frac{2}{3}U_{CC}$ 时，C1 比较器输出 $U_{C1}=1$，C2 比较器输出 $U_{C2}=1$，则 $\overline{R}=1$，$\overline{S}=1$，故 $u_o=U_{OL}$ 不变；当 $u_i<\frac{1}{3}U_{CC}$ 时，C1 比较器输出 $U_{C1}=1$，C2 比较器输出 $U_{C2}=0$，则 $\overline{R}=1$，$\overline{S}=0$，$RS$ 触发器被置 1，故 $u_o=U_{OH}$。

由此可得该施密特触发器的电压传输特性如图 10 - 10 所示。

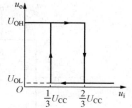

图 10 - 10　555 定时器构成的施密特触发器的电压传输特性

施密特触发器的工作原理和多谐振荡器基本一致。多谐振荡器是靠电容器的充放电去控制电路状态的翻转，而施密特触发器是靠外加电压信号去控制电路状态的翻转。所以，在施密特触发器中，外加信号的高电平必须大于 $\frac{2}{3}U_{CC}$，低电平必须小于 $\frac{1}{3}U_{CC}$，否则电路不能正常翻转。由于施密特触发器采用外加信号，所以放电端 7 脚就空闲了出来。如果在放电端经一上拉电阻接到另一个电源 $U_{CC1}$ ［见图 10 - 9 (a)］，则该端输出电压 $u_{o1}$ 的波形与 $u_o$ 相同，但 $u_{o1}$ 的幅度可随 $U_{CC1}$ 而变，因此可实现逻辑电平转换，并有较大的驱动能力。

3. 性能参数

施密特触发器的电路性能常用正向阈值电压 $U_{T+}$、负向阈值电压 $U_{T-}$、回差电压 $\Delta U_T$ 等参数来描述。由图 10 - 10 可得该施密特触发器的主要参数如下：

（1）正向阈值电压 $U_{T+}$。正向阈值电压是输入电压由 0V 逐渐上升过程中，使电路状态发生转换，即输出电压 $u_o$ 由高电平 $U_{OH}$ 跳变到低电平 $U_{OL}$ 时，所对应的输入电压值，因此，可得

$$U_{T+}=\frac{2}{3}U_{CC}$$

（2）负向阈值电压 $U_{T-}$。负向阈值电压是输入电压由 $U_{CC}$ 逐渐下降过程中，使电路状态发生转换，即输出电压 $u_o$ 由低电平 $U_{OL}$ 跳变到高电平 $U_{OH}$ 时，所对应的输入电压值，因此，可得

$$U_{T-}=\frac{1}{3}U_{CC}$$

（3）回差电压 $\Delta U_T$。回差电压即是正向阈值电压与负向阈值电压的差值，因此，可得

$$\Delta U_T=U_{T+}-U_{T-}=\frac{1}{3}U_{CC}$$

如果在 555 定时器的控制电压输入端（CO 端，引脚 5），外接控制电压 $U_{CO}$，则电路的

$U_{T+}=U_{CO}$，$U_{T-}=\dfrac{1}{2}U_{CO}$，回差电压 $\Delta U_T=\dfrac{1}{2}U_{CO}$，可见改变 $U_{CO}$ 数值，就能调节电路的回差电压。

**【例 10 - 2】**　由 555 定时器构成的施密特触发器如图 10 - 11 所示，电路输入 $U_i$ 的波形如图 10 - 12 所示，输入波形的电压的最大值为电源电压 $U_{CC}$。请在图 10 - 12 中对应输入波形画出电路输出信号 $U_o$ 的波形。

**解**　当输入 $U_i$ 正向变化上升到 $U_{T+}=\dfrac{2}{3}U_{CC}$ 时，输出 $U_o$ 产生负跃变；当输入 $U_i$ 负向变化下降到 $U_{T-}=\dfrac{1}{3}U_{CC}$ 时，输出 $U_o$ 产生正跃变。由此可画出输出信号波形如图 10 - 12 所示。

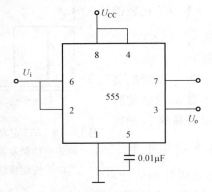

图 10 - 11　555 定时器构成的施密特触发器

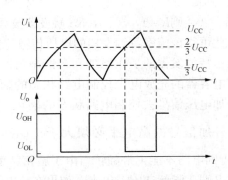

图 10 - 12　电路工作波形

## 10.2　单 稳 态 触 发 器

除了用 555 定时器可以构成单稳态触发器之外，单稳态触发器还可以由门电路构成。而且由于单稳态触发器的应用十分普遍，在 TTL 和 CMOS 电路的产品中，都生产了单片集成的单稳态触发器器件。

### 10.2.1　由门电路组成的微分型单稳态触发器

单稳态触发器的暂稳态通常都是靠 $RC$ 电路的充、放电过程来维持的。根据 $RC$ 电路的不同接法（即接成微分电路形式或积分电路形式），又把单稳态触发器分为微分型和积分型两种。下面介绍微分型单稳态触发器的电路结构及其工作原理。限于篇幅，对于积分型单稳态触发器，这里不再详述。

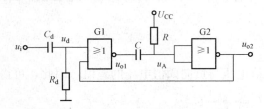

图 10 - 13　门电路组成的微分型单稳态触发器

1. 电路组成

图 10 - 13 所示是由 CMOS 门电路和 RC 微分电路组成的微分型单稳态触发器。

2. 工作原理

对于 CMOS 门电路，可以认为输出的高电平 $U_{OH}\approx U_{DD}$，输出的低电平 $U_{OL}\approx$

0V，两个或非门的阈值电压 $U_{TH}$ 都为 $\frac{1}{2}U_{DD}$。下面参照图 10-14 所示波形分析它的工作原理。

（1）没有触发信号时电路工作在稳态。当没有触发信号时，$u_i$ 为低电平，门 G2 的输入端经电阻 $R$ 接至 $U_{DD}$，$u_A$ 为高电平，因此，门 G2 输出低电平，门 G1 输出高电平，$u_{o2}=U_{OL}\approx0V$，$u_{o1}=U_{OH}\approx U_{DD}$，电容 $C$ 两端的电压接近为 0V。这时，电路工作在稳态，在触发信号到来之前，电路一直处于这个状态：$u_{o1}=1$，$u_{o2}=0$。

（2）外加触发信号，使电路由稳态翻转到暂稳态。当触发信号 $u_i$ 的正脉冲到来时，在 $R_d$ 和 $C_d$ 组成的微分电路输出端 $u_d$ 得到很窄的正脉冲，脉冲幅度大于门 G1 的阈值电压 $U_{TH}$，将引发如下的正反馈过程：

$$u_d\uparrow \rightarrow u_{o1}\downarrow \rightarrow u_A\downarrow \rightarrow u_{o2}\uparrow$$

正反馈的结果使 G1 开通，门 G1 的输出 $u_{o1}$ 迅速跃变到低电平，由于电容 $C$ 两端的电压不能突变，使 $u_A$ 产生同样的负跃变，门 G2 输出 $u_{o2}$ 由低电平迅速跃变到高电平，则 $u_{o1}=0$，$u_{o2}=1$，电路转入暂稳态。这时，即使 $u_d$ 回到低电平，$u_{o2}$ 的高电平仍将维持。

（3）电容充电使电路由暂稳态自动返回到稳态。在暂稳态期间，电源 $U_{DD}$ 经 $R$、$C$ 和 G1 的输出电阻对电容 $C$ 充电，由于 G1 开通时输出电阻很小，可忽略不计，所以电容 $C$ 充电的时间常数 $\tau_1=RC$。随着充电的进行，电容 $C$ 上的电压呈指数规律上升，门 G2 的输入电压 $u_A$ 也逐渐升高。当 $u_A$ 上升到 G2 的阈值电压 $U_{TH}$ 时，又引发另一个正反馈过程：

$$u_A\uparrow \rightarrow u_{o1}\downarrow \rightarrow u_{o2}\uparrow$$

而这时触发脉冲已消失（$u_d$ 已回到低电平），正反馈的结果使 G1 关闭，G2 开通，输出 $u_{o1}$ 迅速跃变到高电平，$u_{o2}$ 迅速跃变到低电平，则 $u_{o1}=1$，$u_{o2}=0$，暂稳态结束，电路返回稳态。

（4）恢复过程。暂稳态结束后，还要等电容 $C$ 放电完毕后，电路才恢复为起始的稳态。电容 $C$ 通过电阻 $R$ 和门 G2 的输入保护回路放电，时间常数 $\tau_2=(R//R_G)C$。此后，电路始终维持在稳态，直到下一个触发脉冲到来。

这里，触发信号 $u_i$ 在加到门 G1 之前，先通过 $R_d$ 和 $C_d$ 组成的一级微分电路，目的是使触发信号在暂稳态结束之前返回到低电平，使电路内部能够形成正反馈。如果触发信号的正脉冲宽度 $t_{p1}$ 小于单稳态触发器的输出脉冲宽度 $t_p$（即暂稳态持续时间），也可以省去微分电路。但是，如果 $t_{p1}>t_p$，则必须加微分电路，否则，电路内部不能形成正反馈，影响电路正常工作。

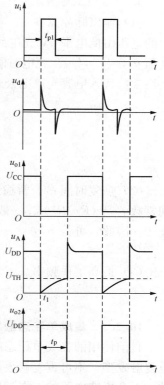

图 10-14 微分型单稳态触发器工作波形

3. 性能参数估算

（1）输出脉冲宽度 $t_p$。单稳态触发器输出脉冲宽度即是暂稳态的持续时间 $t_p$，是电容 $C$ 上的电压由低电平 0V 充电到 G2 的阈值电压 $U_{TH}$ 所需时间。电容充电起始值 $u_C(0) = 0V$，终值 $u_C(\infty) = U_{DD}$，充电时间常数 $\tau = \tau_1 = RC$，当 $t = t_p$ 时的取值 $u_C(t_p) = U_{TH} = 1/2U_{DD}$，将上述参数代入电容充放电公式，计算可得

$$t_p = \tau_1 \ln \frac{u_C(\infty) - u_C(0)}{u_C(\infty) - u_C(t_p)}$$

$$= RC\ln \frac{U_{DD} - 0}{U_{DD} - \frac{1}{2}U_{DD}} \approx 0.7RC$$

（2）恢复时间 $t_{re}$。暂稳态结束后，电容 $C$ 通过电阻 $R$ 和门 G2 的输入保护回路放电，时间常数 $\tau_2 = (R//R_G)C$。一般认为经过 3～5 倍于电路时间常数的时间以后，电容已基本放电完毕。因此，可得

$$t_{re} = (3 \sim 5)\tau_2 = (3 \sim 5)(R//R_G)C$$

（3）最高工作频率 $f_{max}$ 为

$$f_{max} = \frac{1}{t_p + t_{re}}$$

### 10.2.2 集成单稳态触发器

目前使用的集成单稳态触发器通常可分为两大类，一类是可重复触发型，另一类是不可重复触发型。不可重复触发的单稳态触发器一旦被触发后，在暂稳态期间，再加入触发脉冲，不会影响电路的工作过程，必须在暂稳态结束以后，才能接受下一个触发脉冲。可重复触发的单稳态触发器被触发后，如果在暂稳态期间，又有触发信号输入，则后来的触发信号仍可起作用，电路将重新被触发，输出脉冲被展宽。

集成单稳态触发器产品有多种，属于 TTL 系列的有 74121、74122、74123 等，属于 CMOS 系列的有 CC4528、CC4098 等。下面以 TTL 集成单稳态触发器 74121 为例，简要介绍集成单稳态触发器的使用。

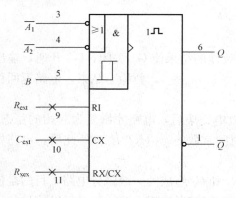

图 10-15 74121 的逻辑符号

74121 是不可重复触发的单稳态触发器，其逻辑符号如图 10-15 所示。$\overline{A_1}$ 和 $\overline{A_2}$ 是两个下降沿触发输入端，$B$ 是上升沿触发输入端，$Q$ 和 $\overline{Q}$ 是互补输出。符号中打"×"的输入（管脚 9，10，11）表示非逻辑连接，用以表示没有任何逻辑信息的连接，如外接电阻、电容或基准电压等。符号中的限定符"1 ⊓"表示 74121 属于不可重复触发型单稳态触发器。

74121 功能如表 10-2 所示。表格的前 4 行是 74121 不受触发的情况，即稳态，$Q = 0$，$\overline{Q} = 1$。后 5 行是受触发的情况，$Q$ 端和 $\overline{Q}$ 端能分别输出一个正脉冲和一个负脉冲。其中，第 5～7 行是下降沿触发的情况，此时触发脉冲由下降沿触发端 $\overline{A_1}$ 或 $\overline{A_2}$ 输入，由 $\overline{A_1}$ 输入时，$\overline{A_2}$ 应接高电平，由 $\overline{A_2}$ 输入时，$\overline{A_1}$ 应接高电平，同时，上升沿触发端 $B$ 也应接高电平。第 8、9 行是上升沿触发的情况，此时触发脉冲由上

升沿触发端 $B$ 输入，同时 $\overline{A_1}$ 和 $\overline{A_2}$ 中至少有一个应接至低电平。单稳态触发器 74121 一旦被触发后，在暂稳态期间，不管是否再有触发信号加入，电路工作过程不会改变，输出脉冲宽度不变。

**表 10 - 2**　　　　　　　　　　　　　　**74121 功能表**

| 输　　　　入 | | | 输　　出 | |
|---|---|---|---|---|
| $\overline{A_1}$ | $\overline{A_2}$ | $B$ | $Q$ | $\overline{Q}$ |
| × | 0 | 1 | 0 | 1 |
| 0 | × | 1 | 0 | 1 |
| × | × | 0 | 0 | 1 |
| 1 | 1 | × | 0 | 1 |
| 1 | ↓ | 1 | ⎍ | ⎁ |
| ↓ | 1 | 1 | ⎍ | ⎁ |
| ↓ | ↓ | 1 | ⎍ | ⎁ |
| 0 | × | ↑ | ⎍ | ⎁ |
| × | 0 | ↑ | ⎍ | ⎁ |

通常，74121 在使用时，要外接电阻 $R_{ext}$ 和电容 $C_{ext}$ 作为定时元件，电路连接如图10 - 16 所示。这时，$Q$ 和 $\overline{Q}$ 端输出脉冲宽度，可由下式确定

$$t_p \approx R_{ext}C_{ext}\ln 2 \approx 0.7R_{ext}C_{ext}$$

通常 $R_{ext}$ 取值在 $2\sim 30\text{k}\Omega$ 之间，$C_{ext}$ 取值在 $10\text{pF}\sim 10\mu\text{F}$ 之间，因此，$t_p$ 取值范围在 $20\text{ns}\sim 200\text{ms}$ 之间。另外，也可以使用 74121 的内部电阻 $R_{int}$ 取代外接电阻 $R_{ext}$，以简化外部接线。但是，$R_{int}$ 阻值不太大，约为 $2\text{k}\Omega$，因此在希望得到较宽的输出脉冲时，仍需使用外接电阻。使用 74121 的内部电阻时，需将 9 脚接至电源 $U_{CC}$。

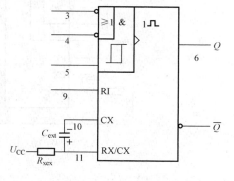

图 10 - 16　74121 使用连接图

**【例 10 - 3】**　用 74121 组成的单稳态触发器，如外接电阻 $R_{ext}=10\text{k}\Omega$，要求输出脉冲宽度 $t_p$ 的调节范围为 $100\mu\text{s}\sim 10\text{ms}$，外接电容 $C_{ext}$ 采用可变电容，试求 $C_{ext}$ 的变化范围。

**解**　根据公式 $t_p=0.7R_{ext}C_{ext}$。

（1）求最小电容值 $C_{min}$

$$C_{min} = \frac{t_{pmin}}{0.7R_{ext}} = \frac{100\mu\text{s}}{0.7\times 10\text{k}\Omega} \approx 14.3\text{nF}$$

（2）求最大电容值 $C_{max}$

$$C_{max} = \frac{t_{pmax}}{0.7R_{ext}} = \frac{10ms}{0.7 \times 10k\Omega} \approx 1.43\mu F$$

因此，外接电容 $C_{ext}$ 的变化范围是 $14.3nF \sim 1.43\mu F$。

### 10.2.3　单稳态触发器的应用

单稳态触发器可用于脉冲的整形，脉冲的定时、延时以及脉冲的展宽。

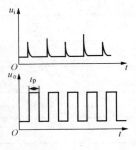

图 10-17　单稳态触发器
脉冲整形的工作波形

#### 1. 脉冲的整形

单稳态触发器一旦触发，其输出电平的高低就不再与输入信号有关，输出脉冲宽度 $t_p$ 也是可以控制的。因此，把不规则的脉冲波形输入到单稳态触发器，只要能使单稳态触发器工作状态转换，输出就成为具有定宽、定幅且边沿陡峭的矩形波，从而起到对输入信号整形的作用。如图 10-17 所示，将不规则信号 $u_i$ 加到上升沿触发的单稳态触发器，就可得到规则的矩形波 $u_o$。

#### 2. 脉冲的延时

在某些数字系统中，有时需要在一个脉冲信号到达后，延迟一段时间后，再产生一个滞后的脉冲信号，以控制两个相继进行的操作。图 10-18 为两个集成单稳态触发器 74121 组成的脉冲延时电路，74121（1）在 $u_i$ 上升沿触发，输出宽度为 $t_{p1}$ 的脉冲信号 $Q_1$，该脉冲信号作为 74121（2）的触发信号，74121（2）在 $Q_1$ 下降沿触发，输出宽度为 $t_{p2}$ 的脉冲信号 $u_o$。因此，输出脉冲 $u_o$ 滞后于输入脉冲 $u_i$ 一段时间 $t_d = t_{p1}$，工作波形如图 10-19 所示。延迟时间 $t_d$ 可通过改变 74121（1）的外接定时元件 $R_1$ 和 $C_1$ 的值进行调节。

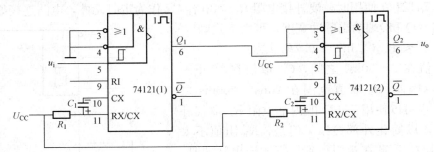

图 10-18　单稳态触发器用于脉冲延时

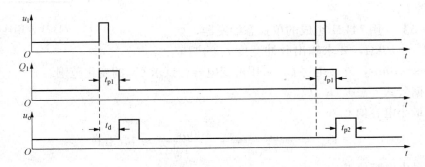

图 10-19　单稳态触发器构成脉冲延时电路的工作波形

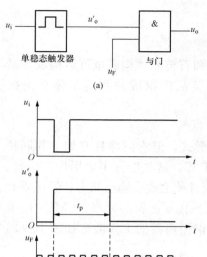

图 10 - 20　单稳态触发器用于脉冲定时

（a）电路；（b）工作波形

### 3. 脉冲的定时

由于单稳态触发器电路能够产生定宽 $t_p$ 的矩形脉冲，利用这个脉冲可以控制电路（如继电器、门电路）在 $t_p$ 时间内动作或不动作，这就是脉冲的定时作用。如图 10 - 20 所示，利用单稳态触发器输出的正脉冲控制与门，在 $t_p$ 时间内能让高频信号 $u_F$ 通过，其他时间内 $u_F$ 将被单稳态触发器输出的低电平所禁止。

### 4. 脉冲的展宽

当一个单稳态触发器输出脉冲宽度较窄，不能满足需

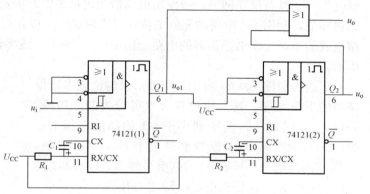

图 10 - 21　单稳态触发器构成脉冲展宽电路

要时，可通过多个单稳态触发器级联，实现脉冲展宽。图 10 - 21 是两个单稳态触发器级联构成的脉冲展宽电路。74121（1）在 $u_i$ 的上升沿触发，输出宽度为 $t_{p1}$ 的脉冲信号 $u_{o1}$，并将 $u_{o1}$ 作为 74121（2）的触发信号，74121（2）在 $u_{o1}$ 的下降沿触发，输出宽度为 $t_{p2}$ 的脉冲信号 $u_{o2}$，将 $u_{o1}$ 和 $u_{o2}$ 通过或门输出展宽的脉冲信号 $u_o$，$u_o$ 的脉冲宽度 $t_p = t_{p1} + t_{p2}$，工作波形如图 10 - 22 所示。适当选择各级 $R$、$C$ 值或增加单稳态触发器的个数，就可以得到不同宽度的脉冲信号。

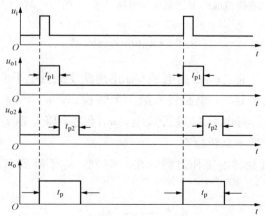

图 10 - 22　单稳态触发器构成脉冲展宽电路的工作波形

# 10.3　多谐振荡器

除了用 555 定时器构成多谐振荡器之外，采用门电路和石英晶体构成也可以构成多谐振荡器。为得到频率稳定性很高的脉冲波形，多采用石英晶体组成的石英晶体多谐振荡器。

### 10.3.1　门电路组成的多谐振荡器

由门电路组成的多谐振荡器，有不对称、对称等多种形式，但它们都具有如下共同特点：①电路中含有开关器件，如门电路、电压比较器、BJT 等，这些器件主要用作产生高、低电平；②具有反馈网络，将输出电压恰当地反馈给开关器件使之改变输出状态；③还要有延迟环节，利用 $RC$ 电路的充放电特性可实现延时，以获得所需要的振荡频率。CMOS 门电路组成的不对称多谐振荡器的电路如图 10-23 所示。该多谐振荡器的工作波形如图 10-24 所示。

下面参照图 10-24 所示工作波形来讨论该多谐振荡器的工作原理，其工作过程大致可分为两个阶段：假设 $t=0$ 时刻，$u_{i1}$ 跃变到小于 G1 的阈值电压 $U_{TH}$ 时，G1 关闭，$u_{o1}$、$u_{i2}$ 跃变到高电平 $U_{DD}$，G2 开通，$u_{o2}$ 跃变到低电平；接着 $u_{o1}$ 的高电平经 $R$、$C$ 和 G2 的工作管对电容 $C$ 进行充电，$u_{i1}$ 随之上升。

（1）第一暂稳态及其翻转的工作过程。在 $t_1$ 时刻，$u_{i1}$ 上升到 G1 的 $U_{TH}$ 时，电路产生如下正反馈过程：

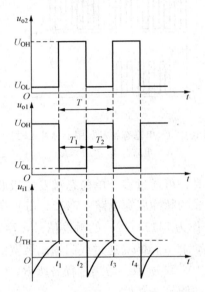

图 10-24　CMOS 多谐振荡器工作波形

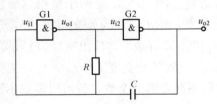

图 10-23　由 CMOS 门电路组成的多谐振荡器电路

$$u_{i1}\uparrow \rightarrow u_{o1}(u_{i2})\downarrow \rightarrow u_{o2}\uparrow$$

正反馈的结果使 G1 开通，$u_{o1}$ 由高电平 $U_{DD}$ 迅速跃变到低电平 0V，G2 关闭，$u_{o2}$ 则由低电平 0V 迅速跃变到高电平 $U_{DD}$，电路转入第一个暂稳态，$u_{o1}=0$，$u_{o2}=1$。这时 $u_{o2}$ 的高电平经 $C$、$R$ 和 G1 的工作管对电容 $C$ 进行放电，$u_{i1}$ 随之下降。在 $t_2$ 时刻（$u_{i1}$ 下降到 G1 的 $U_{TH}$）之前，电路维持在第一个暂稳态。

（2）第二暂稳态及其翻转的工作过程。在 $t_2$ 时刻，$u_{i1}$ 下降到 G1 的 $U_{TH}$ 时，则电路又产生另一个正反馈过程：

$$u_{i1}\uparrow \rightarrow u_{o1}\downarrow \rightarrow u_{o2}\uparrow$$

正反馈的结果使 G1 关闭，$u_{o1}$ 由低电平 0V 迅速跃变到高电平 $U_{DD}$，G2 开通，$u_{o2}$ 由高电平 $U_{DD}$ 迅速跃变到低电平 0V。经电容 $C$ 耦合，使 $u_{i1}$ 负跃变到小于 G1 的 $U_{TH}$，电路转入第二个暂稳态，$u_{o1}=1$，$u_{o2}=0$。接着的 $u_{o1}$ 高电平又经 $R$、$C$ 和 G2 的工作管对电容 $C$ 进行充电，$u_{i1}$ 随之上升。在 $t_3$ 时刻（$u_{i1}$ 上升到 G1 的 $U_{TH}$）之前，电路维持在第二个暂稳态。

在 $t_3$ 时刻，$u_{i1}$ 上升到 G1 的 $U_{TH}$ 时，又会产生正反馈过程，G1 开通，G2 关闭，电路返回到第一个暂稳态。如此循环，电路在第一个暂稳态和第二个暂稳态之间交替变化。

下面来估算该多谐振荡器的振荡周期 $T$ 和振荡频率 $f$。由图 10 - 24 可以看出，$u_{i1}$ 在 $t_1 \sim t_2$ 期间，对应电容 $C$ 放电过程，所需时间用 $T_1$ 表示；而 $t_2 \sim t_3$ 期间，对应电容 $C$ 充电过程，所需时间用 $T_2$ 表示。

放电过程：设 $u_C(0)=U_{DD}$，$u_C(\infty)=0$，$u_C(T_1)=U_{TH}$，放电时间常数 $\tau_1$，代入电容充放电公式，得

$$T_1 = \tau 1\ln \frac{u_C(\infty)-u_C(0)}{u_C(\infty)-u_C(T_1)} = RC\ln \frac{U_{DD}}{U_{TH}}$$

充电过程：设 $u_C(0)=0$，$u_C(\infty)=U_{DD}$，$u_C(T_2)=U_{TH}$，充电时间常数 $\tau_2$，代入电容充放电公式，得

$$T_2 = \tau 2\ln \frac{u_C(\infty)-u_C(0)}{u_C(\infty)-u_C(T_2)} = RC\ln \frac{U_{DD}}{U_{DD}-U_{TH}}$$

所以

$$T = T_1 + T_2 = RC\ln \frac{U_{DD}}{U_{TH}} + RC\ln \frac{U_{DD}}{U_{DD}-U_{TH}} = RC\ln \frac{U_{DD}^2}{U_{TH}(U_{DD}-U_{TH})}$$

设 $U_{TH}=\frac{1}{2}U_{DD}$，则

$$T = RC\ln \frac{U_{DD}^2}{1/4U_{DD}^2} = RC\ln4 = 1.4RC$$

$$f = \frac{1}{T} = \frac{1}{RC\ln4} = \frac{0.7}{RC}$$

由以上分析可知：门电路组成的多谐振荡器的振荡频率不仅与时间常数 $RC$ 有关，而且还取决于门电路的阈值电压 $U_{TH}$，由于 $U_{TH}$ 容易受温度、电源电压及干扰的影响，因此频率稳定性较差，不能适应对频率稳定性要求较高的场合。

### 10.3.2　石英晶体多谐振荡器

由 555 定时器和门电路构成的多谐振荡器的振荡频率稳定性较差，对于某些对频率稳定性有严格要求的场合，不能满足需要，这种情况下，一般常采用石英晶体组成的多谐振荡器。

图 10 - 25 所示是石英晶体构成的串联式多谐振荡器。电阻 $R_1$、$R_2$ 的作用是保证两个反相器在静态时都能工作在线性放大区，成为具有很强放大能力的放大电路。对于 TTL 反相器，常取 $R_1=R_2=0.7\sim 2\mathrm{k}\Omega$；而对于 CMOS 反相器，则常取 $R_1=R_2=10\sim 100\mathrm{M}\Omega$。$C_1=C_2$ 是耦合电容，它们的容抗在石英晶体谐振频率 $f_0$ 时可以忽略不计。石英晶体构成

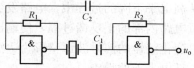

图 10 - 25　石英晶体串联多谐振荡器

选频环节，石英晶体工作在串联谐振频率 $f_0$ 下，只有频率为 $f_0$ 的信号才能通过，满足振荡条件。因此，电路的振荡频率等于石英晶体的谐振频率 $f_0$，与外接元件 $R$、$C$ 无关，所以这种电路的振荡频率稳定度很高。

图 10-26 所示是用 CMOS 反相器和石英晶体构成的并联多谐振荡器。反相器 G1 用于产生振荡。$R$ 是偏置电阻（10～100MΩ），其作用是为 G1 提供适当的偏置，使之在静态时工作在放大区，构成一个反相放大器，以增强电路的稳定性和改善振荡器的输出波形。$C_1$ 是温度特性校正电容（一般取 20～40pF），$C_2$ 是频率微调电容（调节范围一般为 5～35pF），石英晶体等效为一个电感，与 $C_1$ 和 $C_2$ 共同构成电容三点式振荡电路。振荡器的振荡频率等于石英晶体的固有频率 $f_0$。反相器 G2 的作用是对输出信号整形和缓冲，以便得到较为理想的矩形波和增加电路的驱动能力，同时 G2 还可以隔离负载对振荡电路工作的影响。

石英晶体多谐振荡器的突出优点是有极高的频率稳定度，多用于要求高精度时基的数字系统中。

### 10.3.3　多谐振荡器的应用

由多谐振荡器的工作特点可知，它是一种矩形脉冲发生器，能自激振荡。一般多谐振荡器主要用作信号源。

图 10-27 所示是由石英晶体多谐振荡器构成的秒信号发生器。石英晶体多谐振荡器产生的矩形脉冲信号频率为 $f_0=32768\text{Hz}$，经过 FF1～FF15 15 级触发器，进行 15 次二分频，得到频率 $f=1\text{Hz}$ 的矩形脉冲信号。

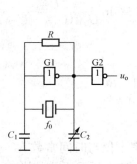

图 10-26　CMOS 石英
晶体并联多谐振荡器

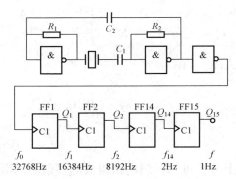

图 10-27　由石英晶体多谐振荡器
构成的秒信号发生器

## 10.4　施密特触发器

施密特触发器是一种脉冲信号的波形变换电路，它不同于前述的各类触发器，具有下述特点：①输入信号从低电平上升的过程中，电路发生状态转换时对应的输入电平，与输入信号从高电平下降的过程中，电路发生状态转换时对应的输入电平不同；②电路状态转换时，通过电路内部的正反馈过程，使输出电压波形的边沿变得很陡。利用这两个特点，不仅能将边沿变化缓慢的信号波形整形为边沿陡峭的矩形波，而且还可以有效地清除叠加在矩形脉冲高、低电平上的噪声。

除了采用 555 定时器可以构成施密特触发器之外，施密特触发器还可以由门电路构成。

而且在 TTL 和 CMOS 电路中，都有单片集成的施密特触发器。

### 10.4.1　门电路组成的施密特触发器

如图 10 - 28（a）所示，将 G1 和 G2 两个 CMOS 反相器串接，并通过分压电阻将输出端的电压反馈到输入端，就构成了施密特触发器。输入电压 $u_i$ 经电阻 $R_1$ 和 $R_2$ 分压后来控制反相器的工作状态，要求 $R_2 > R_1$。施密特触发器的逻辑符号如图 10 - 28（b）和图 10 - 28（c）所示。

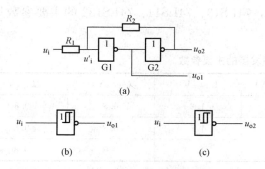

(a)

(b)　　　　　　(c)

图 10 - 28　用 CMOS 反相器构成的施密特触发器
（a）电路组成；（b）反相输出逻辑符号；（c）同相输出逻辑符号

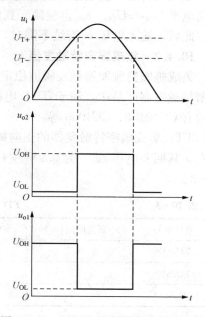

图 10 - 29　CMOS 反相器构成的施密特
触发器的工作波形

下面参照图 10 - 29 所示波形来讨论该施密特触发器的工作原理。当输入电压 $u_i = 0V$ 时，电路的初始状态：输出电压 $u_{o1} = U_{OH} \approx U_{DD}$，$u_{o2} = U_{OL} \approx 0V$。工作过程分为以下两个阶段：

（1）电路状态的第一次翻转。随着输入电压 $u_i$ 由 0V 逐渐增大，$u_i'$ 也随之增大。由于 $u_{o2} \approx 0V$，所以有

$$u_i' = \frac{R_2}{R_1 + R_2} u_i$$

当输入电压 $u_i$ 上升到使 $u_i' = U_{TH}$（G1 的阈值电压）时，G1 工作在电压传输特性的转折区（即放大区），此时，$u_i$ 的微小增大，会使电路产生如下的正反馈过程：

$$u_i \uparrow \to u_i' \to u_{o1} \uparrow \to u_{o2} \uparrow$$

正反馈的结果使电路在极短的时间内发生翻转，G1 开通，G2 关闭，输出 $u_{o1}$ 迅速跳变到低电平 $U_{OL} \approx 0V$，$u_{o2}$ 迅速跳变到高电平 $U_{OH} \approx U_{DD}$，$u_{o1} = 0$，$u_{o2} = 1$。

此后，输入电压 $u_i$ 继续增大时，由于 $u_i' > U_{TH}$，电路状态保持不变。

（2）电路状态的第二次翻转。当输入电压 $u_i$ 由高电平逐渐下降时，$u_i'$ 也随之下降。由于 $u_{o2} = U_{OH} \approx U_{DD}$，所以有：

$$u_i' = u_i + \frac{R_1}{R_1 + R_2}(u_{o2} - u_i) = u_i + \frac{R_1}{R_1 + R_2}(U_{DD} - u_i)$$

当输入电压 $u_i$ 下降到使 $u_i' = U_{TH}$ 时，$u_i$ 的微小下降，又会使电路产生另一个正反馈过程：

$$u_i \uparrow \to u_i' \to u_{o1} \uparrow \to u_{o2} \uparrow$$

正反馈的结果使电路在极短的时间内发生翻转，G1 关闭，G2 开通，输出 $u_{o1}$ 迅速跳变到高电平 $U_{OH} \approx U_{DD}$，$u_{o2}$ 迅速跳变到低电平 $U_{OL} \approx 0V$，$u_{o1}=1$，$u_{o2}=0$。

此后，输入电压 $u_i$ 继续下降时，由于 $u_i' < U_{TH}$，电路状态保持不变。

### 10.4.2　集成施密特触发器

集成施密特触发器触发阈值稳定，使用方便，因此，应用非常广泛。市场上出售的集成施密特触发器产品中，属于 TTL 电路的有 74LS13、74LS14、74LS132 等，属于 CMOS 电路的有 CC40106、CC4093 等。

TTL 集成施密特触发器的正向阈值电压 $U_{T+}$ 为 1.7V 左右，负向阈值电压 $U_{T-}$ 为 0.8V 左右，其回差电压 $\Delta U_T$ 为 0.9V 左右。例如，74LS13、74LS14、74LS132 的主要参数见表 10-3。

**表 10-3　　　　　　　　　　　　TTL 施密特触发器的主要参数**

| 器件型号 | 延迟时间(ns) | 每门功耗(mW) | $U_{T+}$(V) | $U_{T-}$(V) | $\Delta U_T$(V) |
|---|---|---|---|---|---|
| 74LS13 | 16.5 | 8.75 | 1.6 | 0.8 | 0.8 |
| 74LS14 | 15 | 8.6 | 1.6 | 0.8 | 0.8 |
| 74LS132 | 15 | 8.8 | 1.6 | 0.8 | 0.8 |

CMOS 集成施密特触发器具有 CMOS 电路电压范围宽的特点，所以工作在不同的电源电压情况下，所得 $U_{T+}$、$U_{T-}$ 和 $\Delta U_T$ 皆有一定的分散性。例如，CC40106 的主要静态参数见表 10-4。

**表 10-4　　　　　　　　集成施密特触发器 CC40106 的主要静态参数**

| 电源电压 $U_{DD}$(V) | $U_{T+}$(V) | $U_{T-}$(V) | $\Delta U_T$(V) |
|---|---|---|---|
| 5 | 2.2～3.6 | 0.9～2.8 | 0.3～1.6 |
| 10 | 4.6～7.1 | 2.5～5.2 | 1.2～3.4 |
| 15 | 6.8～10.8 | 4～7.4 | 1.6～5 |

集成施密特触发器不仅可以做成单输入端反相缓冲器的形式，如 TTL 的六反相器 74LS14 和 CMOS 的六反相器 CC40106；还可以做成多输入端与非门的形式，如 TTL 的四 2 输入与非门 74LS132，双 4 输入与非门 74LS13，以及 CMOS 的四 2 输入与非门 CC4093 等。

### 10.4.3　施密特触发器的应用

施密特触发器的用途很广，主要在波形变换、脉冲整形和脉冲鉴幅三方面的应用。

#### 1. 波形变换

利用施密特触发器状态转换过程中的正反馈作用，可以把边沿变化缓慢的周期性信号变换为边沿陡峭的矩形脉冲信号。如可将正弦波、三角波变换成矩形波。如图 10-30 所示，输入信号是正弦信号，利用施密特触发器的边沿修复特性，只要输入信号的幅度大于施密特触发器的正向阈值电压 $U_{T+}$，即可得到同频率的

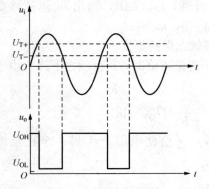

图 10-30　施密特触发器用于波形变换

矩形脉冲信号。

### 2. 脉冲整形

在数字系统中，矩形脉冲经传输后往往发生波形畸变。如图 10-31 (a) 所示，传输线路电容较大时，波形的上升沿和下降沿将明显变差。如图 10-31 (b) 所示，当传输线路较长、负载的阻抗与传输线路的阻抗不匹配时，波形的上升沿和下降沿将产生振荡现象。如图 10-31 (c) 所示，当其他脉冲信号通过导线间的分布电容或电源叠加到矩形脉冲信号上时，会出现噪声。无论是哪一种情形，只要施密特触发器的阈值电压 $U_{T+}$ 和 $U_{T-}$ 设置合适，都可以通过整形而获得比较理想的矩形波。

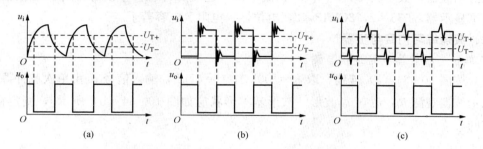

图 10-31　施密特触发器用于脉冲整形

(a) 波形一；(b) 波形二；(c) 波形三

### 3. 脉冲鉴幅

由图 10-32 可见，如果将一系列幅度各异的脉冲信号加到施密特触发器的输入端，施密特触发器可以将那些幅度大于 $U_{T+}$ 的脉冲信号检测出来，在输出端产生输出信号，具有脉冲鉴幅能力。

### 4. 组成多谐振荡器电路

利用 CMOS 施密特触发器组成的多谐振荡器电路如图 10-33 所示。启动电源时，$u_C = 0$，$u_o \approx U_{DD}$。此时，$u_o$ 通过 R1、VD1 对 $C$ 充电，电容 $C$ 上电压 $u_C$ 逐渐上升，当上升到 $u_C \geqslant U_{T+}$ 时，$u_o$ 跳变为 0V。此时，电容 $C$ 通过 VD2、$R_2$ 和输出端到电路地端放电，电容 $C$ 上电压 $u_C$ 逐渐下降，当下降到 $u_C \leqslant U_{T-}$ 时，$u_o$ 又跳变为 $U_{DD}$。以后又重复上述过程，这样周而复始产生振荡，输出矩形波信号。

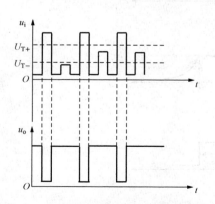

图 10-32　施密特触发器用于脉冲鉴幅

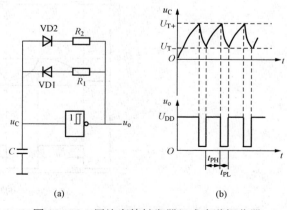

图 10-33　用施密特触发器组成多谐振荡器

(a) 电路；(b) 工作波形

## 实操练习 19　555 定时器电路及其应用

**一、目的要求**

（1）掌握 555 定时器的逻辑功能。

（2）掌握 555 定时器的基本应用。

**二、工具、仪表和器材**

双踪示波器，数字频率计，+5V 直流电源，连续脉冲源，单次脉冲源，音频信号源，逻辑电平显示器，555×2，2CK13×2，电位器、电阻、电容若干。

**三、实操练习内容与步骤**

1. 单稳态触发器电路连接与测试

（1）按图 10-34（a）连线，取 $R=100\mathrm{k}\Omega$，$C=47\mu\mathrm{F}$，输入信号 $u_i$ 由单次脉冲源提供，用双踪示波器观测 $u_i$，$u_C$，$u_o$ 波形 ［波形基本形状应如图 10-34（b）所示］，测定幅度与暂稳时间。

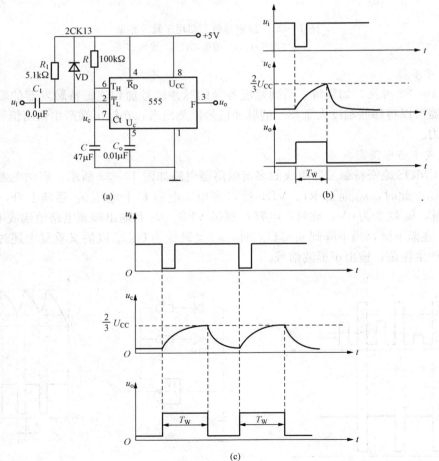

图 10-34　555 定时器构成单稳态触发器

（a）电路图；（b）工作波形；（c）变化后的工作波形

（2）将 $R$ 改为 1kΩ，$C$ 改为 0.1μF，输入端加 1kHz 的连续脉冲，观测 $u_i$，$u_C$，$u_o$ 波形 [波形基本形状应如图 10 - 34（c）所示]，测定幅度及暂稳时间。

2. 多谐振荡器电路连接与测试

（1）按图 10 - 35 接线，用双踪示波器观测 $u_C$ 与 $u_o$ 的波形 [波形基本形状应如图 10 - 35（b）所示]，测定两个暂稳态的时间 $T_{W1}$ 与 $T_{W2}$，并根据公式 $f = \dfrac{1}{T} = \dfrac{1}{T_{W1} + T_{W2}}$ 计算输出矩形脉冲信号的频率 $f$。

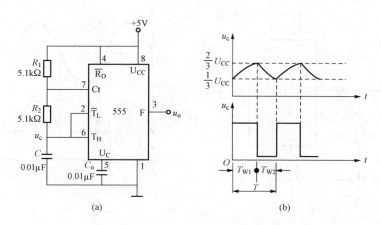

图 10 - 35　555 定时器构成多谐振荡器（一）

（a）连接电路；（b）工作波形

（2）按图 10 - 36（a）接线，组成占空比为 50% 的方波信号发生器。观测 $u_C$ 与 $u_o$ 波形，调节电位器，当 $T_{W1} = T_{W2}$ 时，推导出 $P_A$ 与 $P_B$ 有什么关系。并测定输出波形的频率 $f$。思考输出波形的占空比与哪些参数有关。

（3）按图 10 - 36（b）接线，调节 $R_{W1}$ 和 $R_{W2}$，观测输出波形的占空比与频率有什么变化。思考输出波形的占空比与频率与哪些参数有关。

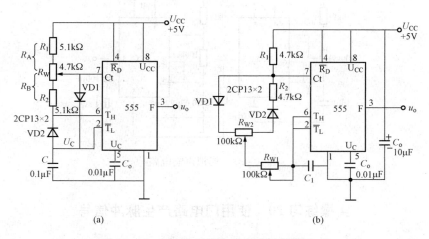

图 10 - 36　555 定时器构成多谐振荡器（二）

（a）连接电路；（b）工作波形

3. 施密特触发器电路连接与测试

按图 10 - 37 （a） 接线，输入信号由音频信号源提供，预先调好 $U_s$ 的频率为 1kHz，接通电源，逐渐加大 $U_s$ 的幅度，观测输入波形 $u_i$ 和输出波形 $u_o$。测定当输入 $u_s$ 的幅值增加到多大时，输出波形 $u_o$ 开始有跳变。并绘出当输入 $u_s$ 的幅值增加到 $U_{CC}$ 时，输入 $u_i$ 和输出 $u_o$ 的波形 ［波形应如图 10 - 37 （b） 所示］。测绘该施密特触发器的电压传输特性，算出回差电压 $\Delta U_T$。

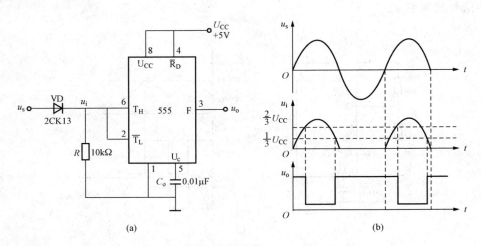

(a)　　　　　　　　　　　　　　　　(b)

图 10 - 37　555 定时器构成施密特触发器
（a）连接电路；（b）工作波形

4. 模拟声响电路测试

按图 10 - 38 接线，组成两个多谐振荡器，调节定时元件，使 I 输出较低频率，II 输出较高频率，连好线，接通电源，试听音响效果。调换外接阻容元件，再试听音响效果。

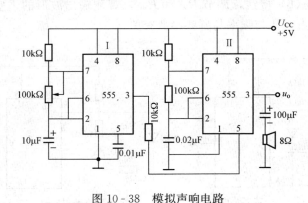

图 10 - 38　模拟声响电路

# 实操练习 20　使用门电路产生脉冲信号

## 一、目的要求

（1）掌握使用门电路构成脉冲信号产生电路的基本方法。

（2）掌握输出脉冲波形参数的计算方法。

（3）掌握使用石英晶体构成振荡器的方法。

## 二、工具、仪表和器材

双踪示波器，数字频率计，＋5V 直流电源，74LS00（或 CC4011），晶振 32768Hz，电位器、电阻、电容若干。

## 三、实操练习内容与步骤

### 1. 非对称型振荡器

用与非门 74LS00 按图 10 - 39 构成多谐振荡器，其中 $R$ 为 10kΩ 电位器，$C$ 为 0.01μF。

（1）用示波器观察输出波形 $U_o$ 及电容 $C$ 两端的电压波形 $U_C$，并记录下来。测定两个暂稳态时间 $T_{w1}$ 和 $T_{w2}$，判断两者的关系，计算输出 $U_o$ 频率 $f_1 = \dfrac{1}{T} = \dfrac{1}{T_{w1} + T_{w2}}$。

（2）调节电位器 $R$ 观察输出波形的变化，测出上、下限频率 $f_{max}$ 和 $f_{min}$。

（3）将电容 $C$ 改为 1μF，观察输出波形的变化，计算输出波形的频率 $f_2$。

（4）用一只 100μF 电容器跨接在 74LS00 14 脚与 7 脚的最近处，观察输出波形的变化及电源上纹波信号的变化，并记录下来。

### 2. 对称型振荡器

用 74LS00 按图 10 - 40 接线，取 $R = 1kΩ$，$C = 0.047μF$。

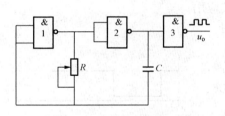　　　　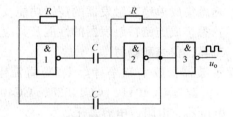

图 10 - 39　非对称型振荡器　　　　　图 10 - 40　对称型振荡器

（1）用示波器观察输出波形 $U_o$ 并记录下来。测定两个暂稳态时间 $T_{w1}$ 和 $T_{w2}$，判断两者的关系。计算输出 $U_o$ 频率 $f_1 = \dfrac{1}{T} = \dfrac{1}{T_{w1} + T_{w2}}$。

（2）将电容 $C$ 改为 4.7μF，观察输出波形的变化，计算输出波形的频率 $f_2$。

（3）将电阻 $R$ 改为 0.5kΩ，观察输出波形的变化，计算输出波形的频率 $f_3$。

（4）思考输出波形的频率与 $C$ 和 $R$ 的值之间的关系。

### 3. 带 RC 电路的环形振荡器

用 74LS00 按图 10 - 41 接线，其中定时电阻 $R_w$ 用一个 510Ω 与一个 1kΩ 的电位器串联，取 $R = 100Ω$，$C = 0.1μF$。

（1）$R_w$ 调到最大时，观察并记录 A、B、D、E 及 $u_o$ 各点电压的波形，测出 $u_o$ 的周期 $T$ 和负脉冲宽度（电容 $C$ 的充电时间）并与理论计算值比较。

（2）改变 $R_w$ 值，观察输出信号 $u_o$ 波形的变化情况。

（3）改变 $R$ 和 $C$ 的值，观察输出信号 $u_o$ 波形的变化情况。

### 4. 石英晶体多谐振荡器

按图 10 - 42 接线，晶振选用 32768Hz，与非门选用 CC4011，用示波器观察输出波形 $u_o$，用频率计测量输出信号频率 $f$，并记录下来。判断 $f$ 与石英晶体固有频率 $f_0$ 有什么关系。

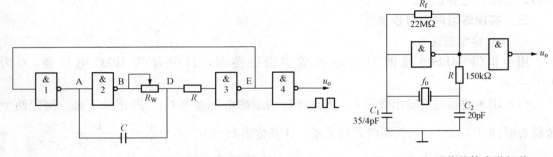

图 10 - 41 带 $RC$ 电路的环形振荡器　　　图 10 - 42 石英晶体多谐振荡

## 实操练习 21　单稳态触发器与施密特触发器及其应用

### 一、目的要求

（1）掌握使用集成门电路构成单稳态触发器的基本方法。

（2）熟悉集成单稳态触发器的逻辑功能及其应用。

（3）熟悉集成施密特触发器的性能及其应用。

### 二、工具、仪表和器材

双踪示波器，数字频率计，＋5V 直流电源，连续脉冲源，CC4011、CC14528、CC40106、2CK15，电位器、电阻、电容若干。

### 三、实操练习内容与步骤

1. 与非门组成单稳态触发器功能测试

（1）按图 10 - 43 接线，输入 1kHz 连续脉冲，用双踪示波器观测 $u_i$、$u_P$、$u_A$、$u_B$、$u_D$ 及 $u_o$ 的波形（波形应如图 10 - 44 所示），并作记录。测定输出脉冲宽度 $T_{W1}$。

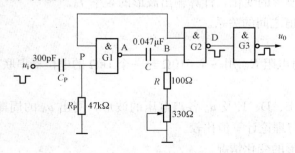

图 10 - 43　微分型单稳态触发器

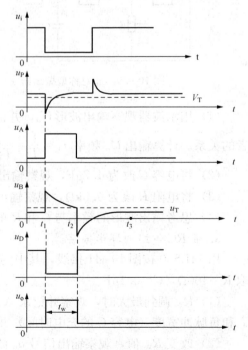

图 10 - 44　微分型单稳态触发器波形

（2）改变 $C$ 值，观测输出波形有什么变化，并测定输出脉冲宽度 $T_{w2}$。改变 $R$ 值，观测输出波形有什么变化，并测定输出脉冲宽度 $T_{w3}$。思考输出波形的脉冲宽度与 $R$ 和 $C$ 之值有什么关系。

（3）按图 10-45 接线，输入 1kHz 连续脉冲，用双踪示波器观测 $u_i$、$u_A$、$u_B$、$u_D$ 及 $u_o$ 的波形（波形应如图 10-46 所示），并进行记录。测定输出脉冲宽度 $T_w$。

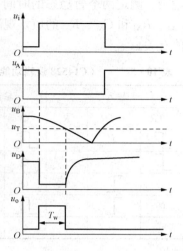

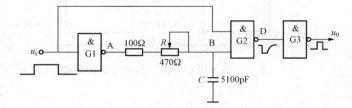

图 10-45　积分型单稳态触发器

图 10-46　积分型单稳态触发器波形图

（4）改变 $R$ 和 $C$ 值，观测输出波形有什么变化，并测定输出脉冲宽度 $T_w$，思考输出波形的脉冲宽度与 $R$ 和 $C$ 之值有什么关系。

2. 与非门组成施密特触发器功能测试

按图 10-47 接线，令 $U_i$ 由 0～5V 变化，观测输出 $u_1$、$u_2$ 波形，并作记录。思考该电路中二极管 VD 起什么作用。

3. 集成双单稳态触发器 CC14528 功能测试及其应用

CC14528 逻辑电路如图 10-48 所示。

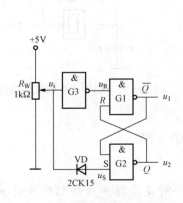

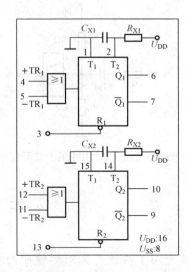

图 10-47　与非门组成施密特触发器

图 10-48　CC14528 的逻辑电路

（1）测试 CC14528 的逻辑功能（应如表 10-5 所示）。

（2）按图 10-49 连接电路，使用 CC14528 构成多谐振荡器。观测输出 $Q$ 的波形，并作记录。测定两个暂稳态的时间 $T_{w1}$ 和 $T_{w2}$，并计算振荡频率 $f = 1/(T_{w1} + T_{w2})$。分别改变 $C_{X1}$、$R_{X1}$ 和 $C_{X2}$、$R_{X2}$ 的值，观测输出波形有什么变化，思考 $T_{w1}$ 和 $T_{w2}$ 与电路中什么元件的值有关。

**表 10 - 5　　　　CC14528 逻辑功能表**

| 输入 | | | 输出 | |
|---|---|---|---|---|
| $+TR$ | $-TR$ | $\overline{R}$ | $Q$ | $\overline{Q}$ |
| ⤒ | 1 | 1 | ⎍ | ⎓ |
| ⤒ | 0 | 1 | Q | $\overline{Q}$ |
| 1 | ⤓ | 1 | Q | $\overline{Q}$ |
| 0 | ⤓ | 1 | ⎍ | ⎓ |
| × | × | 0 | 0 | 1 |

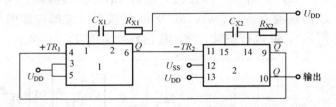

图 10 - 49　用 CC14528 构成多谐振荡器

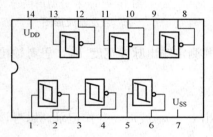

图 10 - 50　CC40106 逻辑符号与引脚排列

**4. 集成六施密特触发器 CC40106 的应用**

CC40106 逻辑符号与引脚排列如图 10 - 50 所示。

（1）按图 10 - 51 连接电路，构成波形变换电路。输入信号可由音频信号源提供，将输入正弦信号频率置 1kHz，调节信号电压由低到高观测输出波形的变化。观测输入信号幅值为 0，0.25，0.5，1.0，1.5，2.0V 时的输出波形，并作记录。

（2）按图 10 - 52 接线，构成多谐振荡器。用示波器观测输出波形，测定振荡频率。

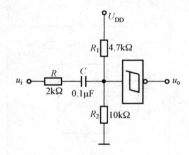

图 10 - 51　CC40106 用于波形变换

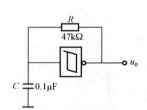

图 10 - 52　CC40106 构成多谐振荡器

# 本 章 小 结

本章介绍了两种产生矩形脉冲的电路。一种是直接产生矩形脉冲的多谐振荡器，另一种是通过波形变换间接产生矩形脉冲的施密特触发器和单稳态触发器。

（1）555 定时器是一种用途很广的集成电路，除了能组成单稳态触发器、施密特触发器和多谐振荡器之外，还可以组成各种灵活多变的应用电路。

（2）单稳态触发器有一个稳定状态和一个暂稳态，平时单稳态触发器处于稳定状态，在外信号触发下进入暂稳态，经一段时间后，电路自动返回稳定状态，暂稳态的持续时间即脉冲宽度取决于电路的阻容元件。单稳态触发器不能自动地产生矩形脉冲，但却可以把其他形状的信号变换成为矩形波，用途很广。

（3）施密特触发器具有滞回特性，是一种能够把输入波形整形成为适合于数字电路需要的矩形脉冲的电路，在脉冲的产生和整形电路中应用很广。

（4）多谐振荡器是一种自激振荡电路，它由一个暂稳态过渡到另一个暂稳态，其触发信号是由电路内部电容充（放）电提供的，因此无需外加触发信号，就可以自动地产生出矩形脉冲，振荡周期与电路的阻容元件有关。石英晶体多谐振荡器，利用石英晶体的选频特性，只有频率为 $f_0$ 的信号才能满足自激条件，产生自激振荡，其主要特点是产生的信号频率稳定性极好。

## 复习思考题

1. 555 定时器的最基本应用有哪 3 种电路？

2. 试说明施密特触发器、单稳态触发器、多谐振荡器的工作特点。

3. 用 555 定时器构成的单稳态触发器，如果输入触发信号负脉冲宽度大于输出脉冲宽度，这时可通过什么电路使触发信号变窄？

4. 试分析单稳态触发器与基本 RS 触发器在工作原理上有何区别？

5. 由 555 定时器构成的施密特触发器中，电源 $U_{CC}=6V$。试问下面两种情况下，电路的正向阈值电压 $U_{T+}$、负向阈值电压 $U_{T-}$ 及回差 $\Delta U_T$ 各为何值：

（1）5 脚控制端 CO 接 $0.01\mu F$ 电容；

（2）5 脚控制端 CO 断开 $0.01\mu F$ 电容，外接电压 $U_{CC}=5V$。

6. 如图 10-53 所示为反相输出的施密特触发器的输入波形，试对应输入信号波形画出其输出信号波形。

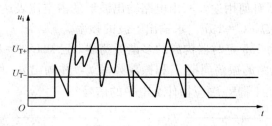

图 10-53　题 6 图

7. 如图 10-54 所示 555 定时器构成的单稳态触发器电路及输入信号 $u_i$ 的波形。已知 $U_{CC}=10V$，$R=10k\Omega$，$C=0.1\mu F$，试求输出脉冲宽度 $t_p$，并画出输出信号 $u_o$ 和电容 $C$ 上电压 $u_C$ 的波形。

8. 如图 10-55 所示的由 555 定时器构成的单稳态触发器中，如需要输出正脉冲的宽度在 10ms～1s 可调，试选择可变电阻器 R 的阻值范围。设 $C=0.1\mu F$。

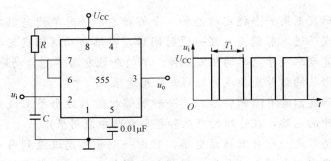

图 10 - 54　题 7 图

9. 可重复触发单稳和不可重复触发单稳最主要的区别在什么地方？

10. 图 10 - 56 所示为用 74121 组成的单稳态触发器，如果外接电容 $C_{ext}=0.01\mu F$，输出脉冲宽度的调节范围为 $10\mu s \sim 1ms$，试求外接电阻 $R_{ext}$ 的调节范围。

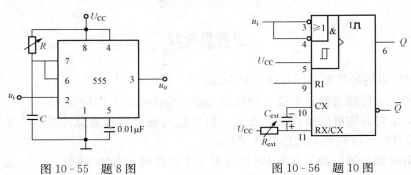

图 10 - 55　题 8 图　　　　　　　图 10 - 56　题 10 图

11. 某工厂的一条生产线上有 3 道连续加工的工序，第 1 道工序加工 5s，第 2 道工序加工 10s，第 3 道工序加工 15s。要求这 3 道工序加工自动完成。试用集成单稳态触发器 74121 设计出控制加工时间的电路。

12. 图 10 - 57 所示为由 555 定时器组成的多谐振荡器。

（1）简述 VD1、VD2 的作用。

（2）电路中的电位器有何用途？写出电路输出波形的占空比表达式。

（3）设 $R_A=R_B=40\Omega$，$C=1\mu F$，求输出方波的频率。

13. 图 10 - 58 所示为 555 定时器构成的多谐振荡器，已知 $U_{CC}=10V$，$C=0.1\mu F$，$R_A=15k\Omega$，$R_B=24k\Omega$。求电路的振荡周期 $T$ 和振荡频率 $f$，并画出 $u_C$ 和 $u_o$ 的对应波形。若要此振荡器停止振荡，则在 4 脚 $\overline{R_D}$ 端应加什么电平的信号？

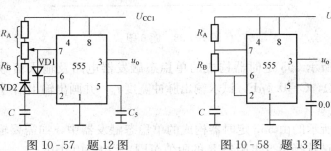

图 10 - 57　题 12 图　　　　　　　图 10 - 58　题 13 图

14. 图 10 - 59 所示为门电路组成的环形振荡器，若振荡器输出信号频率为 200Hz，试估算电阻 $R$ 和电容 $C$ 的取值。

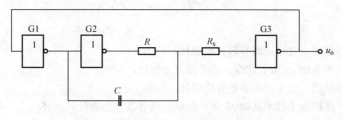

图 10 - 59　题 14 图

15. 图 10 - 60 是由 CMOS 施密特触发器组成的多谐振荡器，设 $U_{DD}=10V$，$U_{T+}=7V$，$U_{T-}=3V$，$R_1=8.2k\Omega$，$R_2=3k\Omega$，$C=0.01\mu F$，试求该电路输出脉冲频率和占空比。

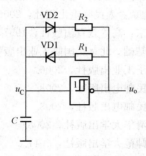

图 10 - 60　题 15 图

# 参 考 文 献

[1] 张风言. 电子电路基础. 北京：高等教育出版社，1999.

[2] 阎石. 数字电子技术基础. 4版. 北京：高等教育出版社，1998.

[3] 康华光. 电子技术基础. 北京：高等教育出版社，2000.

[4] 周良权，傅恩锡. 模拟电子技术基础. 3版. 北京：高等教育出版社，2006.

[5] 周良权，方向乔. 数字电子技术基础. 3版. 北京：高等教育出版社，2007.

[6] 郭建华. 数字电子技术与实训教程. 北京：人民邮电出版社，2004.

[7] 黄仁欣. 电子技术实践与训练. 北京：清华大学出版社，2004.

[8] 高吉祥. 电子技术基础实验与课程设计. 北京：电子工业出版社，2005.

[9] 陈振源，褚丽歆. 电子技术基础. 北京：人民邮电出版社，2006.

[10] 皇甫正贤. 数字集成电路基础. 北京：高等教育出版社，1997.

[11] 袁光德，李文林. 电子技术及应用基础. 北京：国防工业出版社，2007.

[12] 徐丽香. 数字电子技术. 北京：电子工业出版社，2006.

[13] 曾令琴. 模拟电子技术. 北京：人民邮电出版社，2008.

[14] 曾令琴. 数字电子技术. 北京：人民邮电出版社，2008.

[15] 林红，周鑫霞. 电子技术. 北京：清华大学出版社，2008.

[16] 商坤. 数字电子技术. 长春：东北师范大学出版社，2011.

[17] 程勇. 数字电子技术与实训教程. 北京：人民邮电出版社，2008.